U0220176

国家科学技术学术著作出版基金资助出版

科學 专著：前沿研究

城市土壤演变及其生态环境效应

张甘霖 杨金玲 等 著

上海科学技术出版社

图书在版编目（ＣＩＰ）数据

城市土壤演变及其生态环境效应 / 张甘霖等著. --
上海 ：上海科学技术出版社，2023.1
（科学专著. 前沿研究）
ISBN 978-7-5478-6012-0

Ⅰ. ①城… Ⅱ. ①张… Ⅲ. ①城市－土壤生态学－研
究 Ⅳ. ①S154.1

中国版本图书馆CIP数据核字(2022)第229756号

本书受"上海科技专著出版资金"资助

策划编辑　包惠芳
责任编辑　王　娜
装帧设计　张绎如

城市土壤演变及其生态环境效应

张甘霖　杨金玲　等　著

上海世纪出版(集团)有限公司
上 海 科 学 技 术 出 版 社 出版、发行
（上海市闵行区号景路 159 弄 A 座 9F－10F）
邮政编码 201101　　www.sstp.cn
山东韵杰文化发展有限公司印刷
开本 787×1092　1/16　印张 23.75　插页 8
字数 500 千字
2023 年 1 月第 1 版　2023 年 1 月第 1 次印刷
ISBN 978－7－5478－6012－0/X·63
定价：248.00 元

内 容 提 要

这是一本关于城市土壤基础研究的专著。本书在中国代表性城市的深入研究和国内外进展总结的基础上,系统呈现了城市土壤的基本特性、形成演变过程及其对生态环境的影响。内容主要包括城市土壤的物质组成、形成与分类、物理特性、污染特性、磁学特性和关键元素循环、城市人类活动的土壤记录、城市土壤的时空变异表征、城市土壤生态服务、城市土壤利用与管理等。

本书可供土壤学和城市环境管理相关领域,包括城市生态环境、城市规划、园林设计、城市农业等科研、教学、管理和工程技术人员参考。

《科学专著》系列丛书序

进入 21 世纪以来,中国的科学技术发展进入到一个重要的跃升期。我们科学技术自主创新的源头,正是来自科学向未知领域推进的新发现,来自科学前沿探索的新成果。学术著作是研究成果的总结,它的价值也在于其原创性。

著书立说,乃是科学研究工作不可缺少的一个组成部分。著书立说,既是丰富人类知识宝库的需要,也是探索未知领域、开拓人类知识新疆界的需要。特别是在科学各门类的那些基本问题上,一部优秀的学术专著常常成为本学科或相关学科取得突破性进展的基石。

一个国家,一个地区,学术著作出版的水平是这个国家、这个地区科学研究水平的重要标志。科学研究具有系统性和长远性,继承性和连续性等特点,科学发现的取得需要好奇心和想象力,也需要有长期的、系统的研究成果的积累。因此,学术著作的出版也需要有长远的安排和持续的积累,来不得半点的虚浮,更不能急功近利。

学术著作的出版,既是为了总结、积累,更是为了交流、传播。交流传播了,总结积累的效果和作用才能发挥出来。为了在中国传播科学而于1915 年创办的《科学》杂志,在其自身发展的历程中,一直也在尽力促进中国学者的学术著作的出版。

几十年来,《科学》的编者和出版者,在不同的时期先后推出过好几套中国学者的科学专著。在 20 世纪三四十年代,出版有《科学丛书》;自 20 世纪 90 年代以来,又陆续推出《科学专著丛书》《科学前沿丛书》《科学前沿进展》等,形成了一个以刊物名字样科学为标识的学术专著系列。自 1995 年起,截至 2010 年"十一五"结束,在科学标识下,已出版了 25 部专著,其中有不少佳作,受到了科学界和出版界的欢迎和好评。

为了继续促进中国学者对前沿工作做有创见的系统总结,"十二五"期间,《科学》的编者和出版者决定对**科学**系列学术著作做新的延伸,将**科学**专著学术丛书扩展为三个系列品种,即《**科学**专著:前沿研究》《**科学**专著:生命科学研究》《**科学**专著:大科学工程》,继续为中国学者著书立说尽一份力。

随着中国科学研究向世界前列的挺进,我们相信,在**科学**系列的学术专著之中,一定会有更多中国学者推陈出新、标新立异的佳作问世,也一定会有传世的名著问世!

周光召

(《科学》杂志编委会主编)

2011 年 5 月

序

城市是人类聚居形态的高级阶段。人类最早的城市化可追溯至数千年前,但其进程相对缓慢,直至工业革命开始,城市才得以迅速扩张。工业化带动的城市化是全球城市化的重要特点之一。迄今为止,全球超过 60% 的人口生活在城市,而且这一进程还在继续,预计至 21 世纪中叶,全球将有超过 60 亿人口生活在城市。

城市是一个独特的生态系统,人类自身是该生态系统的主体。不断提升的城市化水平给全球资源、生态和环境带来深刻的改变。而日益增长的城市人口和高强度的人类活动,如食物和能源消费、工业生产、城市建设、地表形态改变等方面,在区域和全球尺度上深刻影响着关键生源要素和化学污染物(如重金属等)的生物地球化学循环和水循环,同时深刻影响着土壤的形成与演化,对土壤物理、化学和生物学属性以及土壤功能产生显著的,甚至是不可逆转的影响。

城市土壤是城市、工业、交通、矿山和军事等区域强烈人为活动的产物,是这些区域受不同干扰程度土壤的总称。对于城市土壤,较为系统的研究最早可能始于德国柏林。由于当时众所周知的政治和交通阻隔等,柏林的土壤学家不得不将注意力放在城市内部的公园、道路和菜园地乃至水泥路面下的土壤上。最早的研究表明,城市中的这些土壤因为其特殊的形成背景和形成过程,与自然或农业土壤相比,无论是从形态学上还是从物理、化学和生物学性质上都相差甚远,而且,城市土壤因其独特的功能对城市环境、生态系统和人体健康均有重要的影响。这些研究为后来蓬勃发展的城市土壤学研究奠定了基础。

城市土壤由于其特殊的分布区位,其土壤性质的形成和演变很大程度上取决于城市人为活动。因此,基于自然土壤研究所获得的诸多过程特征和认识常常不再适用,比如从宏观来看,自然土壤的地带性分布规律以及具有普适意义的土壤和地形关系往往失灵;同样,自然土壤母质与土体之间及土壤层次之间的继承和耦合关系在城市环境中也难以成立;再者,常用于自然土壤的野外调查和实验室分析方法,也需要根据城市土壤的特点重新建立。除此之外,由于城市土壤与人体健康之间的关系更为直接,因此对城市土壤的质量评价不能简单地基于农业土壤的标准。所以说,城市土壤研究很大程度上需要形成一个新的研究体系。

从国际上来看,城市土壤研究兴起于 20 世纪 90 年代。1998 年,国际土壤学会(现国际土壤科学联合会)首次设立了城市、工业、交通和矿区土壤工作组(Working Group on Soils of Urban, Industrial, Traffic and Mining Areas, WG SUITMA),于 2000 年在德国埃森召开了 SUITMA 第一次国际会议,对国际上的城市土壤研究起到了重要的推动作用。此后,SUITMA 中的"M"还增加了军事区(military area)土壤的内涵。

我国的城市土壤研究工作从 20 世纪 90 年代起步,但如果考虑到矿山尾矿区和塌陷区的土壤治理和生态修复,广义的 SUITMA 研究历史则更早。1998—2002 年,张甘霖研究员通过与德国同行的深度合作,在一定程度上对国内的城市土壤研究起到了推动作用。2003 年开始,在国家自然科学基金重点项目和中国科学院知识创新工程方向性项目支持下,张甘霖研究员和同行以南京、北京、上海、广州和沈阳等典型城市为研究对象,开展了较为系统的城市土壤研究。这些城市或者具有悠久的历史,或者有较为集中的工业活动,或者经历了快速城市化进程,因此很具有代表性。所开展的研究内容包括土壤形态,土壤形成,土壤分类,土壤分布,土壤制图,土壤物理、化学和生物学性质,土壤污染,土壤与人类活动记录,土壤功能评价等,这些研究无论在深度还是广度上都具有开创性。我本人也曾参与了相关项目并开展了北京城市土壤多环芳烃组成和来源的研究。自此以后,城市土壤研究陆续在不同城市开展,近年来研究重点逐步转向污染地块治理和修复,这其中,城市土壤研究成果在理论和实践上都发挥了重要的指导作用。

本书正是张甘霖研究员及其团队关于城市土壤研究成果的系统总结,绝大部分数据来自第一手研究结果,既包括已在国内外刊物发表的成果,也有很多过去尚未发表的数据,同时还综述归纳了国内外相关研究进展,其内容非常丰富、翔实,体系较为完整。这样一本专著在城市土壤基础研究方面具有重要的价值,可望为城市(土壤)环境管理、海绵城市建设、城市生态修复和城市农业等领域同行提供借鉴和参考。作为土壤学和城市环境工作者,我非常乐意向同行推介。

是为序。

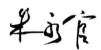

中国科学院院士　朱永官

2022 年 9 月于瑞典哥德堡

　　城市土壤是指在城市和城郊地区,受多种方式人为活动的强烈影响,原有继承性质得到强烈改变的土壤的总称。长期以来,由于对城市土壤特征和功能认识的不足,它在土壤科学和相关学科中并未得到应有的重视。

　　随着城市化水平的提高,城市人口增加,人为活动加剧,人类活动与城市土壤之间的联系愈加紧密。据统计,2022 年全世界 60% 的人口生活在城市中,预计至 2050 年这个数字将增加到 70%。我国在 20 世纪 80 年代初城市人口仅约占全国总人口的 20%,至今占比已超过 60%。城市虽仅占地球陆地总表面的 2%,却消耗着全球 2/3 以上的能源和主要原料。无论是从总量还是强度来看,城市生态系统物质循环的强度大大超过自然和农业系统。由于高强度的物质循环,城市废弃物直接或间接进入城市及其周边环境,由此带来了严重的环境问题。城市土壤是城市生态系统的重要组成成分,是城市园林植物生长的介质和养分的供应者,是城市污染物的汇,但也是源,它直接关系到城市生态环境质量和人类健康。

　　从土壤的特点来看,城市土壤是一类不同于自然与农业土壤,受人类强烈作用的土壤。由于城市建设,城市土壤被高度扰动、搬运、填埋、压实,甚至封闭。城市建筑垃圾、工业废弃物和生活垃圾等通过各种途径进入土壤,成为城市土壤的组成部分。强烈的人为活动和外源物质的加入改变了城市土壤的物理、化学和生物学特性。比如,城市土壤比起源土壤／城市周边的自然土壤更偏碱性,土壤中的有机污染物、重金属等污染元素和碳、氮、磷等生源要素出现富集现象。

　　在城市生态系统中,土壤发挥的主要是生态环境功能,而生产功能也同样重要。城市土壤是城市水循环的重要枢纽,水分入渗、储蓄和过滤对城市水文过程和水质有重要的影响,也是城市径流的调节器;城市土壤维持绿色植物生长,并起着容纳、缓冲和转化生源物质,不仅是城市农业的载体,还是元素生物地球化学循环的控制器;城市土壤可以吸附、滞留大量的污染物,也是很多元素的终端储存库,在一定程度上对污染物起着固持、转化和消解的作用。总之,城市土壤是城市污染物的汇集地和净化器,是生态系统中分解者的最终场所,是土壤微生物的栖息地和能量的来源,对城市的可持续发展有着重要意义。

城市土壤的发生和演变主要受控于人为活动的影响,其物理、化学和生物学属性发生急剧变化,并普遍出现退化。如城市土壤由于建筑工地的机械压实、人为践踏和路基建设而被压实,从而导致土壤对水分的容纳能力和入渗能力降低,地表径流量增加,易于发生城市洪涝,并带来严重的面源污染;城市土壤中磷素的高度富集,引起地表水和地下水磷素污染,带来水体的富营养化;城市土壤的污染物容纳能力是有限的,严重污染的城市土壤既能通过人体直接吸入的方式威胁城市人群健康,也能通过食物链对人和其他生物造成危害;环境容量饱和的土壤会对周围环境产生二次污染,对水体和大气环境产生威胁,这种威胁在人为扰动和人为搬运的影响下将更为突出。

城市土壤的空间变异非常大,这对城市土壤特性研究、分布、制图、利用与管理产生一定的挑战性。城市表层土壤不仅在水平分布上具有高度变异性,而且在纵向分布上也往往没有规律性。在历史悠久的城市,深层土壤受到不同历史时期城市工业、建筑、商业和人类生活活动等的影响而被刻上历史的烙印。不易分解和移动的物质,如重金属、黑炭等富集在深层土壤中,其含量可能超过现代土壤层。城市建设的高度扰动和搬运可能将这些严重污染的土壤重新带到表层,产生一定的环境危害。因此,城市土壤的研究、管理和利用对于城市环境和人类健康是至关重要的。

城市土壤研究的历史不长,系统的研究依然比较缺乏,对城市土壤的认识还有待于进一步深化。可喜的是,目前国内外已经对城市土壤越来越重视。德国最早于1987年成立了城市土壤工作组,对城市土壤的发生分类、调查制图、理化特性和污染状况等进行了大量的研究。1998年在法国蒙彼利埃市召开的第16届国际土壤学大会上首次设立了城市、工业、交通和矿区土壤工作组(Working Group of SUITMA),并于2000年在德国埃森召开了第一届国际学术研讨会,迄今SUITMA已连续召开11次会议,最近的一次于2022年9月在柏林召开,有力地推动了国际上城市土壤研究。我国对城市土壤较系统的研究工作起步较晚。目前已经在很多大中城市,从不同角度开展了大量的研究工作,特别是自土壤污染防治"土十条"颁布之后,工业场地土壤修复的社会需求进一步推动了城市土壤研究的发展。

目前,国内外尚缺少有关城市土壤研究的专业著作。本书以国内开展工作较早且研究领域较全面的南京、广州和上海为主,结合国内外大量的城市土壤研究结果,对城市土壤的特性、演变及其生态环境效应、城市土壤的生态服务功能、城市土壤的利用与管理等进行了较系统的论述,在归纳和总结相关进展的同时,对今后的研究也提出了浅见。希望通过本书的出版一定程度上深化对城市土壤的认识,为科学合理地利用城市土壤提供依据。

本书材料主要来源于国家自然科学基金重点项目"城市土壤质量演变及其生态环境效应"和中国科学院知识创新工程方向性项目"长三角洲地区城市化过程对土壤资源的影响与生态环境效应"的研究成果,同时参考了国内外城市土壤研究进展,总结了城市土壤演变过程中带有普遍性的规律。全书内容共10章,第1章和第2章主要介绍城市土壤的组成、形成与分类,第3~7章主要介绍城市土壤的特性、演变及其生态环境效应,第8章主要介绍城市土壤的空间分布特点,第9章介绍城市土壤的生态服务功能与评价,第10章介绍城市土壤的利用与管理。主要作者分工如下:第1章和第2章:袁大刚、阮心玲、张甘霖;第3章:杨金玲、张甘霖;第4章:杨金玲、何跃、袁大刚、张甘霖;第5章:阮心玲、卢瑛、张甘霖;第6章:胡雪峰、张甘霖;第7章:何跃、张甘霖;第8章:赵玉国、郭龙、张甘霖;第9章:吴运金、张甘霖;第10章:卢瑛、袁大刚、吴运金、何跃、张甘霖。全书由张甘霖和杨金玲统稿。本书所涵盖的内容大多侧重基础性的城市土壤研究工作,虽然近年来已开展多项与城市、矿山、工业等区域的土壤污染修复工程,但本书只做一般性的介绍。由于研究范围和水平所限,不足乃至错误之处在所难免,敬请读者批评指正。

张甘霖

目　录

第1章　城市土壤物质组成 ……………………………………………………… 1

1.1　人类活动与城市土壤物质来源 …………………………………………… 1

　　1.1.1　工业活动 ……………………………………………………………… 1

　　1.1.2　交通运输活动 ………………………………………………………… 3

　　1.1.3　矿业活动 ……………………………………………………………… 3

　　1.1.4　军事活动 ……………………………………………………………… 3

　　1.1.5　其他 …………………………………………………………………… 4

1.2　城市土壤物质组成特征 …………………………………………………… 4

　　1.2.1　矿物质 ………………………………………………………………… 4

　　1.2.2　有机物质 ……………………………………………………………… 7

　　1.2.3　生物多样性 …………………………………………………………… 8

参考文献 ………………………………………………………………………… 10

第2章　城市土壤形成与分类 …………………………………………………… 16

2.1　城市土壤的形成 …………………………………………………………… 16

　　2.1.1　成土因素 ……………………………………………………………… 16

　　2.1.2　成土过程 ……………………………………………………………… 18

2.2　城市土壤分类 ……………………………………………………………… 24

　　2.2.1　世界土壤资源参比基础 ……………………………………………… 24

　　2.2.2　欧洲 …………………………………………………………………… 25

　　2.2.3　北美洲 ………………………………………………………………… 30

　　2.2.4　大洋洲 ………………………………………………………………… 31

　　2.2.5　南非 …………………………………………………………………… 32

　　2.2.6　中国 …………………………………………………………………… 32

参考文献 ………………………………………………………………………… 42

第3章　城市土壤物理性质演变与环境效应 …………………………………… 50

3.1　城市土壤颗粒组成 ………………………………………………………… 50

　　3.1.1　土壤砾石化 …………………………………………………………… 50

　　3.1.2　土壤质地粗粒化 ……………………………………………………… 50

3.2　城市土壤的结构与孔隙特征 ……………………………………………… 51

　　3.2.1　土壤压实 ……………………………………………………………… 51

　　3.2.2　土壤结构 ……………………………………………………………… 53

　　3.2.3　土壤容重 ……………………………………………………………… 54

3.2.4　土壤孔隙度 ································· 55

3.2.5　土壤紧实度 ································· 56

3.2.6　压实指标间的关系 ····················· 58

3.2.7　压实的影响因素 ························· 59

3.2.8　压实分级 ································· 61

3.2.9　土壤封闭 ································· 62

3.3　城市土壤的水分特性 ····························· 63

3.3.1　田间持水量 ································· 63

3.3.2　萎蔫点含水量 ····························· 63

3.3.3　最大有效水含量 ························· 65

3.3.4　土壤"水库"库容损失 ················· 66

3.4　城市土壤的入渗特性 ····························· 69

3.4.1　入渗速率 ································· 69

3.4.2　入渗的影响因素 ························· 70

3.4.3　入渗速率的分布 ························· 72

3.4.4　地表径流系数 ····························· 74

3.5　城市土壤物理退化的环境效应 ················· 75

3.5.1　物理退化对地表径流的影响 ········· 75

3.5.2　物理退化对水质的影响 ················· 78

3.5.3　物理退化对热量和气体交换的影响 ··· 79

3.5.4　物理退化对养分转化和生物的影响 ··· 81

参考文献 ··· 83

第4章　城市土壤关键元素循环与环境效应 ················· 89

4.1　城市土壤碳循环特征与环境效应 ················· 89

4.1.1　城市系统碳循环 ························· 89

4.1.2　土壤碳的来源与组成 ····················· 91

4.1.3　土壤碳含量与分布 ························· 93

4.1.4　土壤碳形态与转化 ························· 97

4.1.5　土壤碳循环的环境效应 ················· 99

4.2　城市土壤氮循环特征与环境效应 ················· 101

4.2.1　城市系统氮循环 ························· 101

4.2.2　土壤氮的来源 ····························· 102

4.2.3　土壤全氮含量 ····························· 103

4.2.4　土壤氮形态与转化 ························· 104

4.2.5　土壤氮输出 ································· 106

4.2.6　土壤氮循环的环境效应 ················· 107

4.3　城市土壤磷循环特征与环境效应 ···················· 108

4.3.1　土壤磷循环 ··································· 108

4.3.2　土壤磷的来源 ································· 109

4.3.3　土壤磷形态与转化 ····························· 110

4.3.4　土壤磷迁移与剖面分布 ························· 112

4.3.5　土壤磷富集 ··································· 114

4.3.6　土壤磷损失及其环境效应 ······················ 116

4.4　城市土壤其他元素特征 ···························· 118

4.4.1　铁 ··· 118

4.4.2　钙 ··· 118

4.4.3　钾 ··· 119

4.4.4　钠 ··· 120

4.4.5　氯 ··· 121

参考文献 ··· 121

第5章　城市土壤酸碱度与污染特征 ······················· 131

5.1　城市土壤酸碱度 ································· 131

5.1.1　土壤酸碱度变化 ······························· 131

5.1.2　土壤 pH 的空间分布 ·························· 135

5.1.3　土壤 pH 变化的原因 ·························· 137

5.1.4　土壤 pH 变化的环境影响 ······················ 139

5.2　城市土壤重金属污染 ····························· 139

5.2.1　土壤重金属的来源 ····························· 139

5.2.2　土壤重金属含量与空间分布 ····················· 140

5.2.3　土壤重金属化学形态特征和移动性 ················ 154

5.2.4　土壤重金属健康风险评价 ······················ 159

5.2.5　土壤重金属化学修复 ·························· 164

5.3　城市土壤有机污染物 ····························· 167

5.3.1　土壤有机污染物的来源 ························· 167

5.3.2　土壤多环芳烃 ································· 168

5.3.3　土壤多氯联苯 ································· 170

5.3.4　其他有机污染物 ······························· 173

参考文献 ··· 175

第6章　城市土壤磁性特征及其环境意义 ··················· 185

6.1　土壤磁性和磁学参数 ····························· 185

6.1.1　物质磁性的起源 ······························· 185

6.1.2 土壤磁性矿物 ………………………………………… 186

6.1.3 土壤磁畴 …………………………………………… 187

6.1.4 土壤磁学参数 ………………………………………… 187

6.2 城市土壤磁性的特异性 ……………………………………… 190

6.2.1 表土磁化率的空间分异 ………………………………… 190

6.2.2 表土磁性异常增强的原因 ……………………………… 192

6.2.3 土壤剖面磁性参数的垂向变化 ………………………… 193

6.2.4 土壤磁性颗粒的粒径 …………………………………… 197

6.2.5 土壤磁性矿物的矫顽力 ………………………………… 199

6.2.6 土壤磁性颗粒微形态和微化学特征 …………………… 200

6.3 城市土壤磁性增强的环境意义 ……………………………… 204

6.3.1 土壤磁性与重金属含量的关系 ………………………… 204

6.3.2 土壤磁性组分的地球化学特征 ………………………… 206

6.3.3 磁学方法检测城市土壤污染的优缺点 ………………… 210

参考文献 ……………………………………………………… 212

第7章 城市环境和人类活动的土壤记录 ……………………… 217

7.1 城市土壤文化层特征 ………………………………………… 217

7.2 城市环境演变的土壤碳记录 ………………………………… 219

7.2.1 南京的历史文化层 ……………………………………… 219

7.2.2 土壤有机碳记录 ………………………………………… 221

7.2.3 土壤黑碳记录 …………………………………………… 224

7.3 城市土壤碳组成特征及其指示意义 ………………………… 226

7.4 城市土壤演变的重金属记录 ………………………………… 227

7.4.1 不同历史时期土壤重金属含量特征 …………………… 227

7.4.2 文化层中铅的来源 ……………………………………… 232

7.4.3 文化层中重金属的区域差异 …………………………… 234

参考文献 ……………………………………………………… 236

第8章 城市土壤时空变异与表征 ……………………………… 239

8.1 城市扩张及土壤演变 ………………………………………… 239

8.1.1 城市扩张模型 …………………………………………… 239

8.1.2 土壤属性的时间演变 …………………………………… 243

8.2 城-郊-农序列土壤性质空间变异 …………………………… 251

8.2.1 土壤颗粒组成 …………………………………………… 251

8.2.2 土壤酸碱度和 $CaCO_3$ ………………………………… 252

8.2.3 土壤养分元素 …………………………………………… 253

8.2.4 土壤重金属 256

8.2.5 土壤性质变异的空间解析 259

8.3 城市土壤的空间分布与制图 261

8.3.1 土壤空间制图 261

8.3.2 土壤制图方法 263

8.3.3 土壤制图实例分析 264

8.3.4 土壤性质制图精度评价 272

参考文献 275

第 9 章 城市土壤生态服务功能与评价 278

9.1 城市土壤的水热调节 278

9.1.1 土壤热量调节功能 278

9.1.2 土壤水分调节功能 280

9.1.3 土壤水分调节功能评价 282

9.2 城市土壤固碳 287

9.2.1 土壤固碳功能 287

9.2.2 土壤固碳功能评价 288

9.3 城市土壤养分循环与存储 294

9.3.1 土壤养分循环功能 294

9.3.2 土壤养分存储和循环功能评价 295

9.4 城市土壤的污染物净化功能 297

9.4.1 土壤的污染物控制功能 297

9.4.2 土壤的缓冲与过滤功能评价 298

9.4.3 土壤重金属吸附功能评价 301

9.5 城市土壤的其他服务功能 305

参考文献 305

第 10 章 城市土壤利用与管理 310

10.1 城市土壤与城市规划 310

10.1.1 土壤特性与城市规划 310

10.1.2 土壤功能与城市规划 311

10.1.3 土壤环境质量与城市规划 311

10.1.4 土壤与田园城市规划 312

10.1.5 土壤与公园城市规划 313

10.2 城市土壤与城市农业 313

10.2.1 城市农业的概念与功能 313

10.2.2 健康土壤在城市农业中的地位 315

10.2.3 城市农业活动中健康土壤的培育措施 ……………………………… 315

10.3 城市土壤与园林绿化和景观设计 ……………………………………… 316
10.3.1 城市土壤景观生态类型 ………………………………………… 316
10.3.2 景观植物对土壤的要求 ………………………………………… 317
10.3.3 不同城市景观生态类型的土壤设计 …………………………… 320

10.4 城市土壤与工程建设 …………………………………………………… 328
10.4.1 工程建设中的城市土壤问题 …………………………………… 328
10.4.2 道路工程中的土壤管理 ………………………………………… 328
10.4.3 地基加固与基坑防护中的土壤管理 …………………………… 330
10.4.4 污染土壤处理 …………………………………………………… 332
10.4.5 工程施工中的土壤管理 ………………………………………… 333

10.5 城市污染土壤处置与修复 ……………………………………………… 334
10.5.1 污染地块的概念及其现状 ……………………………………… 334
10.5.2 城市污染土壤修复技术 ………………………………………… 335
10.5.3 地下水修复技术 ………………………………………………… 340

10.6 城市土壤环境管理 ……………………………………………………… 341
10.6.1 土壤环境管理及其污染控制 …………………………………… 341
10.6.2 土壤环境保护面临的主要问题 ………………………………… 342
10.6.3 土壤环境保护与管理对策 ……………………………………… 344

10.7 场地修复案例 …………………………………………………………… 345
10.7.1 调查采样 ………………………………………………………… 345
10.7.2 调查结论 ………………………………………………………… 347
10.7.3 风险评估 ………………………………………………………… 348
10.7.4 场地修复 ………………………………………………………… 349
10.7.5 修复效果评估 …………………………………………………… 353

参考文献 ………………………………………………………………………… 355

索引 ……………………………………………………………………………… 359
城市土壤图谱

第 *1* 章
城市土壤物质组成

土壤由矿物质、有机质、生物、水和空气等物质组成。城市土壤指城市范围内受人类活动,尤其是工矿、交通运输和国防军事等活动影响的土壤,其物质既来源于自然界的恩赐,也来源于人类活动的输入,既继承了自然界土壤物质的特性,也形成了其自身独有的特征。

1.1 人类活动与城市土壤物质来源

1.1.1 工业活动

城市中的工业活动包括建筑、制造、电力、热力、燃气,以及自来水生产和供应、污水处理与废物管理等。这些工业活动产生的固、液、气体及其所携带的各种化学物质均会通过各种途径进入城市土壤。

建筑是城市的组成细胞。城市房屋、道路、港口、桥梁和隧道等的建筑、修缮、拆迁及管道安装等建筑活动将大量使用钢材、木材、竹材、石材、水泥、石灰、石膏、砂浆、陶瓷、玻璃、纤维、橡胶、树脂、塑料和沥青等建筑材料。例如,在城市道路建设中往往需要加固路基,其中的化学加固法就是利用化学溶液或胶结剂,如水泥、石灰等,采用搅拌混合或压力灌注等措施,使土粒胶结起来以达到加固土基的目的;挤密加固也要在土基中钻孔并灌入砂和石灰等材料,再经捣实,从而利用其横向挤压作用使土粒靠紧,形成桩体,提高承载能力;道路铺筑也常用石灰、水泥和砂浆等作为基层材料,同时用沥青和混凝土等作为面层材料(图1-1)。这些建筑材料在道路修筑或使用过程中将部分或全部成为城市土壤组成物质。

城市改造更新过程中不免拆旧建新,从而产生大量建筑垃圾(图1-2),从资源利用与城市美观的角度,这些建筑垃圾常作为回填物质埋入表层土壤之下,成为城市土壤组成部分。

城市主城区或城郊往往拥有大量工厂,其原材料因露天堆放可随风或水进入周围土壤,也会直接混入堆放点的土壤中。生产过程中产生的废气与粉尘可通过沉降进入土壤,产生的废液经处理后因用于城市绿地灌溉而进入土壤,产生的废渣露天堆放,也会混

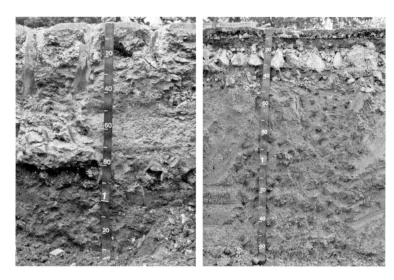

图 1 - 1　城市道路路基与其在土体中的组成(袁大刚摄)

图 1 - 2　城市建筑垃圾与其在土体中的组成(袁大刚摄)

入周边土壤。废渣经资源化循环利用也可进入城市土壤,如酶制剂生产过程中的发酵残渣经处理后可用于盐土改良、养分补充,碱厂排放的碱渣及磷酸生产过程中产生的磷石膏等物质作为园林种植基质成为城市土壤的组成物质(黄明勇等,2007b;2009)。

　　燃煤电厂产生的粉煤灰等物质经常用于城市建设中,如作为路基材料(图 1 - 1)或园林种植基质而成为城市土壤的组成物质(黄明勇等,2007b;2009)。污水处理厂的再生水可用于城市绿地灌溉,经无害化处理的污泥也可用于园林绿化中的盐碱土改良、养分补充(黄明勇等,2009)。

1.1.2　交通运输活动

交通运输包括铁路、公路、水路、航空和管道运输等,它们在运营过程中均会通过不同的方式产生或释放各种物质影响周边的土壤。港口、码头、车站等地煤炭、矿石等物料露天堆放与装卸会通过扬尘等进入城市土壤;车辆运行中汽油、柴油、液化天然气等会因不完全燃烧而排放含铅、黑炭、持久性有机污染物等尾气,进入道路周边土壤,甚至影响更广的范围;汽油和柴油等泄漏会直接进入土壤;轮胎和机械部件磨损会产生一定量的粉尘,并释放锌、铜等元素进入周边土壤;运载的煤炭、矿石等物资也可能因散落地面而进入城市土壤。为了保证冬季公路积雪时的交通畅通,常使用融雪剂,如氯化钙、钙镁乙酸等,它们会随着积雪融化而进入城市土壤。运输管道因施工不慎等原因破损,导致运输物质泄漏,从而进入城市土壤;金属管道本身也可能因腐蚀而使金属元素进入城市土壤。

车辆修理与清洗过程中黏附于车辆上的泥土,泄漏的汽油、柴油、润滑油等石油产品,使用的表面活性剂可能因管理不当,如洗车污泥在洗车场附近堆放而进入城市土壤;报废车辆露天存放、拆解也会使废油、废液、重金属等进入城市土壤。此外,港口疏浚物海湾泥可配制成绿化用土,因而成为城市土壤的组成部分(黄明勇等,2009)。

1.1.3　矿业活动

矿业活动指对矿产的开采与初加工等活动。矿产开采时钻孔、钻井、爆破和采掘等作业产生的废气、粉尘、泥浆可能通过各种途径进入附近的土壤;开采的矿石也可因装卸、露天堆放,或因粉碎、分级、大小分置等活动随大气沉降、雨水冲淋进入土壤,洗选废水也可渗入土壤,采选废渣,如煤矸石长期露天堆放会释放有毒有害物质而进入土壤,作为建筑材料用于城市建设也可进入城市土壤。下面举 2 个矿业活动对城市土壤影响的例子:

1. 石油开采活动

油都大庆,中国陆地最大的油田所在地,采油井遍布市区、近郊等区域,仅市区内就有 9 个采油厂,其中第一采油厂的油水井总数就达 1 万口以上(刘建发和赵学增,2005)。石油开采时产生的钻井泥浆就地排放而浸入土壤,采出液中的含油污水排入沼泽,会污染城市湿地土壤;井喷、管线断裂等生产事故的发生导致落地原油渗入土壤,造成石油和重金属污染。

2. 金属矿开采活动

镍都金昌,中国最大的铜镍硫化物矿床所在地,由于长期的矿冶活动,镍、铜及伴生的铬、钴等重金属元素在城市采矿区、选冶区和尾砂库土壤中富集甚至超标(廖晓勇等,2006)。

1.1.4　军事活动

城市是政治、经济、文化的中心,往往是战役发生的重要场所。战役对城市土壤物质有重要影响,如战争期间使用的火炮、导弹等武器在爆炸时对发电厂、炼油厂、化工厂、化肥厂、居民楼、办公楼、军火库和燃料库等的破坏,将导致建筑材料、生产生活物资等进入城市土壤而引起石油、重金属等污染,其爆炸产物也会随干湿沉降而进入城市土壤;化学炮弹、化学航空炸弹、毒烟筒和散装毒剂等化学武器导致其中的芥子气、二苯氰胂等毒剂进入城市土壤;空投、发射、喷洒携带病菌的炸弹、子弹、炮弹、动物、植物等生物武器使鼠疫杆菌、炭疽杆菌等进入城市土壤;使用贫铀弹甚至原子弹等核武器,还会导致放射性元素铀等进入城市土壤,造成放射性污染。位于城区工厂、学校、居民区或城郊的未爆炸或遗弃武器,因锈蚀或挖掘、搬运导致弹体破损,会发生泄漏而导致弹药直接进入土壤;气态毒剂挥发后随降水进入土壤。战争还可通过破坏植被,导致沙尘天气频发而影响城市土壤。大规模城市战争会导致大量的物资进入城市地区,其中一部分会不可避免地进入城市土壤。

1.1.5 其他

农业包括种植业、畜牧业、林业、渔业等活动。城市种植业投入的肥料、农药、地膜、土壤改良剂等农用物资,产生的植物秸秆等副产物,均是城市土壤的重要物质来源。

城市宠物饲养过程中,动物排泄物进入城市土壤;而城市园林植物的枯枝落叶和修剪的枝叶等废弃物堆肥化后施用于草坪土壤,成为城市土壤的物质来源(沈洪艳等,2014)。

城市居民生活垃圾——废布料、塑料、皮革、煤、煤渣、木炭、动物骨骼、贝壳、玻璃、陶瓷、废弃玩具、灯具、家具、药品和其他生活用品如被不合理处置会进入城市土壤(图1-3)。厨余垃圾等有机固体废弃物堆肥化后施用于草坪(沈洪艳等,2014)而被带入土壤。

由于工业、交通、矿业、军事、农业、居民生活等人类活动广泛而强烈的影响,因此,具有丰富的人工搬运物质、人为改变物质和人工制品是城市土壤的显著特征之一。

图1-3 城市土壤中的生活垃圾等
(袁大刚摄)

1.2 城市土壤物质组成特征

1.2.1 矿物质

土壤矿物质是存在于土壤中的不同大小的矿物颗粒。矿物可分为原生矿物和次生矿物,对土壤黏结性、黏着性、塑性、胀缩性、离子吸附与交换等理化性质有重要影响,在城市工程建设、园林绿化、污染土壤修复等方面具有重要价值。城市土壤矿物具有如下特点：

1. 各城市均继承原有土壤的矿物成分

不同生物气候带及不同母质/母岩发育的城市土壤，其矿物组成不同。城市土壤常见的原生矿物有石英、长石、云母等，次生矿物有蒙脱石、蛭石、伊利石、高岭石及其他间层黏土矿物、针铁矿和赤铁矿等铁的(氢)氧化物矿物(表 1-1)。

表 1-1　世界部分城市土壤矿物组成

大洲	国家/地区	城市	原生矿物	次生矿物	参考文献
北美洲	美国	底特律	长石、石英	伊利石、蛭石、绿泥石、方解石、白云石、磷灰石	Howard and Olszewska, 2011
		辛辛那提	——	伊利石、伊利石-蒙脱石混层矿物、绿泥石、高岭石	Turer et al., 2001
		韦尔斯利	石英、长石、角闪石、辉石	伊利石、绿泥石、铁锰氧化物、红铬铅矿	Clark et al., 2006
	加拿大	萨德伯里	橄榄石、辉石	磁铁矿、赤铁矿、希兹硫镍矿、斑铜矿、磁黄铁矿、尖晶石、铜铁矿、赤铜矿或黑铜矿	Lanteigne et al., 2012
南美洲	巴西	库里蒂巴	石英	高岭石、蛭石、蒙脱石、三水铝石、赤铁矿、针铁矿	Pires et al., 2007
欧洲	英国	纽卡斯尔	石英	方解石、白云石、羟钙石	Washbourne et al., 2012
		阿伯丁	——	高岭石、蛭石、伊利石、绿泥石	Paterson et al., 1996
	德国	普福尔茨海姆	石英、长石、云母	方解石、白云石、高岭石、膨胀性层状硅酸盐矿物	Norra et al., 2006
	意大利	那不勒斯	黑云母、透长石、石榴子石、辉石、白榴石	埃洛石	Imperatoa et al., 2003
		巴勒莫	石英、长石	方解石、白云石、黏土矿物	Manta et al., 2002
	瑞士	法伦	白云母	方铅矿、白铅矿、水白铅矿、磁铅矿、黄铁矿、毒砂、绿泥石等	Lin et al., 1998
	西班牙	穆尔西亚	石英、长石、云母	方解石、白云石、高岭石、针铁矿	Acosta et al., 2009

大洲	国家/地区	城市	原生矿物	次生矿物	参 考 文 献
		格拉纳达	石英、斜长石、钾长石、云母	方解石、白云石、高岭石、蒙脱石、伊利石、绿泥石、针铁矿、赤铁矿	Delgado et al., 2007
	葡萄牙	里斯本	石英、钾长石、斜长石、沸石	方解石、白云石、高岭石、蒙脱石、伊利石、蛋白石、菱铁矿、黄铁矿、磁铁矿、磁赤铁矿、赤铁矿、硬石膏	Costa et al., 2012
	克罗地亚	希贝尼克	石英	方解石、高岭石、伊利石、铝土	Orescanin et al., 2009
	俄罗斯	莫斯科	——	磁铁矿、磁赤铁矿	Vodyanitskii, 2010
亚洲	中国	青岛	石英、钾长石、斜长石、云母	方解石、高岭石、蒙脱石、蛭石、绿泥石	Norra et al., 2008
		徐州	石英、长石	方解石、高岭石、蒙脱石、伊利石、绿泥石	Wang et al., 2006
	印度	孟买	——	高岭石、蒙脱石、伊利石	Ratha and Sahu, 1993
	伊朗	克尔曼	——	黏粒矿物、方解石、石膏、岩盐和其他次要矿物	Hamzeh et al., 2011
	约旦	富海斯	石英、长石、黑云母、辉石	方解石、高岭石、蒙脱石、伊利石	Banat et al., 2005
大洋洲	澳大利亚	悉尼	石英、长石、金红石	方解石、白云石、羟钙石、高岭石、红锌矿、水白铅矿、水合硫酸铅氧化物、重晶石、锐钛矿、赤铁矿	Halim et al., 2005
非洲	尼日利亚	伊巴丹	石英、长石、云母	菱镁矿、斑铜矿、水铜铝矾	Odewande and Abimbola, 2008
	摩洛哥	贝尼迈拉勒	——	赤铁矿、磁铁矿、针铁矿	El Baghdadi et al., 2012

2. 不同城市因同样的人类活动而具有相同的矿物成分

由于建筑材料石灰的使用,城市土壤普遍存在方解石、白云石等矿物(表1-1),其主要成分碳酸钙使城市土壤呈中性和碱性,对磷有效性和重金属活性有抑制作用,对土壤其他矿质颗粒具有显著固结作用,因而在改善城市土壤质量和维护城市植物正常生长方面具有重要意义。由于煤的广泛使用,其产物粉煤灰和煤渣通过各种途径进入土壤,使得城市土壤中含有磁铁矿等矿物(Howard and Orlicki, 2016)。

3. 受某些特殊人类活动影响,城市土壤中存在独特的矿物成分

人工制品风化形成的矿物很难在自然土壤中找到,或者其化学组成与自然土壤中的矿物有较大差异(Huot et al., 2015)。如在制碱废弃物发育的土壤中检测到自然界罕见的钙矾石、水铝钙石、水滑石、风硬石等矿物(Grünewald et al., 2007);高炉污泥风化形成的铝硅酸盐矿物较自然风化形成的铝硅酸盐矿物的 Al/Si 率低(Huot et al., 2013)。被污染的城市土壤中也存在某些独特的矿物成分,如方铅矿、白铅矿、水白铅矿、磁铅石、黄铁矿和毒砂等矿物(Lin et al., 1998);磁铁矿的存在往往指示土壤污染的发生(Vodyanitskii, 2010)。此外,城市土壤中的砷可能被铝氧化物吸附,继而转化成砷铝石(Landrot et al., 2012);在修复铅污染的城市土壤时,添加磷酸或磷酸盐可形成磷氯铅矿(Yang and Mosby, 2006)。

4. 城市土地利用方式影响矿物组成与含量

城市特殊的土地利用方式会改变其所在区域土壤的矿物组成与含量。如在青岛砂岩发育的土壤中,膨胀性硅酸盐和碳酸盐含量(方解石和白云石)为城市内部＞郊区森林,而石英和长石含量为郊区森林＞城市内部(Norra et al., 2006)。南京市土壤碳酸盐含量为城市绿地＞蔬菜地(袁大刚,2006)。不同土地利用类型还可影响矿物在土壤中分布的深度范围(Norra et al., 2006)。

1.2.2　有机物质

土壤有机物质是土壤中形成和外部加入的所有有机物质的总称,在保持与提供养分及提高养分有效性,改良土壤结构,调节土壤水、气、热状况,改善土壤缓冲性等方面有重要作用。城市土壤有机物质的来源、组成和含量与城市性质、发展水平及居民生活习惯等密切相关。

1. 城市土壤有机物质来源多样

城市土壤有机物质除来源于微生物、根系及其分泌物、动物残体外,各种有机肥料、农药与土壤改良剂等也是重要来源。城市土壤中存在塑料、煤炭、木炭、焦炭和烟炱等有机物质,表明城市道路建设中沥青的使用、交通运输中化石燃料的燃烧、居民生活垃圾处理与泄露等也是城市土壤有机质来源之一(Howard and Orlicki, 2016; Rushdi et al., 2005, 2006)。

2. 城市土壤有机物质种类繁多

植被是城市土壤有机物质主要的自然来源,由正链烷醇、正链烷酸、正构烷烃、三萜类化合物、甲基链烷酸酯和甾醇等构成;交通排放、烹饪排放和废弃塑料制品是城市土壤主要的人为来源,由正构烷烃、藿烷、甾烷、增塑剂、胆固醇和结构不明的有机物质等构成(Rushdi et al.,2005,2006)。CPMAS^{13}C - NMR 法研究结果显示,城市土壤有机物质由烷基、甲氧基、羟基、芳香基、酚醛基、羧基等构成,其中烷基含量较低,而芳香基含量较高(Beyer et al., 2001)。

黑碳是城市土壤中有机物质的重要组成部分(Song et al., 2002),它是由化石燃料和生物质不完全燃烧生成的、具有高度芳香化结构的物质(Schmidt and Noac, 2000),在城市土壤中广泛分布,对重金属、多环芳烃(PAHs)等也有很强的吸附作用(He and Zhang, 2009；Liu et al., 2011；Wang, 2010)。

城市土壤中还有一类特殊的有机物质——持久性有机污染物(POPs),包括多环芳烃、多氯联苯、二噁英等。多环芳烃、多氯联苯等持久性有机污染物的浓度随人类影响强度增大而提高,在工业区土壤和住宅区的花园土壤中浓度最高(Krauss and Wilcke, 2003)。由于持久性有机污染物对环境危害巨大,因此引起了人们的极大关注(Cachada et al., 2012；Tang et al., 2005)。

1.2.3　生物多样性

土壤中生活着丰富的生物类群,它们参与土壤的形成过程,调节土壤有机质的动态和温室气体的释放,改变土壤物理结构和水文系统,是土壤养分循环的主要推动者,还是各种土壤污染物质的分解者和转化者。

1. 城市土壤生物多样性丰富

城市土壤中既有病毒、细菌、真菌等微生物分布,也有扁形、轮形、线形、环节、软体、节肢动物等生存。在其他生物生存的地方都能发现病毒的存在,在离体条件下病毒也能以无生命的化学大分子状态长期存在并保持其侵染活性,它是细菌群落结构和生物地球化学循环的重要调控者。在城市土壤中既检测到变形菌、放线菌(Iizuka et al., 1998)、固氮菌(Skvortsova et al., 2006)等门类的细菌,也检测到霉菌(黄明勇等,2007a)和酵母菌(Skvortsova et al., 2006)等真菌。菌根是真菌和植物根的共生联合体,可根据形态分为内生菌根和外生菌根。城市土壤中既有内生菌根(Kelkar and Bhalerao, 2013),也有外生菌根(Jumpponen et al., 2010)。城市土壤中动物多样性也非常丰富,已监测到扁形动物、轮形动物(王强等,2012)、线虫纲、寡毛纲等线形动物和环节动物(Santorufo et al., 2012),腹足纲等软体动物(Clergeau et al., 2011),蛛形纲、软甲纲、倍足纲、唇足纲、综合纲、双尾纲、弹尾纲、昆虫纲(Santorufo et al., 2012)、原尾纲(Christian and Szeptycki, 2004)等节肢动物。

2. 有害生物威胁城市土壤健康状况

受医院垃圾、污水及宠物排泄物等影响,城市土壤可能存在有害生物,从而对人类健康构成威胁。城市土壤中还检测到皮肤真菌,其中一些物种是人类和动物皮肤癣的病原体(Da Silva Pontes and Oliveira, 2008)。城市土壤中还存在寄生虫及其虫卵,如蛔虫、钩虫(Azian et al., 2008)、绦虫(Gürel et al., 2005)、线虫及线虫卵(Stojčević et al., 2010)和蠕虫(Thevenet et al., 2004)。必须采取相应的措施,如控制流浪动物、处理被感染的宠物、收集动物粪便、减少寄生虫污染、加强监测、进行卫生教育、改善卫生条件等,以保护城市居民健康。

3. 城市土壤生物多样性受多种因素影响

功能区类型、植物类群或配置模式、时间与季节、土壤性质与类型等是影响城市土壤生物类型、数量等的重要因素。

（1）功能区类型　城市不同功能区的土壤生物种类或类群存在差异,如开封城市绿地和文教用地土壤动物优势类群为弹尾目、前气门亚目和线虫,居住用地为弹尾目和前气门亚目,而工业用地为弹尾目和线虫(宋博等,2007),某些物种仅出现于某种土地利用形式的土壤中(McIntyre et al., 2001)。土壤生物数量和密度也受功能区的影响,如俄罗斯基洛夫城市土壤放线菌数量表现为娱乐区＞交通区＞工业区(Shirokikh et al., 2011);上海宝山钢铁公司内土壤动物总密度表现为生产区＞过渡区＞办公区(王金凤等,2007)。城市土壤中生物数量还受各功能区人为活动强度影响,如罗马尼亚的雅西市土壤微生物数量表现为高度人为扰动的接触区、广场、道路两侧和工业区＜城市化影响较小的园地、公园和庭院土壤(Matei et al., 2006)。

（2）植物类群或配置模式　首先是植物类群对生物的影响。研究表明,城市毛白杨林下土壤微生物群落多样性指数显著低于柏树林(陈帅等,2012);土壤微生物总量为樟树林＞马尾松林,且均以细菌占绝对优势,但组成比例不同：在樟树林下的土壤中细菌、放线菌和真菌分别占总菌数的73.6％、25.1％和1.3％,而在马尾松林下为78.2％、12.2％和9.7％(多祎帆等,2011)。其次是群落配置模式对生物的影响。研究表明,土壤微生物数量为灌＋草＞乔木＞乔＋草＞草坪;在不同植物配置下,芽孢杆菌、放线菌和真菌的组成、优势种的组合也存在显著差异(黄明勇等,2007a)。

（3）时间与季节　城市建成时间对土壤生物群落有重要影响。在未污染或未严重污染的区域,若建成时间越早,则土壤动物种群和数量越多;而严重污染的工业区等地则情况相反,如美国爱达荷州莫斯科的城市土壤中蚯蚓密度表现为老居民区(121 条/m²)远大于新居民区(26 条/m²)(Smetak et al., 2007);上海外环沿线的城区建成年份越早,香樟群落下的土壤动物多样性指数越高,而污染较重的工业区则完全相反(王强等,2012)。季节变化对土壤生物种群和数量的影响也很明显,一般是秋季多于春季,冬季多于夏季,如芬兰北部城市奥卢在被硫污染的欧洲赤松林枯叶层中,线虫的数量呈秋季多于春季的特点(Ohtonen et al., 1992);上海宝山钢铁公司内凋落物中土壤动物数量的季节变化为冬季＞秋季＞夏季＞春季,而类群数量为冬季＝秋季＞夏季＝春季(王金凤等,2007);广州天河区城市化林地、人工绿地中小型土壤动物的个体数总量为秋季＞春季＞冬季＞夏季(秦钟等,2009)。

（4）土壤性质与类型　城市人类活动通过改变土壤有机质、养分和重金属含量等性质,也能导致城市土壤环境中微生物群落水平的变化(Jumpponen et al., 2010)。其中,土壤 pH、有机质、水分、养分和盐分含量等是影响生物种类和数量的主要性质。如土壤中蚯蚓密度和生物量与 pH 呈负相关,而线蚓密度与全磷含量呈正相关(Pižl et al., 2009);弹尾虫和线虫的种类和数量在高有机质和高水分含量的土壤中更多(Santorufo et al.,2012)。城市土壤微生物量主要受土壤养分状况影响(Zhao et al.,2012b),土壤含氮量能很好地预测城市土壤微生物多度(McCrackin et al.,2008);在盐渍土地区的城市土壤中,细菌与土壤全盐含量呈显著负相关,而与土壤有机质含量呈极显著正相关(黄明勇等,2007a)。

城市土壤中往往重金属种类多、含量高,易对土壤生物带来较大影响。首先,不同生物对重金属的容忍性有差异,如等足目能忍耐金属污染,蚁科主要生活于金属含量低的土壤中(Santorufo et al.,2012),而球角跳科对重金属污染敏感,甚至可作为重金属污染的指示生物(白义等,2011)。其次,重金属污染能对土壤动物多样性构成严重威胁,土壤动物群落的类群和个体数量随污染程度的加重而减少。一般在严重污染区稀少,而在轻度污染区密度大、群落多样性高,稀有类群大量出现(白义等,2011),如蚯蚓的种类和数量随着土壤重金属污染程度的增加而明显减少(王振中等,1994)。土壤微生物活性也受重金属污染影响,表现为土壤污染程度越重,土壤微生物活性越低(Papa et al.,2010)。

(5) 其他干扰 城市工程建设、再生水以及固体废弃物的利用、土壤封闭和人为践踏等均会影响城市中的生物。如工程建设导致美国印第安纳州一工地土壤中原有20种蚂蚁中的17种消失(Buczkowski and Richmond,2012);利用再生水灌溉使得城市土壤微生物优势类群及亚优势类群多度增加,对再生水敏感的非优势类群失去原有的地位,另外一部分偶见类群出现或消失,群落多样性最终增加(郭道宇等,2006)。又如,将海湾泥、碱渣和粉煤灰混合作为园林种植基质,使用后,其氮素生理类群的数量显著高于作为对照的滨海盐土(黄明勇等,2007b)。土壤封闭也可影响土壤生物量(Zhao et al.,2012a)。此外,行人走路也可显著减少线蚓密度和群落构成(Pižl and Schlaghamerský,2007)。

参考文献

白义,施时迪,齐鑫,等.2011.台州市路桥区重金属污染对土壤动物群落结构的影响.生态学报,31(2):421-430.

陈帅,王效科,逯非.2012.城市与郊区森林土壤微生物群落特征差异研究.土壤通报,43(3):614-620.

多祎帆,王光军,刘亮,等.2011.长沙市城市森林生态系统土壤微生物数量特征分析.中南林业科技大学学报,31(5):178-183.

郭道宇,董志,宫辉力.2006.再生水灌溉对草坪土壤微生物群落的影响.中国环境科学,26(4):482-485.

黄明勇,杨剑芳,王怀锋,等.2007a.天津滨海盐碱土地区城市绿地土壤微生物特性研究.土壤通报,38(6):1131-1135.

黄明勇,王怀锋,路福平,等.2007b.海湾泥、碱渣和粉煤灰作为园林种植基质的氮素生理类群及生化作用研究.农业环境科学学报,26(4):1522-1526.

黄明勇,张民胜,张兴,等.2009.滨海盐碱地地区城市绿化技术途径研究——天津开发区盐滩绿化20年回顾.中国园林,25(9):7-10.

廖晓勇,陈同斌,武斌,等. 2006. 典型矿业城市的土壤重金属分布特征与复合污染评价——以"镍都"金昌市为例. 地理研究,25(5): 843 - 852.

刘建发,赵学增. 2005. 浅谈大庆油田城市规划中须考虑的几个问题. 石油规划设计,16(4): 20 - 21.

秦钟,章家恩,李庆芳. 2009. 城市化地区不同生境下中小型土壤动物群落结构特征. 应用生态学报,20(12): 3049 - 3056.

沈洪艳,李敏,杨金迪,等. 2014. 餐厨垃圾和绿化废弃物混合堆肥的试用. 环境工程学报,8(7): 2997 - 3004.

宋博,马建华,李剑,等. 2007. 开封市土壤动物及其对土壤污染的响应. 土壤学报,44(3): 529 - 535.

王金凤,由文辉,易兰. 2007. 上海宝钢工业区凋落物中土壤动物群落结构及季节变化. 生物多样性,15(5): 463 - 469.

王强,罗燕,靳亚丽,等. 2012. 上海市外环林带秋季不同区域土壤动物群落结构. 生态与农村环境学报,28(6): 669 - 674.

王振中,胡觉莲,张友梅,等. 1994. 湖南省清水塘工业区重金属污染对土壤动物群落生态影响的研究. 地理科学,14(1): 64 - 72.

袁大刚. 2006. 城市土壤形成过程与系统分类研究——以南京市为例. 南京：中国科学院南京土壤研究所. 博士学位论文.

Acosta J A, Faz Cano A, Arocena J M, et al. 2009. Distribution of metals in soil particle size fractions and its implication to risk assessment of playgrounds in Murcia City (Spain). Geoderma, 149(1 - 2): 101 - 109.

Azian M N, Sakhone L, Hakim S L, et al. 2008. Detection of Helminth infections in dogs and soil contamination in rural and urban areas. Southeast Asian Journal of Tropical Medicine and Public Health, 39(2): 205 - 212.

Banat K M, Howari F M, Al-Hamad A A. 2005. Heavy metals in urban soils of central Jordan: Should we worry about their environmental risks? Environmental Research, 97(3): 258 - 273.

Beyer L, Kahle P, Kretschmer H, et al. 2001. Soil organic matter composition of man-impacted urban sites in North Germany. Journal of Plant Nutrition and Soil Science, 164(4): 359 - 364.

Buczkowski G, Richmond D S. 2012. The effect of urbanization on ant abundance and diversity: A temporal examination of factors affecting biodiversity. PLoS One, 7(8): 1 - 9.

Cachada A, Pato P, Rocha-Santos T, et al. 2012. Levels, sources and potential human health risks of organic pollutants in urban soils. Science of the Total Environment, 430: 184 - 192.

Christian E, Szeptycki A. 2004. Distribution of Protura along an urban gradient in Vienna. Pedobiologia, 48(5 - 6): 445 - 452.

Clark H F, Brabander D J, Erdil R M. 2006. Sources, sinks, and exposure pathways of lead in urban garden soil. Journal of Environmental Quality, 35(6): 2066 - 2074.

Clergeau P, Tapko N, and Fontaine B. 2011. A simplified method for conducting ecological studies of land snail communities in urban landscapes. Ecology Research, 26(3): 515 - 521.

Costa C, Reis A P, Ferreira da Silva E, et al. 2012. Assessing the control exerted by soil mineralogy in the fixation of potentially harmful elements in the urban soils of Lisbon, Portugal. Environmental

Earth Sciences, 65(4): 1133 – 1145.

Da Silva Pontes Z B V, Oliveira A C. 2008. Dermatophytes from urban soils in João Pessoa, Paraíba, Brazil. Revista Argentina de Microbiología, 40(3): 161 – 163.

Delgado R, Martin-Garcia J M, Calero J, et al. 2007. The historic man-made soils of the generalife garden (La Alhambra, Granada, Spain). European Journal of Soil Science, 58(1): 215 – 228.

El Baghdadi M, Barakat A, Sajieddine M, et al. 2012. Heavy metal pollution and soil magnetic susceptibility in urban soil of Beni Mellal City (Morocco). Environmental Earth Sciences, 66(1): 141 – 155.

Gürel F S, Ertuğ S, Okyay P. 2005. Prevalence of Toxocara spp. eggs in public parks of the city of Aydın, Turkey. Türkiye Parazitoloji Dergisi, 29(3): 177 – 179.

Grünewald G, Kaiser K, Jahn R. 2007. Alteration of secondary minerals along a time series in young alkaline soils derived from carbonatic wastes of soda production. Catena, 71(3): 487 – 496.

Halim C E, Scott J A, Amal R, et al. 2005. Evaluating the applicability of regulatory leaching tests for assessing the hazards of Pb-contaminated soils. Journal of Hazardous Materials, 120(1 – 3): 101 – 111.

Hamzeh M A, Aftabi A, Mirzaee M. 2011. Assessing geochemical influence of traffic and other vehicle-related activities on heavy metal contamination in urban soils of Kerman city, using a GIS-based approach. Environmental Geochemistry and Health, 33(6): 577 – 594.

He Y, Zhang G L. 2009. Historical record of black carbon in urban soils and its environmental implications. Environmental Pollution, 157(10): 2684 – 2688.

Howard J L, Olszewska D. 2011. Pedogenesis, geochemical forms of heavy metals, and artifact weathering in an urban soil chronosequence, Detroit, Michigan. Environmental Pollution, 159(3): 754 – 761.

Howard J L, Orlicki K M. 2016. Composition, micromorphology and distribution of microartifacts in anthropogenic soils, Detroit, Michigan, USA. Catena, 138: 103 – 116.

Huot H, Simonnot M O, Marion P, et al. 2013. Characteristics and potential pedogenetic processes of a Technosol developing on iron industry deposits. Journal of Soils and Sediments, 13(3): 555 – 568.

Huot H, Simonnot M O, More J L, et al. 2015. Pedogenetic trends in soils formed in technogenic parent materials. Soil Science, 180(4 – 5): 182 – 192.

Iizuka T, Yamanaka S, Nishiyama T, et al. 1998. Isolation and phylogenetic analysis of aerobic copiotrophic ultramicrobacteria from urban soil. Journal of General and Applied Microbiology, 44(1): 75 – 84.

Imperatoa M, Adamo P, Naimo D et al. 2003. Spatial distribution of heavy metals in urban soils of Naples city (Italy). Environmental Pollution, 124(2): 247 – 256.

Jumpponen A, Jones K L, Mattox D, et al. 2010. Massively parallel 454-sequencing of fungal communities in Quercus spp. Ectomycorrhizas indicates seasonal dynamics in urban and rural sites. Molecular Ecology, 19: 41 – 53.

Kelkar T S, Bhalerao S A. 2013. Incidences of Arbuscular Mycorrhizal Fungi (AMF) in urban farming of Mumbai and Suburbs, India. International Research Journal of Environment Sciences, 2(1): 12 – 18.

Krauss M, Wilcke W. 2003. Polychlorinated naphthalenes in urban soils: analysis, concentrations, and relation to other persistent organic pollutants. Environmental Pollution, 122(1): 75 – 89.

Landrot G, Tappero R, Webb S M, et al. 2012. Arsenic and chromium speciation in an urban contaminated soil. Chemosphere, 88(10): 1196 – 1201.

Lanteigne S, Schindler M, McDonald A M, et al. 2012. Mineralogy and weathering of smelter-derived spherical particles in soils: Implications for the mobility of Ni and Cu in the surficial environment. Water, Air, & Soil Pollution, 223(7): 3619 – 3641.

Lin Z, Harsbo K, Ahlgren M, et al. 1998. The source and fate of Pb in contaminated soils at the urban area of Falun in central Sweden. The Science of the Total Environment, 209(1): 47 – 58.

Liu S, Xia X, Zhai Y, et al. 2011. Black carbon (BC) in urban and surrounding rural soils of Beijing, China: Spatial distribution and relationship with polycyclic aromatic hydrocarbons (PAHs). Chemosphere, 82(2): 223 – 228.

Manta D S, Angelone M, Bellanca A, et al. 2002. Heavy metals in urban soils: a case study from the city of Palermo (Sicily), Italy. The Science of the Total Environment, 300(1 – 3): 229 – 243.

Matei G M, Matei S, Breabăn I G, et al. 2006. Microbial characteristics of urban soil from Iassy municipium. Soil Forming Factors and Processes from the Temperate Zone, 5: 63 – 77.

McCrackin M L, Harms T K, Grimm N B, et al. 2008. Responses of soil microorganisms to resource availability in urban, desert soils. Biogeochemistry, 87(2): 143 – 155.

McIntyre N E, Rango J, Fagan W F, et al. 2001. Ground arthropod community structure in a heterogeneous urban environment. Landscape and Urban Planning, 52(4): 257 – 274.

Norra S, Fjer N, Li F, et al. 2008. The influence of different land uses on mineralogical and chemical composition and horizonation of urban soil profiles in Qingdao, China. Journal of Soils and Sediments, 8(1): 4 – 16.

Norra S, Lanka-Panditha M, Kramar U, et al. 2006. Mineralogical and geochemical patterns of urban surface soils, the example of Pforzheim, Germany. Applied Geochemistry, 21(12): 2064 – 2081.

Odewande A A, Abimbola A F. 2008. Contamination indices and heavy metal concentrations in urban soil of Ibadan metropolis, southwestern Nigeria. Environmental Geochemistry and Health, 30(3): 243 – 254.

Ohtonen R, Ohtonen A, Luotonen H, et al. 1992. Enchytraeid and nematode numbers in urban, polluted Scots pine (Pinussylvestris) stands in relation to other soil biological parameters. Biology and Fertility of Soils, 13(1): 50 – 54.

Orescanin V, Medunic G, Tomasic N, et al. 2009. The influence of aluminium industry and bedrock lithology on the oxide content in the urban soil of Sibenik, Croatia. Environmental Earth Sciences, 59(3): 695 – 701.

Papa S, Bartoli G, Pellegrino A, et al. 2010. Microbial activities and trace element contents in an urban soil. Environmental Monitoring and Assessment, 165(1 – 4): 193 – 203.

Paterson E, Sanka M, Clark L. 1996. Urban soils as pollutant sinks — a case study from Aberdeen, Scotland. Applied Geochemistry, 11(1 – 2): 129 – 131.

Pires A C D, Melo V F, Lima V C, et al. 2007. Major soil classes of the metropolitan region of Curitiba (PR), Brazil: I. Mineralogical characterization of the sand, silt and clay fractions. Brazilian Archives of Biology and Technology, 50(2): 169 – 181.

Pižl V and Schlaghamerský J. 2007. The impact of pedestrian activity on soil annelids in urban greens. European Journal of Soil Biology, 43: S68 – S71.

Pižl V, Schlaghamerský J, Tříska J. 2009. The effects of polycyclic aromatic hydrocarbons and heavy metals on terrestrial annelids in urban soils. Pesquisa Agropecuaria Brasileira, 44(8): 1050 – 1055.

Ratha D S, Sahu B K. 1993. Source and distribution of metals in urban soil of Bombay, India, using multivariate statistical techniques. Environmental Geology, 22(3): 276 – 285.

Rushdi A I, Al-Mutlaq K, Simoneit B R T. 2005. Sources of organic compounds in fine soil and sand particles during winter in the metropolitan area of Riyadh, Saudi Arabia. Archives of Environmental Contamination and Toxicology, 49(4): 457 – 470.

Rushdi A I, Al-Mutlaq K, Simoneit B R T. 2006. Chemical compositions and sources of organic matter in fine particles of soils and sands from the vicinity of Kuwait city. Environmental Monitoring and Assessment, 120(1 – 3): 537 – 557.

Santorufo L, Van Gestel C A M, Rocco A, et al. 2012. Soil invertebrates as bioindicators of urban soil quality. Environmental Pollution, 161: 57 – 63.

Schmidt M W I, Noac A G. 2000. Black carbon in soils and sediments: Analysis, distribution, implication, and current challenges. Global Biogeochemistry Cycles, 14(3): 777 – 793.

Shirokikh I G, AshikhminaT Y and Shirokikh A A. 2011. Specificity of Actinomycetal complexes in Urbanozems of the city of Kirov. Eurasian Soil Science, 44(2): 180 – 185.

Skvortsova I N, Rappoport A V, Prokofieva T V, et al. 2006. Biological properties of soils in the Moscow State University Botanical Garden: The Branch on Prospekt Mira. Eurasian Soil Science, 39(7): 771 – 778.

Smetak K M, Johnson-Maynard J L, Lloyd J E. 2007. Earthworm population density and diversity in different-aged urban systems. Applied Soil Ecology, 37(1 – 2): 161 – 168.

Song J Z, Peng P A, Huang W L. 2002. Black carbon and kerogen in soils and sediments. 1. Quantification and characterization. Environmental Science and Technology, 36(18): 3960 – 3967.

Stojčević D, Sušić V, Lučinger S. 2010. Contamination of soil and sand with parasite elements as a risk factor for human health in public parks and playgrounds in Pula, Croatia. Veterinarski Arhiv, 80(6): 733 – 742.

Tang L, Tang X Y, Zhu Y G, et al. 2005. Contamination of polycyclic aromatic hydrocarbons (PAHs) in urban soils in Beijing, China. Environment International, 31(6): 822 – 828.

Thevenet P S, Nancufil A, Oyarzo C M, et al. 2004. An eco-epidemiological study of contamination of soil with infective forms of intestinal parasites. European Journal of Epidemiology, 19(5): 481 – 489.

Turer D, Maynard J B, Sansalone J J. 2001. Heavy metal contamination in soils of urban highways: Comparison between runoff and soil concentrations at Cincinnati, Ohio. Water, Air, & Soil Pollution, 132(3 – 4): 293 – 314.

Vodyanitskii Y N. 2010. Iron minerals in urban soils. Eurasian Soil Science, 43(12): 1410 – 1417.

Wang X S. 2010. Black carbon in urban topsoils of Xuzhou (China): environmental implication and magnetic proxy. Environmental Monitoring and Assessment, 163(1 – 4): 41 – 47.

Wang X S, Qin Y, Chen Y K. 2006. Heavy meals in urban roadside soils, part 1: effect of particle size fractions on heavy metals partitioning. Environmental Geology, 50(7): 1061 – 1066.

Washbourne C L, Renforth P, Manning D A C. 2012. Investigating carbonate formation in urban soils as a method for capture and storage of atmospheric carbon. Science of the Total Environment, 431: 166 – 175.

Yang J, Mosby D. 2006. Field assessment of treatment efficacy by three methods of phosphoric acid application in lead-contaminated urban soil. Science of the Total Environment, 366(1): 136 – 142.

Zhao D, Li F, Wang R, et al. 2012a. Effect of soil sealing on the microbial biomass, N transformation and related enzyme activities at various depths of soils in urban area of Beijing, China. Journal of Soils and Sediments, 12(4): 519 – 530.

Zhao D, Li F, Wang R. 2012b. The effects of different urban land use patterns on soil microbial biomass nitrogen and enzyme activities in urban area of Beijing, China. Acta Ecologica Sinica, 32(3): 144 – 149.

第2章
城市土壤形成与分类

　　土壤分类是土壤科学发展水平的反映、土壤调查制图的基础、土壤技术传播的依据和土壤学学术交流的媒介。土壤形成过程研究可以帮助我们选择具体的指标及其界限,形成过程研究得愈深入、愈具体,所建立的土壤分类系统基础就愈扎实。伴随着全球城市化的推进,城市土壤逐渐得到重视,其形成过程与系统分类研究在世界各国陆续开展并取得较大进展。然而,由于城市土壤形成条件的复杂多样性,其分类还处于探索阶段,在世界范围内尚未形成完善和统一的体系。

2.1　城市土壤的形成

2.1.1　成土因素

　　气候、生物、地形、母质和时间被称为五大成土因素,人类活动被称为第六大成土因素(Dudal,2005)。人类活动通过对五大成土因素的作用而影响土壤的发育。在城市建设中,人类强烈的扰动和外源物质的大量添加能够直接改变城市土壤的特性及形成过程。

　　1. 气候

　　气候主要通过温度和水分这两个基本要素影响城市土壤有机质积累和矿物质转化、迁移与淀积等成土过程,并影响土壤发育速率和轨迹(Huot et al.,2015)。"热岛效应"使城市土壤温度升高;城市由于下垫面多为不透水层、植被覆盖度较低而蒸散量较小(史军等,2011);同时,灌溉与径流等输入使城市土壤有更高的水分收入。这样,相对温暖和潮湿的城市环境,有利于城市土壤的快速发育(Leguédois et al.,2016)。不过,城市土壤水分状况也会出现相反的情况——由于封闭与压实,城市土壤渗透率低,降水通过径流进入雨水管道而被排走,地下水位随之下降,又进一步减少了土壤水分供应,在湿度适中的平原地区,城市土壤比非城市土壤更干,表现出"水文干旱"现象,有机质积累等成土过程受到抑制(Pickett and Cadenasso,2009;Scalenghe and Marsan,2009)。从土壤水分运动的特点来看,城市土壤很大程度上会偏离所在气候区的一般规律,即无论是土壤所接受的降水输入还是土壤内部的水分运动过程,城市土壤会更容易受地表封闭状况和局部排水因素的影响。

2. 生物

生物包括植物、动物和微生物等类型。城市化过程导致土著物种减少,外来物种增加,同质化现象突出(McKinney, 2006)。城市生物提供重要的生态系统服务功能,也是最活跃的成土因素,影响着土壤有机质的积累与分布、养分循环与风化淋溶、有机无机复合体和结构的形成、酸碱度的改变等(Pickett and Cadenasso, 2009;Huot et al., 2015;Leguédois et al., 2016)。反过来,城市土壤往往由于理化性质不良、养分缺乏、有毒物质积累对生物有重要的限制作用,从而影响有机质积累等成土过程,延缓土壤的发育(Huot et al., 2015)。

3. 地形

地形影响地表水热条件和成土母质的再分配,从而间接影响成土过程和土壤属性。城市工程建设、园林绿化等常改变城市地形,使得经典的土壤—地形关系弱化。然而,在通过挖掘与填充等活动塑造人工地形的过程中,城市土壤剖面则表现高度的空间异质性(Leguédois et al., 2016;Pickett and Cadenasso, 2009)。

4. 母质

母质是土壤形成的物质基础,影响成土速率、性质和方向,并影响土壤的矿物组成、化学组成和颗粒组成等土壤属性。城市土壤除继承自然界原有的母质外,人类往往还通过工矿业、城市建设、交通运输、国防军事等活动将"人为搬运物质(human-transported materials)""人为改造物质(human-altered materials)"和"人工制品(artifacts/artefacts)"(ICOMANTH, 2006;Soil Survey Staff, 2014;Huot et al., 2015),如木炭、炉渣、粉煤灰、沥青、石灰、水泥、陶瓷与玻璃碎片、铁钉、骨骼、塑料、涂料等引入城市土壤(Howard and Orlicki, 2016;Huot et al., 2015),成为城市土壤形成的物质基础。交通、制造、建筑及电力与热力生产过程中产生的降尘也是城市成土母质之一(Prokofieva et al., 2016)。与自然界的物质相比,它们既有相似性,也有差异性。城市土壤中通过风化作用形成的矿物类型,有些在自然界很难被观察到,有些与自然土壤中观察到的矿物在化学组成上有差异,或者一些矿物组合在自然条件下几乎不可能发生。由于这些矿物的存在状态未与现代地表条件达到平衡,城市土壤在早期成土阶段往往高速发育。当然,城市土壤成土速率与方向受母质类型多样性、空间变异性和时间不连续性的影响很大(Huot et al., 2015;Leguédois et al., 2016),如非均匀母质发育的土壤,其颗粒组成和化学组成的不均一性,将影响水分运行状况的不均一性,进而影响土壤中物质淋溶与淀积过程,影响土壤发育的速率和方向。城市土壤母质的多样性也影响了土壤形成过程的途径。如富含有机质的母质,以土壤有机质形成和分解占主导,而含硅酸钙水泥的母质则会促进碳酸钙的形成。

5. 时间

时间是重要的成土因素。时间对成土过程有两方面的意义:一是其他成土因素随时间而变化,二是土壤发育状况和发生学属性随时间而变化。矿物风化、有机质积累与分解、生物群落定居与繁衍等过程都需要时间(Pickett and Cadenasso, 2009)。如城市土壤表层有机质含量随时间延长而提高(Howard and Olszewska, 2011);城郊菜地土壤全磷和有效磷均随着种菜年限的延长而富集(沈汉,1990)。此外,时间也是重金属积累的重要因素(Chen et al., 2005;张民和龚子同,1996)。城市土壤,尤其是以人为搬运物质、人为改造物质和人工制品为母质发育的城市土壤,相对于自然土壤来说,发育时间都很短,属于年轻的土壤,具有较高的成土速率(Leguédois et al., 2016)。

6. 人类活动

人类活动也是重要的成土因素。在城市背景下,土壤受人类活动的影响更为强烈,人类通过制造、建筑、交通、战争等活动改变城市土壤形成的物质基础、地表形态、气候条件和生物多样性,改变成土方向、过程和速率,改变土壤属性(Yang and Zhang, 2015)。如 Hou et al. (1935)于河北定县土壤调查中曾记载了城市环境下的人为改造土壤(human altered soil),这种土壤没有可辨认的发生层,且石灰含量高。城郊种植蔬菜,由于耕作、施肥、灌溉等活动,使土壤有机质积累,磷素富集,结构改善,形成肥熟旱耕人为土(龚子同等,1999)。城区的道路、房屋建设,使原有土层被破坏、剥离,新的人为物质被大量掺入;土壤被压实固化,孔隙度减小(李玉和,1997)。地表被硬化和封闭,土壤的温度状况(Mount, 2003)、水分与养分循环(孔正红等,1998)等受到影响。城市工程建设、固体废弃物的排放等常引发水土流失、地表塌陷、土壤污染(甘枝茂,1997)和盐渍化(罗攀,2003)。制造业厂房占用良田,还排放废水、废气、烟尘与固体废弃物,造成土壤酸化(姜文华等,2002)、土壤重金属富集(Thornton et al., 1991)和持久性有机污染物积累(Tang et al., 2005)。人类活动还会对城市土壤生物多样性产生影响(杨冬青等,2003)。因此,在城市中,人为活动是最明显和重要的成土因素。

2.1.2　成土过程

成土过程指母质经气候、生物等作用而形成土壤的过程,包含物质输入、输出、迁移和转化 4 个基本作用,不仅有化学过程,也有物理过程,还有生物过程。土壤形成过程的研究对土壤分类有重要意义(Bockheim, 2000)。

1. 物质循环过程

(1) 物质输入土壤　城市农业、制造业、建筑业、交通运输、电力与热力生产等活动将各种物质,包括"人为搬运物质""人为改造物质"和"人工制品",以固体、液体和气体或粉尘形式输入城市土壤。城市生物也通过新陈代谢,产生有机物质,输入城市土壤,成为其重要组成部分。

(2) 土壤物质迁移　一般可分为溶解迁移、还原迁移、螯合迁移、悬浮迁移和生物迁移。城市土壤形成过程中伴随着 Ca 等元素的迁移(Howard et al., 2015);重金属以移动性差的残渣态为主(Bana et al., 2005),一般条件下不会有较大的释放与迁移(章明奎和王美青,2003),但能吸附在细颗粒上以胶体形式迁移到土体下部(Adamo et al., 2000),也能与可溶性有机质结合在一起而向下迁移(Kaschl et al., 2002)。由于城市土壤常含较多石砾,土壤中大孔隙较多,所以物质迁移多以优势流的方式进行。总的来说,土壤表面的径流迁移是重金属主要的迁移途径(Turer et al., 2001)。不过,花卉园艺植物在土壤重金属的生物迁移方面将发挥越来越重要的作用(Shtangeeva et al., 2001)。

(3) 土壤物质转化　土壤中物质的转化包括矿物质和有机物质的转化。城市土壤存在去碳酸盐作用,也有方解石等次生矿物的形成(Howard and Olszewska, 2011; Howard et al., 2013; Howard et al., 2015)。城市土壤中也发生着水铁矿、针铁矿、赤铁矿、纤铁矿等矿物的形成与转化(Kazdym and Prokofieva, 2000; Howard and Olszewska, 2011; Howard et al., 2013; Howard et al., 2015)。城市土壤中的硅酸盐溶液可沉淀形成无定形硅酸盐或沸石(Sauer and Burghardt, 2000)。磷酸盐的存在可使受铅污染的城市土壤中形成磷氯铅矿,磷氯铅矿中的铅还可进一步被 Ca^{2+} 置换(Cotter-Howells, 1996);城市土壤中被固定的铅在 pH 和 Eh 降低的情况下也可被再度活化(Sutherland and Tack, 2000)。

有机物质转化也是城市土壤物质转化的重要途径,该过程既受自身性质的影响,也受环境因素的制约。由于较自然土壤有更多的芳香碳,城市土壤对多环芳烃等碳氢化合物有更强的吸附,这将阻止微生物种群的着生及其对多环芳烃和碳氢化合物的降解(Beyer et al., 1995),如五环和六环芳烃吸附于土壤元素碳颗粒而免遭微生物降解(Johnsen et al., 2006)。有机质的降解也受土壤重金属的影响,特别是在早期阶段,其降解速率受到的影响更加显著(Cotrufo, 1995)。城市土壤有机质的转化还受城市大气环境、小气候条件、土壤动物、植被覆盖、土地利用与管理等影响。

(4) 土壤物质输出　是土壤与环境之间物质循环的重要环节。城市土壤孔隙保持的水分、呼吸作用产生的 CO_2 等都可以气体形式进入大气,土壤中的氮也可以 N_2O 和 NO 等形式排入大气(Hall et al., 2008)。城市土壤物质也可随水沿毛细管或大孔隙,或以径流形式进入水体,如氮、磷可通过地表径流和淋失的方式进入水体,进而导致水体富营养化。研究表明,南京城市地下水的磷浓度与土壤中全磷、有效磷和可溶性磷含量均呈极显著或显著正相关关系(卢瑛等,2001;张甘霖等,2003),表明城市土壤中的磷是地下水的磷"源";淋滤试验证明城市土壤磷可被淋失(Zhang et al., 2001)。此外,城市土壤物质也可能被植物吸收后移除土体或直接以渣土的形式输出。

城市生态系统物质循环的总特征是输入大于输出。碳酸盐碳、有机碳、黑炭和多环芳烃、多氯联苯等持久性有机污染物(Krauss and Wilcke, 2003; Tang et al., 2005)在城市土壤中富集;磷也在城市土壤中富集(Yuan et al., 2007;张甘霖等,2003);铅等重金属在城市土壤的富集更为普遍(张甘霖等,2003;Mcclintock, 2015)。

2. 主要成土过程

(1) 原始成土过程　指裸露的母岩在菌、藻、地衣和苔藓等作用下分解蚀变形成原始土壤的过程(朱显谟,1995)。城市建筑物表面不仅接受大气颗粒沉降的作用(Viles and Gorbushina, 2003),还遭受细菌、真菌、光能利用菌等微生物的作用(Herrera et al., 2004;Viles et al., 2003)。随着土层增厚、有机物质不断积累、水分与养分保持能力提高,地衣、苔藓逐渐着生其上(Herrera et al., 2004)。南京城墙是世界上保存最完整的城墙之一,距今已有600多年的历史,其顶部和侧壁由于砖石风化,降尘着落,地衣和苔藓定居,高等植物繁衍,表现出明显的原始成土过程(图2-1)。世界其他城市的建筑也有类似的情况(Charzyński et al., 2015)。在工矿业和交通建设背景下,新产生的人工矿渣、炉渣和人工破解的岩砾(如铁路路基石块),在新的环境下会经受风化过程和原始成土过程,其进程通常较自然背景下更快。

图 2-1 南京明代城墙原始成土过程(袁大刚摄)

(2) 扰动与填充过程 指土壤受到扰动、混合等过程,包括地质扰动、生物扰动和人为扰动等(Howard et al., 2015;Pickett and Cadenasso, 2009)。在城市建设中,为了打好稳固的地基,原有不良工程性质的土壤被部分或全部挖掘、搬运,其土层、结构遭受破坏;新的工程特性良好的材料被回填并分层压实。建筑垃圾等固体废弃物在局部标高低于规划使用要求的地段也被回填压实。为了满足绿化要求,粉煤灰、碱渣等物质作为改良剂被加入城市土壤中(张万钧,2001)。为了满足城市大树移栽要求,建筑垃圾被清出后,往往将肥沃土壤加入挖好的洞穴中(图2-2)。

(3) 压实、硬化与封闭过程 土壤压实指施加在土壤上的机械力超过土壤的剪切强度而使土壤内部孔隙减少的过程。在城市道路、广场、房屋修筑过程中,土壤必须经压实、固化等处理,以满足地基要求。添加固化剂、配合固化土已在城市道路修建中被广泛采用,它可以提高路面整体强度,提高抗冻性,减轻干缩性,延长使用寿命(李荣波,2002)。城市绿地常因市民、游客践踏或草坪修剪机械碾压等而造成表土压实。

图 2 - 2　城市土壤挖掘与回填过程(袁大刚摄)

　　土壤封闭指土壤被薄层不透水的人工物质如沥青、混凝土覆盖,而使水分下渗受到限制的现象(Scalenghe and Marsan,2009),是由房屋、道路等城市建设引起的(FAO and ITPS,2015),是城市土壤典型的人为成土过程。

　　(4) 有机质积累与黑化过程　有机质是土壤的基本组成物质,土壤发生学中的有机质积累是生物活动的结果,是土壤形成的重要表现。城市土壤发育过程中伴随着有机质的生物积累(Delgado et al.,2007)。据研究,美国底特律发育 12 年的城市土壤就形成了一个厚 16 cm、有机质含量达 21 g kg^{-1} 的表层,发育 120 年的土壤表层有机质含量达 61 g kg^{-1}(Howard and Olszewska,2011)。南京明城墙顶部原始成土过程中伴随有机质积累(图 2 - 3),其枯枝落叶层的土壤有机碳含量高达 153 g kg^{-1}(袁大刚,2006)。

　　城市土壤的黑化过程一方面是土壤生物合成的有机物质积累,另一方面是居民生活中未完全燃烧的煤、木炭、烟炱、飞灰、沥青输入、汽车尾气与化石燃料燃烧产生的黑炭输入(Howard et al.,2015)。

　　(5) 磷素积累过程　全磷和有效磷在土壤中富集的过程,由城市农业含磷肥料和农药投入或城市工业、生活等含磷废物输入引起(Yuan et al.,2007;卢瑛等,2001;张甘霖等,2003)。

　　(6) 黏化过程　指土壤中黏粒的形成和聚积过程。与自然环境不同,城市土壤中黏粒形成主要受母质的影响。如粉煤灰是城市建设的重要建筑材料,由于其 pH 较高,其中的铝硅酸盐玻璃状物质可以快速地转变成非晶体的黏粒(Zevenbergen et al.,1999),从

图 2-3　城市土壤有机质积累过程(袁大刚摄)

而极大地改变了土壤的物理化学性质。

(7)复石灰与酸化过程　城区建筑大量使用石灰、水泥、石膏等含钙物质,它们以建筑垃圾、灰尘、溶液等形式进入土壤,致使土壤中钙的增加(El Khalil et al.,2013;卢瑛等,2001)。城市表层土壤中的含钙物质也可向下迁移并淀积,如砂浆碎屑、钢铁冶炼炉渣在风化过程中形成方解石并向下迁移,在一定深度淀积导致碳酸钙的积累(Howard et al.,2015)。城市土壤也存在脱钙过程,主要表现为方解石和石膏的溶解淋失(Séré et al.,2010)。

城郊菜园曾经由于大量施用煤渣等生活垃圾而使 pH 显著提高(Hou et al.,1935)。然而,近年来,菜园土频繁遭受酸沉降、偏施生理酸性化肥以及大量施用未腐熟有机肥,同时由于炉灰等碱性物质投入减少,导致 pH 下降,土壤酸化。城郊森林公园土壤在酸雨作用下也被酸化(姜文华等,2002)。

(8)盐化与脱盐过程　在半干旱地区,淡水资源缺乏的城市绿地使用污水或再生水灌溉,容易导致土壤全钠或水溶性钠增加(El Khalil et al.,2013)。含氯盐融雪剂的使用也会造成城市道路绿化带土壤水溶性钠含量显著增加,导致植物萎蔫甚至枯死(Cekstere and Osvalde,2013)。围海造陆、客土种植、地下盐分随土壤水分蒸发向上迁移而聚积(王良睦等,2005)。过量开采地下水,形成碟形洼地,海水倒灌,也会导致土壤盐渍化(罗攀,2003)。

为了创造良好的人居环境,城市种植花草树木时进行灌溉洗盐,土壤盐分含量降低(王良睦等,2005)是土壤的脱盐过程。在我国湿润多雨的南方,城市土壤中的盐分在降水淋洗下也会向土体下部迁移或随着径流进入下游水体。

(9) 氧化与还原过程　城市自来水管道、雨水、污水管道、沟槽、河流、湖泊、池塘、水库附近土壤干湿交替,铁、锰等元素经历周期性的氧化还原过程,使土壤结构体表面呈现锈纹和锈斑。城市绿地喷灌系统的安装也是氧化-还原过程发生的原因(Howard et al., 2015)。局部地段长期滞水,可形成潜育特征。

在城市土壤中含有或接收了大量易分解有机质(如有机废弃物或污泥)的情况下,产生 CH_4 等还原性气体并在土壤中积累,从而导致土壤 O_2 匮乏,形成还原性形态特征。污水或汽油渗漏也可能导致还原过程的发生,进而形成渍水土壤颜色特征(Blume and Felixhenningsen, 2009)。

(10) 熟化与退化过程　土壤熟化指因城区园林绿化和城郊蔬菜、水果、花卉种植而耕作、施肥和灌溉等活动使耕层土壤结构团粒化、养分增加,土壤肥力提高的过程。土壤退化指土壤面积减少、质量降低的过程。城市土壤退化表现形式多样,如随着城郊菜园土熟化程度的提高,Pb 等重金属的积累量也会增加(张民和龚子同,1996);公园草坪被游人践踏而使土壤容重增加,孔隙度减小,压实退化(杨金玲等,2004);工程建设使土壤遭受水蚀和风蚀;工业废水、废气和废渣使土壤遭受重金属污染(Thornton, 1991),持久性有机污染物积累(Tang et al., 2005);城市化等过程导致的土壤封闭,被认为是全球土壤面临的十大威胁之一(FAO and ITPS, 2015)。

3. 城市土壤发生模型

土壤发生模型是土壤演变预测的基础。俄国土壤学家道库恰耶夫于 1898 年发表了用以解释土壤形成过程的数学公式:S＝f(cl, o, p)t,公式中的 S 代表自然土壤,cl 代表气候,o 代表植物和动物,p 代表地层,t 代表相对年龄。Jenny(1941)进一步将其扩展为状态因子方程:S＝f (cl, o, r, p, t, …),式中 r 代表地形,o 代表生物,p 代表自然界成土母质,t 代表时间,省略号代表尚未列入的成土因子,这为人为作用留下了空间(龚子同和张甘霖,2003)。在状态因子方程(Jenny, 1941)和变质土壤发生过程模型(Yaalon and Yaron, 1966)的启发下,Effland and Pouyat(1997)提出了"城-郊"土壤的发生模型,他们认为"城-郊"土壤的发育有 3 种结果,可分别用 3 个状态方程表达:① 在自然条件下发育形成的自然土壤剖面,方程表达为 S＝f(cl, o, p, r, t);② 在自然条件下发育后受人类活动影响、形态没有改变但性质发生显著变化的土壤剖面,方程表达为 S_1＝f(a, cl, o, p, r, t);③ 在自然条件下发育后人类活动影响占主导地位、形态发生显著变化的土壤剖面,方程表达为 S_2＝f(a, cl, o, S, r, t),式中 a 代表人类活动,其他同前。他们同时构建了一个研究"城-郊"土壤发生的图解模型,其不足之处在于其成土母质仅为自然界本身存在的物质,而没有考虑到人工制品为城市土壤母质的情形。Kosse(2000)认为,城市土壤发生可用如下状态因子方程表达:S_2＝f(S_1, a_1, a_2, a_3, …)$_{cl, o, r, p, t}$,S＝f(p_a, a_1, a_2, a_3, …)$_{cl, o, r, p, t}$,式中 S_1 代表原始状态的土壤,pa 代表人为起源的母质,其他同前。Pickett and Cadenasso(2009)在分析城市土壤扰动特征、资源可用性和空间异质性的基

础上,提出了城市与非城市土壤发生共用的状态因子框架,认为城市人为过程可以影响
Jenny 方程中的各状态因子,在这些被改变的状态因子的共同作用下可形成新的或被改
变的城市土壤。其不足之处在于认为城市土壤全是受人类活动强烈影响的土壤,而这与
实际情况不完全吻合。

综上,笔者团队在 Effland and Pouyat(1997) 和 Kosse(2000)等人已有城市土壤状
态因子方程研究成果的基础上赋予其新的含义,并提出新的城市土壤发生图解模型
(图 2 - 4)。

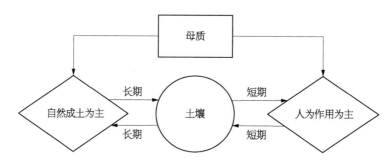

图 2 - 4 城市土壤发生图解模型(龚子同等,2007)

在状态因子方程 S＝f(a, cl, o, r, p, t, …)中,城市土壤的母质除自然界本身存在
的物质以外,还可以是人为搬运物质、人为改造物质和人工制品。自然成土过程是持续
不断的,一般需要较长时间才能对土壤性态和类型发生显著影响;而人为作用是活跃的、
发展的,随着技术进步,其对土壤性态和类型的影响愈来愈快,也愈来愈明显。人工制品
与其他母质一样,既可直接在自然成土作用下形成土壤,也可直接在人为作用下形成土壤。
城市土壤既可在自然成土作用下不断演化形成新的土壤类型,也可在人为作用下不断演化
形成新的土壤类型;可先经自然成土过程作用,再经人为作用,循环往复,向新的土壤类型演
变;也可先经人为作用,再经自然成土过程作用,交替进行,形成新的土壤类型。

2.2 城市土壤分类

土壤分类就是依据土壤本身的形态特征及其理化、生物特性的差异划分土壤类型(Cline,
1949)。城市景观中的自然土壤可按现行的分类系统进行划分(Stroganova and Prokofieva,
2001),而受人类活动强烈影响的土壤(人为土)类型划分是难点。联合国粮食及农业组织
(FAO,以下简称联合国粮农组织)等国际组织和德国等国家开展了大量的相关研究。

2.2.1 世界土壤资源参比基础

1982 年成立的国际土壤分类参比基础(IRB)曾提出名称为人为土(anthropogenic
soils, Anthroposols)的一级单元。联合国粮农组织和教科文组织在世界土壤图图例修

订时建立了肥熟 A 层(Fimic horizon),并设立了人为土(Anthrosols)这一参比土类,下分耕作(Aric)、肥熟(Fimic)、堆积(Cumulic)和城镇(Urbic)等几个二级单元(FAO - UNESCO,1988)。到目前为止,世界土壤资源参比基础(WRB)是在人为土壤分类上贡献最大的国际组织,先是在联合国粮农组织图例系统基础上建立水耕表层(Anthraquic horizon)、人为土壤发生层(Anthropedogenetic horizon)、厚熟表层(Hortic horizon)、灌淤表层(Irragric horizon)、草垫表层(Plaggic horizon)、堆垫表层(Terric horizon)、人工地貌土壤物质(Anthropogeomorphic soil material),而后设立人为土(Anthrosols)参比土类,且续分为水耕(Hydragric)、灌淤(Irragric)、堆垫(Terric)、草垫(Plaggic)、厚熟(Hortic)等二级土壤单元;疏松岩性土参比单元下划分出耕作搅动(Aric)、有机废物(Garbic)、还原(Reductic)、工矿废物(Spolic)、城镇(Urbic)、人为(Anthropic)等 6 个二级土壤单元(FAO et al.,1998;Driessen et al.,2000)。然而,WRB 在城市土壤分类方面仍然存在诸多不足(Rossiter and Burghardt,2003),建议设置工程土(Technosols)参比土类,以及一系列限定词,如"地表封闭(Ekranic)""具隔离层(Lined)""工程(Technic)"和"工矿废物(Spolic)"等对工程土进行续分(Rossiter,2004,2005)。2006 年出版的世界土壤资源报告(103 号)将人为土壤发生层改为人为表层(Anthric horizon),提出了人工制品(Artefacts)、堆积物质(Colluvic material)、技术性硬岩(Technic hard rock)等诊断物质,取消了人工地貌土壤物质,正式采纳工程土(Technosol)参比土类,在人为土之后检出,其下续分封闭(Ekranic)、隔离(Linic)、城镇(Urbic)、工矿废物(Spolic)和有机废物(Garbic)等二级单元,还设立"还原(Reductic)"等限定词用于土壤类型的进一步划分;疏松岩性土下划分堆积(Colluvic)、工程(Technic)等二级单元,增加了"搬运(Transportic)"等限定词以进一步划分二级单元;部分其他参比土类也设置"堆积(Colluvic)""压实(Densic)""工程(Technic)""有毒(Toxic)""搬运(Transportic)"等限定词用于土壤类型的进一步划分(IUSS Working Group WRB,2007)。2014 年出版的世界土壤资源报告(106 号),增加了黑炭层(Pretic horizon),将人为表层改为人为特性(Anthric properties)、技术性硬岩改为技术性硬化物质(Technic hard material);在人为土下增加黑炭(Pretic)二级单元,而包括工程(Technic)在内的其他二级单元全部删除;在工程土之下增加了"孤立(Isolatic)"二级单元和"水耕(Hydragric)""灌淤(Irragric)""厚熟(Hortic)""草垫(Plaggic)""黑炭(Pretic)""堆垫(Terric)""输入(Immissic)"等限定词;部分其他参比土类也增加了"孤立(Isolatic)""回填(Relocatic)"等限定词用于土壤类型的进一步划分;原来仅用于工程土的限定词"还原(Reductic)"也在很多参比单元中出现(IUSS Working Group WRB,2015)。

2.2.2 欧洲

很多欧洲国家针对受人类强烈影响的土壤进行了长期的研究,并在分类体系中设立相关的诊断表层、亚表层、诊断特性和物质以及土壤类型等。这其中也包含了有关城市土壤的分类研究。

1. 德国

德国是最早在土壤分类体系中体现人为土的欧洲国家,1962年即在陆上土门中设置陆上人工土纲(Terrestrische anthropogene boden),其下续分厚熟土(Plaggenesch)、园地土(Hortisol)和混层土(Rigosol)3个土型;半陆上土门也设置了半陆上人工土纲(Semiterrestrische anthropogene boden)(Mückenhausen, 1962)。1985年,在陆上人工土纲下增设了深耕扰动土(Treposol)和人造土(Auftragsboden)。1989年,德国土壤学会创设城市人为土(Urbic Anthrosols)类别,其下包含混合土(Meiktosol)、堆填土(Deposols)和其他自然土壤类型。其中,混合土续分为深耕扰动土(Treposols)、混层土(Rigosols)、园地土(Hortisols)和墓地土(Nekrosols);堆填土续分为自然土(Allosols)、工程土(Technosols)和混杂土(Phyrosols);后来又建议增加还原土(Reductosols)、剥蚀土(Denusols)和侵入土(Intrusols)(Burghardt, 1994);进一步修订后的德国城市和工业区土壤分类方案见表2-1。近几年,一些新的土壤类型,如封闭土(Ekranosols)和压实土(Compactosols)也被提出来(Burghardt et al., 2015)。

表2-1 德国城市和工业地区土壤分类建议的主要框架(Burghardt, 2000)

自然景观中的土壤(常处于新环境下)

与自然景观中的成土过程相似,来源于工程开挖和物质处理的土壤
暴露的心土或没有明显成土过程特征的新近处理物质
岩性土
自然基质暴露岩性土
自然基质堆填岩性土
人造基质工程岩性土
自然-人造混杂岩性土
强还原土壤(比如有机废物、污泥、灰泥和甲烷侵入,强烈还原)
还原土
有碱金属或碱土金属碳酸盐形成的土壤碳酸盐土
物质进入的土壤　　　　　　　　　　　　　　侵入土
有机液体,如石油　　　　　　　　　　　　　有机液体侵入土
颗粒,如砾石层中的灰尘　　　　　　　　　　颗粒侵入土
硫化物氧化变酸的土壤　　　　　　　　　　　酸性硫酸盐土
地表风积物上形成片状结构的土壤　　　　　　结构土
园艺场土壤(有机层>40 cm)　　　　　　　　园地土
埋葬场土壤(有机层>40 cm)　　　　　　　　墓地土
石头含量高的土壤　　　　　　　　　　　　　薄层土
人行道孔隙中的土壤　　　　　　　　　　　　道间土

残遗土

埋藏土

2. 俄罗斯

俄罗斯很重视人为土壤的分类,20 世纪 90 年代俄罗斯在土壤分类系统中提出了农耕土大类(Shishov et al., 2002)及城市土壤分类方案(表 2-2; Stroganova and Prokofieva, 2000)。为了将城市土壤分类融入统一的俄罗斯土壤分类系统,专门拟定了城建层(Urbic)、技术层(TCH)、堆肥复垦层(RAT)和泥炭复垦层(RT)等诊断层,划分了城市土(Urbanozems)、耕作土(Culturozems)、复垦土(Recreazems)、污染土(Urbochemozems)、绿化土(Replantozems)、建设土(Constructozems)和墓地土(Necrozems)土类及其亚类(Prokofieva et al., 2011)。随后,相关工作得到进一步深化,初步确定了城市土壤在俄罗斯分类系统中的位置(Prokofieva et al., 2014)。

表 2-2　俄罗斯城镇土壤分类系统(Stroganova and Prokofieva, 2000)

		土壤组	土　　类	亚　　类
非封闭地区	土壤	自然的	具城市化特征的土壤	灰化土 冲积土 泥炭土 其他
		人为改造的	城市化土	城市化灰化土 城市化灰化潜育土 城市化冲积土 其他
			城市土	城市土 农用城市土 文化土 墓地土 工业土 侵入土
	类土壤	人造的	工程土	复垦土 建筑土
封闭地区	土壤和类土壤	位于沥青、混凝土或其他坚硬的不可穿透覆盖层之下	封闭土	自然土壤 城市化土 城市土 工程土

3. 法国

1967 年,法国土壤发生及制图委员(CPCS)提出的法国土壤分类系统中,就在生矿质土土纲下的非气候性生矿质土亚纲中设立了人为生矿质土土类;并在弱发育土土纲下的非气候性弱发育土亚纲中设立了人为弱发育土土类(Duchaufour, 1977; Segalen, 1977; Latham, 1981)。后来,法国土壤参比框架在最高一级设立了人为土(Anthroposols),其下续分改造人为土(Transformed Anthroposoil)、人工人为土(Artificial Anthroposol)和重构人为土(Reconstituted Anthroposoil) 3 个亚级(Baize and Girard, 1995,1998)。2008 年又增加了考古人为土(Archaeological Anthroposols)和建筑人为土(Constructed Anthroposols)(Baize and Girard, 2008)。

4. 英国

英国的土壤分类系统中设有厚人造 A 层、扰动亚表层和扰动岩石废渣等诊断表层、亚表层和诊断物质。在最高级分类中划出人造土大土类,其下有人工腐殖土和扰动土 2 个土类;人工腐殖质土又续分为砂质和泥质(土质)2 个亚类;同时,在陆上原始土大土类中设置了人造原始土土类(Avery, 1980)。

5. 罗马尼亚

罗马尼亚早在 1976 年就设立了人工土土纲,其下设置扰动人工土亚纲,扰动人工土亚纲下再设深耕土土类(ICPA, 1976)。1979 年,改为在未发育土土纲下设立深耕土土类,同时增设了人工原始土土类(ICPA, 1980)。2000 年,罗马尼亚土壤分类系统建立了厚熟 A 层(Hortic A horizon)、人为土壤发生层(Anthropedogenetic horizon)、人为潮湿特性(Anthraquic properties)和人为发生物质(Anthropogenous material),为 7 级诊断分类系统。土纲一级设置人为土(Anthrisols),其下续分剥蚀土(Erodosol)和人为土(Anthroposol) 2 个土类;原始土纲(Protisols)仍然保留新成人为土(Entianthroposl)(Munteanu and Florea, 2002)。2012 年,罗马尼亚土壤分类系统有较大调整,原始土纲下取消了新成人为土,人为土纲下续分为人为土(Antrosol)和工程土(Tehnosol) 2 个土类;人为土类下续分园艺(hortic)、灌溉(antracvic)、混合(aric)、侵蚀(erodic)、剥离(decopertic)5 个亚类;工程土类下续分为粗骨(rudic)、工矿废物(spolic)、有机废物(garbic)、城市(urbic)、混合(mixic)、覆盖(copertic)、还原(reductic)、致密层(antroplacic)、硬岩(litic)地表封闭(ekranic) 10 个亚类(Florea and Munteanu, 2012)。

6. 波兰

波兰持续关注人为土壤的分类研究,在《波兰土壤分类系统》(第 4 版)中就设立了人为土部,其下分为耕作土和工业与城市土 2 个土纲,耕作土土纲之下设园艺土和混层土 2 个土型,工业和城市土下设剖面不发育的人为土、人为腐殖质土、人为准黑色石灰土和人为盐渍土 4 个土型(Skład Komisji v Genezy and Klasyfrafii i Kartografii Gleb Polskiego towarzystwa Gleboznawczego, 1989)。而后在《波兰土壤分类系统》(第 5 版)中,最高分类级别土纲中设立了人为土纲,其下设耕作土、工业土、城市土和盐渍土 4 个土型,耕作土土型下设厚熟、园艺、人为、混层 4 个亚型,工业土土型下设原始、腐殖质、化学污染工业土 3 个亚型,城市土土型下设原始、腐殖质、化学污染、封闭或覆盖 4 个亚型(Komisja Genezy and Klasyfikacji i Kartografii Gleb Polskiego Twoarzystwa Gleboznawczego, 2011)。

Greinert(2000)曾建议波兰"人为土壤"分类方案见表 2 - 3,其中设立了工业和城市土土纲;随后,他又建议将人为土壤分为耕作土壤和城市土壤 2 个土纲,耕作土壤再分为园艺土(Hortisols)和混合土(Rigosols 和 Treposols),城市土壤再分为原始人为土(Initial soils)、还原土(Reductosols)、工程土(Technosols)、墓地土(Necrosols)、封闭土(Ekrnosols)、岩性土(Lithosols)和受盐分影响的土壤(Salt-affected soils)(Greinert et al., 2013)。

表 2-3　波兰土壤系统分类中的人为土壤分类(Greinert, 2000)

土　纲	土　型	亚　型	土　　种
耕作土	园艺土 混层土		
工业和城市土	原始人为土	垃圾土 截头土 厚覆盖土	对照物质类型划分 对照地表下的上层物质划分 对照增添的物质划分,最小厚度 50 cm
	腐殖人为土	覆盖土 富集土	薄,<10 cm 中,11~30 cm 厚,>31 cm 对照增添的物质划分
	人为改造土	机械改造土 化学改造土 水文改造土	截头后新增表土层的 深挖的 增添了物质但主体仍在的 覆盖矿质层的,矿质层最大厚度 50 cm 盐化土 碱性土 富集其他化合物的 过干的 被淹的
剖面未受改造的人为土壤			

2019 年《波兰土壤分类系统》(第 6 版)将人为土划分为耕作土和工程土 2 个土型;耕作土续分为园地土(Hortisole)、人为土(Antrosole)、混层土(Rigosole)、底潜(Gruntowo-glejowe)4 个亚型;而工程土续分为地表封闭土(Ekranosole)、城建土(Urbisole)、工业土(Industriosole)、坚实层土(Edifisole)、固体层土(Konstruktosole)、深埋土(Aggerosole)、扰动土(Turbisole)、腐殖土(Próchniczne)、底潜土(Gruntowo-glejowe)、滞水潜育土(Opadowo-glejowe)10 个亚型(Polskie Towarzystwo Gleboznawcze and Komisja Genezy Klasyfikacji i Kartografii Gleb, 2019)。

7. 保加利亚

保加利亚建立了人为土的 3 级分类系统,将人为土土纲划分为农业人为土、城镇人为土和工业人为土 3 个土型。其中,城镇人为土土型下设立了简育、堆填、城市废物 3 个土种,工业人为土土型下设立了地质物积累和工业废料堆积 2 个土种(表 2 - 4)(Gencheva, 2000)。

表 2 - 4 保加利亚人为土壤分类模式(Gencheva, 2000)

土 纲	土 型	土 种
人为土	农业人为土	混层的 肥熟的 灌溉的 盐化的 铁铝的
	城镇人为土	简育的 堆填的 城市废物的
	工业人为土	地质物积累的 工业废料堆积的

8. 捷克

捷克土壤分类系统专门设立了人为土(Antroposoly)参考类,下分耕作土(Kultizem)和人为土(Antropozem)共 2 个土类。其中耕作土下设园艺(Hortická)、深松(Kypřená)、混层(Rigolovaná)等 3 个亚类;人为土下设腐殖(Humózní)、深腐殖(Hlubokohumózní)、重叠(Překrytá)、工矿废物(Spolická)、梯田(Terasovaná)、城市(Urbická)、黏质(Pelická)、砂质(Arenická)、还原(Redukovaná)、硫化物(Sulfidická)、污染(Kontaminovaná)、中毒(Intoxikovaná)、氧化还原(Oglejená)、粗骨(Skeletovitá)、潜育(Glejová)等 15 个亚类(Němeček et al., 2008)。

2.2.3 北美洲

1. 美国

美国人为土壤分类研究较早,且不断进行更新。人为土壤在美国土壤系统分类中早期归属于人为始成土(Anthrepts)和耕翻扰动新成土(Arents)亚纲,以及其他土纲的人为土类(如人为雏形干旱土土类)和人为潮湿、人为松软亚类以及含硫土类和亚类等(Wilding and Ahrens, 2002)。Fanning 等(1978)建议在新成土和始成土的大土类下设置 4 个新的亚类来区分深受人类活动影响的土壤,它们分别是剥蚀(Scalpic)、有机废物(Garbic)、城镇(Urbic)和工程废物(Spolic)。Short 等(1986)将城市土壤划分为城镇(Urbic)和工程废物(Spolic)两大亚类,分别归属于湿润正常新成土、饱和正常始成土和不饱和正常始成土土类。Ahrens 和 Engel(1999)认为,人为土壤至少应该包括那些填充了大量人工物质的土壤,它们在系统分类中应该有一个独特的地位,扰动新成土亚纲应当修订,厚熟表层和人为表层也应当修订,以包括更多人为发生类型的物质。

1995 年,美国成立国际人为土壤委员会(ICOMANTH),专门研究受人类活动影响土壤的分类问题。《美国土壤系统分类检索》(第 12 版)(Soil survey staff, 2014)接受 ICOMANTH 的建议,在诊断层与诊断特性方面,新增人工地貌和微地形特征(Anthropogenic Landforms and Microfeatures)、人为改造物质(Human-altered Material)、人为搬运物质(Human-transported materials)、人工制品(Artifacts)、人造土层(Manufactured layers)、人造土层接触面(Manufactured layer contact)等诊断特性,修改人为松软表层(Anthropic epipedon)、厚熟表层(Plaggen epipedon)等诊断表层;在土壤类型方面,废除人为始成土(Anthrepts)、耕翻扰动新成土(Arents)、人为雏形干旱土(Anthracambids)、厚熟人为始成脆磐潮湿灰土(Plagganthreptic Fragiaquods)、厚熟人为始成弱发育腐殖质灰土(Plagganthreptic Haplohumods)、厚熟人为始成少铁正常灰土(Plagganthreptic Alorthods)、厚熟人为始成脆磐正常灰土(Plagganthreptic Fragiorthods)、人为松软高岭腐殖质老成土(Anthropic Kandihumults)、人为松软高岭弱发育腐殖质老成土(Anthropic Kanhaplohumults)、厚熟人为始成湿润砂质新成土(Plagganthreptic Udipsamments)和人为松软干热冲积新成土(Anthropic Torrifluvents);在火山灰土、老成土、软土、淋溶土、始成土和新成土土纲部分土类中增加人为潮湿(Anthraquic)亚类,在干旱土、老成土、软土和新成土土纲增加人为松软(Anthropic)亚类,在灰土、新成土土纲增加厚熟(Plaggic)/弱发育厚熟(Haploplaggic)亚类,在新成土纲部分土类中增加人为压实(Anthrodensic)、人为搬运(Anthroportic)、人为改造(Anthraltic)等亚类;在土族划分时,新增甲烷(Methanogenic)、沥青(Asphaltic)、混凝土(Concretic)、石膏(Gypsifactic)、燃煤(Combustic)、飞灰(Ashifactic)、热解碳(Pyrocarbonic)、人工制品黏结(Artifactic)、少人工制品黏结(Pauciartifactic)、疏浚(Dredgic)、搬运(Spolic)、扰动(Araric)等人为改造和人为搬运物质类别。

2. 加拿大

加拿大的 Naeth 等(2012)建议在加拿大土壤分类系统中增加人为土土纲(Anthroposol),其下设立工程(Technic)、工程废物(Spolic)、有机垃圾(Garbic)等大土类。

2.2.4　大洋洲

1. 澳大利亚

澳大利亚土壤分类系统较早设立了人为土纲(Anthroposol),其最新修订的系统中划分了熔碳(Fusic)、堆垫(Cumulic)、厚熟(Hortic)、有机废物(Garbic)、城镇(Urbic)、疏浚(Dredgic)、工程废物(Spolic)和剥离(Scalplic)等 8 个亚纲[①]。

---

① http://www.clw.csiro.au/aclep/asc_re_on_line_V2/an/anthsols.htm

2. 新西兰

新西兰土壤分类系统也设立了人为土纲(Anthropic Soils),其最新修订的系统中划分了截头(Truncated)、有机填充(Refuse)、混合(Mixed)、无机填充(Fill)等 4 个土类,各土类的亚类划分情况见表 2-5[①]。

表 2-5　新西兰人为土壤分类

土　　纲	土　　类	亚　　类
人为土	截头	石质
		典型
	有机填充	埋藏
		典型
	混合	—
	无机填充	压实
		濡湿
		砾质
		人工制品
		泥质

2.2.5　南非

Van Deventer 等(2000)为南非土壤分类系统设置了 7 个人为诊断层:物质聚集层(Cumulic horizon)、水文层(Hydric horizon)、厚熟层(Hortic horizon)、工程技术层(Technogenic horizon)、化学层(Chemic horizon)、物理层(Physic horizon)和文化层(Cultural horizon)。Fey(2010)在其南非土壤分类系统中设立了人为土土类(Anthropic soil)。

2.2.6　中国

中国人为土研究历史悠久,早在 1935 年就曾对河北定县城郊人为改造土壤(Human altered soil)进行过描述(Hou et al., 1935)。20 世纪 80 年代,对城市土壤有初步的实用分类方案,如将城市土壤分为市区、近郊和远郊三大类。市区土壤包括草坪、花坛、树坛、盆钵、屋顶、行道树、垃圾场、住宅地、娱乐场土壤等;近郊土壤包括菜园、保护地、果园、花卉、牧地、垃圾、废弃地、污染地、林带、小动物培养地、菌类培养场、农村庭院土壤;远郊土壤包括农田、林地、森林公园、工矿区土壤等类别(陈清硕,1986)。20 世纪 90 年代,席承藩(1994)提出添加土和堆填土 2 个人为土壤类型。

进入 21 世纪,《中国土壤系统分类检索》(第 3 版)(中国科学院南京土壤研究所土壤

---

① http://https://soils.landcareresearch.co.nz/describing-soils/nzsc/soil-order/anthropic-soils/

系统分类课题组和中国土壤系统分类课题研究协作组,2001),明确"人为土壤"归属人为土土纲、新成土土纲的人为新成土亚纲和其他土纲中的堆垫、灌淤土类以及水耕、耕淀、灌淤、肥熟、堆垫等亚类。此后,在城市土壤研究过程中提出了城市土壤分类的诊断表层——城镇表层(Urbic epipedon),定义为"具有人为的、非农业作用形成的,由于土地的混合、填埋、堆积或污染而形成厚度≥50 cm 的表土层";建议在中国土壤系统分类中人为新成土亚纲下增设城镇人为新成土土类,定义为"具有城镇表层的土壤"。在城镇人为新成土下设浅层、粗骨、还原、紧实和普通城镇人为新成土 5 个亚类(卢瑛等,2001)。城市土壤分类朝着定量、诊断、检索式分类的方向发展。近几年,吴克宁等(2017)根据对河南含人工制品土壤的系统分类研究结果,建议在中国土壤系统分类检索修订过程中新增"技术扰动层次"诊断特性,修改人为新成土检索条件并增设技术人为新成土土类,"技术人为新成土"土类下再设石灰、酸性和普通技术人为新成土 3 个亚类;建议在土族划分依据中增加人工制品类别,其下包括柏油、混凝土、煤燃烧物、灰烬、工矿垃圾、城市垃圾、有机垃圾和少人工制品 8 个类别,并提出其类别划分标准和检索顺序,进一步推进了我国人为土壤分类研究。

　　由于各地城市土壤具有各自的独特性,又由于国际和国内现有城市土壤分类系统均建立在少量案例研究的基础上,所拟定的分类体系还不完善,不能满足各种城市土壤分类的需要(Short et al., 1986;卢瑛等,2001;吴克宁等,2017),因此,需进一步广泛深入地研究,新拟一批诊断层、诊断特性、诊断物质及诊断现象,在土壤分类系统的不同级别中对城市环境下的人为影响土壤加以区分,以促进系统分类不断完善,满足园林、建筑等部门对土壤管理利用的需要。现具体建议如下:

　　1. 土壤定义的修订

　　为扩大土壤学的研究与应用范围,增强其适用性,建议中国土壤系统分类将土壤所包含的物质及其形成的层次类型多样化,可定义为"经风化作用,或物理/化学、生物和人类活动过程改造的地壳表层";它与国际标准化组织在 2013 年所定义的土壤概念基本相同(FAO and ITPS, 2015)。

　　2. 诊断层和诊断特性修订

　　(1) 钙积层(Calcic horizon)　钙化是城市土壤形成过程中的普遍现象,其中的碳酸盐可直接来源于碳酸盐"母质/母岩",也可能为输入土壤的生石灰(CaO)、熟石灰$[Ca(OH)_2]$、石灰$(CaCO_3)$进入土壤后转化而生成的。因此,建议中国土壤系统分类将"富含次生碳酸盐的未胶结或未硬结土层"修改为"富含碳酸盐的未胶结或未硬结土层",其余同原定义。

　　(2) 人为扰动层次(Anthraltic layer)　由于建筑材料、建筑垃圾和生活垃圾等物质堆填而形成的土层不满足中国土壤系统分类中相应的鉴定条件,因而不能称为"堆垫表层/堆垫现象/人为扰动层次"。建议修改人为扰动层次,将"由平整土地、修筑梯田等形成的耕翻扰动层"修改为"平整土地、修筑梯田等塑造人工地貌形成的耕翻扰动或堆垫回填层",其余同原定义。

(3) 人为隔离层次(Anthrolinic layer) 由人为制造的缓透或不透胶结硬化物质(沥青、水泥、橡胶、塑料、土工织物等)构成的任何厚度的层次,其性质显著不同于自然物质,并横向覆盖土壤95%以上面积。本概念与美国的人造层次(Manufactured Layer)的不同之处在于它既可以构成土表,也可以位于土表之下。

(4) 人为隔离层次接触面(Anthrolinic layer contact) 土壤与人为隔离层次之间的接触面。本概念基本与美国的人造层次接触面(Manufactured layer contact)相当。

(5) 人工制品(Artefacts) 由人类创造或进行重大加工、改造的物质,如沥青、水泥、塑料、土工织物/膜、橡胶、粉煤灰等。

(6) 人为搬运物质(Human-transported material) 人类有意识(通常借助机械和工具)从异地输入土体的物质(Rossiter,2005；Soil survey staff,2014)。中国土壤系统分类中的"人为淤积物质"属于"人为搬运物质"的一类。

(7) 磷质特性(Phosphoric property) 中国土壤系统分类把"土壤中具有较高含量鸟粪来源的磷酸盐和珊瑚砂、贝壳碎屑来源的钙的特性,其全磷 P_2O_5 含量<35 g kg^{-1},但≥3.5 g kg^{-1}"定义为富磷现象。城市土壤磷素富集是一个显著的特征,但全磷 P_2O_5 含量超过 3.5 g kg^{-1} 的南京城市土壤不能划分为磷质湿润正常新成土。因此,建议拟定磷质特性,将其在分类中体现出来。定义如下:

土壤中具有较高含量非鸟粪来源磷的特性。其全磷(P_2O_5)含量<35 g kg^{-1},而≥3.5 g kg^{-1}；或 0.5 mol L^{-1} NaHCO$_3$ 浸提磷(P)≥35 mg kg^{-1}。

3. 土类/亚类限定词修订

(1) 封闭(Ekranic) 土表至 5 cm 范围内存在人为隔离层次。

(2) 隔离(Linic) 土表下 5～100 cm 范围内存在人为隔离层次。

(3) 城镇(Urbic) 土表至 100 cm 范围内,有一厚度大于 20 cm、含 20%(体积百分比,加权平均)以上人工制品,其中 35%(体积百分比)以上为碎石、砖头、瓦片和生活垃圾。

(4) 工矿(Spolic) 土表至 100 cm 范围内,有一厚度大于 20 cm、含 20%(体积百分比,加权平均)以上人工制品,其中 35%(体积百分比)以上为工业废物(如开矿废物、河道挖泥、碎石、炉渣、粉煤灰等)。

(5) 垃圾(Garbic) 土表至 100 cm 范围内,有一厚度大于 20 cm、含 20%(体积百分比,加权平均)以上人工制品,其中 35%(体积百分比)以上为有机废弃物质。

(6) 压实(Densic) 土表至 100 cm 范围内,由土状物质构成的土体有 90%以上因机械压实,如压实的矿区废弃地,而根系难以进入。

(7) 孤立(Isolatic) 土表至 100 cm 范围内,含有与其他细土物质没有任何接触的细土物质(如屋顶土壤),且位于工程性硬化物质或土工膜或连续人工制品层之上。

(8) 磷质(Phosphoric) 土表至 100 cm 范围内,有一厚度大于 50 cm、非鸟粪来源全磷

(P_2O_5)含量<35 g kg^{-1}而$\geqslant 3.5$ g kg^{-1},或 0.5 mol L^{-1} NaHCO$_3$ 浸提磷(P)$\geqslant 35$ mg kg^{-1}的土壤。它与《中国土壤系统分类》中"磷质耕作淀积层"中的"磷质"含义相当。

同时,将《中国土壤系统分类》中原有的亚类形容词"磷质(Phosphic)"改为"富磷(Phosphic)",以使其与"富磷现象"在形式与内容上统一。

4. 土壤高级单元检索

为最小限度地改变《中国土壤系统分类检索》(第 3 版)原框架、概念和定义,一是在人为土(Anthroposols)土纲中增加一个亚纲——工程人为土(Technic Anthroposols),并最先被检索出来;二是在人为新成土亚纲(Anthric Primosols)中增设简育人为新成土(Hapli-Anthric Primosols),在淤积人为新成土(Silti-Anthropic Primosols)之后检索出来。

土 纲 的 检 索

其他土壤中:

① 土表至 100 cm 范围内存在人为隔离层次;或

② 从土表至 100 cm 范围内,或到连续基岩,或到胶结硬化层范围内,有 20%(体积百分比,加权平均)以上人工制品;或

③ 水耕表层和水耕氧化还原层;或

④ 肥熟表层和磷质耕作淀积层;或

⑤ 灌淤表层或堆垫表层。

人为土

B　人为土
亚 纲 的 检 索

B1　人为土中,

a. 土表至 100 cm 范围内存人为隔离层次;或

b. 从土表至 100 cm 范围内,或到连续基岩,或到胶结硬化层范围内,有 20%(体积百分比,加权平均)以上人工制品。

工程人为土

B1　工程人为土
土 类 的 检 索

B1.1　工程人为土土表至 5 cm 范围内存人为隔离层次。

封闭工程人为土

B1.2　其他工程人为土土表至 100 cm 范围内存在人为隔离层次。

隔离工程人为土

B1.3 其他工程人为土土表至 100 cm 范围内有一厚度大于 20 cm、含 20%(体积百分比,加权平均)以上人工制品,其中 35%(体积百分比)以上为居民区砖瓦碎屑等垃圾。

城镇工程人为土

B1.4 其他工程人为土土表至 100 cm 范围内有一厚度大于 20 cm、含 20%(体积百分比,加权平均)以上人工制品,其中 35%(体积百分比)以上为工业废物(如尾矿、矿渣、炉渣、粉煤灰等)。

工矿工程人为土

B1.5 其他工程人为土土表至 100 cm 范围内有一厚度大于 20 cm、含 20%(体积百分比,加权平均)以上人工制品,其中 35%(体积百分比)以上为有机废物的土壤。

垃圾工程人为土

B1.6 其他工程人为土。

简育工程人为土

B1.1 封闭工程人为土
亚 类 的 检 索

B1.1.1 封闭工程人为土土表至 100 cm 范围内存在人为隔离层次。

隔离封闭工程人为土

B1.1.2 其他封闭工程人为土土表至 100 cm 范围内有一厚度大于 20 cm、含 20%(体积百分比,加权平均)以上人工制品,其中 35%(体积百分比)以上为居民区砖瓦碎屑等垃圾。

城镇封闭工程人为土

B1.1.3 其他封闭工程人为土土表至 100 cm 范围内有一厚度大于 20 cm、含 20%(体积百分比,加权平均)以上人工制品,其中 35%(体积百分比)以上为工业废物(如尾矿、矿渣、炉渣、粉煤灰等)。

工矿封闭工程人为土

B1.1.4 其他封闭工程人为土土表至 100 cm 范围内有一厚度大于 20 cm、含 20%(体积百分比,加权平均)以上人工制品,其中 35%(体积百分比)以上为有机废物。

垃圾封闭工程人为土

B1.1.5 其他封闭工程人为土土表以下 50~100 cm 范围内有潜育特征或潜育现象。

潜育封闭工程人为土

B1.1.6 其他封闭工程人为土中具磷质特性。

磷质封闭工程人为土

B1.1.7 其他封闭工程人为土土表下 20~100 cm 范围内盐基饱和度<50%或 pH<5.5。

酸性封闭工程人为土

B1.1.8 其他封闭工程人为土土表以下 50~100 cm 范围内至少一个土层(≥10 cm)有氧

化还原特征。

斑纹封闭工程人为土

B1.1.9 　其他封闭工程人为土土表至 100 cm 范围内有钙积层或钙积现象。

钙积封闭工程人为土

B1.1.10 　其他封闭工程人为土中有石灰性。

石灰封闭工程人为土

B1.1.11 　其他封闭工程人为土土表至 100 cm 范围内,由土状物质构成的土体有 90% 以上因机械压实而根系难以进入。

压实封闭工程人为土

B1.1.12 　其他封闭工程人为土。

普通封闭工程人为土

B1.2　隔离工程人为土
亚 类 的 检 索

B1.2.1 　隔离工程人为土土表至 100 cm 范围内有一厚度大于 20 cm、含 20%(体积百分比,加权平均)以上人工制品,其中 35%(体积百分比)以上为居民区砖瓦碎屑等垃圾。

城镇隔离工程人为土

B1.2.2 　其他隔离工程人为土土表至 100 cm 范围内有一厚度大于 20 cm、含 20%(体积百分比,加权平均)以上人工制品,其中 35%(体积百分比)以上为工业废物(如尾矿、矿渣、炉渣、粉煤灰等)。

工矿隔离工程人为土

B1.2.3 　其他隔离工程人为土土表至 100 cm 范围内有一厚度大于 20 cm、含 20%(体积百分比,加权平均)以上人工制品,其中 35%(体积百分比)以上为有机废物。

垃圾隔离工程人为土

B1.2.4 　其他隔离工程人为土土表以下 50~100 cm 范围内有潜育特征或潜育现象。

潜育隔离工程人为土

B1.2.5 　其他隔离工程人为土中具磷质特性。

磷质隔离工程人为土

B1.2.6 　其他隔离工程人为土土表下 20~100 cm 范围内盐基饱和度<50% 或 pH<5.5。

酸性隔离工程人为土

B1.2.7 　其他隔离工程人为土土表以下 50~100 cm 范围内至少一个土层(≥10 cm)有氧化还原特征。

斑纹隔离工程人为土

B1.2.8 　其他隔离工程人为土土表至 100 cm 范围内有钙积层或钙积现象。

钙积隔离工程人为土

B1.2.9 其他隔离工程人为土中有石灰性。

石灰隔离工程人为土

B1.2.10 其他隔离工程人为土土表至 100 cm 范围内,由土状物质构成的土体有 90% 以上因机械压实而根系难以进入。

压实隔离工程人为土

B1.2.11 其他隔离工程人为土。

普通隔离工程人为土

B1.3 城镇工程人为土
亚 类 的 检 索

B1.3.1 城镇工程人为土土表以下 50~100 cm 范围内有潜育特征或潜育现象。

潜育城镇工程人为土

B1.3.2 其他城镇工程人为土中具磷质特性。

磷质城镇工程人为土

B1.3.3 其他城镇工程人为土土表下 20~100 cm 范围内盐基饱和度<50% 或 pH<5.5。

酸性城镇工程人为土

B1.3.4 其他城镇工程人为土土表以下 50~100 cm 范围内至少一个土层(≥10 cm)有氧化还原特征。

斑纹城镇工程人为土

B1.3.5 其他城镇工程人为土土表至 100 cm 范围内有钙积层或钙积现象。

钙积城镇工程人为土

B1.3.6 其他城镇工程人为土中有石灰性。

石灰城镇工程人为土

B1.3.7 其他城镇工程人为土土表至 100 cm 范围内,由土状物质构成的土体有 90% 以上因机械压实而根系难以进入。

压实城镇工程人为土

B1.3.8 其他城镇工程人为土。

普通城镇工程人为土

B1.4 工矿工程人为土
亚 类 的 检 索

B1.4.1 工矿工程人为土土表以下 50~100 cm 范围内有潜育特征或潜育现象。

潜育工矿工程人为土

B1.4.2 其他工矿工程人为土中具磷质特性。

磷质工矿工程人为土

B1.4.3　其他工矿工程人为土土表下 20～100 cm 范围内盐基饱和度<50％或 pH<5.5。

酸性工矿工程人为土

B1.4.4　其他工矿工程人为土土表以下 50～100 cm 范围内至少一个土层(≥10 cm)有氧化还原特征。

斑纹工矿工程人为土

B1.4.5　其他工矿工程人为土土表至 100 cm 范围内有钙积层或钙积现象。

钙积工矿工程人为土

B1.4.6　其他工矿工程人为土中有石灰性。

石灰工矿工程人为土

B1.4.7　其他工矿工程人为土土表至 100 cm 范围内,由土状物质构成的土体有 90％以上因机械压实而根系难以进入。

压实工矿工程人为土

B1.4.8　其他工矿工程人为土。

普通工矿工程人为土

B1.5　垃圾工程人为土
亚　类　的　检　索

B1.5.1　垃圾工程人为土土表以下 50～100 cm 范围内有潜育特征或潜育现象。

潜育垃圾工程人为土

B1.5.2　其他垃圾工程人为土中具磷质特性。

磷质垃圾工程人为土

B1.5.3　其他垃圾工程人为土土表下 20～100 cm 范围内盐基饱和度<50％或 pH<5.5。

酸性垃圾工程人为土

B1.5.4　其他垃圾工程人为土土表以下 50～100 cm 范围内至少一个土层(≥10 cm)有氧化还原特征。

斑纹垃圾工程人为土

B1.5.5　其他垃圾工程人为土土表至 100 cm 范围内有钙积层或钙积现象。

钙积垃圾工程人为土

B1.5.6　其他垃圾工程人为土中有石灰性。

石灰垃圾工程人为土

B1.5.7　其他垃圾工程人为土土表至 100 cm 范围内,由土状物质构成的土体有 90％以上因机械压实而根系难以进入。

压实垃圾工程人为土

B1.5.8　其他垃圾工程人为土。

普通垃圾工程人为土

B1.6　简育工程人为土
亚 类 的 检 索

B1.6.1　简育工程人为土土表以下 50～100 cm 范围内有潜育特征或潜育现象。

潜育简育工程人为土

B1.6.2　其他简育工程人为土中具磷质特性。

磷质简育工程人为土

B1.6.3　其他简育工程人为土土表下 20～100 cm 范围内盐基饱和度<50％或 pH<5.5。

酸性简育工程人为土

B1.6.4　其他简育工程人为土土表以下 50～100 cm 范围内至少一个土层(≥10 cm)有氧化还原特征。

斑纹简育工程人为土

B1.6.5　其他简育工程人为土土表至 100 cm 范围内有钙积层或钙积现象。

钙积简育工程人为土

B1.6.6　其他简育工程人为土中有石灰性。

石灰简育工程人为土

B1.6.7　其他简育工程人为土土表至 100 cm 范围内,由土状物质构成的土体有 90％以上因机械压实而根系难以进入。

压实简育工程人为土

B1.6.8　其他简育工程人为土。

普通简育工程人为土

N　新成土
亚 纲 的 检 索

N1　新成土中,在矿质土表至 50 cm 范围内有

1. 人为扰动层次;或

2. 人为淤积物质;或

3. 人为搬运物质。

人为新成土

N1　人为新成土
土 类 的 检 索

N1.1　人为新成土土表至 50 cm 范围内有人为扰动层次。

扰动人为新成土

N1.2　其他人为新成土土表至 50 cm 范围内有人为淤积物质。

淤积人为新成土

N1.3 其他人为新成土土表至50 cm范围内有人为搬运物质。

简育人为新成土

N1.3 简育人为新成土
亚类的检索

N1.3.1 简育人为新成土土表至100 cm范围内,且位于人为隔离层次之上,含有与其他含细土土壤物质没有任何接触的含细土土壤物质。

孤立简育人为新成土

N1.3.2 其他简育人为新成土土表下50~100 cm范围内有潜育特征或潜育现象。

潜育简育人为新成土

N1.3.4 其他简育人为新成土土表以下50~100 cm范围内至少一个土层(≥10 cm)有氧化还原特征。

斑纹简育人为新成土

N1.3.2 其他简育人为新成土土表至100 cm范围内,由土状物质构成的土体有90%以上因机械压实而根系难以进入。

压实简育人为新成土

N1.3.3 其他简育人为新成土中有石灰性。

石灰简育人为新成土

N1.3.4 其他简育人为新成土土表下20~100 cm范围内盐基饱和度<50%或pH<5.5。

酸性简育人为新成土

N1.3.5 其他简育人为新成土。

普通简育人为新成土

5. 土族与土系划分

(1) 土族划分 参照《美国土壤系统分类检索》(第12版)(Soil survey staff, 2014),增加人工制品类别,用于城市土壤土族划分。具体地,根据对人类健康与安全的重要性,

A. 在人工制品类别的部分控制层段,矿质土壤具备下列一个特性:

a 能从非持久性人工制品(如垃圾、木材纸浆、污水处理厂的副产品)中检测到>1.6 ppb的甲硫醇,或能搜集到甲烷气体或有甲烷燃烧证据的。

—产沼的(Methanogenic)

或,

b 土层中有体积≥35%、直径≥2 mm的沥青这类人工制品,且厚度≥7.5 cm。

—沥青的(Asphaltic)

或,

c 土层中有体积≥35％、直径≥2 mm 的混凝土这类人工制品,且厚度≥7.5 cm。

—混凝土的(Concretic)

或,

d 细土部分有质量≥40％的合成石膏制品(如烟气脱硫石膏、磷石膏,或石膏板等)这类人工制品,且土层厚度≥7.5 cm。

—石膏的(Gypsifactic)

或,

e 土层中有体积≥35％、直径≥2 mm 的燃煤副产品(如底灰或煤渣)这类人工制品,且厚度≥7.5 cm。

—燃煤的(Combustic)

或,

f 土层中有≥15％(按 0.02～0.25 mm 颗粒计数)的轻质燃煤副产品(如飞灰)这类人工制品,且厚度≥7.5 cm。

—灰烬的(Ashifactic)

或,

g 土层中有≥5％(按 0.02～0.25 mm 颗粒计数)的焦炭或生物炭这类热解产物人工制品,且厚度≥7.5 cm。

—热解碳的(Pyrocarbonic)

或,

h 土层中有体积≥35％、直径≥2 mm 的其他人工制品,且厚度≥50 cm。

—人工制品的(Artifactic)

B. 其他土壤:无人工制品类别的土壤使用其他指标进行土族划分。

(2)土系划分 任何影响土壤利用的性质,包括土族及其以上的高级分类中应用的性质,均可用于土系划分。对于城市土壤应特别考虑有毒有害物质或放射性物质对植物生长以及动物与人类健康的危害,加强相关指标的监测。

参考文献

陈清硕. 1986. 城市土壤的发生和分类. 江苏农学院学报,7(4):33-36.

甘枝茂,孙虎,吴成基. 1997. 论城市土壤侵蚀与城市水土保持问题. 水土保持通报,17(5):57-62.

龚子同,等. 1999. 中国土壤系统分类:理论·方法·实践. 北京:科学出版社.

龚子同,张甘霖. 2003. 人为土壤形成过程及其在现代土壤学上的意义. 生态环境,12(2):184-194.

姜文华,张晟,陈刚才,等. 2002. 酸沉降对重庆南山森林生态系统土壤和植被的影响. 环境科学研究,15(6):38-41.

龚子同,张甘霖,陈志诚,等. 2007. 土壤发生与系统分类. 北京:科学出版社.

孔正红,李树人,李有福,等. 1998. 不同硬化地面类型对城市悬铃木物质循环的影响. 河南农业大学学报,32(4):314-319.

李荣波. 2002. 固化土在城市道路基层中的应用研究. 中国市政工程,(1):1-2,5.

李玉和. 1995. 城市土壤密实度对园林植物生长的影响及利用措施. 中国园林,11(3):41-43.

卢瑛,龚子同,张甘霖. 2001. 南京城市土壤的特性及其分类的初步研究. 土壤,33(1):47-51.

罗攀. 2003. 人为物质流及其对城市地质环境的影响. 中山大学学报(自然科学版),42(6):120-124.

沈汉. 1990. 京郊菜园土壤元素累积与转化特征. 土壤学报,27(1):104-112.

史军,梁萍,万齐林,等. 2011. 城市气候效应研究进展. 热带气象学报,27(6):942-951.

吴克宁,高晓晨,查理思,等. 2017. 河南省典型含有人工制品土壤的系统分类研究. 土壤学报,54(5):
　　1091-1101.

王良睦,王文卿. 2005. 厦门岛西海岸低地城市土壤盐分特征. 厦门大学学报(自然科学版),44(2):
　　255-258.

席承藩. 1994. 土壤分类学. 北京:中国农业出版社.

杨冬青,高峻,韩红霞. 2003. 城市不同土地利用类型下土壤动物分布的初探. 上海师范大学学报(自然
　　科学版),32(4):86-92.

杨金玲,张甘霖,汪景宽. 2004. 城市土壤的压实退化及其环境意义. 土壤通报,35(6):688-694.

袁大刚. 2006. 城市土壤形成过程与系统分类研究——以南京市为例. 南京:中国科学院南京土壤研
　　究所.

张甘霖,卢瑛,龚子同,等. 2003. 南京城市土壤某些元素的富集特征及其对浅层地下水的影响. 第四纪
　　研究,23(4):446-455.

张民,龚子同. 1996. 我国菜园土壤中某些重金属元素的含量与分布. 土壤学报,33(1):85-93.

张万钧,郭育文,王斗天,等. 2001. 三种固体废弃物综合利用的初步研究. 自然资源学报,16(3):
　　283-287.

章明奎,王美青. 2003. 杭州市城市土壤重金属的潜在可淋洗性研究. 土壤学报,40(6):915-920.

中国科学院南京土壤研究所土壤系统分类课题组,中国土壤系统分类课题研究协作组. 2001. 中国土壤
　　系统分类检索(第三版). 合肥:中国科学技术大学出版社.

朱显谟. 1995. 论原始土壤的成土过程. 水土保持研究,2(4):83-89.

Adamo P, Arienzo M, Bianco M R, et al. 2000. Distribution and mobility of heavy metals in the soils of
　　the dismantled urban industrial site of ILVA (Bagnoli-Napoli), Italy.//Burghardt W, Dornauf C.
　　First International Conference on Soils of Urban, Industrial, Traffic and Mining Areas. Proceedings,
　　Vol.3:849-856.

Ahrens R J, Engel R J. 1999. Soil Taxonomy and anthropogenic soils. Classification, Correlation, and
　　Management of Anthropogenic Soils, Proceedings—Nevada and California Workshop, 21:7-11.

Avery B W. 1980. Soil classification for England and Wales: higher categories. Technical Monography
　　No. 14, Harpenden, England.

Baize D, Girard M C. 1995. Référentiel Pédologique. Institut National de la Recherche Agronomique,
　　Paris, France.

Baize D, Girard M C. 1998. A Sound Reference Base for Soils: The 'Référentiel Pédologique'. Institut
　　National de la Recherche Agronomique, Paris, France.

Baize D, Girard M C. 2008. Référentiel Pédologique. Institut National de la Recherche Agronomique, Paris, France.

Bana K M, Howarib F M, and Al-Hamad A A. 2005. Heavy metals in urban soils of central Jordan: Should we worry about their environmental risks? Environmental Research, 97(3): 258 – 273.

Beyer L, Blume H P, Elsner D C, et al. 1995. Soil organic matter composition and microbial activity in urban soils. The Science of the Total Environment, 168(3): 267 – 278.

Blume H P, Felixhenningsen P. 2009. Reductosols: natural soils and technosols under reducing conditions without an aquic moisture regime. Journal of Plant Nutrition and Soil Science, 172(6): 808 – 820.

Bockheim J G, and Gennadyev A N. 2000. The role of soil forming processes in the definition of taxa in Soil Taxonomy and the World Soil Reference Base. Geoderma, 95(1 – 2): 53 – 72.

Burghardt W. 1994. Soils in the urban and industrial environments. Zeitschrift Pflanzenernahrung und Bodenkunde, 157: 205 – 214.

Burghardt W. 2000. The German double track concept of classifying soils by their substrate and their anthropo-natural genesis: the adaptation to urban areas.//Burghardt W, Dornaut C. First International Conference on Soils of Urban, Industrial, Traffic and Mining Areas. Proceedings, Vol. 1. University of Essen, Germany, 217 – 222.

Burghardt W, Morel J L, Zhang G L. 2015. Development of the soil research about urban, industrial, traffic, mining and military areas (SUITMA). Soil Science and Plant Nutrition, 61(Supp 1): 3 – 21.

Cekstere G, Osvalde A. 2013. A study of chemical characteristics of soil in relation to street trees status in Riga (Latvia). Urban Forestry & Urban Greening, 12: 69 – 78.

Charzyński P, Hulisz P, Bednarek R. 2015. Edifisols—a new soil unit of technogenic soils. Journal of Soils and Sediments, 15(8): 1675 – 1686.

Chen T B, Zheng Y M, Lei M, et al. 2005. Assessment of heavy metal pollution in surface soils of urban parks in Beijing, China. Chemosphere, 60(4): 542 – 551.

Cline M G. 1949. Basic principles of soil classification. Soil Science, 67: 81 – 91.

Cotrufo M F, De Santo A V, Alfani A, et al. 1995. Effects of urban heavy metal pollution on organic matter decomposition in Quercus ilex L. woods. Environmental Pollution, 89: 81 – 87.

Cotter-Howells J. 1996. Lead phosphate formation in soils. Environmental pollution, 93(1): 9 – 16.

Delgado R, Martin-Garcia J M, Calero J, et al. 2007. The historic man-made soils of the Generalife garden (La Alhambra, Granada, Spain). European Journal of Soil Science, 58(1): 215 – 228.

Driessen P, Deckers J, Spaargaren O, et al. 2000. Lecture Notes on The Major Soils of The World. No. 94. Food and Agriculture Organization (FAO), Rome, Italy.

Duchaufour P. 1977. Pedologie. Vol. 1. Pedogenese et Classification. Masson, Paris, 477.

Dudal R. 2005. The sixth factor of soil formation. Eurasian Soil Science, 38: 60 – 65.

Effland W R, Pouyat R V. 1997. The genesis, classification, and mapping of soils in urban areas. Urban Ecosystems, 1: 217 – 228.

El Khalil H, Schwartz C, El Hamiani O, et al. 2013. Distribution of major elements and trace metals as indicators of technosolisation of urban and suburban soils. Journal of Soils and Sediments 13: 519 - 530.

Fanning D S, Stein C E, Patterson J C. 1978. Theories of genesis and classification of highly man-influenced soils. Transections 11th International Congress of Soil Science, Edmonton, Alberta, Canada.

FAO-Unesco. 1988. FAO-Unesco Soil Map of the World, Revised Legend, with corrections and updates. World Soil Resources Report 60, Rome.

FAO, ISRIC, ISSS. 1998. World Reference Base for Soil Resources. Rome, Italy.

FAO, ITPS. 2015. Status of the World's Soil Resources, Rome, Italy.

Fey M V. 2010. Soils of South Africa. Cambridge University Press, Cape Town, 287.

Florea N, Munteanu I. 2012. Sistemul Român de Taxonomie a Solurilor (SRTS). Institutul Naţional de Cercetare-Dezvoltare pentru Pedologie, Agrochimieşi Protecţia Mediului-ICPA, Bucureşti.

Gencheva S. 2000. Classification of anthropogenic (man-made) soils and substrata.//Burghardt W, Dornauf C. First International Conference on Soils of Urban, Industrial, Traffic and Mining Areas. Proceedings, Vol. 1. University of Essen, Germany, 201 - 206.

Greinert A. 2000. Soils of the Zielona Góra urban area.//Burghardt W, Dornaut C. First International Conference on Soils of Urban, Industrial, Traffic and Mining Areas. Proceedings, Vol. 1. University of Essen, Germany, 33 - 38.

Greinert A, Fruzińska R, Kostecki J. 2013. Urban Soils in Zielona Góra. Polish Society of Soil Science.

Hall S J, Huber D, Grimm N B. 2008. Soil N_2O and NO emissions from an arid, urban ecosystem. Journal of Geophysical Research, 113.

Herrera L K, Arroyave C, Guiamet P, et al. 2004. Biodeterioration of peridotite and other constructional materials in a building of the Colombian cultural heritage. International Biodeterioration & Biodegradation, 54: 135 - 141.

Hou K C, Chu L C, Lee L C. 1935. A soil survey of Tinghsien, Hopei province. Soil bulletin 13, the National Geological Survey of China, Peiping.

Howard J L, Dubay B R, Daniels W L. 2013. Artifact weathering, anthropogenic microparticles and lead contamination in urban soils at former demolition sites, Detroit, Michigan. Environmental Pollution, 179(8): 1 - 12.

Howard J L, Olszewska D. 2011. Pedogenesis, geochemical forms of heavy metals, and artifact weathering in an urban soil chronosequence, Detroit, Michigan. Environmental Pollution, 159: 754 - 761.

Howard J L, Orlicki K M. 2016. Composition, micromorphology and distribution of microartifacts in anthropogenic soils, Detroit, Michigan, USA. Catena, 138: 103 - 116.

Howard J L, Ryzewski K, Dubay B R, et al. 2015. Artifact preservation and post-depositional site-formation processes in an urban setting: a geoarchaeological study of a 19th century neighborhood in Detroit, Michigan, USA. Journal of Archaeological Science, 53: 178 - 189.

Huot H, Simonnot M O, More J L, et al. 2015. Pedogenetic trends in soils formed in technogenic parent materials. Soil Science, 180(4): 1 – 11.

ICOMANTH (International Committee for the Classification of Anthropogenic Soils). 2006. Circular Letter ♯6 (revised). International Committee on Anthropogenic soils.

ICPA (Institutului de Cercetari Pentru Pedologie si Agrochimie). 1976. Sistemul de Classificare a Solurilor in Categorii de Nivel Inferior, Bucuresti.

ICPA. 1980. Sistemul Roman de Classificare a Solurilor, Bucuresti.

IUSS Working Group WRB. 2007. World Reference Base for Soil Resources 2006, first update 2007. World Soil Resources Reports No. 103. FAO, Rome.

IUSS Working Group WRB. 2015. World Reference Base for Soil Resources 2014, update 2015 International soil classification system for naming soils and creating legends for soil maps. World Soil Resources Reports No. 106. FAO, Rome.

Jenny H. 1941. Factors of soil formation: a system of quantitative pedology. New York: McGraw-Hill.

Johnsen A R, De Lipthay J R, Sørensen S J, et al. 2006. Microbial degradation of street dust polycyclic aromatic hydrocarbons in microcosms simulating diffuse pollution of urban soil. Environmental Microbiology, 8(3): 1 – 11.

Kaschl A, Romheld V, Chen Y. 2002. The influence of soluble organic matter from municipal solid waste compost on trace metal leaching in calcareous soils. The Science of the Total Environment, 291: 45 – 57.

Kazdym A, Prokofieva T. 2000. Formation of secondary minerals in ancient human-modified soils of Moscow.//Burghardt W, Dornauf C. First International Conference on Soils of Urban, Industrial, Traffic and Mining Areas. Proceedings, Vol. 1. University of Essen, Germany, 295 – 298.

Komisja Genezy, Klasyfikacji i Kartografii Gleb Polskiego Twowarzystwa Gleboznawczego. 2011. Systematyka Gleb Polski, wyd. 5. Roczniki Gleboznawcze — Soil Science Annual, 62(3): 1 – 193.

Kosse A. 2000. Pedogenesis in the urban environment.//Burghardt W, Dornauf C. First International Conference on Soils of Urban, Industrial, Traffic and Mining Areas. Proceedings, Vol. 1. University of Essen, Germany, 241 – 246.

Krauss M, Wilcke W. 2003. Polychlorinated naphthalenes in urban soils: analysis, concentrations, and relation to other persistent organic pollutants. Environmental Pollution, 122: 75 – 89.

Latham M. 1981. French soil classification and their application in the south pacific islands. Proceedings of the South Pacific Regional Forum on Soil Taxonomy (Suva), 185 – 199.

Leguédois S, Séré G, Auclerc A, et al. 2016. Modelling pedogenesis of Technosols. Geoderma, 262: 199 – 212.

Mcclintock N. 2015. A critical physical geography of urban soil contamination. Geoforum, 65: 69 – 85.

McKinney M L. 2006. Urbanization as a major cause of biotic homogenization. Biological Conservation, 127: 247 – 260.

Mount H, Hernandez L. 2003. Soil temperature study for New York City.

Munteanu L, Florea N. 2002. Present-day status of soil classification in Romania.//Micheli E, Nachtergaele F O, Jones R J A, et al. (Eds). Soil Classification 2001. Italy, European Soil Bureau

Research Report No. 7, EUR20398EN. Office for Official Publications of the European Communities, Luxembourg.

Mückenhausen E. 1962. Entstehung, Eigenschaften und Systematik der Böden der Bundesrepublik Deutschland. DLG-Verlag, Frankfurt.

Naeth M A, Archibald H A, Nemirsky C L, et al., 2012. Proposed classification for human modified soils in Canada: Anthroposolic order. Canadian Journalof Soil Science. 92: 7 – 18.

Němeček J. 2008. Taxonomický Klasifikačni Systém Půd České Republiky. Praha.

Pickett S T A, Cadenasso M L. 2009. Altered resources, disturbance, and heterogeneity: A framework for comparing urban and non-urban soils. Urban Ecosystems, 12: 23 – 44.

Polskie Towarzystwo Gleboznawcze, Komisja Genezy Klasyfikacji i Kartografii Gleb. 2019. Systematyka gleb Polski. Wydawnictwo Uniwersytetu Przyrodniczego we Wrocławiu, Polskie Towarzystwo Gleboznawcze, Wrocław-Warszawa.

Prokofieva T V, Gerasimovab M I, Bezuglovac O S, et al., 2014. Inclusion of Soils and SoilLike Bodies of Urban Territories into the Russian Soil Classification System. Eurasian Soil Science, 47 (10): 959 – 967.

Prokofieva T V, Kiryushin A V, Shishkov V A, et al. 2016. The importance of dust material in urban soil formation: the experience on study of two young Technosols on dust depositions. Journal of Soils and Sediments, 17(2): 515 – 524.

Prokofieva T V, Martynenko I A, Ivannikov F A. 2011. Classification of Moscow soils and parent materials and its possible inclusion in the Classification System of Russian Soils. Eurasian Soil Science, 44(5): 561 – 571.

Rossiter D G. 2004. Proposal: classification of urban and industrial soils in the world reference base for soil resources(WRB).

Rossiter D G. 2005. Proposal for a new reference group for the World Reference Base for Soil Resources (WRB) 2006: the Technosols (2nd revised draft).

Rossiter D G, Burghardt W. 2003. Classification of urban & industrial soils in the World Reference Base for Soil Resources: Working Document. Paper presented at: 2nd Int. SUITMA Conf. July 7th – 11th, Nancy, France.

Sauer D, Burghardt W. 2000. Chemical process in soils on artificial materials: Silicate dissolution, occurrence of amorphous silica and zeolites.//Burghardt W, Dornauf C. First International Conference on Soils of Urban, Industrial, Traffic and Mining Areas. Proceedings, Vol. 1. University of Essen, Germany, 339 – 346.

Scalenghe R, Marsan F A. 2009. The anthropogenic sealing of soils in urban areas. Landscape and Urban Planning, 90(1 – 2): 1 – 10.

Segalen P. 1977. Les Classification des Sols. Services Scientifiques Centraux de l'ORSTOM, Mondy, France, 175.

Séré G, Schwartz C, Ouvrard S, et al. 2010. Early pedogenic evolution of constructed Technosols. Journal of Soils and Sediments, 10: 1246 – 1254.

Shishov L, Tonkonogov V, Lebedeva I, et al. 2002. Principles, structure and prospects of the new Russian soil classification system. In: Micheli E, Nachtergaele F O, Jones R J A, et al. (Eds). Soil Classification 2001. Italy, European Soil Bureau Research Report No. 7, EUR20398EN. Office for Official Publications of the European Communities, Luxembourg.

Short J R, Fanning D S, Mcintosh M S, et al. 1986. Soils of the Mall in Washington, DC: Ⅱ. Genesis, Classification, and Mapping. Soil Science Society of America Journal, 50: 705 - 710.

Shtangeeva I V, Vuorinen A, Rietz B, et al. 2001. Decontamination of polluted urban soils by plants. Our possibilities to enhance the uptake of heavy metals. Journal of Radioanalytical and Nuclear Chemistry, 249(2): 369 - 374.

Skład Komisji v Genezy, Klasyfikacji i Kartografii Gleb Polskiego towarzystwa Gleboznawczego. 1989. Systematyka Gleb Polski. wyd. 4. Roczniki Gleboznawcze — Soil Science Annual 40(3/4): 1 - 151.

Soil Survey Staff. 2014. Keys to Soil Taxonomy, 12th ed. USDA-Natural Resources Conservation Service, Washington, DC.

Stroganova M N, Prokofieva T V. 2000. Urban soils — concept, definitions, classification.//Burghardt W, Dornauf C. First International Conference on Soils of Urban, Industrial, Traffic and Mining Areas. Proceedings, Vol. 1. University of Essen, Germany, 235 - 240.

Stroganova M N, Prokofieva T V. 2001. Urban soils — a particular specific group of anthrosols.// Sobocká J. Soil anthropization Ⅵ, Proceedings, International Workshop Bratislava, June 20 - 22, 2001. Soil Science and Conservation Research Institute, Brastislava.

Sutherland R A, Tack F M G. 2000. Metal phase associations in soils from an urban watershed, Honolulu, Hawaii. Science of Total Environment, 256(2 - 3): 103 - 113.

Tang L, Tang X Y, Zhu Y G, et al. 2005. Contamination of polycyclic aromatic hydrocarbons (PAHs) in urban soils in Beijing, China. Environment International, 31: 822 - 828.

Thornton I. 1991. Metal contamination of soils in urban areas.//Bullock P, Gregory J. Soils in the Urban Environment. Blackwell scientific publications. Oxford, 47 - 75.

Turer D, Maynard J B, Sansalone J J. 2001. Heavymetal contamination in soils of urban highways: comparison between runoff and soil concentrations at Cincinnati, Ohio. Water, Air, and Soil Pollution, 132: 293 - 314.

Van Deventer P W, Viljoen C, Le Roux, et al. 2000. A new classification system for South African Anthrosols.//Burghardt W, Dornauf C (ed). First International Conference on Soils of Urban, Industrial, Traffic and Mining Areas. Proceedings, Vol. 1. University of Essen, Germany, 271 - 276.

Viles H A, Gorbushina A. 2003. Soiling and microbial colonization on urban roadside limestone: a three year study in Oxford, England. Building and Environment, 38: 1217 - 1224.

Wilding L P, and Ahrens R J. 2002. Soil Taxonomy: Provisions for Anthropogenically Impacted Soils.// Micheli E, Nachtergaele F O, Jones R J A, et al (Eds). Soil Classification 2001. Italy, European Soil Bureau Research Report No. 7, EUR20398EN. Office for Official Publications of the European Communities, Luxembourg.

Yaalon D H, Yaron B. 1966. Framework for man-made soil changes-an outline of metapedogenesis. Soil

Science, 102(4): 272 - 277.

Yang J L, Zhang G L. 2015. Formation, characteristics and eco-environmental implications of urban soils — A review. Soil Science and Plant Nutrition, 61: 30 - 46.

Yuan D G, Zhang G L, Gong Z T, et al. 2007. Variations of soil phosphorus accumulation in Nanjing, China as affected by urban development. Journal of Plant Nutrition and Soils Science, 170: 244 - 249.

Zevenbergen C, Bradley J P, Van Reeuwijk L P, et al. 1999. Clay formation and metal fixation during weathering of coal fly ash. Environ Science & Technology, 33: 3405 - 3409.

Zhang G L, Burghardt W, Lu Y, et al. 2001. Phosphorus-enriched soils of urban and suburban Nanjing and their effect on groundwater phosphorus. Journal of Plant Nutrition and Soils Science, 164(3): 295 - 301.

第3章
城市土壤物理性质演变与环境效应

城市土壤受到人为活动的强烈影响。大量建筑和生活垃圾、工业废弃物和排放物，以及交通和运输排放和泄漏物等外源物质的添加，改变了土壤的物质组成。城市建设对土壤的扰动、搬运、堆积、埋藏、压实、封闭等，破坏了其正常结构。因此，与自然土壤相比，城市土壤的物理性质发生了巨大的变化，可能完全不同于起源土壤。由于外源物的添加，其颗粒组成更趋向于粗骨化，质地粗粒化。由于城市建筑、道路建设等带来的机械压实和人为践踏导致的土壤结构重组，容重和紧实度增加、孔隙度降低，从而严重影响城市土壤的水分入渗、容纳和疏导能力，引起暴雨期间的城市洪涝，增加城市洪水发生的强度和概率。地表封闭和压实也影响了土壤的气体和热量交换、降低了生物活性和养分的转化，从而影响植物的生长。

3.1 城市土壤颗粒组成

3.1.1 土壤砾石化

不同于自然土壤，城市土壤中普遍存在粗骨化。土壤颗粒组成中粗颗粒和砂粒较多，细粒和黏粒所占比重较小，多为石质和砂质。由于建筑和修路等，城市生态系统中输入了大量的建筑砂和砾石(图3-1)，且在煤矿场的废料、工业残余物、废弃物和其他工业底质中含有相当的砾石和石块。因此，城市砾石和石块等含量很高，有些土壤层次砾石和石块(直径>2 mm)含量可达80%~90%或以上(Short et al., 1986; Jim, 1998a)。在波兰绿山城(Zielona Góra)土壤中，尤其表层主要以粗砂(Ø1~10 mm)和石子(Ø>10 mm)的混合物为主(Greinert, 2000)。中国香港的研究表明，城市土壤的砾石含量范围为13.4%~81.8%，这其中仅有少部分是来自起源母质(Jim, 2001)。除了砾石和砂粒的含量较高以外，城市土壤还混杂了大量的人造粗骨物质，如瓷片、瓦片、砖头、混凝土、沥青、煤渣、金属碎片等(图3-2)。

3.1.2 土壤质地粗粒化

城市土壤细土部分(直径<2 mm)的质地一般偏粗砂。扰动会增加城市土壤中粗粒

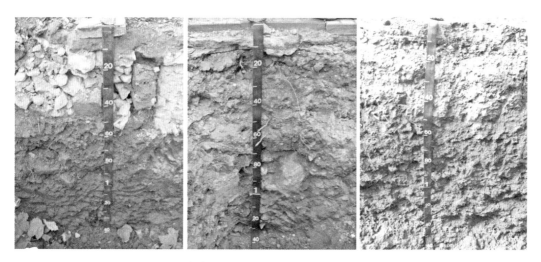

图 3 - 1　含大量砾石城市土壤剖面(袁大刚摄　南京)

图 3 - 2　城市土壤中大量的人为物质(杨金玲摄　南京)

物质的含量,相应地降低粉粒和黏粒的含量。香港城市土壤砂粒含量达 74%～97%,属于砂壤或砂土(Jim,2001)。河南大学校园土壤的颗粒组成以 0.05～1 mm 的砂粒为主,大多占土壤重量的 50% 以上,而直径小于 0.001 mm 的黏粒含量很少,只占土壤重量的 5% 左右,质地类型偏砂(马建华等,1995)。在城区中的河堤、湖堤附近发育的湿地上,可出现淤泥质或黏质土壤。

对于未压实部分的土壤,粗骨化有利于优势流的形成及污染物的运移,因此会对地下水直接产生污染;对于压实的土壤来说,一般表层的压实大于下层(杨金玲等,2004)。因此,虽然城市土壤是粗骨的,但是由于严重的压实,其入渗速率仍然较低,部分很低(Yang and Zhang,2011)。在保加利亚索非亚的 4 个公园中,土壤的质地从壤土到砂壤土,具有低的渗透性,差的水和空气状况(Doichinova,2000)。

3.2　城市土壤的结构与孔隙特征

3.2.1　土壤压实

在城市环境中,对土壤物理特性影响最大的因素之一是压实,城市土壤往往压实很严重。小刀甚至不易插入公园草坪下的土壤,环刀取出的样品可完全保留圆形(图3-3)。压实是最严重的物理退化,会导致结构体破坏、容重增加、孔隙度降低和紧实度增加(杨金玲等,2004)。

图3-3 城市土壤的压实状况(杨金玲摄 南京)

引起城市土壤压实的外在因素很多。为了提供稳定的路基,公路边土壤因要满足机械指标而被压实;公路的机械要求也规定了人行道土壤的压实程度。香港行道树的土壤容重为 $1.14\sim2.63$ g cm^{-3},平均值为 1.67 g cm^{-3},说明压实严重(Jim,1998b)。路边行道树和绿化带的土壤大多是由于机械要求而被有意识地压实,由于人们对土壤压实的环境效应认识不足,在进行绿化之前并没有采取措施来修复土壤,因此压实问题没有得到及时解决。

公园、道路边等公共绿地土壤的压实主要是人为践踏所致。在土壤含水量较高的情况下,无论是机械还是人为践踏都会导致土壤严重压实。雨水打击也能形成压实和结皮,径流的选择性侵蚀过程(带走小颗粒,留下粉粒和砂粒)能增加孔隙的密闭效应,增加土壤容重。

建筑地点的土壤由于建筑材料的堆放和重型机械等的作用而被压实。建筑点的机械震动、车轮和人们的践踏也是引起土壤压实的主要原因(图3-4)。在城市建设中有许多客土现象,如果外来土是紧实土壤而没有经过正确处理,也同样会出现压实现象(Jim,1998a),Jim和Judith(2000)发现香港行道树的客土平均总孔隙度仅为36.6%(24.8%～59.2%)。由此可见,客土也存在压实严重的问题。

城市土壤的压实除了外在的因素以外,也有其内在因素:有机质含量低和结构稳定性差。从形态学的角度来说,压实是土壤颗粒的重组。由于各向异性,土壤颗粒倾向于连续排列,以减小无序并占据最小能量的位置。在压实过程中,土壤的粗细颗粒混合物将进行重组,孔隙度减少,直至达到一个最小的孔隙度,并形成最大容重,也就是当土壤上层的压力达到一定程度时,进一步的压力不会使容重继续增加(Dalrymple and Jim,1984)。最大容重与土壤本身的其他性质密切相关,例如颗粒之间的吸引力可以将一些

图 3 – 4　城市土壤的建筑压实(张甘霖摄　南京)

基本结构单元连接在一起,从而形成稳定的聚合体。一般来说,城市土壤有机质含量很低,土壤动物活动较少,因而孔隙度低。这就造成城市土壤更加易于压实,且压实程度更严重。

土壤水分含量影响其结构破坏的敏感性。水的表面张力可将土粒连接在一起,但水也可以作为润滑剂减少物理摩擦力。所以,当压实时,湿土比干土的结构更容易被破坏。也就是说,在各种力的作用下,湿土比干土更容易被压实,而且压实程度更严重。

3.2.2　土壤结构

城市土壤的结构性差。首先,在城市发展过程中,植被清理、表土移除、土壤回填和压实等均会剧烈地影响土壤的团聚体(Wick et al., 2009)。如由于表土移除,土壤大团聚体的比例会减少 29%(Chen et al., 2014)。Jim(1998a)发现在香港高扰动路边土壤的水稳性团聚体比例非常低。此外,城市土壤侵入体多,进而改变了土壤的固、热、气三相组成、孔隙分布状态和土壤的水、气、热和养分状况。土壤细粒物质和有机质含量低,有机胶体少,缺少团聚体黏结剂和粗粒物质之间的连接物质,土壤结构体很小(直径很少超过 3 cm)(图 3 – 5a),多为弱的粒状结构和块状结构,很少有发育良好的结构。一些单粒结构往往出现在砂质区域和一些人为物质中,如灰分和炉渣等(Jim, 1998a)。因此,低有机质、高砾石和砂粒含量是城市土壤低团聚体形成的主要原因。

城市土壤的结构稳定性差,大多数结构体会由于机械力而碎裂,这样土壤就缺少黏性和可塑性。由于内在的不稳定性,土壤结构单元非常容易破碎,在外力的作用下,会导致孔隙破坏,颗粒重排,形成更紧实的结构。如城市土壤中普遍存在的压实很容易破坏土壤的结构。当土壤被压实的时候,土体在机械和人的外力作用下挤压土粒,引起颗粒重组来适应新的应力体系,形成理化性能差的片状或块状结构(图 3 – 5b)。这些结构一旦形成,便难以通过土壤自身的发育来恢复。很多城市区域由于人为践踏和车辆压扎以及对土壤的人工组合等,使土壤结构和团聚体受到严重毁坏,导致其容重大且孔隙度小

图 3 - 5　城市土壤的结构(杨金玲摄　南京)

(杨金玲和张甘霖,2007)。这些土壤较为紧实,通透性差,在某些裸露的土壤表面常出现具防水作用的结壳层,称为变性的土壤物理结构。

3.2.3　土壤容重

土壤压实的直接后果是土壤孔隙度降低,容重增大。在同一质地的土壤上,压实越严重,容重越大,孔隙度越小。所以人们一般用容重和孔隙度来反映土壤的压实程度。通过对南京市城区典型功能区和城郊土壤的表土容重进行对比后发现,城区土壤容重为 $1.15 \sim 1.70$ g cm^{-3},变异范围很大,极差达到 0.55 g cm^{-3},大多数城区土壤的容重为 $1.30 \sim 1.60$ g cm^{-3},平均值为 1.46 g cm^{-3};而城郊菜地土壤的容重为 $1.25 \sim 1.36$ g cm^{-3},平均容重为 1.29 g cm^{-3}(图 3 - 6)(杨金玲和张甘霖,2007)。t 检验的结果表明,城区与城郊菜地土壤容重在 99% 水平下差异显著(表 3 - 1)。一般农地表层土壤容重为 1.30 g cm^{-3},这说明城郊菜地土壤容重与一般农地和自然土壤相近,属于未压实的土壤,而城区土壤容重大于一般农地土壤容重,普遍存在压实现象。表下层土壤具有类似的研究结果,陈立新(2002)通过对不同环境下的土壤容重的对比后发现,原始未受人为影响的五花草甸自然土壤的容重最小,农业耕地土壤其次,森林土壤再次,而城市土壤最大。城市绿化用地 $20 \sim 40$ cm 土壤容重分别比森林土壤和农业土壤提高了 $17.7\% \sim 43.7\%$ 和 $35.4\% \sim 93.9\%$。

表 3 - 1　南京市城区与城郊土壤容重和孔隙度的 t 检验结果

指　　标	容重	总孔隙度	毛管孔隙度	通气孔隙度
t 值	3.03	-3.43	-1.93	-3.76
显著性(P<0.001)	0.005	0.002	0.062	0.001

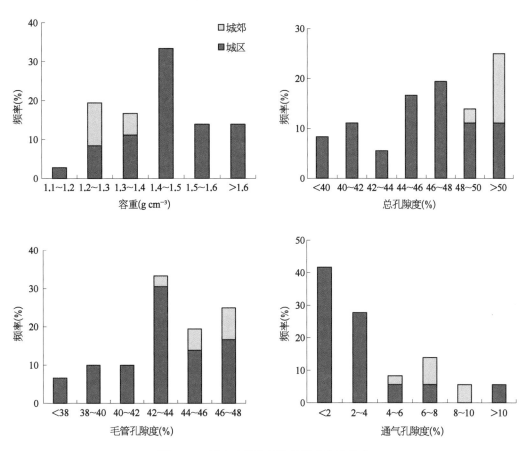

图 3 - 6　城市土壤容重和孔隙度频率分布

国内外其他城市的相关研究也表明城市土壤具有较高的容重。香港行道树土壤容重的变异范围很大（1.14～2.63 g cm^{-3}），平均值为 1.67 g cm^{-3}（Jim，1998b），最高容重达到 2.63 g cm^{-3}，说明压实非常严重。通常，多数土壤矿物的比重为 2.6～2.7 g cm^{-3}，当容重达到 2.63 g cm^{-3} 时，土壤内几乎没有孔隙或含有大于一般土壤矿物成分的物质或高密度矿物。美国华盛顿中心开放公园中 30 cm 表土的容重为 1.40～2.30 g cm^{-3}，在纽约中心公园的土壤心土层容重为 1.52～1.96 g cm^{-3}，其平均值超过 1.60 g cm^{-3}（Bullock and Gregory，1991）。从土壤容重的垂直变化看，行道树利用下的表层土壤容重较大，公园和大学校园树林利用下的下层土壤容重大（管东生等，1998）。由于表层有机质含量高，自然土壤相对疏松，其容重往往比下层土壤低。而城市土壤由于受到人为压实作用的影响，因此其表土层容重较大，这是城市土壤的一个重要特征。土壤"上虚下实"有利于水分入渗，而城市土壤则经常是"上实下虚"。

3.2.4　土壤孔隙度

压实后土壤孔隙度下降。有研究表明，如果压实不是过于剧烈，一些通气孔隙会通过微结构重组而转变成毛管孔隙;而如果严重压实,一部分毛管孔隙将被明显地消除(Jim, 1993)。容重在 1.30 g cm^{-3} 时,总孔隙度为 50.9%;容重在 1.60 g cm^{-3} 时,总孔隙度为 39.6%;容重在 1.80 g cm^{-3} 时,总孔隙度降低到 32.0%;容重在 2.00 g cm^{-3} 时,总孔隙度只有 24.5%(Jim, 1998b)。在严重的压实情况下,总孔隙度的下降往往伴随着大孔隙的骤减。

南京市城区典型功能区表层土壤的总孔隙度变化范围为 37.9%~56.6%,平均为 45.9%;毛管孔隙度变化范围为 36.5%~48.0%,平均为 43.0%;通气孔隙度变化范围为 0.4%~10.7%,平均为 2.8%(杨金玲和张甘霖,2007)。城郊菜地土壤总孔隙度为 49.7%~53.6%,平均值为 52.3%;毛管孔隙度为 43.6%~47.6%,平均值为 45.4%;通气孔隙度为 5.6%~8.8%,平均值为 6.9%(杨金玲和张甘霖,2007)。t 检验的结果表明,城区表层土壤的总孔隙度、通气孔隙度与城郊菜地土壤在 99% 水平下差异显著,城区和城郊土壤的毛管孔隙度差异不显著(表 3-1)。城郊菜地表层土壤的孔隙度与一般农地土壤相近(约50%),明显大于城区表层土壤。从土壤孔隙度的分布情况可以看出,75.0% 的土壤总孔隙度小于 50%,其中城区土壤占 96.3%;有 94.4% 的土壤通气孔隙度小于 10%,其中城区土壤占 77.8%(图 3-6)。因此,与一般农地土壤和自然土壤相比,城区土壤的孔隙度明显减少,通气孔隙度的减少最为严重,这显然是由于城市土壤压实所致。

中国香港客土的平均总孔隙度为 37%(25%~59%),平均通气孔隙度为 8%(4%~12%);而原位土的容重更大,为 1.74 g cm^{-3},平均总孔隙度 33%(11%~48%),平均通气孔隙度为 8%(3%~20%)(Jim and Judith, 2000),部分严重压实土壤的总孔隙度甚至会低于 30%(Jim and Ng, 2018),这说明土壤压实对孔隙度的影响很大。植物根部的土壤由于树木生长的作用,黏粒和有机物质含量相对较高,所以孔隙度状况和结构稍好,平均总孔隙度为 44%(35%~56%),平均通气孔隙度为 10%(5%~15%),但大部分样品的通气孔隙度很低(<10%)(Jim and Judith, 2000)。陈立新(2002)研究表明,城市绿化用地 20~40 cm 土壤总孔隙度分别比森林土壤和农业土壤降低 2%~13% 和 34%~52%。由此可见,大部分城市土壤的孔隙度低于自然土壤。

3.2.5 土壤紧实度

土壤被压实后,必然导致紧实度增加,这是土壤压实最直观的表现,也是结构重排、孔隙度减少的集中体现。城市土壤紧实度范围为 182~3 176 kPa,平均 1 196 kPa(杨金玲等,2005)。一般农田表层土壤的紧实度小于 500 kPa,达到 2.5 MPa 将限制根系生长(Taylor et al., 1966),而 3 MPa 被认为是根系生长的上限。从南京市的土壤紧实度分布图可以看出,只有 23.1% 的土壤紧实度小于 500 kPa,而其中 58.3% 是城郊菜地(图3-7)。因此,城区只有 9.6% 的土壤属于未压实土壤。在压实土壤中有 11.5% 的紧实度大于 2.5 MPa,已经限制了根系的生长;有 3.8% 的土壤紧实度大于 3 MPa,根系已经无法生长。由此可见,大部分城市土壤紧实度较高,而部分城市土壤的紧实度非常高。

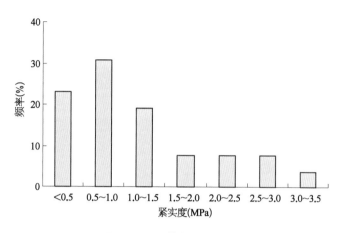

图 3 - 7　土壤紧实度分布

　　紧实度虽然是土壤压实和孔性的一个重要表现,其测定也非常简单快捷,但土壤紧实度在很大程度上受土壤水分含量的影响。对于同一土壤,水分含量越高,土壤的紧实度就越小。

　　有关城市绿地土壤的实验证实了土壤紧实度与土壤含水量具有一定的相关性。在不同时段,测定同一点土壤的紧实度,并同时测定其含水量,从而得到不同含水量下的土壤紧实度数据。测定结果表明,随着含水量的增加,土壤紧实度呈直线下降(图 3 - 8),而且其斜率的绝对值非常大,这说明土壤水分含量对土壤紧实度影响很大。因此,在应用土壤紧实度指标时必须说明土壤的含水量,如果没有含水量的数据,仅依据紧实度,并不能说明土壤是否压实,更不能体现土壤的压实程度和孔性特性。

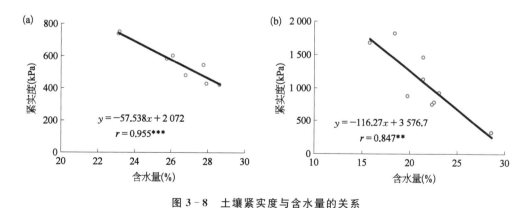

图 3 - 8　土壤紧实度与含水量的关系

(a) 居民区;(b) 道路绿化带。

　　目前,尚缺乏对土壤紧实度与含水量之间关系的深入研究。如果采用校正曲线的话,必须考虑到土壤的结构、质地、有机质含量等与其有关的土壤其他性质。因为这些性质会影响土壤紧实度与含水量之间的关系。在居民区绿地土壤上做的校正曲线(图 3 - 8a)与在道路绿化带土壤上做的校正曲线(图3-8b)比较可以看出,两者的系数相差非常大。如果在研究中应用同样的校正曲线对不同的土壤进行校正,结果会产生较大的误差。

城市土体中砾石和人为添加物质的含量很高,这一方面会限制紧实度仪的应用,因为仪器探头无法通过或绕过砾石;另一方面,砾石的大量存在会明显增大仪器的测定结果,垃圾等杂物也会干扰紧实度仪探头进一步伸入下层土壤。以上这些局限性使得土壤紧实度这一能够直观地反映土壤压实程度和孔性特征的指标在城市土壤中不能被广泛应用。

3.2.6 压实指标间的关系

土壤含水量对土壤紧实度的影响非常大,因此,在讨论土壤紧实度与其他性质的关系时,必须要考虑土壤含水量。应用南京城市土壤测定数据,模拟了土壤紧实度与含水量、容重或孔隙度关系的回归方程(表3-2)。从方程的相关性来看,土壤紧实度与含水量和容重或孔隙度都呈极显著相关。从方程的系数来看,土壤紧实度与土壤容重呈正相关,与土壤孔隙度呈负相关。在同样含水量的情况下,土壤紧实度随着土壤容重的增加而增加,随着土壤孔隙度的增加而减少。

表3-2 土壤紧实度与含水量、容重或孔隙度的关系

参 数	方 程	样品个数	r	P
紧实度-含水量-容重	$F = -110.9Q + 1\,412.5r_s + 1\,487.4$	52	0.746	<0.001
紧实度-含水量-总孔隙度	$F = -108.4Q - 45.2Pt + 5\,568.8$	52	0.751	<0.001
紧实度-含水量-毛管孔隙度	$F = -112.5Q - 45.1Pc + 5\,482.9$	52	0.727	<0.001
紧实度-含水量-通气孔隙度	$F = -113.5Q - 70.5Pn + 3\,797.3$	52	0.750	<0.001

注: F:紧实度(kPa);Q:土壤质量含水量(%);r_s:容重(g cm^{-3});Pt:总孔隙度(%);Pc:毛管孔隙度(%);Pn:通气孔隙度(%);P<0.001:99.9%置信水平上显著。

容重与孔隙度以及不同的孔隙度之间具有非常显著的相关性(图3-9)。容重越大,土壤压实越严重,孔隙度越少(图3-9a)。总孔隙度减少,毛管孔隙度和通气孔隙度均会随之减少(图3-9b)。从图3-9b两条模拟线的斜率可以看出,通气孔隙度(Pn)的斜率大于毛管孔隙度(Pc)的斜率。这说明土壤压实对通气孔隙度的影响大于对毛管孔隙度,即当土壤被压实时,土壤的通气孔隙更容易减少。采集的36个样点的平均总孔隙度、毛管孔隙度、通气孔隙度三者之比为13∶12∶1,显然毛管孔隙与通气孔隙的比例失衡。从图3-9a还可以看出,当容重大于1.60 g cm^{-3}时,土壤的通气孔隙度已经接近0。

通过对3种土壤压实指标在各个城市土壤上的应用,对比后发现,大多数土壤存在不同程度的压实,部分压实严重,可能限制植物的生长。不同压实指标在反映土壤压实程度上基本一致,它们之间具有极显著的相关性,可以相互转换。但紧实度指标受到土壤含水量的显著影响,在涉及土壤紧实度时必须考虑土壤水分因子,使其应用具有很大

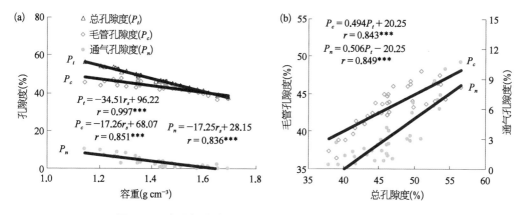

图 3-9　容重与孔隙度(a)以及不同孔隙度之间(b)的关系

的限制性。容重和孔隙度的应用也受土壤质地和有机质等的影响,但对于同一质地或质地相近的土壤,它们的数值还是可以很好地反映土壤的压实程度。与总孔隙度和毛管孔隙度相比,通气孔隙度在反映土壤压实时更为敏感。因此,在进行城市土壤压实状况评价时,从实用性和可靠性来说,主要选择容重和孔隙度作为压实的主要指标。除了总孔隙度指标以外,还要充分考虑土壤的毛管孔隙度和通气孔隙度。

压实对土壤物理性质的影响包括如下方面(Jim, 1993): ① 由于可塑性或易碎性而变形,导致结构体破坏和结构体的稳定性变弱;② 原来的结构体和碎片结合,结合后的结构体体积增大;③ 自然结构体之间和结构体内部孔隙消失;④ 总孔隙度减少;⑤ 孔隙的连续性被切断,这些连续性对空气和水的传导是必需的;⑥ 土壤中孔隙方向改变,使垂直方向上的孔隙减少;⑦ 通气孔隙度降低;⑧ 轻度压实,通气孔隙降低,毛管孔隙度增加;而重度压实时,毛管孔隙度也降低;⑨ 容重增加;⑩ 剪切强度增加。

3.2.7　压实的影响因素

城市土壤压实受到不同利用时间的影响。杨金玲和张甘霖(2007)在南京市的研究表明利用年限大于 20 年的绿地土壤(老土)比利用年限小于 5 年的土壤(新土)容重明显降低,孔隙度增加(表 3-3),这说明城市绿地土壤的稳定利用时间越长,土壤的物理性质越好,其压实退化程度越轻。这主要是因为在城市建设中,建筑机械运行、人为践踏和雨滴打击地面,城市土壤被严重压实,而在绿地建设中,并没有很好地将压实土壤进行机械修复(Jim, 1993)。当有植被生长在压实土壤上,并在无人为践踏的情况下,植物根系的生长和土壤动物的活动会不断地改善土壤的物理性状,土壤的物理退化就会有所减轻。

不同植被类型下的土壤研究表明,树下灌木土壤的容重最小,与蔬菜地相近,而无植被的裸地和草坪土壤的容重最大;从孔隙度的平均值看,树下灌木土壤的最高,与蔬菜地相近;而裸地无植被和草坪土壤的最低(表 3-4)。多重分析结果(表 3-4)表明,在 95% 置信水平下,从土壤容重和总孔隙度看,裸地无植被土壤与草坪土壤之间差异不显著,树

表 3 - 3 新土和老土的容重和孔隙度描述性统计

指 标	容重($g\ cm^{-3}$)		总孔隙度(%)		毛管孔隙度(%)		通气孔隙度(%)	
	新土	老土	新土	老土	新土	老土	新土	老土
最小值	1.25	1.15	37.9	41.8	36.5	41.3	0.4	0.4
最大值	1.70	1.58	53.6	56.6	47.6	48.0	8.0	10.7
平均值	1.49a*	1.36b	44.9a	49.0b	42.2a	44.7b	2.7a	4.3b
标准差	0.13	0.12	4.7	4.1	3.1	1.8	2.2	3.3

注: * 不同字母表示 $P<0.05$, 95%置信水平上显著。

表 3 - 4 不同利用类型下土壤容重和孔隙度统计分析结果

指 标		无植被	草 坪	树下草坪	树下灌木	蔬 菜
样品数 n		6	15	6	3	6
容重 ($g\ cm^{-3}$)	最大值	1.65	1.69	1.45	1.22	1.36
	最小值	1.28	1.34	1.35	1.14	1.25
	平均值	1.52a	1.51a	1.40b	1.19c	1.29c
	标准差	0.13	0.10	0.05	0.04	0.04
总孔 隙度 (%)	最大值	51.0	49.9	49.5	56.6	53.6
	最小值	39.1	37.9	45.5	53.8	49.7
	平均值	43.8 a	44.2 a	47.7 b	54.9 c	52.3c
	标准差	4.1	3.3	1.9	1.5	1.4
毛管孔 隙度 (%)	最大值	48.0	46.1	46.7	46.4	47.6
	最小值	36.5	37.5	43.7	44.4	43.6
	平均值	41.9 a	42.1 a	45.2 b	45.6 b	45.4 b
	标准差	3.7	2.5	1.3	1.0	1.6
通气孔 隙度 (%)	最大值	3.0	6.6	3.3	10.7	8.8
	最小值	0.4	0.4	1.5	7.4	5.6
	平均值	1.9 a	2.1 a	2.4 a	9.4 c	6.9 b
	标准差	1.0	1.7	0.7	1.7	1.3

注: * 不同字母表示 $P<0.05$, 95%置信水平上显著。

下灌木与城郊菜地土壤之间差异不显著,但这两类之间以及同树下草坪三者之间差异显著。从毛管孔隙度看,裸地无植被和草坪土壤之间无显著差异,树下草坪、树下灌木和蔬菜地土壤之间无显著差异,而这两类之间差异显著。从通气孔隙度看,裸地无植被、草坪和树下草坪土壤之间无显著差异,但它们与树下灌木和蔬菜地土壤之间有显著差异,树下灌木与蔬菜地土壤之间也有显著差异。由此可见,除了裸地无植被和草坪利用下的土壤压实程度之间差异不显著,其他不同植被类型下的土壤压实在不同程度上均存在差异。因此,植被类型能够影响城市土壤压实程度。

蔬菜地土壤为无压实土壤,而在城区除了树下灌木土壤无压实外,其他植被类型下的土壤均有不同程度的压实退化现象,草坪和裸地土壤压实最为严重。这说明植被栽植以后,如果仍然有人为践踏,土壤不但得不到改善,而且会越来越紧实。例如南京市明故宫广场的草坪专门供游人在上面休闲娱乐,土壤践踏极为严重,表土容重达到 $1.60 \sim 1.70\ \mathrm{g\ cm^{-3}}$,总孔隙度为 38% $\sim$ 41%,通气孔隙度仅为 0.4% $\sim$ 1.7%。再如道路绿化带裸地土壤的压实程度普遍大于该功能区内的树下灌木土壤。可见,人为践踏造成的压实也非常严重和普遍。居民区和学校的草坪很少有行人践踏,其压实主要是在建筑时造成的机械压实,这里的土壤随着利用时间的延续,温度、水分等气候因子的作用,草坪、树木等植被的生长以及土壤动物的活动,土壤的压实状况会有所改善。

道路绿化带的树下灌木土壤与城郊土壤的容重和孔隙度相近,属于未压实土壤。这是因为绿化带里由于灌木的存在,每年有大量的枯枝落叶归还土壤,有机质有所增加,土壤动物也会增多,又很少有人为践踏,所以土壤的物理性质经过多年后会有所改善,土壤容重为 $1.14 \sim 1.22\ \mathrm{g\ cm^{-3}}$,平均为 $1.19\ \mathrm{g\ cm^{-3}}$,孔隙度也明显提高。当然,灌木有多而长的根系,20 年以上的大树有庞大的根系,也能够缓慢地松动压实的土壤,使土壤的压实状况逐渐得到缓解。因此,植被类型与土壤物理性质的改善也密切相关。从研究结果看,树下栽植灌木对土壤压实状况的改善效果最好。

3.2.8 压实分级

由于利用时间和植被类型对土壤的压实退化有重要影响,杨金玲等(2008)综合考虑城市区域不同植被类型和利用时间的绿地土壤容重和孔隙度差异显著性,将城市土壤的压实程度分为极疏松土壤、正常土壤、轻度压实土壤、中度压实土壤、重度压实土壤和严重压实土壤 6 个级别(表 3 - 5)。

根据表 3 - 5 压实标准对南京市利用网格布点法所采集的 476 个样品表层土壤容重进行压实分级(图 3 - 10),其中极疏松土壤占 4.5%,正常的未压实土壤占 17.8%,轻度压实与中度压实土壤的比例最高,分别为 31.8% 和 29.8%,两者占 60% 以上。重度压实土壤占 12.7%,严重压实土壤占 3.4%。从土壤压实程度的空间分布情况来看,极疏松和正常土壤主要分布在城市周边的郊区,而城区土壤压实严重(图 3 - 10)。

表 3 - 5　城市土壤压实分级标准

压　实　程　度	容重(g cm^{-3})	总孔隙度(%)
极疏松土壤	<1.20	>55
正常土壤	1.20~1.35	50~55
轻度压实	1.35~1.45	46~50
中度压实	1.45~1.55	43~46
重度压实	1.55~1.65	40~43
严重压实	>1.65	<40

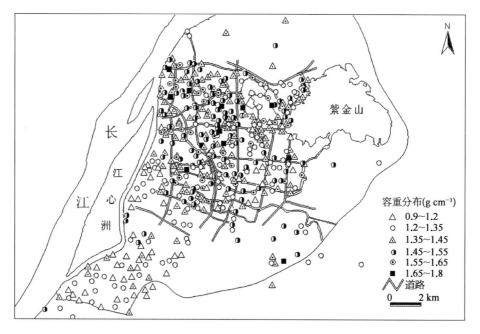

图 3 - 10　南京市土壤容重及压实程度分布

　　容重达到 1.40 g cm^{-3} 已经成为根系生长的限制值,超过 1.60 g cm^{-3} 时,树苗几乎不能成活。在南京市不同土地利用类型上的研究观察到,61.1%的土壤容重大于 1.40 g cm^{-3},13.9%的容重大于 1.60 g cm^{-3}。由此可见,城市土壤的压实非常严重,而且大多数土壤的压实已经到了能严重限制植物根系生长,甚至引起死亡的程度。

3.2.9　土壤封闭

　　城市的灰色基础建设,包括各种形式的道路和楼房建设封闭了地表,形成了不透水层,如沥青和混凝土。已报道的数据表明,欧洲陆地的 2.3%被封闭,其中德国陆地的 5%

是封闭地表（Prokop et al.，2011）。运输区域和居民区46％～50％地表是封闭的（Breitenfeld，2009）。对维也纳建筑数量的研究显示,屋顶面积约为1 800 hm²（Stangl et al.，2019）,占据了城市总面积的20％～30％（González-Méndez and Chávez-García，2020）。对地球表面发射光的测量表明,不透水的表面覆盖了世界陆地面积的0.43％（European Commission，2012）。事实上,随着城市的日益扩张,封闭地表的面积在逐渐增加。世界上由于基础设施的扩张建设,每分钟封闭17 hm²的地表（FAO，2016）。封闭地表失去了土壤固有的服务功能,阻断了土壤和其他环境组分之间的物质和能量交换,提高了地表径流和温度,改变了微环境。与城市化进程直接相关的土壤封闭对城市公民生活具有重要影响。土壤封闭是土地退化的一种综合征,也是开发其功能的最大威胁之一。因此,土壤封闭增加了潜在洪水和水资源短缺的风险,危及生物多样性,并将导致更大范围的环境变化。

3.3　城市土壤的水分特性

3.3.1　田间持水量

由于外源物质加入、扰动和压实等,改变了城市土壤结构,引起容重增加,总孔隙度、通气孔隙度和毛管孔隙度下降,从而对土壤的水分含量和持水性能产生影响。田间持水量是土壤所能保持的相对稳定的最高含水量。城市土壤的田间持水量（体积含水量）为25.4％～40.1％,平均值为34.0％（图3-11）。由于质地的影响,自然土壤的田间持水量具有大变异范围（8％～48％）,质地越黏,田间持水量越大（表3-6）。城市土壤质地一般粗粒化,多为砂土到黏壤土,但是田间持水量却位于壤土到黏壤土的范围内。这与城市土壤普遍存在不同程度压实带来的容重和孔隙度变化有关,田间持水量随着土壤容重的增加

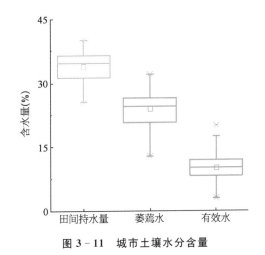

图3-11　城市土壤水分含量

和孔隙度的减少而增加（图3-12）,这说明随着压实程度的增强,土壤的田间持水量有增加的趋势。

3.3.2　萎蔫点含水量

萎蔫点含水量,也称凋萎含水量,是植物发生萎蔫时土壤的含水量,此时的水分为土壤无效水含量,植物不能吸收。城市土壤的萎蔫点含水量非常高（体积含水量为12.8％～32.0％）,平均值为23.8％（图3-11）,占田间持水量的42％～91％,平均占70％（杨金玲

表 3-6 不同质地自然土壤的田间持水量(Goldberg et al., 1976)

土壤质地	容重 (g cm^{-3})	质量含水量(%)		体积含水量(%)	
		田间持水量	凋萎含水量	田间持水量	凋萎含水量
砂土	1.60	5.0	2.0	8.0	3.2
壤砂土	1.55	8.0	4.0	12.4	6.2
砂壤土	1.50	14.0	5.0	21.0	7.5
壤土	1.40	18.0	8.0	25.2	11.2
黏壤土	1.30	30.0	22.0	39.0	28.6
黏土	1.20	40.0	30.0	48.0	36.0

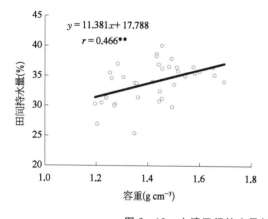 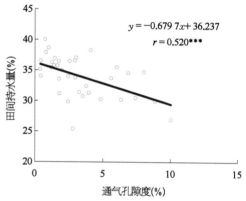

图 3-12 土壤田间持水量与容重和通气孔隙度的关系

等,2006)。由此可见,城市土壤高的田间持水量中更多的是无效水。因此,虽然城市土壤较同样质地的自然土壤具有强的持水能力,但是并不利于植物生长。逐步回归方程表明城市土壤的萎蔫点含水量与容重最相关,土壤容重最先进入方程式,其次是黏粒含量和通气孔隙度(表 3-7)。萎蔫点含水量与容重和黏粒含量正相关,与通气孔隙度负相

表 3-7 萎蔫点含水量与其他物理参数的逐步回归方程

方　　程	相 关 系 数
$\theta_w = 202.3r_s - 49.30$	0.646***
$\theta_w = 208.5r_s + 0.530C - 134.2$	0.747***
$\theta_w = 97.55r_s + 0.706C - 7.724P_n + 23.88$	0.789***
$\theta_w = 0.799C - 12.21P_n + 164.2$	0.768***

注:θ_w:萎蔫点含水量(dm^3 m^{-3});r_s:容重(g cm^{-3});C:黏粒含量(dm^3 m^{-3});P_n:通气孔隙度(%);***,$p <$ 0.001,极显著相关;样品数 $n = 36$。

关(表 3 - 7)。因此,压实和黏粒含量都能增加土壤萎蔫点含水量,压实越严重,容重越大,通气孔隙度越小,萎蔫点含水量越多,对植物来说,其无效水含量越高。城市土壤萎蔫点含水量是相同质地林地土壤含水量的 3 倍以上(周择福和李昌哲,1994),这也是城市树木生长不良和植树成活率低的原因之一。

3.3.3　最大有效水含量

长期以来,研究者将田间持水量作为有效水量的上限,将永久萎蔫点作为有效水量的下限。因此,土壤最大有效水的含量为田间持水量与萎蔫点含水量的差值。城市土壤的有效含水量(体积含水量)为 3.0%~20.0%,平均值为 10.1%(图 3 - 11)。土壤的有机质含量和黏粒对土壤水分扩散有重要的影响,因而在讨论土壤有效水含量时必须要考虑土壤有机质和黏粒的含量。在城市土壤的研究中发现,影响土壤最大有效水含量的因素有土壤有机质、黏粒、容重和孔隙度(表 3 - 8)。从方程的系数看,土壤最大有效水含量与有机质、孔隙度呈正相关,与黏粒、容重呈负相关。即容重越大,孔隙度越少,土壤的最大有效水含量越少。因此,城市土壤对植物的水分补偿能力较差。

表 3 - 8　土壤最大有效水含量与其他物理参数的回归方程

方　　　程	相 关 系 数
$\theta_y = 1.096O - 0.246C - 19.93r_s + 140.4$	0.511**
$\theta_y = 1.137O - 0.246C + 0.475P_t + 88.77$	0.510**
$\theta_y = 1.163O - 0.230C + 0.671P_c + 78.79$	0.510**
$\theta_y = 1.248O - 0.237C + 0.288P_n + 106.3$	0.509**

注:θ_y:最大有效水含量($dm^3\ m^{-3}$);O:有机质含量($g\ kg^{-1}$);r_s:容重($g\ cm^{-3}$);C:黏粒含量($dm^3\ m^{-3}$);P_t:总孔隙度(%);P_c:毛管孔隙度(%);P_n:通气孔隙度(%);**:$p < 0.01$,极显著相关;样品数 $n = 36$。

城市土壤的压实虽然会增加土壤的田间持水量,但却会使土壤最大有效水含量减少,这主要是因为压实更大程度地增加了土壤无效水(萎蔫点)的含量。城市土壤的田间持水量与萎蔫点含水量之间有极显著的正相关关系(图 3 - 13),这与贾宏涛等(2000)在垫土上的研究结论是一致的。已有研究表明,城市土壤平均田间持水量:平均最大有效水含量:平均萎蔫点含水量 = 1:0.3:0.7(杨金玲等,2006),这也进一步

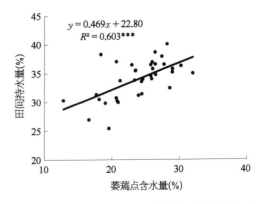

图 3 - 13　土壤田间持水量与萎蔫点含水量的关系

说明在城市土壤的田间持水量中大部分为无效水。

压实不仅会增强土壤的穿透性阻力,使根系难以向四周扩展,也使得土壤最大有效水含量降低,在天气干旱时,更容易使植物缺水,影响其正常生长。因此,对于城市土壤持水性的评价,不宜简单地应用田间持水量或者某一土壤吸力下的含水量来表示,而应以土壤有效水含量或某一吸力段的含水量差(或实效孔径的孔度)对土壤持水性进行评价。土壤最大有效水含量的减少使得土壤储存水分的能力下降,土壤对水分的调节能力也下降,不耐干旱。这不仅会对土壤中的其他物理化学过程产生不利影响,而且对其上生长的植物极为不利,这无疑不利于良好的城市生态环境建设。

3.3.4 土壤"水库"库容损失

土壤具有容纳水分的能力,这种功能具有重要的环境意义,有人形象地称之为"土壤水库"(史学正等,1999),土壤水库具有庞大的库容,而且具有"不占地、不跨坝、不怕淤、不耗能、不需要特殊地形"等优点(郭凤台,1996)。土壤作为一个水库,应具备两个条件:水源和库容。土壤水库的水源主要是大气降水和人工灌溉补给。库容的大小与土壤水分的有效性和调控深度密切相关。一个良好的天然土壤水库,应该土层深厚,结构良好,对水分具有渗透性、持水性、移动性和相对稳定性,以及吐纳、调节的功能,为植物生长发育提供较好的生存空间,并且能够起到防止洪涝的作用。

萎蔫点含水量以下的水分是不能被植物吸收利用的,因此萎蔫点对应"土壤水库"中的死水位,即死水位相应于萎蔫点含水量时调控深度内的蓄水量值,其下为死库容(图3-14)。有效库容则对应于田间持水量和萎蔫点含水量之间的蓄水量(郭凤台,1996)。当土壤含水率大于田间持水量时,多余水量只能短时间地贮存于土壤中,然后很快经入渗补给地下水或蒸发消耗掉。因此,该部分库容只起滞蓄作用,称为滞洪库容(图3-14)。土壤水库各项库容的大小与土壤质地、结构和调控深度有关。土壤水库的功能主要包括:对植物供水具有连续性,对植物供水有调节能力,以及对三水(地表水、土壤水和地下水)转化有重要影响(郭凤台,1996)。

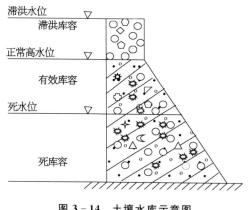

图 3-14 土壤水库示意图

植物在整个生长发育过程中对水分的需求是连续不断的,而大气降水和灌溉都是间歇性供水,不能满足植物生长对水分的持续要求。土壤水库不仅能使间歇性的不均匀供水变为对植物的连续均匀供水,而且对满足植物总需水量要求也有重要的调节作用。自然土壤既有一定的贮备水源,又有通路流畅、输送方便的持水状态。能在不良的气候条件下,保证正常地供应植物所需要的水分,有良好的水稳性和自动调节能力。这种调节能力主要表现在调节土壤水分的含量和灵活供应毛管水。干旱时上层土壤水分不足,底层和深层贮存的毛管水沿毛管上升,不断地向上层输送。降雨时非毛管孔隙可使降水迅速入渗,团粒本身和毛管孔隙则能大量吸持水分,把渗入土层中的水变成毛管水贮藏起来。由此可见,土壤水库对植物生长更为重要的是土壤的"有效库容"。

城市土壤同样具有一定的蓄水能力,具有供给和调节植物生长所需要的水分和防洪减灾的作用。但是城市土壤压实导致各个级别的土壤孔隙总量和比例发生明显变化,由此影响到"土壤水库"的库容。针对不同压实程度的土壤,其库容具有大的差异(杨金玲等,2008)。极疏松土壤的总库容最大,随着压实程度的增加,土壤的总库容减少(图3-15),这主要是由于压实引起土壤的总孔隙度减少所造成的(杨金玲等,2005)。从滞洪库容来看,随着土壤的压实程度增加,库容量明显下降(图3-15),这是由于随着压实程度的增加,土壤中的大孔隙显著减少的原因(Jim, 1993;牛海山等,1999)。从死库容来看,随着土壤压实程度的增加,库容量显著增加(图3-15),这主要是由于土壤萎蔫点的含水量随着压实程度的增加而呈线性增加所引起的(杨金玲等,2006)。有效库容与土壤的有效孔隙度密切相关,极疏松土壤的总孔隙度虽然很大,但由于非常疏松,以大的通气孔隙为主,毛管孔隙很少,所以疏松的土壤通过适度的压实可以增加田间持水量。当土壤达到适度的压实程度,其有效水含量达到最高值。此时,进一步压实会减少土壤中的有效孔隙,使得土壤有效库容显著减少。

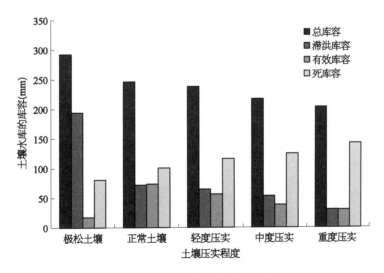

图 3 - 15　不同压实程度土壤水库的库容

城市土壤的压实虽然会减少土壤总库容,但减少比例并不大(图3-15)。随着压实程度的增加,土壤死库容占总库容的比例越来越大,从27.6%增加到70.2%;土壤滞洪库容占总库容的比例越来越小,从66.4%减少到5.0%(图3-15)。由此可见,在城市里研究土壤水库库容的大小和作用时,不能仅注重总库容的大小,因为土壤压实会引起无效水含量增加,土壤死库容扩充,而滞洪严重萎缩,有效库容也有一定程度的下降,这使得城市土壤有效水含量下降,植物不耐干旱。所以在城市里涉及土壤水库时,必须将土壤水库的库容分别进行计算,将不同功能的库容分开来才能说明问题。城市土壤有效库容的下降,使得城市土壤有效水含量减少,不耐干旱;滞洪库容的萎缩,使得城市土壤对于减少瞬时洪涝的能力下降,城市里出现瞬时洪涝的概率增加,强度加大。

近年来,城市洪涝现象越来越多,经常在雨季出现大面积的瞬时洪涝,给城市居民的生活和交通造成不便,也往往造成一定的经济损失,这与城市化的地表封闭和地表压实密切相关。

城市在不断的扩张过程中侵占了大量的土地,这不仅是土地的损失,也是土壤水库库容的大量损失。因为城市化过程中使得许多自然土壤转变为封闭地表或城市绿地土壤,封闭地表使土壤完全失去蓄水的能力,而城市绿地土壤的压实引起土壤蓄水能力下降,造成库容萎缩。城市扩张占用的往往是农地,农地又分为两类,一类是旱地,主要是城市周边的菜地;另一类是水田,尤其是在长江三角洲一带的"水稻之乡"。

城市扩张侵占农地后,农地成为封闭地表和具有一定压实程度的绿地土壤。图 3-16 展示了从菜地转变为城市土壤后,不同绿地面积和封闭地表比例情况下,土壤水库的损失情况(按照 50 cm 土层的深度计算土壤水库)。将地表完全封闭时,土壤水库完全损失,每平方千米的土地将损失 24.62 万 m^3 的蓄水能力,随着绿地面积比例的增加,封闭地表比例的减少,土壤总库容的损失量逐渐减少。100% 的未压实绿地土壤是不会造成土壤水库库容损失的。从滞洪库容看,如果菜地土壤转变为完全封闭的地表,土壤的滞洪库容将会损失 7.20 万 m^3 km^{-2},随着封闭地表比例的减少和绿地比例的增加,土壤滞洪库容的损失成比例将减少。因此,在城市化的过程中,地表封闭造成的土壤水库库容的损失非常大,这也是城市中容易形成瞬时洪涝的主要原因之一,同时也会带来地表径流量的加大,增加城市下游河道的洪水量,容易引起大面积的洪涝灾害。

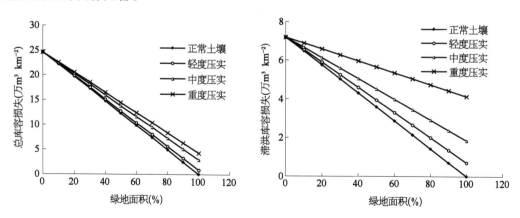

图 3-16 不同压实程度的绿地面积比例与土壤水库库容的关系

由水田转变为城市土壤,与旱地土壤有所差别,因为水田可维持将近 10 cm 的水层,遇暴雨可达 15 cm(章敬平,2003)。这样,水田可以比一般旱地多蓄 15 万 m^3 km^{-2} 的雨水。城市化每占用 1 km^2 水田就会比旱地多产生 15 万 m^3 的地表径流量。

当自然土壤转变为城市绿地以后,在不同压实程度下,土壤库容的损失是有差异的(图 3－16)。无论是总库容还是滞洪库容的损失量都随着压实程度的增加而增多。相对于滞洪库容而言,由于压实而引起的总库容损失比例较小。滞洪库容的损失受压实程度的影响非常大,由菜地土壤转变为重度压实土壤,其滞洪库容减少 41.5 mm,相当于 4.15 万 m^3 km^{-2},这将在城市中增加相应量的瞬时洪水。由此可见,压实也是引起城市洪涝的重要原因之一。

按照一般城市 40% 的绿化率计算,由菜地转化为城市用地后,在不同压实程度下,土壤总库容损失 14.77 万～16.49 万 m^3 km^{-2},土壤滞洪库容损失 4.32 万～5.98 万 m^3 km^{-2}。如果是由水田换变为城市用地后,在不同的压实程度下,土壤总库容损失 29.77 万～31.49 万 m^3 km^{-2},土壤滞洪库容损失 19.32 万～20.98 万 m^3 km^{-2}。调查表明,1990 年前后,苏南地区有 333 km^2 水田,到 2003 年仅剩下 113 km^2(章敬平,2003),这主要是由城市扩张所引起的。而这 220 km^2 水田的总库容损失为 0.65 亿～0.69 亿 m^3。这种滞洪能力的损失无疑会对区域地表径流形成产生显著影响,极大地增加区域洪涝灾害的危险。

3.4　城市土壤的入渗特性

3.4.1　入渗速率

城市土壤的渗透性低于自然土壤。一般地,土壤的总孔隙度和大小孔隙的比例是影响水分渗透的关键因素,而城市土壤的压实严重影响了土壤的正常孔隙分配:总孔隙度降低,大小孔隙比例失调,大孔隙的比例大大下降。土壤大孔隙中的水分可以在重力的作用下排出,所以具有通气和排水的功能,决定着土壤的渗透性。

已有研究结果表明,城市土壤入渗速率的变异非常大(1～679 mm h^{-1})(Yang and Zhang,2011)。依据 Kohnke(1968)提出的分类标准(表 3－9),将土壤的稳定入渗率进行分类。从极慢到极快,每个级别都占有一定的比例(图 3－17)。极快的入渗率与林地土壤的稳定入渗率(318 mm h^{-1})相当(高人与周广柱,2002),较快的稳定入渗率与黄土丘陵沟壑区的农地(111.6 mm h^{-1})和荒地(76.2 mm h^{-1})相当(刘贤赵与黄明斌,2003;刘道平等,2007)。而研究区土壤中低于较快入渗率的比例达 57%,可见南京市大部分绿地土壤的入渗率都低于林地、农地和荒地;其极慢和慢的比例达 17%,这些低的入渗速率出现在严重压实和重度压实的土壤上。Gregory 等(2006)在美国中北部的佛罗里达不同压实程度的城市建筑点砂壤上测定的入渗速率为 8～188 mm h^{-1},而在同样质地的非压实森林和草地上的入渗速率为 255～652 mm h^{-1}。因此,建筑活动或压实处理会使得入渗速率减少 70%～99%。

表 3 - 9　土壤稳定入渗率分级标准

入渗率分级	稳定入渗率 $i(\mathrm{mm\ h^{-1}})$
极慢	$i \leqslant 1$
慢	$1 < i \leqslant 5$
较慢	$5 < i \leqslant 20$
中等	$20 < i \leqslant 63$
较快	$63 < i \leqslant 127$
快	$127 < i \leqslant 254$
极快	$i > 254$

注：资料引自 Kohnke(1968)。

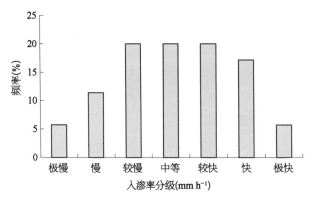

图 3 - 17　土壤稳定入渗率分级的频率分布

3.4.2　入渗的影响因素

Winzig(2000)研究发现城市土壤的入渗速率与容重密切相关,Wang 等(2018)在长春的研究表明,土壤入渗速率随着容重增加而减少,随着有机质含量增加而增加。Yang 和 Zhang(2011)在南京的研究表明城市土壤的初始入渗速率和稳定入渗速率均与容重、总孔隙度、通气孔隙度、毛管孔隙度、有机质、砂粒、粉粒和黏粒的含量具有显著的相关性(表 3 - 10)。主成分分析表明,2 个主要因素贡献了全部变异的 86.6%(表 3 - 11)。载荷因子 1 主要依赖于容重、总孔隙度、通气孔隙度、毛管孔隙度和有机质,可代表土壤的压实程度,因为容重和孔隙度均与压实程度密切相关,而有机质也会作用于土壤容重,改善土壤结构,影响土壤的压实程度。载荷因子 2 主要依赖于砂粒、粉粒和黏粒的含量,可代表土壤的质地。因此,城市中土壤压实程度和质地是入渗速率的主要影响因素。

表 3 - 10　入渗速率与其他物理特性的关系

入渗速率 ($mm\ h^{-1}$)	容重 ($g\ cm^{-3}$)	总孔 隙度 (%)	通气 孔隙度 (%)	毛管 孔隙度 (%)	有机质 ($g\ kg^{-1}$)	黏粒 (%)	粉粒 (%)	砂粒 (%)	水分含 量(%)
初始入渗速率	-0.634^{***}	0.570^{***}	0.638^{***}	0.421^{*}	0.516^{**}	-0.397^{*}	-0.656^{***}	0.661^{***}	-0.337
稳定入渗速率	-0.508^{**}	0.440^{**}	0.498^{**}	0.375^{**}	0.476^{**}	-0.351^{*}	-0.449^{**}	0.596^{***}	-0.197

注：** 表示 $P<0.01$,在 99% 置信水平上显著;*** 表示 $P<0.001$,在 99.9% 置信水平上显著。

表 3 - 11　入渗速率影响因子的主成分分析

因　子	PC 1	PC 2
有机质($g\ kg^{-1}$)	0.894	-0.140
容重($g\ cm^{-3}$)	-0.890	-0.381
总孔隙度(%)	0.861	0.490
通气孔隙度(%)	0.731	0.457
毛管孔隙度(%)	0.721	0.370
黏粒(%)	-0.348	0.865
粉粒(%)	-0.784	0.563
砂粒(%)	0.700	-0.706
累积变异解释(%)	57.7	86.6

　　城市土壤的稳定入渗速率随着压实程度的增强而减小(图 3 - 18),而且非压实土壤的稳定入渗速率(平均值 193 mm h^{-1})明显不同于重度压实(平均值 19 mm h^{-1})和严重压实土壤(平均值 4 mm h^{-1})。土壤稳定入渗率与土壤压实指标密切相关,与容重呈极显著负相关,与总孔隙度呈极显著正相关(表 3 - 10)。土壤的容重越大,总孔隙度越少,其稳定入渗率越小。从不同大小的实效孔径(当量孔隙)看,城市土壤的初始和稳定入渗速率均与大于 0.12 mm、0.05～0.12 mm 和 0.03～0.05 mm 实效孔径的百分含量具有极显著正相关关系,与 0.01～0.03 mm 和 0.000 2～0.01 mm 不相关,而与小于 0.000 2 mm 当量孔径百分含量具有极显著的负相关关系(表 3 - 12)(Yang and Zhang,2011)。可见,压实会明显地减小土壤的入渗速率。这

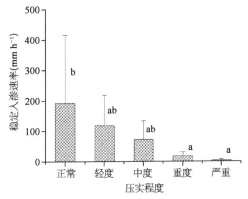

图 3 - 18　不同压实程度土壤的稳定入渗速率

不同的字母表示差异显著($P<0.05$)

主要是因为土壤孔径对土壤导水率有非常大的影响。土壤大孔隙越多,其疏导和容纳水分的能力就越强。根据 Poiseuille 定律,毛管中水流通量与毛管半径的二次方成正比,很微小的孔径变异就会造成剧烈的通量变化。压实造成大孔隙向小孔隙的转变,尤其是大于0.12 mm 实效孔径的孔隙减少。由于孔径变小,导水率剧烈下降。因此,大孔隙虽然只占整个土壤孔隙很小的一部分,但对土壤水运动影响极大。Greenwood 等(1997)和牛海山等(1999)研究了放牧率对土壤导水率的影响,结果表明随着放牧的增强,畜牧对土壤的压实作用愈来愈强,导致土壤大孔隙不断减少,尤其大于 0.12 mm 大孔隙的丧失,是造成土壤导水率下降的主要原因。因此,城市土壤低入渗速率与压实导致的大孔隙数量减少密切相关。

表 3 - 12 入渗速率与实效孔径的关系

入渗速率 (mm h^{-1})	实效孔径大小(mm)					
	>0.12	0.05~0.12	0.03~0.05	0.01~0.03	0.000 2~0.01	<0.000 2
初始入渗速率	0.655***	0.694***	0.619***	0.258	−0.189	−0.572***
稳定入渗速率	0.680***	0.509**	0.488**	0.046	−0.176	−0.545**

注:** 表示 $P<0.01$,在 99%置信水平上显著;*** 表示 $P<0.001$,在 99.9%置信水平上显著。

虽然压实会减少土壤孔隙度并降低入渗率,但从稳定入渗率来看,城市土壤的入渗率仍然存在一定比例的中等、较快和快的级别,甚至还出现极快级别。这主要是因为入渗速率还受到土壤质地的影响,城市土壤的砂粒含量较高,会导致高的入渗速率;而且城市土壤砾石含量也较高,砾石的存在导致土壤中分布着一些大孔隙,尽管大孔隙数量很少,但非常容易形成优势流(Winzig, 2000)。而优势流在土壤水分入渗过程中起着重要作用,它主要受重力影响,不受土壤毛管力控制。另外,压实土壤易干裂,裂隙也会显著地增加土壤入渗速率。还有蚯蚓孔、孔洞和根系都会增加入渗率。Winzig(2000)在有关城市土壤入渗的研究中也发现,对于中等压实的土壤,质地是砂壤土或黏壤土,测定的入渗率分别为 8×10^{-7}、3×10^{-6}、1×10^{-4} 和 2.5×10^{-4} m s^{-1}(相当于 2.88、10.8、360 和900 mm h^{-1})。一般来说,在这样的质地和压实情况的土壤上水分不易入渗,但用染色实验示踪了入渗的过程和路径后,发现了速率的高度变异性。土壤显示了优势流模式,大部分的水流优先通过蚯蚓孔、根系和裂缝,这部分大孔隙只占土壤结构体积的 5%~15%。显然,城市土壤中部分高的入渗速率归因于粗的质地和砾石存在导致的少量大孔隙。高扰动性和大量外源物质的添加是城市土壤入渗速率高空间变异性的主要原因。

3.4.3 入渗速率的分布
由于质地、结构和压实程度对入渗速率的影响,城市土壤的入渗速率分布具有一定的特点。Yang 和 Zhang(2011)研究了南京市典型区域的入渗速率,发现不同功能区、植被类型和利用时间下的土壤入渗速率具有较大的差异(图3-19)。居民区的入渗速率明显高于其他区域(图3-19A),主要是因为居民区的草坪上植树,并无践踏,有效地保护了土壤免遭压实。与之相对,公园土壤具有非常低的入渗速率(图3-19A),主要是因为游客在草坪上游玩,使得草坪土壤压实严重。针对不同的植被类型,草坪上同时植树的土壤具有高的入渗速率,且显著高于草坪和无植被土壤(图3-19B),这归因于树木具有庞大的根系,能松动压实的土壤,并有助于形成大孔隙和稳定的土壤结构,改善了土壤的物理特性,从而有利于水分的入渗。

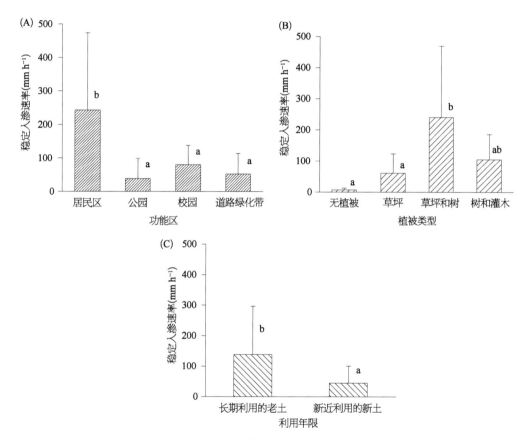

图 3-19　不同功能区(A)、植被类型(B)和利用年限(C)的土壤入渗速率

a、b 表示差异显著($P<0.05$)

Cardou 等(2020)在加拿大蒙特利尔都市区的研究表明,树木根系的深度和侧向伸展影响水分的入渗速率。根系深度越深,入渗速率越大,根系侧向伸展范围越大,入渗速率越大。无植被生长区域的土壤具有强烈的人为践踏,而且缺少植被根系的改善作用,部分土壤容重达到 1.70 g cm^{-3},此处的土壤稳定入渗速率非常低,仅为 1 mm h^{-1}(图3-19B)。城市绿地土壤上植被生长时间长短对土壤的入渗速率也有影响。建筑点或者道路建设中具有严重的压实,但是在绿地建设过程中往往缺少正确的松土处理,而是直接铺设草坪,因此其入渗速率显著小于利用时间大于 20 年的绿地土壤(图 3 - 19C)。城市绿地修复 5 年后入渗率明显增加,根系的发展和土壤结构的形成以及孔隙的连接均会增加土壤的入渗性能(Galli et al., 2021)。可见,城市中的人为活动往往会压实土壤,导致低的入渗速率,但是植被的生长,尤其是庞大根系树木的长期生长和有意识的保护绿地不被践踏能够改善土壤的结构,增加土壤的入渗性能。因此,保持植被覆盖和避免人为践踏压实是保持土壤良好渗透性的关键。

3.4.4　地表径流系数

由于压实导致城市土壤通气孔隙减少,渗透性变差,不利于水分下渗,雨水既不能被土壤本身所保存,又不能及时进入地下,从而加快了地表径流的形成。当降雨强度大于土壤的入渗速率时,地表径流就会发生。城市土壤的地表径流系数变异非常大,从 0(不产生地表径流)到 59%(Yang and Zhang, 2011)。尽管在同样的压实程度下,径流系数的变异较大,但在不同压实程度之间,从平均值来看,城市土壤的地表径流系数大小顺序为:严重压实≫重度压实>中度压实>轻度压实≈正常土壤(图 3 - 20)。从不同稳定入渗率所对应的地表径流系数来看,同样降雨强度下,地表径流系数会随着入渗速率的下降而线性增加(图 3 - 21)。由于入渗速率受压实程度的影响,压实越严重,入渗速率越小,同样降雨强度的地表径流系数越大。一些模拟实验也说明了这一点。王晓燕等(2000)采用人为压实土壤和人工降雨的方式研究土壤压实对入渗和径流的影响,结果发现以降雨 40 min 时的径流量对比,压实处理的径流系数高达 76%,总径流比未压实处理高 2.2 倍,而入渗率仅为未压实处理的 13.2%。降雨后,压实处理的表层 0~20 cm 土壤水分增加,而下层土壤含水率几乎无变化,说明压实限制了水分入渗。未压实处理的表层容重含水率接近于压实处理,但水分明显向下层土壤分布,总的入渗量高于压实处理。

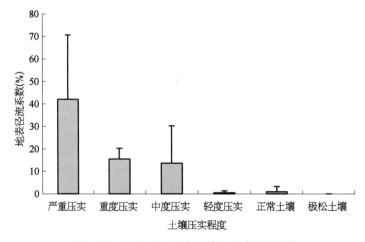

图 3 - 20　不同压实程度土壤的地表径流系数

从 50 cm 深度以内的水分测算结果看,压实
使总入渗量减少了 70.5%。由此看来,压实
土壤层阻止了水分进入地下水,导致城市土
壤入渗率降低,阻碍了雨水通过直接入渗的
方式进入地下水,减少了地下水自然回补,
甚至地下水位的下降;同时增加了地表径流
量,引起洪涝,雨水直接以地表径流的方式
进入河流。因此,洪水的频率与城市封闭地
表和土壤压实密切相关。

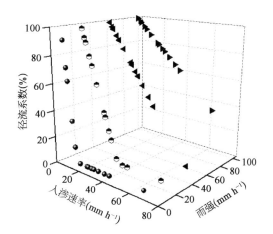

**图 3 - 21 入渗速率和降雨强度对径流
系数的影响模拟**

不仅城市土壤压实带来的低入渗速率
影响了地表径流,而且降雨强度也作用于地
表径流系数。在同样的入渗速率下,不同降
雨强度所对应的地表径流系数不同。当降雨强度小于入渗率时,是不会产生地表径流
的,只有当降雨强度大于入渗率时,才会开始产生地表径流,而且随着降雨强度的增大,
土壤地表径流系数逐渐上升(图 3 - 21)。在同样的入渗速率下,高雨强导致高的径流系
数。如当降雨强度达到 62 mm h^{-1} 和 98 mm h^{-1} 时,城市压实土壤的径流系数突然增加,
而且当土壤入渗速率很低的时候,地表径流系数可超过 90%。即使土壤入渗速率达到慢
到中等程度,径流系数也会大于 68%(图 3 - 21)。可见,在同样的入渗条件下,每场雨中地
表径流系数都随着降雨强度不断变化。

径流系数依赖于降雨强度和入渗速率。在南京重度压实土壤的平均入渗速率为
19 mm h^{-1},而该区域大于 19 mm h^{-1} 的降雨强度出现频率大约为 8%,这样城市重度压
实的绿地土壤出现径流的概率大约为 8%。对于严重压实土壤,地表径流出现频率大约
为 40%。在没有植被的区域,平均入渗速率只有 7 mm h^{-1}(图 3-19B),经常会发生地表
径流。但对于中度、轻度和无压实土壤来说,地表径流出现的频率很低。在中国东南地
区,根据植被覆盖类型和降雨情况,平均自然径流系数为 4%～36%(史学正等,1999)。
城市严重压实土壤的地表径流系数显著大于自然土壤,但其他压实较轻城市土壤的地表
径流系数与自然土壤接近。这说明压实虽然可以非常显著地增加地表径流,但在城市中
只要土壤不是严重压实,还是可以很好地对降雨进行疏通,补充地下水,减少地表径流。
这也是要保证城市中尽量多开放地表的重要原因。

3.5 城市土壤物理退化的环境效应

3.5.1 物理退化对地表径流的影响

自然土壤是一个大的水库,具有大的库容,可以容纳大量的水分,不仅能够为植物提
供水分供其生长,而且可通过入渗,回灌地下水,减少地表径流。这在一定程度上最小化

了洪涝灾害的发生。然而在城市区域,由于广泛的土壤压实,结构破坏,孔隙度降低,尤其是大孔隙随着压实程度的增加而显著地减少,使得土壤的储水能力下降,总库容、有效库容和瞬时滞洪库容萎缩,而无效库容增加(杨金玲和张甘霖,2008)。另外,城市表层土壤的压实也会使进入"土壤水库"的通道受阻,这样"土壤水库"就不能起到调蓄的作用;有时表层结壳虽然只有几毫米厚,但严重地阻碍了雨水进入"土壤水库",导致"土壤水库"不能起到调蓄作用,反而加快了地表径流的形成(史学正等,1999)。孔隙的减少、渗透性能的丧失,也阻断了雨水进入地下,使得地表瞬时洪涝加剧,而地下水又得不到补给,也是造成地下水位下降和形成地下漏斗的原因之一。显然,压实改变了城市的水循环,削弱了土壤对水分的环境缓冲功能。引起城市土壤排水和储水能力下降,不仅植物生长受到影响,而且容易发生快速的城市洪涝。因此,城市压实土壤发生洪水的频率远大于非压实土壤。封闭地表的入渗和储水功能几乎完全消失,进一步增加洪水发生的可能性。在暴雨情况下很容易产生短时间城市洪涝灾害,这在国内外城市的局部地区经常出现。

城市化地区的洪峰出现频率和强度均比非城市区域强烈。据研究,城市化地区洪峰流量为城市化前的 3 倍,涨峰历时缩短 1/3,暴雨径流量的洪峰流量为城市化前的 2～4 倍(杨士弘,2005)。广州市面积从 20 世纪 70 年代的 54 km^2 到 2000 年的 297.2 km^2,城市内的商业区、住宅区和广场等不透水面的增加,导致一遇暴雨,就常常出现"水浸街"的现象,严重影响了城市居民的生产生活(尚志海和丘世钧,2009)。南京市河西地区由于地表封闭和种植结构的改变以及土壤压实导致区域滞洪库容大量损失,1986—2003 年总滞洪库容量减少了 5.50×10^6 m^3,相当于整个研究区域 86 mm 的水深(吴运金等,2008)。在德国莱比锡 1940—2003 年由于封闭地表的增加,城区的地表径流增加了 2 倍(Haase and Nuissl, 2007)。可见,城市化不仅侵占农地,而且引起土壤水库的库容严重损失,这对于城市瞬时洪涝和城市下游洪涝形成具有非常大的影响。因此,城市化和城市土壤压实是近些年来洪涝灾害频繁发生的主要因素之一,对于城市环境和城市生态具有一定的负面影响。

近年来在雨季会出现城市瞬时洪涝现象,影响了人们的正常出行和城市美观,甚至造成严重的生命和财产损失,这与地表封闭和绿地土壤压实带来的土壤入渗速率变化密切相关。南京市主建成区绿地土壤面积为 58.8 km^2,根据主建成区不同压实程度土壤所占的比例和面积以及不同压实程度土壤的地表径流系数,计算得出整个南京市 2000 年主建成区不同压实程度绿地土壤的径流量为 4.88×10^6 m^3(表 3 - 13)。南京市主建成区封闭地表面积为 90.1 km^2,根据《城市生态环境学》(杨士弘等,2005),各种屋面、混凝土和沥青路面等封闭地表的径流系数为 0.90,计算得出南京市封闭地表的径流量为 87.71×10^6 m^3。因此,南京市主建成区 2000 年的地表径流量为 92.59×10^6 m^3,其中封闭地表的径流量占 94.7%,绿地土壤的径流量仅占 5.3%。可见,在城市中绿地对于疏导降雨、减少地表径流具有非常重要的作用。

表 3-13 南京市主建成区不同压实程度土壤的面积及年径流量

	严重压实	重度压实	中度压实	轻度压实	正常土壤	极疏松土壤
所占比例(%)	3.38	12.68	29.86	31.83	17.75	4.51
所占面积(km²)	1.99	7.46	17.56	18.72	10.44	2.65
地表径流量(10^6 m³)	0.90	1.21	2.66	0.00	0.11	0.00

压实严重土壤中存在水分入渗的限制层,稳定入渗率显著下降。城市土壤入渗率降低直接导致地表径流系数增大,降雨时地表径流量增加,使城市发生洪涝的概率增加,强度增大。但与封闭地表相比,只要没有达到重度压实,仍然具有入渗和容纳水分的能力。随着城市化进程的加快,城市土壤的总面积逐渐扩大,但其绿地面积的比例却有缩小的趋势。零星地分布在城市公园、学校、居民区和道路边的绿地土壤对净化城市环境、改善城市生态和美化城市起着不可替代的重要作用。

在城市区域避免洪峰最首要的措施是增加城市非封闭地表绿地面积。为了减少城市里的封闭地表,应该建造多孔渗透人行道或停车场,这部分土壤虽然不是绿地土壤,压实较严重,但对于减少地表径流,增加降雨入渗起到了重要作用(图 3-22)。当然,对于绿地土壤还是应该避免压实或者改善已经压实土壤的结构,这样才能够更好地入渗和容纳更多的雨水。这需要在绿地建设时,很好地松动机械压实的土壤,施用堆肥和生物碳

图 3-22 城市中水分可入渗地面(杨金玲摄 南京)

可以明显改善土壤物理特性(Somerville et al.，2020)。对于建成草坪应尽量减少人为践踏，尤其是避免践踏湿润的土壤，引进蚯蚓或其他有益的松土生物等。只有形成良好的土壤环境，增加土壤的入渗性能和持水保水能力，才能形成良好的城市生态环境。因此，在城市区域防止土壤压实导致的物理退化是提高城市环境容量、改善城市生态环境的重要举措，也是"海绵城市建设"应该包含的任务之一。

3.5.2 物理退化对水质的影响

土壤是环境的净化器，土壤既可以吸收和接纳大气沉降的各种灰尘、颗粒、污染物等，也可以过滤水体中的各种污染物质，还可以吸附或转化水体中的有害化学物质。如果土壤的入渗性能降低，降雨更多、更快地产生地表径流，就会带来土壤的侵蚀和地表其他物质进入水体。这样，在城市环境中大部分的地表污染物质，包括灰尘和灰尘所吸附的污染物质都被冲洗到地表径流中去。

城市区域内普遍存在土壤压实，减少了水分入渗量，降低了土壤的净化能力，增强了污染物表聚现象，径流携带的污染物负荷(包括颗粒物、铵态氮、有机污染物、重金属等)增加，导致地水污染加剧。封闭地表会加重地表径流水的污染程度，Barałkiewicz 等(2014)研究发现来自最大封闭地表径流水中的 Cd、Zn、Pb 和 Co 对水生生物具有最强的毒性。城市土壤没有对水体进行自然纯化，土壤失去生态服务功能，很多城市暴雨期间的洪水成为一个主要的污染源(Palmer et al.，2004)。城市区域暴雨期间地表径流水中氮磷和悬浮物质含量均高于周边森林和农田流域。在南京市的研究表明，暴雨地表洪水中硝态氮(NO_3-N)含量为 2.1~10.1 mg L^{-1}，铵态氮(NH_4-N)含量为 0.02~0.7 mg L^{-1}，全氮($T-N$)含量为 4.5~11.5 mg L^{-1}，全磷(TP)含量为 0.3~0.5 mg L^{-1}，钼酸铵反应磷(MRP)含量为 0.11~0.19 mg L^{-1}，悬浮物含量为 129~327 mg L^{-1}，分别是森林流域水体的 8、2、6、15、6 和 4 倍(表 3-14)(Yang and Zhang，2011)。日本城市地表径流水中的 COD 含量>10 mg L^{-1}，最高达 40 mg L^{-1}；悬浮物质含量为 10~350 mg L^{-1}，大多>30 mg L^{-1}；全氮含量为 2.0~5.0 mg L^{-1}；全磷含量为 0.15~0.60 mg L^{-1}(Zhang and Kiyoshi，1998)。可见，城市地表径流水的磷素含量均超过了地表水体富营养化的临界指标(0.02 mg L^{-1})(金相灿和屠清英，1990)，氮素含量高于淡水藻类生长的限定值(<350 μg L^{-1})(Smith et al.，1999)。这说明城市土壤的过滤功能没有被充分利用。如果这些径流水经过入渗后，其中很多的污染物会被土壤吸附和截留(Burauel and Baßmann，2005)，有研究表明，自然土壤对径流水体中污染物的去除率达到 50%~80%，而且随着渗透深度的增加，污染物的去除率也会增加(欧岚等，2001)。土壤净化除了机械的纯化外，还提供了一个化学和生物的处理过程(Sieker and Klein，1998)。所以，土壤在净化水体的同时，它自身所吸附的污染物经过一定时期会被降解或转化，在其自身恢复范围内可以持续净化入渗水。但是，由于土壤压实带来城市绿地土壤低的入渗速率或城市土壤的封闭严重影响了城市生态环境，增加了瞬时洪涝，城市土壤失去了它本

身固有的对水体和环境的物理和化学过滤、吸附和净化功能,恶化了地表水质。

表 3-14　不同土地利用下地表水的水质

土地利用		$NO_3^- - N$	$NH_4^+ - N$	T-N	MRP	TP	悬浮物	参考文献
		mg L^{-1}						
森林	平均值(48[a])	0.66	0.23	1.25	0.01	0.06	57.53	Yang and Zhang 2003；Yang et al. 2007
	标准差	0.07	0.03	0.10	0.01	0.04	48.32	
农业	平均值(48)	1.27	0.39	1.97	0.01	0.10	102.67	
	标准差	0.22	0.05	0.23	0.01	0.05	45.89	
城市	平均值(12)	5.41	0.40	7.40	0.15	0.36	254.11	Yang and Zhang, 2011
	标准差	2.49	0.23	2.07	0.03	0.04	49.2	

注：a: 样品数；TN: 全氮；MRP: 钼酸铵反应磷；TP: 全磷。

在城市区域,土壤发挥着水体净化器的功能,可过滤吸纳降雨和径流中的污染物质。同时,由于在长期的城市化过程中积聚了大量的污染物质,对水体也构成了污染威胁。城市土壤磷吸附-解吸实验表明,淋洗条件下,Olsen 法提取态磷(Olsen-P)高于 25 mg kg^{-1}时,土壤释放磷的速率迅速提高(Zhang et al., 2005)。城市土壤 Olsen-P 平均含量约 64 mg kg^{-1},这对地表水和地下水的富营养化是一个威胁(张甘霖等,2003)。因此,城市污染区域地下水中氮、磷和重金属会有不同程度的超标。

3.5.3　物理退化对热量和气体交换的影响

一般来说,城市区域的温度比周边地区高,这就是所谓的城市热岛效应(Holderness et al., 2013)。Cheon 等(2014)在韩国的研究表明,1960—2010 年,乡村的气温和土温增加程度显著低于大城市。城市热岛效应的后果是在极端高温事件时会增加人体的不舒适度,导致更高的死亡率,在受城市热岛效应影响最严重的居民区,患呼吸系统和心脏疾病的风险增加(Bokaie et al., 2016)。虽然城市热岛效应的原因之一是城市内人造物质对热能的吸收和再辐射,以及人为热源的排放(Holderness et al., 2013),但城市土壤压实和封闭减弱或失去了其对温度的调节能力也是其中非常重要的原因之一。土耳其尼代的城市中不透水地面的温度比绿地温度高 5~10℃ (Soydan, 2020)。Lazzarini 等(2013)估算了 2000—2010 年 10 年间阿布扎比市土地覆被与温度间的关系,认为封闭地表平均可使城市的温度在冬季增加 1℃,而在夏季增加 2℃。Bokaie 等(2016)的研究则表明,有植被覆盖的地区平均气温最低,平均温度最高的地区是裸地,其次是沥青路面,这说明无植被覆盖的压实土壤对城市热岛效应具有非常大的影响。

　　压实改变了土壤的固、液、气三相比,所以土壤的容积热容量、导热率、热扩散率和温度也发生了变化。试验结果表明,压实处理的土层土壤热容量有所增大(李汝莘等,1998)。土壤孔隙度的多少和大小直接影响了土壤的导热率。土壤压实越严重,土壤孔隙度越小,土壤颗粒接触越多,土壤的导热率就会越高。同一种土壤,在饱和度为50%的情况下,土壤容重由 1.3 g cm^{-3} 增加到 1.5 g cm^{-3} 时,土壤导热率由 0.336 kJ (cm^2·s·℃)$^{-1}$ 增加到 0.370 kJ (cm^2·s·℃)$^{-1}$,且土壤含水量越高,其增加幅度越大(李汝莘等,2001)。因此,城市土壤的高导热率是其温度比周边区域高的原因之一。

　　土壤的热扩散率等于导热率 λ 除以容积热容量 C_v,它表示单位时间内单位容积的土壤由于流入(或流出)热量,导致土壤温度升高(或降低)的程度。在正常的土壤湿度范围内,随着土壤体积密度(容重)的增大,其导热率增加幅度比容积热容量大,因此也导致土壤热扩散率的增大。热扩散率直接影响土壤温度的垂直分布(李汝莘等,1998,2001)。土壤的热状况对作物生长及微生物活动有极其重要的影响;同时,土壤温度也直接影响土壤中水、气的保持和运动以及土壤中其他一些物理过程(李汝莘等,1998),还会影响城市气候的变化。

　　城市土壤由于压实,土壤的容积热容量增加,导热率增加,热扩散率也增大,说明压实土壤可以有更多的热量传递到下层土壤。Mount(1999)监测了纽约市中心公园和拉托里特公园的土温特征,结果表明,城市土壤年均土温比邻近的林地高 3.13～11.22℃。这就导致城市土壤夜间产生更多的长波辐射,是城市热岛效应的一个因素。近几年的研究也表明,城市化会导致温度上升,而城市热岛效应实际上在夜间发生(Kainay and Cai,2003)。

　　城市内各种封闭地表和土壤由于压实而导致的孔隙度下降,严重地影响了土壤气体的扩散。根据已有的调查,城市土壤的通气性阻止了根系呼吸(Gaertig et al.,2002),会导致细根功能丧失。在德国卡塞尔市的研究表明,封闭地表具有最低的气体扩散和呼吸率,而在草坪和花坛测得了最高值(Weltecke and Gaertig,2012)。虽然土壤的气体扩散首先控制了土壤呼吸,但土壤的 CO_2 含量并没有被覆盖类型限制,也不直接依赖于表土的气体扩散和土壤呼吸(Weltecke and Gaertig,2012)。Scalenghe 和 Marsan(2009)发现,封闭地表之间零星分布的绿地对区域土壤和大气交换起着非常重要的作用,因为城市区域未封闭的斑块状地表仅占城区面积的 6.4%,却贡献了 5% 的土壤 CH_4 消耗和 30% 的 N_2O 排放。

　　有关城市不同功能区的研究表明,在俄罗斯的札戈尔斯克、沙图拉、谢尔普霍夫和普鲁德工业区土壤 CO_2 的产生比休闲娱乐和居民区的分别低 1.3、1.7、1.8 和 1.8 倍(Ivashchenko et al.,2014)。然而,城市生态系统的微生物呼吸速率比农田耕作土壤高。因此,城市土壤的气体产生活力并不比自然生态系统中的土壤差(Ivashchenko et al.,2014)。土壤压实大大地减少土壤气体容纳性,封闭完全损失其气体交换功能,然而具有植被覆盖的未压实土壤将充分发挥其气体交换功能。

3.5.4　物理退化对养分转化和生物的影响

城市土壤压实改变了土壤中水分、O_2 和 CO_2 的浓度、氧化还原电位、微生物的种类和数量,土壤中有机物质的分解和转化也必然受到一定的影响。压实导致了土壤中矿物质与水的接触面积减小,O_2 和 CO_2 的扩散变慢,氧化能力下降,还原性增强,养分离子的扩散运动减弱。土壤压实也会减少植物细根数量,使菌根和菌丝的存在和微生物的有益活动受抑制,从而影响了养分循环的速率,造成土壤有效水分、养分供应能力减弱(邱仁辉等,2000)。在厌氧条件下,大量的 CO_2 存在和复杂的城市土壤组分,使被掩埋在紧实层内或紧实层下的有机物质情况变得复杂。Neve 和 Hofman(2000)研究发现土壤中的矿化作用和硝化作用都受到压实的影响,在实验 3 个星期后,容重在 1.5 g cm^{-3} 和 1.6 g cm^{-3} 的 $NO_3^- - N$ 含量比没有压实处理时明显降低(分别下降 8% 和 16%),碳的矿化率也明显下降。这样,土壤的碳氮比提高,土壤质量因此而下降。在厌氧条件下,有机质分解往往会产生不利于植物生长的毒素(Jim, 1993)。有研究表明砂壤土在容重大于 1.5 g cm^{-3} 时,将影响土壤中由微生物活动参与转化的过程(Neve and Hofman, 2000)。因此,城市土壤的养分转化过程也不同于周边的自然土壤。

城市土壤被压实后,高的土壤紧实度将影响根系穿透、土壤孔隙、土壤通气性,从而影响土壤生物可存在的空间,进一步影响土壤中生物的繁衍。Bouwman 等(2000)选择一块肥沃的非放牧草地,用不同负荷量(0、4.5、8.5、14.5 t)的压实机械,每年压 1~5 次,5 年后土壤中线虫类的数量没有因土壤压实而减少,但是不同种群之间的数量有所转化。食草类的线虫数量增加,而食菌类和杂食类/食肉类的线虫数量减少。不同的线虫营养群反映了微生物学和植物病原体学的过程,如有机物质的分解、营养元素的矿化和微生物的变化。食菌类和杂食类/食肉类的线虫数量减少,说明土壤中微生物数量减少和种类变化(Bouwman and Arts, 2000)。由于压实,土壤的通气性差,O_2 和 CO_2 扩散变慢,土壤中根系和大量生物的呼吸作用使得土壤中的 O_2 被消耗,并产生大量的 CO_2。O_2 不能及时补充,导致土壤中的氧化还原电位降低,有氧微生物种类和数量减少,而厌氧生物大量繁殖,植物病菌也会因此而大量滋生。因此,压实土壤中生物多样性程度降低、生物量减少、微生物群体结构发生变化,且会有危害人体健康的病原生物侵染。

城市土壤不良的物理特性对植物生长来说极为不利。容重、有机质、土壤呼吸与植物叶绿素含量和树木长势具有正相关关系(Kim and Yoo, 2021)。土壤结构破坏,土体紧实,排水与保水性能差,通气性差,有益微生物的活动受到抑制,土壤养分的有效性降低,植物根系发育受阻乃至死亡,因而不能满足植物生长对水肥气热的需求。压实所带来土壤本身理化性质的变化都会不同程度地影响植物的生长。目前人们已经开始认识城市土壤对树木所产生的负面影响。如北京天坛公园因游人频频践踏,土壤越压越实,致使古树树势衰弱,干枝秃顶以致死亡(刘克锋等,1994);南京的行道树由于道路建设的严重压实,行道树的根系生长受阻,高大的树木根系可能比较细小,且埋藏浅薄,稳定性差,易于倒伏(图 3 - 23),古树由于周边的地表封闭而易于枯死。

图 3 - 23　城市土壤压实导致绿化带树木倒伏(杨金玲摄　南京)

　　压实会直接或间接地影响植物根系,从而影响树木的生长。在自然状态下,压实土壤减缓树苗和成树的生长,对树根的扩展非常有害。在中国香港的植树土壤研究中发现,为了提供稳定的路基而有目的地压实人行道土壤,导致其不适宜树根的生长。开放的树坑只松动了有限的土壤空间,通常直径小于 1 m。新移栽小树的根系往往只限制在路边压实路基的回填土壤中,这使得树木好像生长在一个长满根系的花盆中(Jim,1998b)。固体组分的重组和通气孔隙的封闭,使得根系的生长没有充足空间。由于各地土壤质地和树木种类的不同,实验研究所得出的容重对根系生长的临界值各不相同(表 3 - 15)。一般来说,当容重达到 1.50 g cm^{-3} 时,植物根系已很难伸入,而达到 1.60~1.70 g cm^{-3} 时,已是根系穿插的临界点,有的黏土容重甚至在 1.55 g cm^{-3} 时,任何植物的根系就已经无法穿入了(邱仁辉等,2000)。但 Craul(1994)的实验表明,砂土的容重超过 1.75 g cm^{-3} 时,将使植物的根系生长受阻。也有研究发现土壤容重为0.8~1.4 g cm^{-3}时,在室温中生长的火炬松树苗,其根重与土壤容重成反比,被压实土壤上火炬苗木成活率低于未压实土壤,干茎重亦大大降低(Greacan and Sands,1980)。总之,土壤压实越严重,根系就越难以生长,根系的生长量就越少,易于倒伏和枯死。分析这些现象的原因,一般认为是在压实土壤中,根生长及伸长速度减慢,机械阻力使根分生组织细胞分裂速度减慢,而且细胞长度缩短(不是体积减小)(Bengough and Mullins,1990);也有人认为是土壤机械阻力引发根部产生激素,调节了根部伸长速度(Passioura,1991)。因此,树根生长速度就与土壤压实程度成反比。

表 3-15 不同质地的土壤容重与植物生长的关系

土 壤 质 地	理想的土壤容重 (g cm^{-3})	影响根系生长的容重 (g cm^{-3})	限制根系生长的容重 (g cm^{-3})
砂土、砂壤土	<1.60	1.69	>1.80
砂壤土、壤土	<1.40	1.63	>1.80
砂质黏壤土、壤土、黏壤土	<1.40	1.60	>1.75
粉土、粉壤土	<1.30	1.60	>1.75
粉壤土、粉黏土、壤土	<1.10	1.55	>1.65
砂黏土、粉黏土、黏壤土(黏粒含量35%~45%)	<1.10	1.49	>1.58
黏土(黏粒含量>45%)	<1.10	1.39	>1.47

注：资料引自 NRCS Soil Quality Institute(1999)。

城市压实土壤除了机械力对根系伸长的限制外,土壤中 O_2 含量的减少,CO_2 含量的增高,以及水分的不正常,热量和温度的改变,微生物种群和数量的变化,养分转化的复杂性,都会影响根系正常呼吸、能量转化、水分和养分吸收,从而抑制根系生长。由于根系的生活力下降,必然进一步影响树木地上部分的生长。枝叶的生长速度减慢,生长量下降。压实严重的地方,树苗和绿化草坪难以成活,成树寿命缩短。

综上所述,压实是城市土壤物理退化的一种非常重要形式。土壤被压实后,结构破坏,孔隙减少,容重增加,土壤透气性、水分渗透性及饱和导水率减小,土壤强度相应增加,树木根系的穿透性阻力增大。同时,土壤中矿物质与水分的接触面积减小,O_2 和 CO_2 的扩散变慢。由于这些因素的结合,土壤物理退化将对城市生态系统产生不良的影响：① 减少地下水的自然回灌；② 增加地表径流量；③ 增加地表河流的污染物负荷；④ 对城市气候参数产生负面影响；⑤ 导致土壤中的温度、微生物活动、养分转化变得异常；⑥ 植物的生长受到严重的影响,根系活力变弱,根系量少,树木的成活率降低,寿命缩短。这些环境因素都将对城市生态产生负面影响,降低人们的生活质量,同时不利于城市的持续发展。

参考文献

陈立新. 2002. 城市土壤质量演变与有机改土培肥作用研究. 水土保持学报,16(3)：36-39.

高人,周广柱. 2002. 辽宁东部山区几种主要森林植被类型土壤渗透性能研究. 农村生态环境,18(4)：1-4,14.

管东生,何坤志,陈玉娟. 1998. 广州城市绿地土壤特征及其对树木生长的影响. 环境科学研究,11(4)：51-54.

郭凤台. 1996. 土壤水库及其调控. 华北水利水电学院学报,17(2)：72-80.

贾宏涛,白光宏,武红旗,等. 2000. 塿土水分物理性质初步研究. 新疆农业大学学报,23(1):12-17.

金相灿,屠清英. 1990. 湖泊富营养化调查规范 2 版. 北京:中国环境科学出版社,138-175.

李汝莘,高焕文,苏元升. 1998. 小四轮拖拉机播前压地对土壤物理特性及作物生长的影响. 中国农业大学学报,3(2):65-68.

李汝莘,林成厚,高焕文,等. 2001. 小四轮拖拉机土壤压实的研究. 农业机械学报,33(1):126-129.

刘道平,陈三雄,张金池,等. 2007. 浙江安吉主要林地类型土壤渗透性. 应用生态学报,18(3):493-498.

刘克锋,龚学坤,袁跃云,等. 1994. 天坛公园土壤研究Ⅲ、古树生长区围栏效果分析. 北京农学院学报,9(1):15-21.

刘贤赵,黄明斌. 2003. 黄土丘陵沟壑区孙林土壤水文行为及其对河川径流的影响. 干旱地区农业研究,21(2):72-76.

马建华,张桂宾,王艾萍. 1995. 河南大学校园土壤与绿地建设初探. 河南大学学报(自然科学版),2:77-82.

牛海山,李香真,陈佐忠. 1999. 放牧率对土壤饱和导水率及其空间变异的影响. 草地学报,7(3):211-216.

欧岚,车武,汪慧贞. 2001. 城市屋面雨水绿地水平流渗透净化研究. 城市环境与城市生态,14(6):24-27.

邱仁辉,杨玉盛,陈光水,等. 2000. 森林经营措施对土壤的扰动和压实影响. 山地学报,18(3):231-236.

尚志海,丘世钧. 2009. 当代全球变化下城市洪涝灾害的动力机制. 自然灾害学报,1(1):100-105.

史学正,梁音,于东升. 1999. "土壤水库"的合理调用与防洪减灾. 土壤侵蚀与水土保持学报,5(3):6-10.

王晓燕,高焕文,李玉霞,等. 2000. 拖拉机轮胎压实对土壤水分入渗与地表径流的影响. 干旱地区农业研究,18(4):57-60.

吴运金,张甘霖,赵玉国,等. 2008. 城市化过程中土地利用变化对区域滞洪库容的影响研究——以南京市河西地区为例. 地理科学,28(1):29-33.

杨金玲,汪景宽,张甘霖. 2004. 城市土壤的压实退化及其环境效应. 土壤通报,35(6):688-694.

杨金玲,张甘霖,赵玉国,等. 2005. 土壤压实指标在城市土壤评价中的应用与比较. 农业工程学报,21(5):51-55.

杨金玲,张甘霖. 2007. 城市功能区、植被类型和利用年限对土壤压实的影响. 土壤,39(2):263-269.

杨金玲,张甘霖. 2008. 城市"土壤水库"库容的萎缩及其环境效应. 土壤,40(6):992-996.

杨金玲,张甘霖,袁大刚. 2008. 南京市城市土壤水分入渗特征. 应用生态学报,19(2):363-368.

杨金玲,张甘霖,赵玉国,等. 2006. 城市土壤压实对土壤水分特征的影响——以南京市为例. 土壤学报,43(1):33-38.

杨士弘. 2005. 城市生态环境学(第二版). 北京:科学出版社,84-116.

张甘霖,卢瑛,龚子同,等. 2003. 南京城市土壤某些元素的富集特征及其对浅层地下水的影响. 第四纪研究,23(4):446-455.

章敬平. 2003. 长三角:正在消失的鱼米之乡. 南风窗,12S:26-28.

周择福,李昌哲. 1994. 北京九龙山不同植被土壤水分特征的研究. 林业科学研究,7(1):48－53.

Barałkiewicz D, Chudzińska M, Szpakowska B, et al. 2014. Storm water contamination and its effect on the quality of urban surface waters. Environmental Monitoring and Assessment, 186:6789－6803.

Bengough A G, Mullins C E. 1990. The resistance experienced by roots growing in a pressurized cell — a reappraisal. Plant and Soil, 123:73－82.

Bokaie M, Zarkesh M K, Arasteh P D, et al. 2016. Assessment of Urban Heat Island based on the relationship between land surface temperature and land use/land cover in Tehran. Sustainable Cities and Society, 23:94－104.

Bouwman L A, Arts W B M. 2000. Effects of soil compaction on the relationships between nematodes, grass production and soil physical properties. Applied Soil Ecology, 14:213－222.

Breitenfeld J. 2009. Methodology for calculating soil sealing and space productivity and evaluation of federal states environmental economic accounts (UGRdL) (in German). IÖR-Workshop Spatial Monitoring.

Bullock P, Gregory P J. 1991. Soils in the urban environment. Blackwell Scientific Publications, Great Britain, Oxford, 1-192.

Burauel P, Baßmann F. 2005. Soils as filter and buffer for pesticides — experimental concepts to understand soil functions. Environmental Pollution, 133:11-16.

Cardou F, Aubin I, Bergeron A, et al. 2020. Functional markers to predict forest ecosystem properties along a rural-to-urban gradient. Journal of Vegetation Science, 31:416－428.

Chen Y, Day S D, Wick A F, et al. 2014. Influence of urban land development and subsequent soil rehabilitation on soil aggregates, carbon, and hydraulic conductivity. Science of the Total Environment, 494:329－336.

Cheon J Y, Ham B S, Lee J Y, et al. 2014. Soil temperatures in four metropolitan cities of Korea from 1960 to 2010: implications for climate change and urban heat. Environmental Earth Science, 71:5215－5230.

Craul P J. 1994. The nature of urban soils: their problems and future. Arboricultural Journal, 18:275－287.

Dalrymple J B, Jim C Y. 1984. Experimental a study of soil microfabrics induced by isotropic stress of wetting and drying. Geoderma, 34:43－68.

Doichinova V. 2000. Soil studies under oak phytocenoses in the urbanized region of Sofia.//Burghardt W, Dornauf C. First International Conference on Soils of Urban, Industrial, Traffic and Mining Areas, Proceedings, Vol. 1. University of Essen, Germany, 57－61.

European Commission. 2012. Soil Sealing. Science for environment policy in-depth reports.

FAO (Food and Agriculture Organization of the United Nations) 2016: Soil sealing. http://www. fao. org/3/a-i6470e. pdf.

Gaertig T, Schack-Kirchner H, Hildebrand E E, et al. 2002. The impact of soil aeration on oak decline in south-western Germany. Forest Ecology and Management, 159:15－25.

Galli A, Peruzzi C, Beltrame L, et al. 2021. Evaluating the infiltration capacity of degraded vs.

rehabilitated urban greenspaces: Lessons learnt from a real-world Italian case study. Science of the Total Environment, 787: 147612.

Goldberg D, Gornat B, Rimon D. 1976. Drip irrigation: principles, design and agricultural practices. Kfar Shmaryahu, Israel: Drip Irrigation Scientific Publications.

González-Méndez B, Chávez-García E. 2020. Re-thinking the Technosol design for greenery systems: Challenges for the provision of ecosystem services in semiarid and arid cities. Journal of Arid Environments, 179: 104191.

Greacan E L, Sands R. 1980. Compaction of forest soils — a review. Australian Journal of Soil Research, 18: 163 – 198.

Greenwood K L, Macleod D A, Hutchinson K J. 1997. Long-term stocking rate effects on soil physical properties. Australian Journal of Experimental Agriculture, 37: 413 – 419.

Gregory J H, Dukes M D, Jones P H, et al. 2006. Effect of urban soil compaction on infiltration rate. Journal of Soil and Water Conservation, 61: 117 – 124.

Greinert A. 2000. Soil of the Zielona Góra urban area: Transformation of the soils as a result of urbanization processes.//Burghardt W, Dornauf C. First International Conference on Soils of Urban, Industrial, Traffic and Mining Areas, Proceedings, Vol. 1. University of Essen, Germany, 33 – 38.

Haase D, Nuissl H. 2007. Does urban sprawl drive changes in the water balance and policy? The case of Leipzig (Germany) 1870 – 2003. Landscape and Urban Planning, 80: 1 – 13.

Holderness T, Barr S, Dawson R, et al. 2013. An evaluation of thermal Earth observation for characterizing urban heatwave event dynamics using the urban heat island intensity metric. International Journal of Remote Sensing, 34(3): 864 – 884.

Ivashchenko K V, Ananyeva N D, Vasenev V I, et al. 2014. Biomass and respiration activity of soil microorganisms in anthropogenically transformed ecosystems (Moscow Region). Eurasian Soil Science, 47(9): 892 – 903.

Jim C Y. 1993. Soil compaction as a constraint to tree growth in tropical & subtropical urban habitats. Environmental Conservation, 20(1): 35 – 49.

Jim C Y. 1998a. Physical and chemical properties of a Hong Kong roadside soil in relation to urban tree growth. Urban Ecosystems, 2: 171 – 181.

Jim C Y. 1998b. Soil compaction at tree-planting sites in urban Hong Kong. D Neely and G W Watsono (ed.) The Landscape Below Ground II: International Society of Arboriculture, Champaign, Illinois, 166 – 178.

Jim C Y. 2001. Managing urban trees and their soil envelopes in a contiguously developed city environment. Environmental Management, 28(6): 819 – 832.

Jim C Y, Judith Y Y N G. 2000. Soil porosity and associated properties at roadside tree pits in urban Hong Kong.//Burghardt W, Dornauf C. First International Conference on Soils of Urban, Industrial, Traffic and Mining Areas, Proceedings, Vol. 1. University of Essen, Germany, 51 – 56.

Jim C Y, Ng Y Y. 2018. Porosity of roadside soil as indicator of edaphic quality for tree planting. Ecological Engineering, 120: 364 – 374.

Kainay E, Cai M. 2003. Impact of urbanization and land-use change on climate. Nature, 423: 528 – 531.

Kim Y J, Yoo G. 2021. Suggested key variables for assessment of soil quality in urban roadside tree systems. Journal of Soils and Sediments, 21: 2130 – 2140.

Kohnke H. 1968. Soil Physics. New York.

Lazzarini M, Marpu P R, Ghedira H. 2013. Temperature-land cover interactions: The inversion of urban heat island phenomenon in desert city areas. Remote Sensing of Environment, 130: 136 – 152.

Mount H. 1999. Temperature signatures for anthropogentic soils in New York city. In: Kimble, J M. et al. (ed.) Classification, Correlation and Management of Anthropogentic Soils. Proceedings — Nevada and Callifonia September 21-October 2, 1998. USDA — NRCS. National Soil Survey Center, Lincoln. NE, 137 – 140.

Neve S D, Hofman G. 2000. Influence of soil compaction on carbon and nitrogen mineralization of soil organic matter and crop residues. Biology and Fertility of Soils, 30: 544 – 549.

NRCS Soil Quality Institute. 1999. Soil quality test kit guide. United States Department of Agriculture, Agricultural Research Service and Natural Resource Conservation Service.

Palmer M, Bernhardt E, Chornesy E, et al. 2004. Ecology for a crowded planet. Science, 304: 1251 – 1252.

Passioura J B. 1991. Soil structure and plant growth. Australian Journal of Soil Research, 29: 717 – 728.

Prokop G, Jobstmann H, Schönbauer A. 2011. Report on best practices for limiting soil sealing and mitigating its effects. Technical Report – 2011 – 50, Brussels, European Commission, 231.

Scalenghe R, Marsan F A. 2009. The anthropogenic sealing of soils in urban areas. Landscape and Urban Planning, 90: 1 – 10.

Short J G, Fanning D S, Mcintosh M S, et al. 1986. Soils of mall in Washington. DC: I. Statistical summary of properties. Soil Science Society of America Journal, 50: 699 – 705.

Sieker P, Klein M. 1998. Best management practices for stormwater-runoff with alternative methods in a large urban catchment in Berlin, Germany. Water Science and Technology, 38(10): 91 – 97.

Smith V H, Tilman G D, Nekola J C. 1999. Eutrophication: impacts of excess nutrient inputs on freshwater, marine, and terrestrial ecosystems. Environmental pollution, 100(1 – 3): 179 – 196.

Somerville P D, Farrell C, May P B, et al. 2020. Biochar and compost equally improve urban soil physical and biological properties and tree growth, with no added benefit in combination. Science of the Total Environment, 706: 135736.

Soydan O. 2020. Effects of landscape composition and patterns on land surface temperature: Urban heat island case study for Nigde, Turkey. Urban Climate, 34: 100688.

Stangl R, Minixhofer P, Hoerbinger S, et al. 2019. The potential of greenable area in the urban building stock. IOP Conference Series: Earth and Environmental Science, 323: 012080.

Taylor H M, Robertson G M, Parker J J. 1966. Soil strength-root penetration relations for medium-to coarse-textured soil materials. Soil Science, 102(1): 18 – 22.

Wang P, Zheng H, Ren Z, et al. 2018. Effects of Urbanization, Soil Property and Vegetation Configuration on Soil Infiltration of Urban Forest in Changchun, Northeast China. Chinese

Geographical Science, 28(3): 482 - 494.

Weltecke K, Gaertig T. 2012. Influence of soil aeration on rooting and growth of the Beuys-trees in Kassel, Germany. Urban Forestry & Urban Greening, 11: 329 - 338.

Wick A F, Stahl P D, Ingram L J, et al. 2009. Soil aggregation and organic carbon in shortterm stockpiles. Soil Use and Management, 25: 311 - 319.

Winzig G. 2000. The concept of storm water infiltration.//Burghardt W, Dornauf C. First International Conference on Soils of Urban, Industrial, Traffic and Mining Areas. Proceedings, Vol. II. University of Essen, Germany, 427 - 433.

Yang J L, Zhang G L, Zhao Y G. 2007. Land use impact on nitrogen discharge by stream: a case study in subtropical hilly region of China. Nutrient Cycling in Agroecosystems, 77: 29 - 38.

Yang J L, Zhang G L. 2003. Quantitative relationship between land use and phosphorus discharge in subtropical hilly regions of China. Pedosphere, 13: 67 - 74.

Yang J L, Zhang G L. 2011. Water infiltration in urban soils and its effects on the quantity and quality of runoff. Journal of Soils and Sediments, 11(5): 751 - 761.

Zhang G L, Burghardt W, Yang J L. 2005. Chemical criteria to assess risk of phosphorus leaching from urban soils. Pedosphere, 15(1): 72 - 77.

Zhang H P and Kiyoshi Y. 1998. Simulation of nonpoint source pollutant loadings from urban area during rainfall: an application of a physically-based distributed model. Water Science and Technology, 38 (10): 199 - 206.

第4章
城市土壤关键元素循环与环境效应

城市土壤中重要的生源要素碳、氮、磷等受土地利用变化,工业、交通和生活固液气排放,城市小气候、大气沉降、土壤管护措施、土壤性质变化等的影响,这些元素在城市土壤中的存在形态、迁移转化和存储量均不同于自然土壤。陆地生态系统碳循环是全球变化研究的热点领域之一,然而人们对城市碳循环、土壤碳库、碳通量和固持等方面的研究仍不深入。仅占地球陆地总表面2%的城市之中,消耗着全球2/3以上的能源,同时,据估计78%的温室气体来自城市区域的排放(Grimm et al., 2000; Lorenz and Kandeler, 2005)。因此,城市土壤的碳循环是全球陆地生态系统碳循环中非常重要的一部分。城市土壤中的氮循环不仅关系到大气氮污染并带来温室气体,更重要的是其与磷一样,会对水体产生重要的影响,不仅带来地表水的富营养化,而且会带来地下水的污染。城市土壤是城市生态系统的重要组成部分,是城市动植物、微生物生长的介质和养分的供应者,是城市污染物(工业、建筑、生活等垃圾)的源和汇,关系到城市环境质量和人类健康。

4.1 城市土壤碳循环特征与环境效应

4.1.1 城市系统碳循环

城市是一个特殊的生态系统,具有生态系统的一般特征,即由物质循环和能量传递为核心构成的系统发生和发展过程。但是在城市生态系统中,人类的生产和生活活动起着至关重要的作用,所以城市生态系统是以人类为中心的自然和社会相结合的生态系统(张甘霖,2005)。由此,城市系统碳循环是一个包括自然和人工过程、水平和垂直过程、地表和地下过程、经济和社会过程在内的复杂系统。

城市碳循环包括碳在城市与外界环境的输入输出以及城市内部的循环(图4-1)。城市中碳的输入除了植物光合作用、土壤固碳和水域碳吸收等自然因素以外,还包括化石能源、含碳食品、电力输送、含碳产品和木材等。城市中碳的输出除了植物、动物、城市居民和土壤等的呼吸作用以外,还包括能源、含碳产品、废弃物和地下管网中溶解碳的输送,以及化石燃料燃烧、废弃物分解、工业生产过程和农业生产活动产生的CO_2等含碳气体的排放,城市中还存在一个非常重要的移动源——交通工具碳排放。可见,人为活动是城市土壤碳循环的重要驱动力。城市是地球上最大的人为碳排放源,约占人类碳排放量的80%以上,同时城市也是巨大的碳库(Churkina et al., 2010; Dhakal, 2010)。

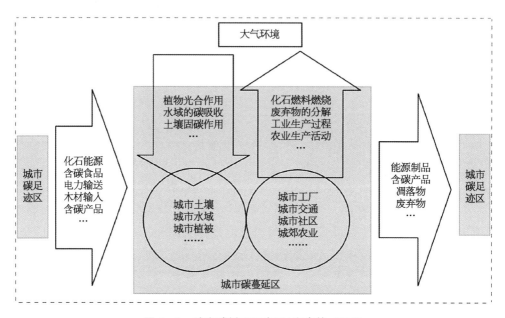

图 4-1　城市碳循环示意图(张庶等,2015)

城市土壤碳循环是城市碳循环非常重要的组成部分,而且也是城市重要的碳源和碳汇。上下层土壤混合和表层土壤的掩埋是城市土壤碳固存最大的特点。城市土壤 0～30 cm 深土层的有机碳储量为 16～232 Mg hm^{-2},1 m 深土层有机碳储量为15～285 Mg hm^{-2}(Lorenz and Lal, 2009)。城市土壤碳储量一般高出植被数倍以上。如美国芝加哥的居民区土壤碳储量约为植被碳储量的 3.8 倍(Jo, 1995),北京市城区园林土壤碳储量是植被碳储量的 3.2 倍(王迪生,2010),广州市城区公园土壤碳储量是植被碳储量的 3.9 倍(管东生等,1998)。

与农业和森林土壤相比,人为添加物加速了城市土壤的物质循环和发生过程(Schleuss et al., 1998),特别是含碳物质(如动植物残体、灰烬、煤灰、煤渣、木炭、烟炱、有机垃圾、塑料,以及来自大气沉降的含碳物质)已经改变了城市土壤有机碳的组成和性质。因此,城市土壤有机碳的来源除了继承母土的有机物质以外,还包括来自人为添加的异源有机物质和污染物。这些人类活动直接或间接影响城市土壤的形成和发育,其中土壤有机质碳的复杂性、异质性和来源的多样性将直接影响城市土壤的物理化学特性、生物学特性以及生物地球化学循环过程。

城市土壤碳循环受强烈的城市活动和城市环境影响。直接影响城市土壤碳循环的人为活动包括开发建设过程中对土壤翻动、搬运、压实、覆盖等,还有绿地管护过程中施肥和灌溉等,以及环境污染物的注入;间接影响包括热岛效应、CO_2 升高、非本地种的引入以及大气中污染物的沉降等。城市绿地的管理,如园林修剪树枝、定期的割草、自然落叶的清除以及有机垃圾的清运等会减少城市土壤有机碳的输入(Lorenz and Lal, 2009)。建筑点开挖和表层土壤的移除,会更快地减少城市土壤有机质。在城市里,水和风带来的侵蚀也会减少表层土壤有机碳的含量(Lorenz and Lal, 2009)。上述人为作用在不同程度上改变着城市土壤碳库,且人为干扰与自然因素在较长时期内同时改变、共同作用,对碳的地球化学循环产生复杂的交互和累积影响。

4.1.2　土壤碳的来源与组成

城市土壤中的碳包括有机碳(OC)、黑碳(BC)和无机碳(IC)。城市土壤有机碳的来源比森林、草地和农田土壤复杂,有自然有机物质来源,也有大量的人为有机物质和颗粒。自然有机物质的来源主要有植物根系和枯落物、动物残体、大气沉降有机物质等;人为有机碳的来源有工业活动、城市建设、居民生活和交通中产生的灰烬、煤灰、煤渣、木炭、烟炱、有机垃圾、塑料、宠物的粪便等。城市中的有机污染物质,如多环芳烃类等也是土壤有机碳的来源。近年来,部分城市在草坪、花坛等铺设前施用的有机肥也会带入大量有机物质。城市污水中也含有一定量的有机物质(Lorenz and Lal, 2009),当污水被用来灌溉城郊农田或者城区草坪,将增加土壤有机碳含量。因此,城市土壤有机碳来源广泛,更多地受到城市人为活动产生的有机物质影响。

黑碳是生物质和化石燃料不完全燃烧的残体形成的一类含碳混合物。它广泛分布于大气、土壤、沉积物、水体和冰雪等环境中。黑碳具有高度芳香化结构,使其具有化学、生物学惰性和热稳定性而得以保存在土壤中(Schmidt and Noack, 2000)。涉及含碳物质的燃烧基本都会产生黑碳,大气沉降是黑碳输入土壤的主要途径。据估算,全球每年黑碳排放 50～270 Tg,其中 80% 以上保存在陆地土壤中(Kuhlbusch et al., 1995)。在高度发展的城市中,城市工业、交通、生活等相对比较集中,可产生规模可观的黑碳类物质(王曦等,2016)。肯尼亚首都内罗毕市由于化石燃料燃烧量和交通流量较大,其土壤中黑碳含量是邻近梅鲁市的 1.6 倍(Gatari and Boman, 2003)。

城市土壤中的黑碳来源可分为自然源和人为源两种。自然源排放如火山爆发、森林大火等具有区域性和偶然性,而人为源排放有汽车尾气、工业排放、火力发电、秸秆燃烧等。表 4-1 列举了与黑碳排放有关的来源清单,其中大多数为人为来源。化石燃料燃烧、垃圾焚烧等人为活动已显著改变了全球碳循环,最直接的表现是大量温室气体 CO_2 和黑碳的排放(Kuhlbusch, 1998)。

交通源的黑碳主要来源于汽车燃油不完全燃烧产生、车辆燃料和润滑油泄漏、轮胎与地面摩擦产生磨损等途径,黑碳最终沉降在土壤中。工业区的土壤黑碳主要来源于工业排放和石油、煤炭等燃料燃烧。已有研究提出,在城市大气气溶胶里面,如果 BC/OC

表 4-1 黑碳的来源清单（据 Battye and Boyer，2002，略有改动）

来源类型	类　　别	与黑碳排放有关的燃烧清单
人为源	居民用途	煤、汽油、柴油、生物质燃料、天然气
	工业用途	煤、汽油、柴油、生物质燃料、石油、煤油
	公路车辆	汽油、柴油
	非公路交通工具	海船、飞机、航天器、其他
	人为火灾	人为燃烧、农业秸秆燃烧
自然源	自然火灾	自然燃烧

值在 0.11 左右，则认为黑碳的主要来源是生物质的燃烧；如果在 0.50 左右，则认为黑碳的来源主要是化石燃料的燃烧（Gatari and Boman，2003；Muri et al.，2002）。因此，土壤中 BC/OC 值某种程度上可以反映黑碳的不同来源。在不同功能区的城市土壤之间，BC/OC 值也表现出不同的特征。南京市路边土壤的 BC/OC 值相对较高而与其他功能区存在明显的分离，在表层土壤其平均值 0.45±0.13，而在亚表层为 0.46±0.17，反映了化石燃料燃烧的结果（图 4-2）；公园和学校土壤的 BC/OC 值分布的范围比较宽而分散，这与实际所处的复杂环境有关，说明既有来自交通环境的影响，也有来自居民燃烧生物质的影响（如燃烧垃圾、秸秆等）；居民区土壤的 BC/OC 值则表现出相对集中的分布，这与生活区一般相对离交通环境远的事实相一致，其黑碳的主要来源是生物质的燃烧；郊区菜地的 BC/OC 值则分布最集中，表层土壤的 BC/OC 值为 0.12±0.04，亚表层为 0.11±0.03，表明黑碳的主要来源是生物质（秸秆等）的燃烧。北京市五环内公园土壤的

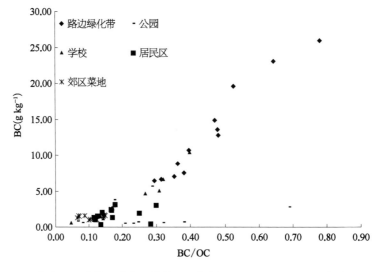

图 4-2 南京不同功能区城市土壤的 BC 含量和 BC/OC 值（何跃和张甘霖，2006）

BC/OC 均值为 0.23,说明黑碳主要来源为生物质和化石燃料燃烧的共同作用(巩文雯等,2017)。杨帅斌和刘恋(2017)有关北京市土壤 BC/SOC 值的研究获得了类似的结果,该比值总体介于 0.11 和 0.50 之间,且郊区 BC/SOC 小于城区,因此认为化石燃料和生物质的燃烧均是城区和郊区土壤黑碳物质的来源,但所占比重不同,且城区是郊区土壤黑碳的重要来源。因此,在城市土壤研究中,用 BC/OC 值可以大致判断黑碳的主要来源。

城市建设过程中大量含有石灰性物质的建筑材料混入土壤,会增加土壤中碱性物质,特别是 CaO、Ca(OH)$_2$ 和 CaCO$_3$ 等的含量。城市建筑物中含有水泥和石灰等,在风吹日晒等外界环境作用下,建筑物外墙风化将持续释放颗粒态和可溶态的 CaCO$_3$,然后随着降尘或径流进入土壤。如上海市典型新建绿地土壤主要为碱性和强碱性,主要是因为较高的碳酸钙含量(项建光等,2004)。由于建筑垃圾污染的混入,提高了土壤中 CaCO$_3$ 的含量,造成重庆市绿地"原来的酸性紫色土演变为石灰性紫色土"(丁武泉,2008)。当然,来自远源的大气降尘也会向城市土壤输入一定量的 CaCO$_3$ (Li et al.,2016)。另外,城市土壤呈碱性,大量的 Ca^{2+} 也会固定大气中的无机碳。Renforth 等(2009)通过土壤无机碳和氧稳定同位素证实了土壤固碳生成次生无机盐的过程。因此,城市土壤无机碳的来源也比较广泛,但城市建筑是城市土壤中无机碳的主要来源。人工合成硅酸盐(水泥)在风化过程中形成 CaCO$_3$ 这一过程近来受到了更多的关注,有研究认为这是城市环境中以无机碳形式形成碳汇的重要途径(Washbourne et al.,2015;Langroudi et al.,2021)。

4.1.3　土壤碳含量与分布

1. 有机碳含量与分布

在城市建设中,对土壤的翻动、搬运、填埋和移走,使得原有表土的植物和枯落物被清理,由于建筑与铺路等基础建设,部分土壤被封闭;部分土壤经过整理,成为城市绿地。因此,与自然和农田土壤相比,城市土壤有机碳的数量和质量有很大的变化,并具有高度的空间变异性。北京市公园表层土壤有机碳含量为 1.76~19.61 g kg^{-1},平均值为 9.08 g kg^{-1}(巩文雯等,2017);南京市整个城区土壤有机碳的含量为 1.67~37.21 g kg^{-1},平均值为 15.31 g kg^{-1};而郊区菜地土壤的含量为 10.37~17.81 g kg^{-1},平均值为 14.16 g kg^{-1}(何跃和张甘霖,2006)。

尽管城市建设初期的人为扰动可能会破坏和移除有机物质,导致新城区有机碳的含量低于起源土壤,也有研究显示城市土壤有机碳含量低于自然土壤(Cotrufo et al.,1995;Zhu and Carreiro,1999)。但是根据已有的研究结果,大部分城市沿城乡梯度,从城市到乡村土壤有机碳密度呈下降趋势。美国巴尔的摩市住宅区草坪 0~100 cm 土层有机碳密度是当地郊区天然森林土壤的 1.5 倍(Pouyat et al.,2008);美国北科罗拉州的城市草坪 0~30 cm 土层的有机碳密度也比天然矮草草原的碳密度高 45%(Kaye et al.,2005)。

在我国已经有很多城市的研究获得了类似的结果。杭州的城区 0～10 cm 和 0～100 cm 土壤有机碳贮量分别约为近郊和远郊区农业土壤的 4.3 倍和 5.7 倍(章明奎和周翠，2006)；开封市区土壤有机碳是郊区的 2.5 倍(孙艳丽等，2009)；乌鲁木齐城市土壤有机碳沿城郊剖面呈下降式梯度变化，市区土壤有机碳含量是郊区土壤的 2.2 倍(张小萌等，2016)。沈阳市和南昌市城市土壤中有机碳含量总体上随着距市中心距离的增加呈现显著下降的趋势(王秋兵等，2009；丁明军等，2017)，表明有机碳不同程度的富集与城市建设用地面积迅速扩大耦合。

建城区土壤有机碳富集与城市绿地建成时间密切相关。Golubiewski (2006)的研究表明美国丹佛市区表层土壤(0～30 cm)有机碳库虽然在城区建成初期下降，但随后逐年增加，25 年左右累积量达最大值，积累速率超过了本区域的自然草原土壤。新西兰北帕默斯顿市高尔夫球场草坪在建成的 40 年内表层土壤(0～25 cm)的平均固碳速率约 69.8 ± 8 g m^{-2} a^{-1} (Huh et al., 2008)。杭州城区绿地土壤的总有机碳、颗粒有机碳和微生物量碳等随绿地年龄增加而增加(刘兆云和章明奎，2010)。芜湖市的研究表明，在相同土层深度下，土壤有机碳密度随绿地年龄的增加而增大(沈非等，2018)。

在城市内部，绿地土壤有机碳的空间变异非常大。南京市不同功能区绿地表层土壤有机碳含量的平均值统计分析表明(表 4-2)，除公园、居民区、郊区之间无显著差异外，路边与公园及学校、居民区、郊区，公园与学校间的差异均达到显著水平，路边与公园及学校、居民区、菜地间呈极显著差异。路边绿化带土壤中有机碳的含量值高达 29.09 g kg^{-1}，是其他功能区土壤的 1～3 倍，说明路边绿化带表层土壤有机碳有富集趋势。此外，亚表层土壤有机碳含量在路边与公园及学校、居民区、菜地呈极显著差异，公园与郊区间差异显著(表 4-2)。因此，南京市不同功能区的有机碳含量大体特征是：表层(0～10 cm)，路边＞学校＞郊区菜地＞居民区＞公园；亚表层(10～30 cm)，路边＞郊区菜地＞学校＞居民区＞公园。但由于功能区内部土壤有机碳含量具有大的变异性，使得不同功能区之间有机碳含量往往很难具有显著性差异，而且不同研究者在不同城市获得的结果没有统一的规律。

表 4-2　南京各功能区城市土壤有机碳和黑碳的含量(g kg^{-1})

功能区	层次 (cm)	有机碳(OC)			黑碳(BC)			BC/OC
		变幅	平均值*	SD**	变幅	平均值*	SD**	
路边	0～10	21.84～37.21	29.09aA	6.45	6.40～23.05	13.67aA	6.19	0.45±0.13
	10～30	19.67～33.23	25.38aAB	5.99	6.67～25.91	12.46aA	7.40	0.46±0.17
公园	0～10	2.44～21.49	10.05cdCD	1.42	0.50～3.77	1.93bB	8.11	0.26±0.22
	10～30	1.74～19.95	6.82dD	7.01	0.52～5.67	1.47bB	2.06	0.23±0.12

功能区	层次 (cm)	有机碳(OC)			黑碳(BC)			BC/OC
		变幅	平均值*	SD**	变幅	平均值*	SD**	
学校	0~10	10.93~26.26	17.00bBC	3.26	1.46~10.43	4.12bB	5.08	0.22±0.10
	10~30	8.39~20.83	12.96bcdCD	4.85	0.55~6.67	2.70bB	2.53	0.18±0.11
居民区	0~10	2.73~17.93	11.19bcdCD	0.99	0.37~3.19	1.85bB	5.56	0.16±0.05
	10~30	1.67~14.99	10.00cdCD	4.71	0.47~3.09	1.73bB	0.93	0.19±0.08
郊区菜地	0~10	11.72~17.86	14.14bcCD	0.49	0.96~2.48	1.60bB	2.39	0.12±0.04
	10~30	10.37~17.81	14.19bcCD	2.63	1.00~1.73	1.39bB	0.33	0.11±0.03

注：＊：小写字母表示 $p<0.05$ 显著水平,大写字母表示 $p<0.01$ 显著水平;＊＊：SD 表示标准差。

　　总体来说,城市绿地土壤表层具有有机碳的富集现象,但城市内部尚有大量的非绿地土壤,如裸地和封闭土壤,这些土壤的有机碳含量一般偏低。在南京市研究发现,公园和居民区的一些裸地土壤由于经常的垃圾清扫使得有机物质(如落叶等)输入的数量有限,有机碳含量有下降的趋势;硬化覆盖下的土壤有机碳含量显著低于透水地表下。Raciti 等(2012)研究发现城市不透水地表下土壤碳含量比透水地表下土壤低 66%。由于绿地在城市中呈斑块状存在,因此硬化覆盖导致的碳流失可能会抵消城市其他地表类型的碳增储量。

　　城市土壤有机碳在垂直方向上的分布不同于自然土壤的平缓递减规律,表现出非一致性降低的现象。针对扰动较小的绿地,或绿地建成后较长时间未被扰动的绿地,土壤有机碳含量在土体内部的分布规律一般是从表层向下呈逐渐下降的趋势(Golubiewski,2006;Raciti et al.,2011a;沈非等,2018)。对于扰动较大或者曾经被填埋过的土壤,深层往往含较多有机碳(张甘霖等,2004;Lorenz and Kandeler,2005),如 Beyer 等(2001)在德国罗斯托克市研究发现某土体中浅层土壤(10~27 cm)有机碳含量为 3.0 g kg^{-1},远低于深层土壤(50~75 cm)中的 114.9 g kg^{-1}。这是由于受人类活动扰动,城市土壤被多次翻动,导致下部土层的有机碳含量增高。

　　2. 黑碳含量与分布

　　城市表土的黑碳含量高且变异较大,一般高于自然林地和农田土壤。南京市不同功能区表层土壤黑碳含量为 $0.37 \sim 25.91 \text{ g kg}^{-1}$(何跃和张甘霖,2006),路边绿化带土壤中黑碳含量无论在表层还是亚表层都非常高,分别为 13.67 g kg^{-1} 和 12.46 g kg^{-1},是郊区菜地黑碳含量的 8.5 倍和 9.0 倍(表 4 - 2)。长春市某校园内表土中黑碳含量达到 14.48 g kg^{-1},是该地郊区土壤的 1.6 倍(武华,2008)。可见,从郊区到城区土壤中黑碳含量有增加趋势,主要是受到人为活动的影响。其他城市表土黑碳含量也较高,北京市公园表土黑碳含量

为 $0.46 \sim 6.25$ g kg^{-1}，平均值为 2.16 g kg^{-1}（巩文雯等，2017）；芜湖市表土黑碳含量为 $0.02 \sim 26.16$ g kg^{-1}，平均值为 5.87 g kg^{-1}（朱哲等，2016）；兰州市表土黑碳最高值达到 74.27 g kg^{-1}，平均值为 15.15 g kg^{-1}（陈红等，2018）。随着城市人为活动的加剧，大量化石燃料的使用，城市土壤黑碳含量有增加和富集趋势，并最终影响土壤碳的组成和循环。

城市土壤黑碳高值区域主要集中在工厂周围和交通密集区。在城市内部不同的功能区之间，工业区和公路周边表土的黑碳含量大于居民区、学校、公园等。南京市的研究表明各个功能区之间黑碳占的比例大小顺序依次是：路边＞公园＞学校＞居民区＞郊区（表 4-2），这与黑碳的交通排放输入有关。公路沿线大气中的黑碳气溶胶浓度呈现出日变化和周变化，早晚上下班高峰期出现峰值，而周末低于工作日（刘新春等，2013；陈红等，2018）。杭州市土壤黑碳含量表现为：工业区＞城市道路＞城市绿地＞郊外水田（刘兆云和章明奎，2010）。沈阳是我国重要的工业城市，工业区土壤中黑碳含量最高（17.23 g kg^{-1}），土壤黑碳含量从高到低依次为：工业区＞居民区＞文教区＞风景区（段迎秋等，2008）。也有例外的情况，杨帅斌和刘恋（2017）在北京的研究发现，公园土壤黑碳含量大于道路绿化带，可能是由于公园内区域性的翻种、施肥使得黑碳大量聚集。城市中黑碳含量也随着城市土壤利用年限的增加而有增加的趋势（刘兆云和章明奎，2010）。

从纵向分布来看，一般城市土壤中黑碳含量随着深度增加呈减少的趋势，因为黑碳主要通过大气沉降而进入土壤。但是在高度扰动和具有历史文化层的深层土壤中也会出现高黑碳含量。如南京市秦淮区是历史悠久的商业和曾经的工业区，在深 6 m 的土体中存在多个历史文化层，其中的黑碳含量呈现不同程度的增加。

3. 无机碳含量与分布

城市土壤无机碳含量一般比所在区域自然土壤的无机碳含量高。南京市主城区表层土壤的无机碳含量为 $0 \sim 22.6$ g kg^{-1}，平均值为 2.51 g kg^{-1}（赵涵等，2017）。开封市土壤中无机碳含量为 $1.9 \sim 25.8$ g kg^{-1}，平均值为 10.2 g kg^{-1}，土壤中无机碳密度约占总碳密度的 1/3（夏厚强，2015）。长春市土壤无机碳含量为 $1.9 \sim 8.3$ g kg^{-1}，平均值为 4.2 g kg^{-1}（郭鹏等，2008）。因此，无机碳是城市土壤碳的重要组成部分。

城市土壤中无机碳含量与城市发展历史密切相关。老城区的无机碳库储量远高于快速城市化的新城区，随着城市化时间的增加，无机碳密度平均值呈现线性增长，城市土壤对次生无机碳的固定速率为 $0.001\,56$ g kg^{-1} a^{-1}（赵涵等，2017）。城市土壤中无机碳在土体内纵向分布表现出不同的变化规律（夏厚强，2015），这与城市土壤的扰动以及不同植被和利用历史下 $CaCO_3$ 的淋溶有关。

4. 微生物量碳含量与分布

微生物量碳是土壤有机碳的一部分。城市绿地土壤受强烈的人为活动的干扰必然影响土壤微生物数量、组成和活性。有研究表明城市土壤微生物量碳低于自然土壤（全川等,2009),合肥市城区内各人工绿地土壤微生物量碳含量比郊区蜀山森林公园绿地下降了 46.81%～64.39%(陶晓等,2011)。但是绿地管理会影响微生物量碳含量,例如在高尔夫球场的草坪上,修剪的草屑归还土壤后可以提高草坪的土壤微生物量碳(Shi et al.,2006);向土壤中人为添加各种城市废弃物(垃圾、污水、污泥和堆肥)也能增加土壤微生物量碳(Pascual et al., 1997)。因此,随着绿地建成时间和绿地的管理,微生物量碳会逐渐增加。同时,也会出现城区土壤微生物量碳高于自然土壤的现象(王焕华等,2005;张小磊等,2006)。

在不同功能区、不同绿地植被和不同管理措施下,土壤微生物量碳差异非常大。在纵向上,土壤微生物量碳含量一般随着土层深度的增加而减少,这可能与土体内植物根系分布及有机质的垂直分布格局有关。

4.1.4　土壤碳形态与转化

城市化不仅改变了土壤碳库的规模,而且还改变了城市土壤中不同形态碳的比例。何跃和张甘霖(2006)对南京市不同功能区土壤中有机碳、黑碳和无机碳的比例进行了研究。表层(0～10 cm)各个功能区土壤中有机碳所占的比例路边绿化带为 62%,公园为68%,学校为 76%,居民区为 58%,郊区为 90%。各个功能区之间有机碳所占比例大小顺序依次是:郊区>学校>公园>路边>居民区(图 4 - 3)。这说明有机碳虽然是城市土壤碳的主体部分,但其占比要小于郊区土壤。这是因为城市土壤中具有其他更多形态的碳输入。不同功能区表层土壤黑碳所占比例:路边绿化带为 29%,公园为 13%,学校为 18%,居民区为 10%,郊区为 10%。各个功能区之间黑碳占的比例大小顺序依次是:路边>公园>学校>居民区>郊区(图 4 - 3)。城市土壤中黑碳的高占比与交通排放输入有关。德国斯图加特市土壤中的黑碳组分更高,占有机碳的 18%～73%(Lorenz et al., 2006)。南京市土壤有机碳和黑碳含量之间具有显著的指数相关性($R^2 = 0.880\ 2$,$P < 0.01$)(图 4 - 4)。城市土壤中有机碳和黑碳含量的这种相关性除与有机物质的输入来源有关以外,还可能存在特殊的固定积累机制:一方面由于黑碳类物质的存在,其特殊

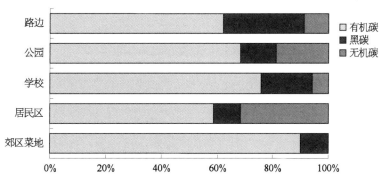

图 4 - 3　南京不同城市功能区表层土壤中碳的组成

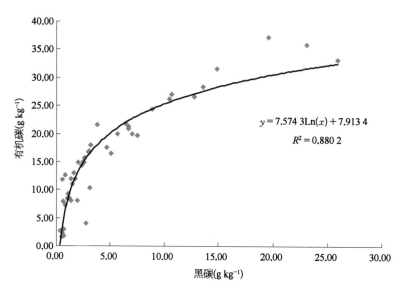

图 4 - 4　南京城市土壤中有机碳和黑碳的相关性($n=48$)(何跃和张甘霖,2006)

的化学和生物惰性使得土壤中的有机碳得以保存下来;另一方面,黑碳能够吸附和固定有机物质和黏土矿物,起到稳定和固持有机碳的作用(Lorenz and Kandeler,2005)。在对德国北部城市埃肯弗德(Schleuss et al.,1998)和东北部城市罗斯托克(Beyer et al.,2001)的研究中发现,城市土壤中这种黑碳组分的存在显著改变了土壤有机质的组成和化学、生物学性质。黑碳化学性质稳定,可以通过缓慢氧化过程参与到有机碳库的循环中,对全球碳和氧的生物地球化学循环起到极其重要的作用(Masiello,2004)。黑碳的再次矿化可能会成为净 CO_2 排放的一个主要来源(Druffel,2004)。但目前有关土壤中黑碳的储量、运移、降解机制以及对稳定土壤有机碳库的作用等尚不清楚。

不同功能区表层土壤无机碳所占比例:路边绿化带为9%,公园为19%,学校为6%,居民区为32%,郊区为0。各个功能区之间无机态碳所占比例大小顺序依次是:居民区>公园>路边>学校>郊区(图 4 - 3)。居民区土壤中无机碳含量高可能与房屋建造过程中人为混入的石灰、水泥、砂浆等建筑垃圾有关。

通过不同功能区土壤的有机碳和黑碳的相关分析发现,路边绿化带、公园、学校、居民区土壤中的有机碳和黑碳含量之间存在极显著相关,而郊区菜地的土壤有机碳和黑碳含量之间关系不显著(表 4 - 3),这说明城市土壤黑碳能够进一步影响有机碳的组成和含量。

微生物量碳占土壤有机碳的比例一般不足5%,但它却是土壤生物活性的重要指标,强烈影响着有机质的分解和转化,进而影响土壤碳储量。土壤有机碳矿化最主要的限制因子是有机碳含量,但土壤 pH、养分含量、黏粒、水分和氧气等性质会通过对微生物种类、数量和活性的影响而使有机碳的矿化速率发生变化。如城市建设过程中掺杂

表 4 - 3　不同功能区土壤有机碳(y)和黑碳(x)含量的拟合关系

功能区	样本数	拟　合　曲　线	R	显著性
路边绿化带	12	$y=0.84x+16.26$	$0.912\,6^{***}$	$P<0.000$
公园	12	$y=3.497x+2.484\,2$	$0.801\,7^{**}$	$P<0.002$
学校	12	$y=1.702\,2x+9.183\,5$	$0.944\,6^{***}$	$P<0.000$
居民区	12	$y=4.313\,7x+2.881\,6$	$0.798\,6^{**}$	$P<0.002$
郊区菜地	12	$y=-0.41x+14.777$	$-0.070\,7$	$P<0.828$

的石灰等物质导致土壤 pH 升高,偏碱性的土壤中微生物的种类、数量和活性随着 pH 升高而降低,对土壤有机碳矿化产生消极影响(贾丙瑞等,2005)。研究表明不同地表覆盖类型下的土壤有机碳矿化作用有显著差异,灌木、行道树、植草砖覆盖下的土壤有机碳矿化能力较强,硬化地表和草坪较弱(李隽永等,2018)。硬化地表下土壤中有机碳含量较低,氧气和养分含量也低,土壤微生物呼吸作用等代谢行为受到制约,从而对土壤微生物数量和活性产生不利影响,可能会导致硬化地表下土壤有机碳矿化作用弱于透水地表。

由于土壤微生物量碳随绿地年龄增加而迅速增加,土壤有机碳中微生物量碳的比例也有增加的趋势。因此,绿地土壤中有机碳的不断积累增加了活性有机碳组分的比例。同时,随着绿地年龄的增加,土壤有机碳的代谢熵逐渐趋向减小,说明随着人为对土壤干扰作用的减弱,土壤为抵抗人为作用的呼吸强度逐渐减弱,有机物质的消耗也趋向减弱。

城市土壤中富集的重金属也会影响土壤有机质的分解和积累过程。Cotrufo 等(1995)在对冬青落叶受重金属(Fe、Zn、Cu、Cr、Ni 和 Pb)污染和未受污染土壤中腐解的实验中发现,在最初 10 个月里,与未污染土壤相比,污染土壤中落叶的腐解速度要慢得多,但随后两者的分解速度趋于一致。土壤呼吸和土壤真菌数量与重金属(Pb、Zn 和 Cr)含量呈显著负相关。可见,污染土壤中低的有机质分解速率有助于有机碳的富集。

4.1.5　土壤碳循环的环境效应

1. 城市土壤有机碳增加的环境效应

城市土壤有机碳的重要载体之一土壤有机质,在城市生态系统中发挥着重要的作用:固定(络合)有毒物质,影响土壤的生物体活性和生物学过程,改善土壤的物理结构(团聚体、压实),影响亲水性和疏水性有机物质的组成和数量,以及改善土壤的热力学性质(Beyer et al., 1995; Bullock and Gregory, 1991; Huang et al., 2003)。同时,土壤有机质不仅是土壤肥力的主要指标,也是动植物必需营养元素的源泉之一,还将影响土壤的物理、化学和生物学性质。因此,城市区域土壤有机碳的增加将对城市土壤的特性产生重要影响。

　　土壤有机质组成和来源的不同可能会直接影响疏水性有机污染物在土壤中的吸附、解吸过程,并最终影响其环境迁移行为(Huang et al.,2003)。含碳物质的加入和混合已经改变了城市土壤有机质的组成和性质。Beyer 等(1995)对德国北部城市基尔的研究中发现,在较新的城市土壤中,土壤有机质主要由腐殖化程度低的富里酸组成,胡敏酸和胡敏素含量较低,而这种组成对有毒污染物质的固定非常不利,因为在很大程度上是由胡敏酸和胡敏素固定(络合)有毒物质。因此,Beyer 等(1995)提出不应该清除城市土壤表面的枯枝落叶层,同时还应该通过培肥来增加城市土壤高度腐殖化物质的含量。陈立新(2002)也提出应通过有机改土培肥来提高城市土壤有机质的质量。

　　2. 城市土壤黑碳增加的环境效应

　　由于高度的城市化发展,高密度的人类活动使城市土壤中黑碳含量日益增多。黑碳具有一定的生物和化学惰性,可以长时间存留在土壤和沉积物体系中。因此,黑碳在城市土壤碳中占有较大的比重。这直接影响城市土壤的物理化学性质、土壤肥力、有机污染物组成等,进而对它们的生态环境效益产生重要的影响。

　　黑碳有助于改善土壤结构和提高土壤肥力,这是因为黑碳是多孔低密度物质,可以与黏土矿物结合形成更多的团粒结构,改善土壤物理性质,提高土壤的渗透性能和通气性能。同时,黑碳具有极大的比表面积和微孔数量,因而有良好的吸附能力,可以吸附营养盐,增加土壤中的阳离子交换能力,具有良好的保肥和供肥能力,对维护城市绿地土壤质量有重要作用。另外,由于黑碳一般具有芳香性和缩聚的化学结构,这为它提供了较强的极性和色散力,可强烈作用于芳香族化合物。因而,黑碳对土壤中污染物的吸附能力比有机质大,可以吸附表面富有含氧功能团(羧基和酚基功能团)的有机物和无机污染物,降低土壤中有机污染物和重金属的生物毒性和生物富集作用,以降低污染物的环境风险。

　　黑碳能强烈吸附并固定污染物,导致环境中游离的污染物浓度降低,同时也降低了污染物的生物有效性,进而对其潜在的毒性产生影响。由于黑碳对有机污染物的强吸附,使得土壤中微生物转化降解有机污染物的速率随污染物被黑碳吸附固定而降低。余向阳等(2007)研究发现,土壤中添加的黑碳含量为 0.1%～1.0%时,毒死蜱降解半衰期为 31.5～71.5 d,分别为对照组的 1.3～2.9 倍,说明土壤中含少量黑碳可增强对农药毒死蜱的吸附作用,进而降低毒死蜱的微生物可用性,延长其在土壤中的降解时间。由于黑碳对污染物的高吸附能力,BC/OC 值大小可能在一定程度上反映了土壤的污染程度,或与特定的人为活动过程相关(Muri et al.,2002)。

　　3. 城市土壤无机碳增加的环境效应

　　城市土壤无机碳增加会使土壤的 pH 升高。上海典型的新建绿地土壤主要为碱性和强碱性,其主要原因 $CaCO_3$ 含量较高(项建光等,2004),这是城市中普遍存在的现象。土壤中 pH 升高和碳酸盐含量的增加将会影响土壤中营养元素的有效性和污染物的毒性。pH 升高可能会使得土壤中重金属有效性降低,影响其迁移转化;但 pH 增加会增强低环 PAHs 的迁移淋滤能力(康耘等,2010)。

城市土壤的高无机碳含量也体现了城市土壤的固碳能力。研究表明,城市土壤因其高 pH、富钙等特性拥有巨大的固碳潜力。城市土壤每年固定的 CO_2 量甚至可以达到基建行业每年向大气中释放的 CO_2 总量的 80% 以上,未来的城市发展可以利用人工设计的方式来缓解温室效应(赵涵等,2017)。

城市建设初期会引起城市土壤中有机碳的损失,导致有机碳含量下降,但是城市绿地土壤具有较强的固碳能力,不仅有机碳的含量会增加,黑碳和无机碳的含量也会随着利用时间而增加。良好的人为土壤管理措施和利用方式可以在较短时间内提高城市土壤的有机碳含量,从而提高土壤固定大气 CO_2 的潜能。因而,需要加强有关城市土壤可持续利用方式的研究和管理。

4.2　城市土壤氮循环特征与环境效应

4.2.1　城市系统氮循环

在人类未扰动的陆地生态系统中,氮主要在植物和土壤之间循环,氮素的输入和输出主要被生物过程通过固定和反硝化所控制,通过大气沉降和地表径流的运移进入地下水的氮通量并不大(Schlesinger,1997)。在人类活动为主的农业生态系统中,农作物固定氮和人为施用氮肥是土壤氮素的主要输入途径,氨挥发、反硝化、径流流失和作物收获是氮素的主要输出途径。在受人类影响强烈的城市生态系统中,人类通过资源利用、土地利用改变和废物产生与排放等改变城市氮循环的路径(Grimm et al.,2008)。氮素的输入和输出途径更加复杂,输入途径主要包括大气干湿沉降、氮肥施用、食物和饲料、工业产品、化石能源、城市树木和草坪等的生物固氮以及河流输入;输出途径主要包括氨挥发、反硝化、燃烧排放、河流输出以及垃圾和工农产品跨市输出等(图 4-5)。因此,城市氮素主要通过人类的食物链和化石燃料燃烧释放氮氧化物(NO_x),随后沉降进入土壤,由此增加了土壤和地下水中的氮储量以及氮的河流输出量。

城市土壤氮素循环更多地受到工业和人类生活活动的影响。有研究表明,人类活动净氮累积量分布与人口及土地利用类型分布密切相关,其变化主要受人口密度和肥料施用量影响(韩玉国等,2011)。大气沉降的氮主要来源于工业和化石能源的燃烧过程(Jordan and Weller,1996)。Baker 等(2001)系统研究美国亚利桑那州具有荒漠、城市和农业系统的凤凰城氮素收支平衡,发现输入到农业和城市生态系统的氮在一个数量级上,高于荒漠的氮素输入量;氮输出大约 78 Gg N y^{-1},大部分为燃烧和反硝化的气态氮产物,富集氮占输入量的 21%。

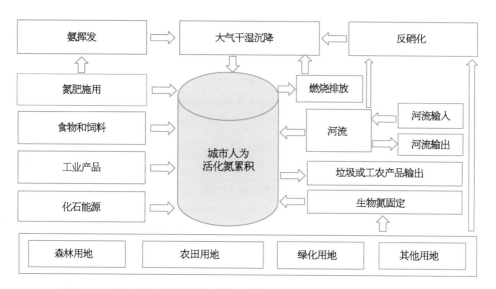

图 4-5 城市生态系统氮循环路径示意图(冼超凡和欧阳志云修改,2014)

4.2.2 土壤氮的来源

城市土壤的氮源非常广泛。城市新陈代谢会产生大量含有氮元素的气、水和固体废弃物。城市里汽车发动机的燃油会产生大量含氮化合物(Zhu et al., 2004),它们通过干湿沉降进入土壤。大气中的 SO_2 和氮氧化物(NO_x)以及它们的衍生物主要与铵(NH_3)发生反应,合成硫酸铵和硝酸铵等和/或随着矿物降尘进入土壤(Ooki and Uematsu,2005)。城市流域内全部的氮肥输入和大气沉降量类似(Groffman et al., 2004)。氮同位素(^{15}N)标记说明低等和中等管理强度的城市和郊区草坪是重要的大气氮沉降汇(Raciti et al., 2008)。广州大气无机氮沉降量从城市中心向周边下降(Huang et al., 2012b)。北京地区大气沉降氮是土壤最主要的氮素来源,占总人类活动净氮累积量的51.0%,其次为氮肥的施用占 37.4%,净人类食物和动物饲料的氮累积占 16.6%(韩玉国等,2011)。

城市工业活动产生的废水和固体废弃物往往具有高氮含量,通过城市洪水或其他的意外事件进入土壤。厦门岛城市降雨径流的研究表明,氮污染受降雨强度、车流量等多种因素影响,城市道路、商住区及工业区径流中氮、磷浓度较高,是城市非点源污染的主要来源(杨德敏等,2006)。城市暴雨径流通常含有更高的氮(Xia et al., 2013)。洪水期间的氮素含量很高,大量的城市污水随着暴雨期间的城市洪水进入土壤。由于城市建筑屋顶的防水层使用的沥青混合料含有氮素,因此降雨形成的屋顶流也含有氮,会随着径流水进入土壤。再生水灌溉也会带着大量的氮素进入土壤(Chen et al., 2015)。

家庭生活也会给城市土壤带来氮素。城市居民的日常饮食中是含有氮素的,还有城市草坪氮肥的施用,两者占城市家庭氮素土壤输入量的 65% 左右(Fissore et al., 2011)。Wang 和 Lin(2014)估算出厦门市居民食物源的氮代谢进入土壤的量为 3 897～9 323 t a^{-1}。

因此,城市土壤氮源主要来自工业活动、交通运输和居民生活产生的废气、污水、固体废弃物,以及城市建设材料和绿地管理等。

4.2.3　土壤全氮含量

虽然城市中有大量不同途径的氮源输入,但不同城市由于氮污染程度不同,绿地土壤氮含量变异较大。美国丹佛市城市草坪土壤全氮平均含量为 2.1 g kg^{-1},菲尼克斯城市土壤全氮含量为 0.6～0.9 g kg^{-1}(0～30 cm),德国斯图加特城市土壤全氮含量为 0.05～2.1 g kg^{-1}(0～30 cm)(Lorenz and Lal, 2009)。深圳城市绿地土壤全氮含量不高,平均值仅为 0.58 g kg^{-1}(0～20 cm)(卢瑛等,2005);北京不同功能区绿地土壤全氮含量平均值为 0.86～0.96 g kg^{-1}(罗上华等,2014),大部分高于京郊农业用地土壤中全氮含量(0.89 g kg^{-1})(王淑英等,2008);上海市中心城区绿地全氮含量为 1.06 g kg^{-1}(0～30 cm),低于郊区农业土壤(郝瑞军等,2011);南京市城区土壤全氮含量为 0.118～3.30 g kg^{-1},平均值为 1.15 g kg^{-1},显著低于周边蔬菜地的土壤氮含量(1.75 g kg^{-1})(图 4-6),高于农业土壤氮含量(1.05 g kg^{-1})。由此可见,大部分的城市土壤氮含量小于城郊高强度氮肥投入的蔬菜地,但会高于农田土壤。不同地带起源土壤的氮含量差异较大,如热带地区城市土壤本底含氮量较低,而温带地区城市起源土壤的氮含量较高,但这种差异会随着城市人为活动影响而减少。

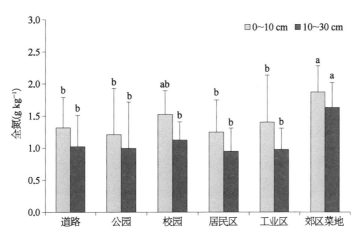

图 4-6　南京不同功能区的土壤全氮含量

由于城市土壤受到强烈人为活动的影响,土壤氮来源较之森林和农田生态系统更加复杂。因此,城市土壤氮含量不仅在不同的城市之间变异较大,即使同一城市内部的同一功能区内也有较大变异(图 4-6),由此导致城市中不同功能区之间的氮含量没有显著性差异(图 4-6)。北京市的研究显示城市绿地土壤全氮含量与距城市中心的距离不相关(罗上华等,2014),这一方面与城市氮污染主要为面源污染有关,另一方面也与城市土壤的氮含量高变异有关。

总体来说,城市土壤氮趋于富集。因为利用时间长的城市绿地土壤氮含量一般高于新建设草坪。美国艾奥瓦州和华盛顿城市利用时间久的城市土壤微生物量氮比新近利用的城市土壤高71%,潜在氮矿化高83%(Scharenbroch et al., 2005)。美国俄亥俄州东北部老土壤的氮含量超过新土壤(Park et al., 2010))。Elias等(2013)的研究表明,城市化后氮素含量比其城市化前全氮含量高59%。Raciti等(2011a)研究表明,由农业用地转变为城市绿地后,土壤中的全氮呈现富集的趋势,氮累积速率约为8.3 g m^{-2} a^{-1}。另外,在城市土壤不同功能区的表层(0~10 cm)全氮含量均大于表下层(10~30 cm)(图4-6)。因此,城市土壤氮素具有富集现象,尤其在表层。但是,城市土壤扰动也会降低氮含量(Cusack and McCleery, 2014)。

城市土壤中全氮的含量具有表聚现象,一般在土体中从表层向下具有下降的趋势,这与一般的自然土壤和农田土壤的分布规律一致(图4-7)。但不同的是,部分城市土壤土体深部氮的含量依然比较高,而且在强烈扰动和填埋过的土体中,可能出现深层的高氮含量大于表层的现象(图4-7)。

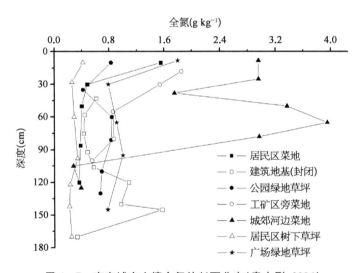

图4-7 南京城市土壤全氮的剖面分布(袁大刚,2006)

4.2.4 土壤氮形态与转化

城市化改变了原有生态系统的水热状况,使得城区温度和湿度等环境因子与郊区和自然生态系统产生差异。城市土壤压实、扰动以及表土移除等人为活动强烈地改变土壤的物理性质,不仅土壤结构发生变化,而且改变了土壤固液气比例,使得土壤的水热气发生改变,从而影响氮的转化方式、速率和迁移路径等。

城市化过程不仅影响了土壤氮的总含量,而且影响其形态组成。沈阳市土壤碱解氮含量为29.2~230.6 mg kg^{-1},平均含量为71.0 mg kg^{-1},城区低于周边土壤(张宏伟等,

2008),说明人为扰动能够降低土壤碱解氮含量。绿地类型对土壤微生物含量具有显著影响,合肥市不同类型绿地土壤微生物量氮含量为 $2.5 \sim 81.7\ mg\ kg^{-1}$,按含量由高到低依次为:近郊蜀山森林公园＞公园绿地＞学校绿地＞道路绿地＞居住区绿地＞工厂绿地(陶晓等,2011)。自然绿地表土层扰动少,土壤结构适宜,为微生物提供了良好的生境环境,同时地表每年有大量的凋落物归还土壤,保持了表层土壤的水分含量,更有利于微生物的生长(王晓龙等,2006)。但王焕华等(2005)在南京市不同功能区土壤微生物碳氮研究时发现,与城区土壤微生物量碳和氮含量相比,自然土壤稍有增加,并认为这可能与城市土壤污染状况、有机质含量及土壤质地有关。可见,对不同城市微生物量氮观测的结果并不一致。

铵态氮是乡村森林土壤中有效氮的主要形式,但硝态氮是城区和郊区森林土壤中有效氮的主要形式。城市区域土壤的硝态氮含量显著大于周边的自然土壤。北京城区与郊区林下土壤的对比研究表明,不同林下土壤铵态氮含量无显著差异,但是城区土壤硝态氮高于郊区(陈帅等,2012)。南昌市土壤铵态氮平均含量为城区＞郊区＝乡村,而硝态氮为城区＞郊区＞乡村(余明泉等,2009)。在波多黎各,从城市到偏远地区,土壤全部矿物氮的水平类似,但与偏远地区相比,城市森林富集 NO_3^- 而缺乏 NH_4^+(Cusack,2013)。同样在美国纽约市,城市森林的 NO_3^- 含量比乡村森林高(Zhu and Carreiro,1999)。Raciti 等(2011b)发现城市草坪上 1 m 深土壤比森林土壤的 NO_3^- 含量高大约 5倍。Zhu 等(2006)在亚利桑那州菲尼克斯也发现城市土壤比荒地的 NO_3^- 含量高 3 倍。

由于强烈的人为活动影响,城市土壤的有效态无机氮含量变异非常大。如美国亚利桑那中部凤凰城长期生态网的研究表明,城市土壤的 NH_4^+-N 含量为 $<1 \sim 100\ mg\ kg^{-1}$,土壤 NO_3^--N 的变异更大,有 4 个数量级的差异,为 $<1 \sim 1\ 000\ mg\ kg^{-1}$(Zhu et al.,2006)。尽管城市土壤的 NH_4^+-N 和 NO_3^--N 均具有大的变异,但从总体来说,城市土壤可提取的无机氮主要是 NO_3^--N(Zhu et al.,2006)。从纵向来看,表层土壤平均可提取 NO_3^--N 含量为 $1.22 \sim 8.67\ mg\ kg^{-1}$,平均值为 $3.29\ mg\ kg^{-1}$,显著高于下层土壤的 NO_3^--N 含量 $(1.32\ mg\ kg^{-1})$。表层土壤的平均 NH_4^+-N 含量为 $0.09 \sim 2.53\ mg\ kg^{-1}$,随着土壤深度的变化没有显著差异(Zhu et al.,2004)。

城市土壤的氮转化速率不同于一般的自然土壤。虽然早期研究表明城区森林土壤比乡村森林土壤氮的降解和转化速率低(White and Mcdonnell,1988),但近年来更多的研究表明城市土壤具有更高的氮转化速率。在城乡梯度橡树林的研究中发现,城区和郊区氮转换速率高于乡村(Pouyat et al.,1997;Zhu and Carreiro,1999)。南昌市城区、郊区、乡村 3 个不同梯度土壤氨转化速率为乡村＞郊区＞城区;硝化速率和净矿化速率均为乡村和郊区较低,城区较高。北京城区的净潜在矿化速率均高于郊区(陈帅等,2012)。Ren 等(2011)研究发现城区里氮素的矿化受到植物群落种类以及植物年龄的影响,净氮矿化速率从年轻到老土壤有增加的趋势,也具有高的硝化速率和末端产品 NO_3^--N $(2.4 \sim 3.8\ mg\ kg^{-1})$(Ren et al.,2011)。因此,总体来说,城市化将增强土壤的硝化作用,从而提高土壤中硝态氮的含量。

城市土壤具有较自然土壤更高的反硝化速率。Groffman(1994)发现自然和污染土壤的反硝化速率从<0.1 kg N ha^{-1} yr^{-1}到20~36 kg N ha^{-1} yr^{-1}。Virginia等(1982)在豆科植物(*Prosopis*)测定的反硝化速率为0.5 kg N ha^{-1}。美国长期生态研究网络测定的城市土壤反硝化通量为7.22 kg N ha^{-1} yr^{-1}(Peterjohn and Schlesinger 1991)和6.6~115.2 kg N ha^{-1} yr^{-1}(Zhu et al., 2004)。自然草场和人为管理草坪土壤的潜在反硝化速率具有非常大的差异。城市管理草坪0~5 cm土壤的潜在反硝化速率是山区自然草场的6~16倍(Hall et al., 2016)。在4℃时,城市草坪土壤的潜在反硝化速率随深度下降,下层仅是表层的9%。山区自然草场土壤的反硝化速率与深度没有明显的变化。城市土壤高反硝化速率表明在土壤内在系统产生的NO$_3^-$(通过氮矿化和硝化)和外在的氮输入(径流、施肥和宠物排泄物)共同维持了城市土壤的反硝化过程,而在自然系统的森林和湿地,反硝化只通过内在的硝化反应来提供NO$_3^-$(Zak and Grigal 1991)。因此,反硝化可降低城市土壤无机氮。这也解释了为什么在接受大量大气氮和有机质的城市土壤上,可提取的无机氮并不是非常高。

城市土壤氮的转化速率受到土壤污染的影响。谷盼妮等(2015)研究表明,氮矿化量和土壤基础呼吸与Cu、Zn、Pb、Cd等重金属含量及其综合污染指数均呈显著和极显著的正相关关系,随着重金属浓度的提高和综合污染指数的升高,氮矿化量和土壤基础呼吸增加。但White和Mcdonnell(1988)认为高含量的重金属可能会减少城市森林土壤氮的矿化速率和硝化速率。除草剂对土壤碳、氮矿化也会产生影响。徐建民等(2000)通过室内研究结果表明,氯磺隆、甲磺隆和苄嘧磺隆等磺酰脲类除草剂均明显降低了氮的矿化量。Kizildag等(2014)对甲氧咪草烟的研究也发现,甲氧咪草烟处理的土壤NO$_3^-$-N含量显著低于对照土壤。而Haney等(2002)的研究却发现,在培养条件下,除草剂阿特拉津和草甘膦对土壤碳、氮矿化具有促进作用。因此,不同污染物质对城市土壤氮转化具有不同的作用效果。

4.2.5 土壤氮输出

城市氮素的输入途径较农田和自然土壤多,输入量非常大,但城市土壤的氮素输出途径也很多,输出量也很大。如城市土壤扰动会加速氮的输出,降低土壤的氮含量(Cusack and McCleery, 2014),表土的移除也会造成氮素的损失,降低土壤有效氮的含量。除此之外,城市土壤的氮输出途径主要包括3个方面:植物吸收、反硝化造成的气态氮损失和随水体流失。由于大部分城市土壤中的氮含量并不低,因此氮一般不成为植物养分的限制因子,植物对土壤中氮的吸收量取决于植物生长量。由于城市植物多为绿化植被,不同于农田作物收获会带走土壤中吸收的氮,因此,植物吸收的大部分氮会随着落叶或植物的枯萎而回归土壤。

城市土壤的反硝化过程是氮素去除的重要途径。在美国亚利桑那州干旱环境下输出的氮素主要是通过反硝化途径(Baker et al., 2001)。Zhu 等(2004)在美国亚利桑那州菲尼克斯都市区测定的表层扰动土壤潜在反硝化速率为 $9.4 \sim 27.6 \mu g \ N \ g^{-1} \ d^{-1}$,原状土的通量为 $3.3 \sim 57.6 \ mg \ N \ m^{-2} \ d^{-1}$,两者均是文献已经报道的其他生态系统中最高的反硝化速率,土壤表层的潜在反硝化速率显著大于下层,而且与有机质含量和净硝化速率正相关。城市土壤高的反硝化速率一方面说明大量的氮素经由反硝化以气态氮氧化物的形式进入大气;另一方面也说明土壤具有高的硝化速率来产生 NO_3^- 和大量的外源 NO_3^-,进而输入土壤中(Martinelli et al., 2006)。

城市土壤的氮素随径流或入渗进入地表和地下水体是城市氮输出的另一个主要的途径。城市土壤氮会通过解吸随径流水进入河流和湖泊(Jarvie et al., 2006; Nyenje et al., 2010)。近年来的研究表明,城市的地表径流水具有高的氮含量(杨德敏等,2006)。南京地表径流水的 $NO_3^- - N$ 含量为 $2.1 \sim 10.1 \ mg \ L^{-1}$,$NH_4^+ - N$ 含量为 $0.02 \sim 0.7 \ mg \ L^{-1}$,$T - N$ 含量为 $4.5 \sim 11.5 \ mg \ L^{-1}$,分别是森林流域水体的 8 倍、2 倍和 6 倍(Yang and Zhang, 2011)。在低多样性德国草原测定的 $NO_3^- - N$ 淋溶量为 $8 \sim 16 \ kg \ ha^{-1} \ y^{-1}$(Scherer-Lorenzen et al. 2003),而管理草坪达到 $70 \ kg \ N \ ha^{-1} \ y^{-1}$(Barton and Colmer 2006)。在城市老的植物群落下,氮流失风险增加(Ren et al., 2011)。

4.2.6　土壤氮循环的环境效应

在城市化背景下,城区与郊区土壤的无机氮库与氮循环特征发生了一定的改变。城市土壤氮素循环速率加快,更多地被活化。城市土壤中氮活化对环境的影响具有连锁反应特性,其导致的环境问题可以归纳为:① 增加对流层中的臭氧和气溶胶,加重大气污染;② 改变森林的生产力并增加大气氮沉降量,对生物多样性造成威胁;③ 氮也是酸雨的主要成分,可导致地表水体酸化,从而导致水体失去其生态功能,水生动植物大量死亡;④ 增强温室效应的潜能和损耗平流层中的臭氧层,影响生态系统的健康。在某种程度上,城市氮代谢过程驱动着整个陆地生态系统中的氮循环过程,随着全球城市化进程的加快,其对全球氮循环过程的影响会越来越大。

尽管城市土壤氮活化对大气、水域和生物均产生一系列的影响,但城市土壤氮主要是以硝态氮的形式存在。因此,其对地表和地下水体的污染是最为直接和显著的。虽然很多污染物(如铅和卤化氢杀虫剂)通过污水的点源处理被控制,但是氮却往往没有得到很好的控制(Howarth et al., 1996)。杨德敏等(2006)研究发现城市降雨径流中溶解态总氮、硝态氮、氨态氮的含量分别为 $1.96 \sim 6.77 \ mg \ L^{-1}$、$0.62 \sim 4.89 \ mg \ L^{-1}$ 和 $0.35 \sim 1.18 \ mg \ L^{-1}$,而且城市道路、商住区及工业区径流中氮浓度较高。可溶态氮是城市非点源污染的主要来源,从而影响城市的水质。城市中具有大量的地表不透水层,直接导致更多的活化氮随着地表径流排入近岸水域,造成水体的富营养化,如在美国密西西比河流域人类活动的影响下,过量人为活化氮排海导致墨西哥湾"死亡区域"的形成(Dodds et al., 2006)。

城市区域的地下水硝态氮含量非常高。印度本地治里城市和乡村地表以及浅层和深层地下水样的 NO_3^- 含量是背景值含量(<2 mg L^{-1})的 2 倍,最大含量是 22 mg L^{-1};而且城市区域地下水中的养分含量是乡村的 2~3 倍(Sivasankaran et al., 2004)。西班牙某区域由于城市液体和固体废弃物的排放、牲畜养殖和农业化肥的使用,浅层地下水中的 NO_3^- 含量高达 50 mg L^{-1},NH_4^+ 含量大于 0.5 mg L^{-1}(Ceron Garcia and Pulido Bosch, 1992)。美国很多区域的地下水由于氮素的增加而污染,以至于不适合人类继续使用(Neilsen and Lee, 1987)。因此,在城市环境建设中应加强土壤硝态氮的养分管理。

来自人为活动造成的非点源地下水污染日趋严重。等值线和含量改变的空间分析显示,地下水中 NO_3^- - N 含量的增加幅度和广度随着时间而增强(Drake and Bauder, 2005)。蒙大拿城市 1970 年地下水中的 NO_3^- - N 含量为 1.77 ± 2.20 mg L^{-1},而到 2000年达到 2.29 ± 2.43 mg L^{-1}(Drake and Bauder, 2005)。美国加利福尼亚州圣华金市的历史数据表明,浅层地下水和部分深层地下水中的 NO_3^- 含量从 1950 年开始逐渐增加(Burow et al., 2008)。

城市土壤中的水溶性有机氮(DON)对城市水体的氮贡献也非常大。在自然草地上,DON 和 NO_3^- - N 含量相差不大,但是在矿物态氮含量低的城市草坪上,DON 比 NO_3^- - N 高一个数量级。Janke 等(2014)在城市生态系统研究中的观测也发现高的 DON 含量。因此,DON 是草坪土壤的一个重要的潜在水文氮损失源(Hall et al., 2016)。Barton 和 Colmer(2006)全面综述草坪氮淋溶研究后发现,在以往的研究中 DON 普遍被忽略了。因此,城市土壤对地表和地下水体的威胁远大于目前普遍关注的 NO_3^- - N 含量,需要引起城市生态建设和城市环境管理的重视。

4.3 城市土壤磷循环特征与环境效应

4.3.1 土壤磷循环

磷是一切生命的必需元素,构成生物生长的各个环节,因此人类和其他生物的活动必然涉及磷的循环。自然生态系统磷的循环包括矿物风化释放磷和干湿沉降磷输入土壤,土壤磷通过植物吸收、径流和淋溶而输出。当然,在土壤内部还存在磷素的吸附-解吸、不同形态磷之间的转化等过程。农田生态系统中人为施用磷肥是重要的磷素输入途径,而在城市生态系统中,磷素的输入、输出和土体内的迁移转化更加复杂,受到更多人为活动的干预。城市土壤中磷素的输入途径主要有各种城市工业废弃物、生活垃圾和生活污水、含磷肥料、含磷农药、干湿沉降等,输出途径主要包括淋失、径流、废弃物输出等(图 4 - 8)。由于城市土壤磷素来源的复杂性,其输入量远大于输出量,造成城市土壤内磷素大量富集。自然系统中的磷素往往是植物生长的限制因素,因而农田系统为了满足作物的生长需求,保持高产而大量施用磷肥;而在城市生态系统中有效磷含量经常超过植物的需求,造成其磷素的大量积累和更多的淋溶,引起地

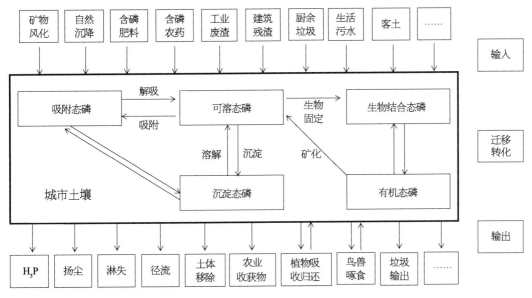

图 4-8　城市土壤磷循环示意图

下水中磷素含量增加。

4.3.2　土壤磷的来源

　　城市土壤一方面继承了自然成土母质的磷,另一方面还可通过城市农业及园林绿化活动输入磷,如施肥(过磷酸钙、磷酸铵等商品磷肥,以及由厨余垃圾、人畜粪尿、园林修剪物和凋落物、食品及生物制药工业等产生的有机废弃物堆沤的有机肥)、灌溉(用食品、生物制药、养殖等行业的含磷废水灌溉)、施用农药(乐果、敌百虫等含磷农药)和土壤改良剂(磷灰石、羟基磷灰石、磷石膏等)而输入大量的磷;城市园林绿化中为了给植物创造良好的生长环境,常以附近肥沃农田土壤作为客土进行土壤改良,这些客土携带的磷也是城市土壤磷的来源之一。

　　城市制造业、建筑业等生产过程中产生的含磷废弃物,除了通过农业利用而进入土壤,还可能以固、液、气 3 种形式因露天堆放、无序排放而无意地进入城市土壤,如采用磷酸二氢锌、磷酸二氢钠等对洗衣机、电冰箱等家电金属表面进行磷化处理后产生的含磷废液,可能渗入城市土壤;建筑业中广泛使用的含磷粉刷石膏及高效、无烟、低毒的含磷阻燃剂可能以建筑垃圾的形式进入城市土壤。

　　城市居民生活产生的废弃物肥料化循环利用或许是古代城市土壤磷的最大来源。食物磷是城市系统磷的主要来源(Færge et al., 2001),城市大量的食物消费必然产生以厨余垃圾和人粪尿为主要形式的废弃物,这些废弃物在古代绝大部分被肥料化循环利用于城市农业而进入城市土壤。然而,现代城市人口与建筑密度越来越大,城市环境卫生标准不断提高,排污系统不断完善,人粪尿随排污系统流失,原来可作为肥料的厨余垃圾也被运往垃圾处理场,进入城市土壤的磷越来越少(Yuan et al.,2007),但人畜粪尿、以三聚磷酸钠为助洗剂的含磷洗涤剂废水等还是可能因为化粪池、排污管道破损或者城市洪水而进入城市土壤,园林建设中污泥的施用,公园、居住小区内不文明放养宠物产生的排泄物也使其中的磷进入城市土壤。此外,大气中的尘埃物质携带少量的磷也通过沉降而成为城市土壤磷的来源(倪刘建等,2007)。

4.3.3　土壤磷形态与转化

土壤中的磷一般可分为无机磷和有机磷两大类,以无机磷为主。有机磷占全磷的比例大多低于20%,最低的仅占1%。

土壤中无机磷种类较多,可分为水溶态、吸附态和矿物态3种形态,其中矿物态磷占无机磷的绝大部分。南京城市土壤中 Al-P 含量为 73～3 882 mg kg^{-1},平均值为 788 mg kg^{-1};Fe-P 含量为 73～1 924 mg kg^{-1},平均值为 577 mg kg^{-1};O-P 含量为 434～3 647 mg kg^{-1},平均值为 1 371 mg kg^{-1};Ca-P 含量为 261～3 775 mg kg^{-1},平均值为 1 236 mg kg^{-1}。非城区自然土壤中 Al-P、Fe-P、O-P 和 Ca-P 含量分别为 23～134 mg kg^{-1}、100～612 mg kg^{-1}、271～895 mg kg^{-1} 和 207～821 mg kg^{-1},平均值分别为 55 mg kg^{-1}、308 mg kg^{-1}、525 mg kg^{-1} 和 610 mg kg^{-1}(卢瑛等,2003a)。可见,城市土壤中各形态无机磷含量平均值比非城区的自然土壤高。城市土壤中 Al-P、Fe-P、O-P 和 Ca-P 占全磷的比例分别是 15.3%、16.3%、32.5% 和 28.9%,合计占全磷的比例达 93.0%。

土壤中易于为植物吸收利用的磷为有效磷,一般采用 NaHCO$_3$ 浸提,也称为 Olsen-P。虽然这部分磷占土壤全磷的比例较低,却是土壤中最活跃的部分,对植物和环境具有重要的意义。南京市自然土壤主要来源于3种母质,下蜀黄土母质发育的黄刚土(黏磐湿润淋溶土)表层有效磷(P)平均含量为 7 mg kg^{-1},长江冲积物发育的沙土(淡色潮湿雏形土)表层有效磷平均含量为 9 mg kg^{-1},雨花红土发育的卵石砂土(铁质湿润雏形土)表层有效磷平均含量为 4 mg kg^{-1}(南京市土壤普查办公室,1987)。但大部分城区土壤有效磷含量高于 10 mg kg^{-1}(图 4-9),最高的达 360 mg kg^{-1};商业区和居民区绿地土壤的有效磷含量较高;较低的有效磷含量见于下蜀黄土母质发育的土壤和长江冲积物发育的土壤,最低值仅为 2 mg kg^{-1}。城市土壤有效磷最高值是最低值的 180 倍。可见,城市土壤有效磷含量高而且变异大。

有效磷和有机磷均与全磷呈极显著正相关;有效磷也与有机磷呈极显著正相关(图 4-10)。这说明全磷的增加伴随着有效磷和有机磷含量的增加,同时也说明磷素的不同形态之间是相互转化的。全磷和有效磷均与有机磷占全磷的比例呈极显著负相关(图 4-10),这可能与磷素的沉淀和吸附反应有关。当土壤溶液中磷酸离子的局部浓度超过一定限度时,在碳酸盐表面可形成无定形磷酸盐,随着碳酸盐表面不断渗出钙离子,无定形磷酸钙转化为结晶态,经较长时间后形成磷酸八钙或磷酸十钙。尽管各形态磷之

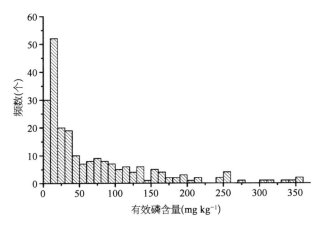

图 4 - 9 南京城市土壤有效磷频数分布图（袁大刚，2006）

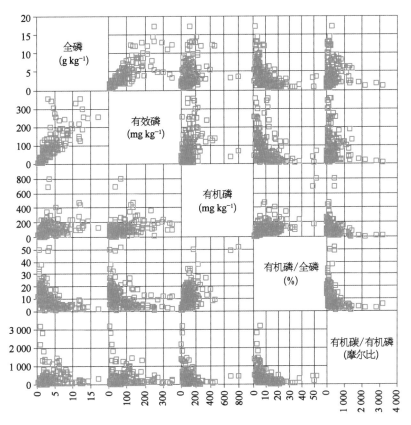

图 4 - 10 各形态磷之间的散点图

间存在显著相关，但它们之间一般不呈直线关系（图 4 - 10），这也说明了不同形态磷素之间的相互转化关系较为复杂，并可能受到土壤性质和环境等的影响。

城市土壤中各形态的磷可通过吸附-解吸（卢瑛等，2003a）、溶解-沉淀（Yang and

Mosby,2006)、生物固定与矿化等方式转化,其中研究较多的是城市土壤磷的吸附-解吸。城市土壤磷吸附量一般比非城区自然土壤低,但磷解吸量及解吸率均比非城区自然土壤高。如南京城区土壤磷吸附量为 $85.6 \sim 185.1$ mg kg^{-1},平均值为 154.5 mg kg^{-1};磷解吸量为 $15.9 \sim 41.1$ mg kg^{-1},平均值为 25.5 mg kg^{-1};磷解吸率为 $8.7\% \sim 37.7\%$,平均值为 17.1%。非城区自然土壤磷吸附量为 $132.2 \sim 200.3$ mg kg^{-1},平均值为 178.3 mg kg^{-1};磷解吸量为 $3.1 \sim 13.5$ mg kg^{-1},平均值仅为 9.1 mg kg^{-1};磷解吸率为 $1.5\% \sim 10.3\%$,平均值仅为 5.3%(表 4-4)。影响土壤磷吸附-解吸的因素很多,其中颗粒组成是重要因素之一。磷解吸量与砂粒含量呈显著正相关,与黏粒和粉粒含量呈显著负相关。与当地自然土壤相比,城市土壤颗粒组成往往表现为砂化现象,即砂粒的含量较高,导致其磷的解吸量和解吸率会比较高。另外,土壤初始有效磷含量也是影响土壤磷解吸速率的一个重要因素,有效磷含量越高,解吸速率越高(王振华等,2011)。城市土壤磷素富集,初始有效磷含量高,所以城市土壤的解吸率较高(卢瑛等,2003a)。此外,在较大强度的降雨或积雪融化期间,土液比的增大也将促进城市土壤磷的解吸(刘玉燕和刘敏,2010)。城市土壤磷易于解吸进入土壤溶液,进而通过淋溶方式进入地下水或地表水,从而导致水体富营养化(卢瑛等,2003a)。

表 4-4 南京城市土壤磷吸附-解吸特性(卢瑛等,2003a)

剖面号	磷吸附量* (mg kg^{-1})	磷解吸量(mg kg^{-1})	磷解吸率(%)
2	154.4(132.7~171.3)	26.6(18.6~41.1)	17.8(0.8~30.9)
4	152.8(138.0~158.3)	26.7(19.5~39.2)	17.5(12.1~25.3)
5	153.1(140.9~165.6)	26.0(20.9~30.0)	17.1(12.6~21.3)
9	158.9(138.0~171.3)	24.1(17.7~32.2)	15.4(10.7~23.3)
10	161.7(123.7~185.1)	24.6(15.9~32.73)	15.9(8.7~24.3)
11	124.68(85.6~152.1)	30.4(24.4~33.2)	25.8(16.0~37.7)
14	160.9(147.4~182.2)	22.1(18.8~24.9)	13.8(10.4~19.9)
15	163.3(139.7~183.2)	25.0(17.5~39.9)	15.8(10.1~28.6)
a	181.6(175.3~194.8)	9.7(8.7~10.0)	5.4(4.8~5.7)
b	173.4(132.2~200.3)	8.1(3.1~13.5)	5.3(1.5~10.3)

注:*平均值和数值范围。

4.3.4 土壤磷迁移与剖面分布

磷在城市土壤中可以溶解态随水迁移(溶解迁移),也可以颗粒态随水迁移(悬粒迁移)或在裂隙与孔隙中因重力而迁移(重力迁移),还可还原成磷化氢而以气态形式迁移

(还原迁移),或被生物吸收而迁移(生物迁移)。一般而言,只有砂土、砂壤土或粉砂壤土等通透性强而磷吸附能力弱且有较高比例未被吸附的磷存在时,才会在大雨条件下发生磷的淋溶迁移(Chen et al.,1996),包括溶解迁移和悬粒迁移。自然土壤或耕作土壤全磷含量的剖面分布一般是表层土壤含量较高,以下各层次随土壤深度增加而逐渐降低,这主要是由生物迁移或人工输入引起的地表积累所致,也与磷的向下移动性小有关。但在淋溶作用较强的自然土壤中,也可能出现表层土壤含磷量并无显著增加,甚至还略低于下层土壤的情况,即土壤剖面中下部出现磷积聚的层次。城郊菜地土壤所受人为扰动仅限于耕作层,全磷的剖面分布与一般自然土壤分布规律一致,即随土层深度增加而降低(袁大刚和张甘霖,2010)。然而,在城区范围内,土壤磷的迁移受人类扰动影响较大,如各种建设活动使土壤受到形式多样、程度不同的挖掘与堆填影响,原先的自然土层往往被破坏,而代之以新的人工堆垫层,磷素的剖面分布呈现多种分布模式(图4-11):

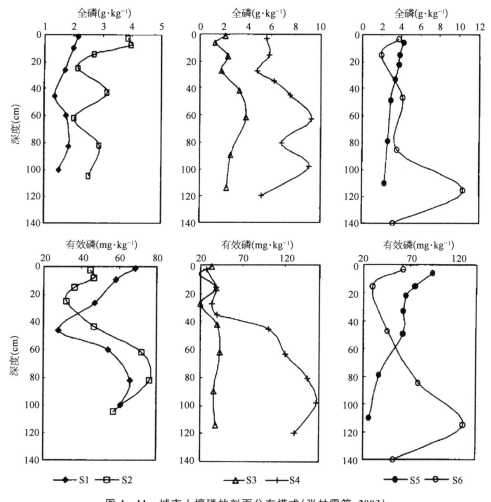

图 4-11 城市土壤磷的剖面分布模式(张甘霖等,2003)

① 土体基本未受扰动,磷素持续不断地补充到表层而累积(S5);

② 土体曾受较少扰动,磷素持续不断地补充到表层而累积(S1);

③ 土体曾受较少扰动,磷素现今补充较少或淋溶作用较强(S6);

④ 土体曾受多次扰动,磷素持续不断地补充到表层而累积(S2);

⑤ 土体曾受多次扰动,磷素后续补充较少或淋溶作用较强(S3);

⑥ 某一深厚土层较长时期未遭受扰动,磷素后续补充较少或持续不断地向下淋洗淀积(S4)。

4.3.5　土壤磷富集

地壳中磷的丰度大约为 1.1 g kg^{-1},土壤中磷的背景值为 0.2~1 g kg^{-1}(鲁如坤和蒋柏藩,1987)。我国除了南海诸岛土壤中全磷含量很高以外,大多数自然土壤表土的磷素含量不高。但近年来研究表明,城市土壤表现显著的磷素富集特征。如南京主要成土母质下蜀黄土的全磷平均含量为 0.35 g kg^{-1},而城市土壤,特别是城区的城北和城南,均以大于 0.5 g kg^{-1} 为主,城南居民区土壤甚至高达 11.14 g kg^{-1};下属黄土有效磷平均含量为 7 mg kg^{-1},而城市土壤大多高于 10 mg kg^{-1},城郊蔬菜地土壤甚至高达 360 mg kg^{-1}(图 4-12)。根据南京城市土壤中全磷的含量估算,南京城区每平方公里范围内 1 m 深土体(10^6 m^2×1 m) 中的全磷储量将达到 $6.5×10^3$ t(张甘霖等,2003)。此外,广州(卢瑛等,2007)、杭州(章明奎等,2003;2004)、南昌(Hu et al.,2011)、沈阳(边振兴和王秋兵,2003)、北京(Zhao and Xia,2012)、哈尔滨(陈立新,2002)、乌鲁木齐(刘玉燕和刘敏,2008)和丽水(Huang et al.,2012a),以及罗马尼亚的布加勒斯特、雅西和巴亚马雷(Lacatusu et al.,2008) 等城市土壤研究中均有磷素富集的案例。

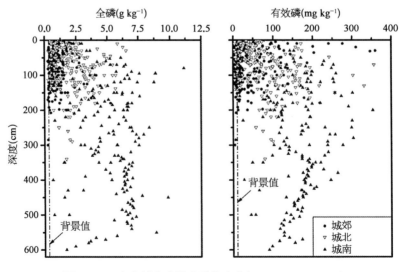

图 4-12　南京城市土壤中磷的富集(Yuan et al.,2007)

　　磷的富集是磷素本身特殊的地球化学行为与城市特殊的环境条件共同作用的产物。城市发展早期,居民住宅附近往往配置菜园,含磷生活垃圾与人粪尿作为肥料施入土壤,其中的磷被土壤吸附而不断积累,而磷的输出很少。随着城市的发展,城市人口与建筑密度越来越大,作为菜园的土地在城区也越来越少,继而逐渐转移到城郊。同时,由于城市环境卫生标准不断提高,排污系统不断完善,人粪尿也随排污系统排走,可作为肥料的含磷生活垃圾也被运往垃圾处理场。但原先积累在城市土壤中的磷素由于其自身难以移动、植物利用率低的特点未出现大量淋失的现象。随着城市化的推进,城市空间不断扩张,早先的城郊变为现在的城区,相应的长期施用肥料的菜园变为现在的居住、道路与交通设施、物流仓储、工业、商业、绿地与广场等城市建设用地,导致城市土壤表现出磷的富集特征(Yuan et al.,2007;边振兴和王秋兵,2003;卢瑛等,2001a,2001b;张甘霖等,2003)。例如,南京城市土壤全磷和有效磷的加权平均含量呈城南高于城北、城墙内高于城墙外的特点(图 4-13),与南京城经历从南向北、从城墙内向城墙外发展过程一致(Yuan et al.,2007)。城市空间不断向郊区扩张的同时,也在上天入地,高层建筑需要稳固的地基,需要将不良工程性质的底土挖掘出来,地铁、地下商城、地下停车场等的兴建,也要挖掘大量的底土。深圳城市绿地土壤全磷含量普遍低于郊区农业土壤和远郊林地土壤,可能是建筑施工过程中挖掘的底土直接回填而用于植树种草的结果,而其有效磷含量比远郊林地土壤高,则可能是城市绿地建植与管理过程中施用一定量磷肥的结果

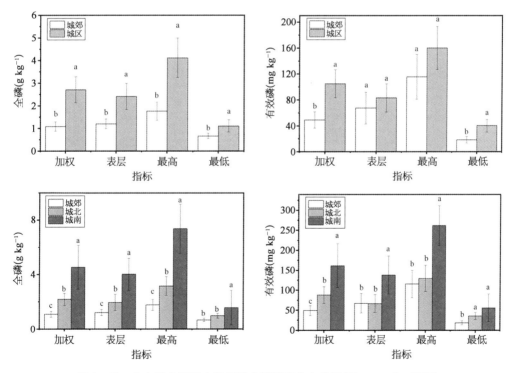

图 4-13　南京城市不同空间区域土壤磷素分布特征(Yuan et al.,2007)

(史正军等,2006)。

土地利用方式对城市土壤磷含量有显著影响,如南京城市菜地土壤有效磷含量 87 mg kg^{-1} 显著高于绿地土壤 32 mg kg^{-1}(袁大刚,2006),夫子庙和新街口等人口密集的商业区,土壤全磷含量也很高,可达 12.45～13.94 g kg^{-1}(王辛芝等,2006);杭州城市土壤表土全磷为商业区＞风景区＞工业区(章明奎等,2003);北京市土壤全磷表现为商业区＞教育区＞公共绿地(Zhao and Xia, 2012);沈阳市土壤全磷和有效磷均为中部商业居住区＞西部工业区＞周边自然风景区(边振兴和王秋兵,2003);乌鲁木齐市表层土壤中的全磷表现为商业区＞文教居民区＞工业区(刘玉燕和刘敏,2008)。由此可见,城市商业区土壤磷均表现为富集,可能与密集的人流有关。此外,土地利用历史和时间对土壤磷的积累有明显的影响,如杭州城市居民区土壤全磷表现为建成 50 年以上的老居民区＞1991 年后在农业用地上新建的居民区(章明奎等,2004);南京土地利用历史较早的城区土壤全磷和有效磷也高于城郊,城区内的城南土壤全磷和有效磷含量也高于城北(图 4 - 13)。

4.3.6　土壤磷损失及其环境效应

城市土壤中存储了丰富的磷元素,它们一旦进入水体将会产生显著的生态环境效应。城市浅层地下水的溶解态磷和总磷浓度均与土壤的全磷、有效磷和可溶性磷含量呈极显著或显著正相关(卢瑛等,2001a;张甘霖等,2003),说明城市土壤中的磷是地下水中磷的“源”。南京城市浅层地下水的溶解态磷和全磷浓度分别为 0.010～1.759 mg L^{-1} 和 0.079～1.876 mg L^{-1},在不同地点之间差异较大,均超过水体富营养化的标准,表明城市土壤磷的富集足以导致城市地下水的磷污染。

一般来讲,土壤中的磷主要通过地表径流等形式进入水体,只有很少一部分通过淋溶损失的方式进入水体,进而导致水体富营养化(Sharpley et al., 2001)。对于城市土壤而言,由于地表封闭等原因,磷的径流损失会有所削弱,但由于含磷量高、吸磷能力弱而易于解吸(刘玉燕和刘敏,2010;卢瑛等,2003a),可能导致淋溶损失量所占比例增大。

城市土壤磷素存在较大的环境风险。Zhang 等(2005)对城市土壤磷素的淋溶特性进行了分析,发现土壤的水溶性磷(WSP)、CaCl$_2$ 提取磷、Olsen - P 和柠檬酸提取态磷(CAP)与淋溶出来的磷素(淋出液中的水溶性钼酸铵反应态磷)之间均呈显著的相关性。但这种相关性存在一个拐点,呈分段相关(图 4 - 14)。当不同形态的磷素含量超过某一数值时,磷素的淋溶释放量会骤然增加,这一数值为磷素淋失的风险临界值。根据 Zhang 等(2005)的实验结果,水溶性磷的淋失风险临界值为 1.5 mg kg^{-1}、CaCl$_2$ 提取磷为 1.5 mg kg^{-1}、Olsen - P 为 25 mg kg^{-1},而柠檬酸提取磷为 350 mg kg^{-1}。从图 4 - 14 中可以看出,相当多的城市土壤磷素含量会超过淋失风险临界值。城市土壤磷素的淋失风险临界值与土壤的特性密切相关。如城市土壤 Olsen - P 的淋失风险临界值是 25 mg kg^{-1}(Zhang et al., 2005),远低于英国洛桑试验站布罗德巴尔克冬小麦试验田的临界值

60 mg kg^{-1}(Heckrath et al., 1995)。这与城市土壤偏砂性和偏碱性的土壤特性有关。可见,在相同的磷素含量情况下,城市土壤的磷更易于淋溶损失,这与其较低的吸附性能和较高的解吸率有关。因此,淋溶导致的城市土壤磷损失及由此导致的城市水体富营养化等问题应引起高度重视。

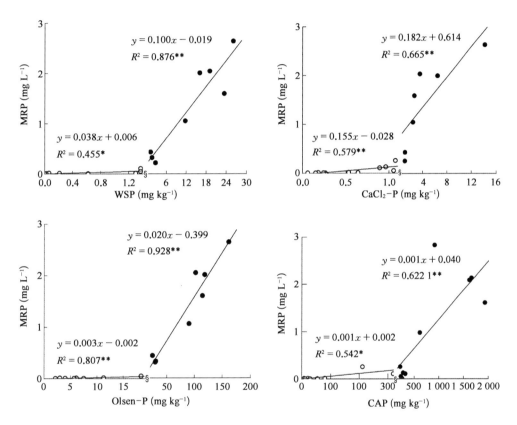

图 4-14　城市土壤中不同形态磷素淋失的风险临界值(Zhang et al., 2005)

WSP:水溶性磷;CaCl$_2$-P:氯化钙提取态磷;Olsen-P:Olsen法提取态磷;CAP:柠檬酸提取态磷;MRP:淋出液中水溶性的钼酸铵反应态磷。

　　在城市区域,土壤磷除通过径流和淋失2种方式损失外,城市建设中土体机械移除、扬尘、土壤侵蚀,以及城市农业收获物、园林修剪物、枯枝落叶、落花落果、候鸟啄食带走等,都会造成城市土壤磷的损失。此外,在强还原条件下,磷也可能以磷化氢气体的形式进入大气(Dévai et al., 1988),磷化氢有剧毒,空气中磷化氢气体达到2 ppm以上就会造成人畜中毒;磷化氢性质活泼,还能通过耦合效应间接产生温室效应。

　　城市土壤是一个巨大的磷库,其中的磷可通过多种形式进入地表水和地下水,将对水体富营养化产生重要影响,进而带来一系列生态环境问题,因此必须从物质循环的角度,控制土壤磷的输入、积累与迁移。

4.4　城市土壤其他元素特征

4.4.1　铁

土壤矿质元素中铁的总含量仅次于硅和铝,受母质和成土过程等影响,绝大多数以无机形态存在,其中的氧化铁及其水合物最受关注,在土壤发生学、植物营养学、环境科学和土力学等领域具有重要的理论与实践意义。

城市土壤氧化铁有磁铁矿、磁赤铁矿、赤铁矿、针铁矿等矿物形态,磁铁矿和赤铁矿等以多畴-假单畴(MD-PSD)颗粒存在。燃煤飞灰是城市土壤氧化铁的重要来源(竹蕾等,2004;卢升高和白世强,2008)。受吸附作用和同晶替换作用的影响,重金属与磁铁矿、赤铁矿共同存在(卢升高和白世强,2008)。污染土壤中的磁铁矿在酸性草酸铵溶液中的溶解度显著增加(Vodyanitskii,2010),即城市污染土壤中的磁铁矿活性较高。南京城市土壤也存在游离铁减少而活性铁增加的现象(袁大刚和张甘霖,2009)。

城市土壤中的铁以残渣晶格态为主,可交换态比例极低(卢瑛等,2003b),意味着植物可利用的铁很少,如成都市土壤二乙三胺五乙酸(DTPA)浸提铁含量为 $0.3 \sim 12.6$ mg kg^{-1},平均值极低,仅为 2.8 mg kg^{-1}(袁大刚等,2015)。香樟、栀子、山茶等铁敏感植物(胡一民,2006)常在城市土壤上表现缺铁黄化症状(皮广洁和杨新敏,1990;李利敏等,2009)。可通过土施硫黄和硫酸亚铁粉末、长效复合铁肥、有机铁浸根、根外喷施硫酸亚铁、黄腐酸铁、柠檬酸铁、尿素铁以及树干注射硫酸亚铁等措施改善植物铁营养(皮广洁和杨新敏,1990;李利敏等,2011)。

游离氧化铁是红黏土结构体的重要胶结物质,主要分布在黏土颗粒表面,并通过包裹作用使其团粒化,从而增加强度,减小压缩性,降低膨胀性(罗鸿禧,1987)。但游离铁活性高,其形态和特性易随环境条件的变化而变化。城市红黏土的试验表明,在渗水条件下,游离氧化铁的流失将减弱其胶结作用,从而恶化红黏土的工程性质,这将对城市建筑的稳固性产生重要的影响。因此,城市红黏土游离氧化铁流失存在的潜在危害不容忽视(孔令伟和罗鸿禧,1993)。

4.4.2　钙

土壤中钙的含量范围很大,易受母质、气候、生物、地形和水文等自然成土条件影响。此外,土地利用对城市土壤钙的分布有重要影响,如南京城市道路、绿地和菜地土壤 CaCO$_3$ 相当物平均含量分别为 35.8 g kg^{-1}、24.8 g kg^{-1} 和 5.2 g kg^{-1},菜地土壤的 CaCO$_3$ 含量显著低于绿地和道路土壤(袁大刚,2006)。拉脱维亚里加市土壤的 1 mol L^{-1} 盐酸浸提钙含量表现为街道土壤高于公园土壤的特点,并有明显的季节变化,从积雪开始融化的 3—6 月,街道土壤钙含量逐渐下降(Cekstere and Osvalde,2013)。大气沉降也是城市土壤钙的重要来源。城市大气降尘的钙含量较高,工业区可高达 116.3 g kg^{-1},居民区含量为

100.2 g kg⁻¹(李山泉,2014)。城市大气中钙的沉降速率也相当高,工业区每月可高达
4 662.2 mg m⁻²,居民区为 665.7 mg m⁻²,区域平均值为 1 521.0 mg m⁻²。高钙含量的大气
降尘快速沉降使城市表土钙含量升高,表土钙富集系数在工业区可达 3 以上(李山泉,2014)。

　　土壤中的钙主要为无机态,包括存在于辉石等硅酸盐和白云石等非硅酸盐矿物中的
矿物态,吸附于胶体表面的代换态和存在于土壤溶液中的离子态。在城市建设中,建筑
材料生石灰和熟石灰被大量应用,如在市政道路、机场建设中,石灰用于改良膨胀土、红
黏土等特殊土壤,提高其强度、稳定性与整体性,从而保证工程质量(孔凡子等,2012)。
生石灰或熟石灰与空气中的 CO_2 和 H_2O 反应,可形成 $CaCO_3$ 结晶,如果反应不彻底,城
市土壤中可见 $Ca(OH)_2$。遗留于城市环境中的含钙人造硅酸盐建筑垃圾,尤其是水泥和
混凝土,也能与空气中的 CO_2 和 H_2O 反应生成碳酸盐(Washbourne et al., 2012)。因
此,城市土壤中常见方解石、白云石等碳酸盐矿物和 $Ca(OH)_2$。

　　受城市建设中扰动与堆填等干扰,城市土壤 $CaCO_3$ 相当物含量变化范围很大,从低
于检测线到高达 180 g kg⁻¹以上,剖面中可鉴别出钙积层或石灰性等诊断层和诊断特性
(图 4 - 15)(袁大刚,2006)。土壤交换性钙含量受交通和利用时间的影响。城市道路土
壤交换性钙距道路 2 m 以内区域高于距道路 2 m 以外区域,路龄大于 50 年的老道路土
壤高于路龄低于 10 年的路边土壤(Park et al., 2010)。

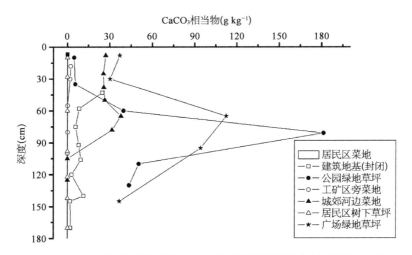

图 4 - 15　南京部分城市土壤 $CaCO_3$ 相当物的剖面分布(袁大刚,2006)

4.4.3　钾

　　钾是植物生长所必需的大量营养元素之一。土壤中全钾(K_2O)的含量为 5~25 g kg⁻¹,受
母质和气候等成土条件影响,也与颗粒组成等土壤性质有关。城市土壤的全钾含量往往
低于自然土壤,甚至低于成土母质。如南京区域的下蜀黄土母质全钾平均含量为
20.7 g kg⁻¹,长江冲积物发育母质全钾平均含量为 20.0 g kg⁻¹,而南京城市土壤全钾含

量为 8.4～23.7 g kg^{-1},其中道路土壤全钾平均含量为 16.7 g kg^{-1},菜地土壤全钾平均含量为 16.5 g kg^{-1},绿地土壤全钾平均含量为 16.2 g kg^{-1},均低于 20 g kg^{-1},含建筑垃圾的杂填土全钾平均含量只有 16.2 g kg^{-1},雨花台红土只有 13.1 g kg^{-1}(袁大刚,2006)。沈阳城市公园绿地土壤中全钾的含量为 5.3～23.7 g kg^{-1},平均值为 14.8 g kg^{-1},与非城区土壤全钾含量及沈阳第二次土壤普查结果相比含量偏低(边振兴和王秋兵,2003)。

城市土壤速效钾含量一般高于自然土壤。南京下蜀黄土发育的黄刚土和长江冲积物发育的沙土表层速效钾含量均为 80 mg kg^{-1},而绝大部分城市土壤速效钾含量高于 100 mg kg^{-1}。土地利用对速效钾含量影响较大,城市道路土壤速效钾平均含量为 396 mg kg^{-1},绿地土壤速效钾平均含量为 180 mg kg^{-1},城郊菜地土壤速效钾平均含量为 123 mg kg^{-1},道路土壤速效钾含量显著高于绿地和菜地土壤,但绿地与菜地间差异不显著(袁大刚,2006)。沈阳市城区绿地土壤速效钾的含量明显高于非城区土壤(边振兴和王秋兵,2003)。绿地土壤速效钾含量较高可能与增施含钾肥料有关(Cekstere and Osvalde,2013)。

4.4.4　钠

虽然钠与钾在火成岩中的含量相近,但是由于土壤黏粒对钠的亲和力比钾小,当风化释放后,钠极易于淋失。因此,土壤中钠的含量不足钾的一半。全钠及全量钠钾比可用以反映土壤物质的来源。南京市土壤全钠(Na_2O)含量为 1.1～15.3 g kg^{-1},不同母质间全钠含量有显著差异,如含建筑垃圾的杂填土全钠平均含量为 8.8 g kg^{-1},而雨花台红土仅 3.7 g kg^{-1},两者差异显著。土地利用情况对全钠的影响不显著,如南京市道路土壤全钠平均含量为 9.6 g kg^{-1},菜地土壤全钠平均含量为 9.5 g kg^{-1},绿地土壤全钠平均含量为 9.0 g kg^{-1},不存在统计上的差异显著性。城市土壤钠钾摩尔比为 0.14～1.30,含建筑垃圾的杂填土钠钾比平均值为 0.84,而雨花台红土仅为 0.41,两种母质之间差异显著;道路和菜地土壤钠钾比平均值均为 0.88,绿地土壤钾钠比平均值为 0.84,钠钾比在 3 种土地利用类型间也无显著差异(袁大刚,2006)。

土壤溶液中钠的浓度一般为 9～30 mg kg^{-1},适宜在其上生长的植物一般不能在高度盐渍化土壤上正常生长,因为高浓度的钠离子对这些植物有毒害作用。水溶性盐分中的钠离子不仅抑制植物对其他离子的吸收,影响其代谢活动,还可破坏土壤结构。滨海地区、干旱和半干旱地区以及温带地区的城市土壤容易遭受钠离子的危害。在滨海地区,城市土壤易受海水浸渍等影响,如厦门岛西海岸绿地土壤虽然整体上处于脱盐状态,但占土壤总盐 78% 的 Na^+ 和 Cl^- 对次生盐渍化产生了突出影响(王良睦和王文卿,2005)。在干旱地区,蒸发量大于降水量,以钠为主要水溶性阳离子的盐分易于表聚,但在灌溉条件下,土壤盐分含量与组成可发生变化。如克拉玛依城郊新建防护绿地土壤与作为对照的荒漠土壤相比,水溶性钠离子含量降低,而钙离子含量升高,水溶性阳离子组成从以钠离子为主变为以钙离子为主(郑路等,2008)。在半干旱地区,淡水资源缺乏的城市绿地使用再生水灌溉导致土壤水溶性钠(杨永利等,2006)和钠吸附比增加(潘能等,2012)。在温带含氯盐融雪剂使城市道路绿化带土壤水溶性钠含量显著增加,植物萎蔫甚至枯死(王艳春等,2011)。拉脱维亚里加冬季的街道土壤比公园土壤有更高的钠含量,受害行道树下的土壤比健康区域有更高的钠含量,而且受害行道树土壤比健康的土壤具有更低的钾钠比;表层土壤钠有明显的空间变化,距道路较远的地方其含量较低(Cekstere and Osvalde, 2013)。水溶性钠也有明显的垂直分布特征,从表层向下,其含量一般呈下降趋势(王艳春等,2011)。表层土壤 1M 盐酸浸提钠还有明显的季节变化,从积雪开始融化的 3～6 月,其含量逐渐下降,但仍保持较高水平(Cekstere and Osvalde, 2013)。

4.4.5 氯

氯是植物必需的营养元素,但氯过多对植物也是有害的。在半干旱地区,淡水资源缺乏的城市绿地使用再生水灌溉导致土壤水溶性氯增加(杨永利等,2006)。温带地区冬季施用氯盐融雪剂也导致土壤水溶性氯含量显著上升,甚至表现出明显的污染特征(王艳春等,2011)。施用融雪剂的道路土壤比未施用的公园土壤有更高的水溶性氯含量,受害行道树下的土壤也比健康的土壤更高的水溶性氯含量(Cekstere and Osvalde, 2013)。水溶性氯的垂直分布特征与钠相同,表现为从表层向下含量下降(王艳春等,2011)。

NaCl 会引起土体结构劣化,从而加速土体风蚀(匡静等,2011)。在干湿循环条件下,NaCl 侵入混凝土内部,并形成结晶,产生巨大的结晶压力,导致混凝土胀裂(马昆林等,2008);同时,NaCl 的侵入使混凝土孔溶液的 pH 降低,导致混凝土中的碱性物质(包括水泥、外加剂等),即碱骨料和钢筋表面钝化膜的破坏(马昆林等,2008;许俊城等,2007)。当然,只有氯离子达到一定界限时,混凝土中的钢筋才会发生腐蚀(唐孟雄和陈晓斌,2010)。在沿海与内陆盐渍土区以及使用氯盐融雪剂的城市,地下混凝土或金属管线都可能遭受氯盐腐蚀而缩短使用寿命,因此应通过选用优质抗冻骨料和耐腐蚀钢筋、向混凝土中加入适量阻锈剂和引气剂、严格控制混凝土水灰比、对混凝土进行表面处理、实施管道涂衬、加设阴极保护、采用非金属管材等措施加以防护(许俊城等,2007)。

参考文献

边振兴,王秋兵.2003.沈阳市公园绿地土壤养分特征的研究.土壤通报,34(4):284-290.

陈红,夏敦胜,王博,等.2018.兰州市表土黑碳分布特征与来源初探.环境科学学报,38:310-319.

陈立新.2002.城市土壤质量演变与有机改土培肥作用研究.水土保持学报,16(3):36-39.

陈帅,王效科,逯非,等.2012.城市化对城区和郊区森林土壤氮循环的影响.土壤通报,43(4):842-848.

丁明军,王敏,张华.2017.南昌快速城市化过程对环境多介质有机碳含量的影响.环境科学学报,37:2307-2314.

丁武泉.2008.紫色土中 Cu~(2+)、Zn~(2+)吸附特征研究.安徽农业科学,36(31):13741-13742.

段迎秋,魏忠义,韩春兰,等.2008.东北地区城市不同土地利用类型土壤有机碳含量特征.沈阳农业大学学报,39(3):324-327.

巩文雯,于晓东,韩平,等.2017.北京市公园土壤黑碳含量特征及来源分析.生态环境学报,26(10):1795-1800.

谷盼妮,王美娥,陈卫平.2015.环草隆对城市绿地重金属污染土壤有机氮矿化、基础呼吸及相关酶活性的影响.生态毒理学报,10(6):80-92.

管东生,陈玉娟,黄芬芳.1998.广州城市绿地系统碳的贮存、分布及其在碳氧平衡中的作用.中国环境科学,18(5):53-57.

郭鹏,郭平,康春莉,等.2008.城市土壤吸附重金属动力学特征及其与土壤理化性质的关系.环境保护科学,34(6):23-26.

韩玉国,李叙勇,南哲,等.2011.北京地区 2003～2007 年人类活动氮累积状况研究.环境科学,32(6):1537-1545.

郝瑞军,方海兰,沈烈英.2011.上海城市绿地土壤有机碳、全氮分布特征.南京林业大学学报:自然科学版,35(6):49-52.

何跃,张甘霖.2006.城市土壤有机碳和黑碳的含量特征与来源分析.土壤学报,43(2):177-182.

胡一民.2006.观赏植物缺铁性黄化病的识别与防治.花木盆景(花卉园艺),1:26-29.

贾丙瑞,周广胜,王风玉,等.2005.土壤微生物与根系呼吸作用影响因子分析.应用生态学报,16(8):1547-1552.

康耘,葛晓立.2010.土壤 pH 值对土壤多环芳烃纵向迁移影响的模拟实验研究.岩矿测试,29(2):123-126.

孔凡子,张乐乐,刘志楠.2012.基于合肥市政道路工程中石灰土强度影响因素的分析与研究.公路交通科技(应用技术版),(7):145-147,162.

孔令伟,罗鸿禧.1993.游离氧化铁形态转化对红粘土工程性质的影响.岩土力学,14(4):25-39.

匡静,谌文武,沈云霞,等.2011.含氯盐遗址土盐渍风蚀效应试验研究.西北地震学报,33(增刊):209-213.

李隽永,窦晓琳,胡印红,等.2018.城市不同地表覆盖类型下土壤有机碳矿化的差异.生态学报,38(1):112-121.

李利敏,吴良欢,马国瑞.2009.樟树失绿黄化症的研究.土壤通报,40(1):158-161.

李利敏,吴良欢,马国瑞.2011.一种长效复合铁肥对黄化樟树立地土壤障碍因子的矫治效果.天津大学学报,44(2):141-147.

李山泉.2014.城市区大气沉降及其在土壤中的累积与迁移特征——以南京市为例.南京:中国科学院南京土壤研究所.

刘新春,钟玉婷,何清,等.2013.乌鲁木齐大气黑碳气溶胶浓度变化特征及影响因素分析.沙漠与绿洲气象,7(3):36-42.

刘玉燕,刘敏.2008.乌鲁木齐城市表层土壤中磷的空间分布及赋存形态.干旱区研究,25(2):179-182.

刘玉燕,刘敏.2010.上海市城区土壤磷酸盐吸附解吸动力学特征研究.土壤通报,41(6):1322-1327.

刘兆云,章明奎. 2010. 城市绿地年龄对土壤有机碳积累的影响. 生态学杂志,29(1):142-145.

卢升高,白世强. 2008. 杭州城区土壤的磁性与磁性矿物学及其环境意义. 地球物理学报,51(3):762-769.

卢瑛,冯宏,甘海华. 2007. 广州城市公园绿地土壤肥力及酶活性特征. 水土保持学报,21(1):160-163.

卢瑛,甘海华,史正军,等. 2005. 深圳城市绿地土壤肥力质量评价及管理对策. 水土保持学报,19(1):153-156.

卢瑛,龚子同,张甘霖. 2001a. 城市土壤磷素特性及其与地下水磷浓度的关系. 应用生态学报,12(5):735-738.

卢瑛,龚子同,张甘霖. 2001b. 南京城市土壤的特性及其分类的初步研究. 土壤,33(1):47-51.

卢瑛,龚子同,张甘霖. 2003a. 南京城市土壤磷的形态和吸附-解吸特征. 土壤通报,34(1):40-43.

卢瑛,龚子同,张甘霖. 2003b. 南京城市土壤中重金属的化学形态分布. 环境化学,22(2):131-136.

鲁如坤,蒋柏藩. 1987. 土壤磷素. 见:熊毅,李庆逵主编. 中国土壤. 北京:科学出版社,483-501.

罗鸿禧. 1987. 游离氧化铁对红色粘土工程性质的影响. 岩土力学,8(2):29-36.

罗上华,毛齐正,马克明,等. 2014. 北京城市绿地表层土壤碳氮分布特征. 生态学报,34(20):6011-6019.

马昆林,谢友均,龙广成. 2008. 氯盐环境下桥梁混凝土结构的腐蚀行为及破坏机理. 建筑科学与工程学报,25(3):32-36.

南京市土壤普查办公室编著. 1987. 南京土壤.

倪刘建,张甘霖,阮心玲,等. 2007. 南京市不同功能区大气降尘的沉降通量及污染特征. 中国环境科学,27(1):2-6.

潘能,陈卫平,焦文涛. 2012. 绿地再生水灌溉土壤盐度累积及风险分析. 环境科学,33(12):4088-4093.

皮广洁,杨新敏. 1990. 重庆市山茶花黄化病的成因和防治对策. 西南农业大学学报,12(1):33-37.

沈非,任雅茹,黄艳萍,等. 2018. 芜湖城市绿地表层土壤有机碳密度分布特征. 土壤通报,49(5):1123-1129.

史正军,卢瑛,钟晓,等. 2006. 深圳城市绿地土壤质量状况研究. 园林科技,(1):20-24.

孙艳丽,马建华,李灿. 2009. 开封市不同功能区城市土壤有机碳含量与密度分析. 地理科学,29(1):124-128.

唐孟雄,陈晓斌. 2010. 氯盐腐蚀城市隧道结构耐久性分析及经济评估. 广州建筑,38(1):2-5.

陶晓,徐小牛,石雷. 2011. 城市土壤活性碳、氮分布特征及影响因素. 生态学杂志,30(12):2868-2874.

仝川,董艳,杨红玉. 2009. 福州市绿地景观土壤溶解性有机碳、微生物量碳及酶活性. 生态学杂志,28(6):1093-1101.

王迪生. 2010. 基于生物量计测的北京城区园林绿地净碳储量研究. 北京:北京林业大学.

王焕华,李恋卿,潘根兴,等. 2005. 南京市不同功能城区表土微生物碳氮与酶活性分析. 生态学杂志,24(3):273-277.

王良睦,王文卿. 2005. 厦门岛西海岸低地城市土壤盐分特征. 厦门大学学报(自然科学版),44(2):255-258.

王秋兵,段迎秋,魏忠义,等. 2009. 沈阳市城市土壤有机碳空间变异特征研究. 土壤通报,40(2):

252 - 257.

王淑英,路苹,王建立,等.2008.不同研究尺度下土壤有机质和全氮的空间变异特征——以北京市平谷区为例.生态学报,28(10):4957-4964.

王曦,杨靖宇,俞元春,等.2016.不同功能区城市林业土壤黑碳含量及来源——以南京市为例.生态学报,36(3):837-843.

王晓龙,胡锋,李辉信,等.2006.红壤小流域不同土地利用方式对土壤微生物量碳氮的影响.农业环境科学学报,25(1):143-147.

王辛芝,张甘霖,俞元春,等.2006.南京城市土壤 pH 和养分的空间分布.南京林业大学学报(自然科学版),30(4):69-72.

王艳春,白雪薇,李芳.2011.氯盐融雪剂对城市道路绿化带土壤性状的影响.环境科学与技术,34(11):59-63.

王振华,朱波,何敏,等.2011.紫色土泥沙沉积物对磷的吸附-解吸动力学特征.农业环境科学学报,30(1):154-160.

武华.2008.土壤黑碳的初步研究.吉林农业大学.

夏厚强.2015.开封市城市土壤有机碳和无机碳不同功能区分布特征.河南大学.

冼超凡,欧阳志云.2014.城市生态系统氮代谢研究进展.生态学杂志,33(9):2548-2557.

项建光,方海兰,杨意,等.2004.上海典型新建绿地的土壤质量评价.土壤,36(4):424-429.

徐建民,黄昌勇,安曼,等.2000.磺酰脲类除草剂对土壤质量生物学指标的影响.中国环境科学,20(6):491-494.

许俊城,宋新志,陈国华.2007.城市埋地钢质燃气管道腐蚀原因及对策.理化检验-物理分册,4(4):171-175.

杨德敏,曹文志,陈能汪,等.2006.厦门城市降雨径流氮、磷污染特征.生态学杂志,25(6):625-628.

杨帅斌,刘恋.2017.北京市不同功能区土壤黑碳的含量特征及其来源分析.地质力学学报,23(6):846-855.

杨永利,韩烈保,张清,等.2006.再生水灌溉对天津滨海盐碱地绿地土壤的影响.北京林业大学学报,28(增刊1):85-91.

余明泉,杜天真,陈伏生.2009.城乡梯度森林土壤原易位 N 矿化.林业科学研究,22(1):69-74.

余向阳,张志勇,张新明,等.2007.黑碳对土壤中毒死蜱降解的影响.农业环境科学学报,26(5):1681-1684.

袁大刚,付帅,冯丕,等.2015.成都西部不同交通环线区域绿地土壤肥力特征比较研究.土壤,47(1):55-62.

袁大刚,张甘霖.2009.不同土地利用方式下城市土壤铁形态的分布特征.安徽农业科学,37(11):5046-5050.

袁大刚,张甘霖.2010.不同土地利用条件下的城市土壤电导率垂直分布特征.水土保持学报,24(4):171-176.

袁大刚.2006.城市土壤形成过程与系统分类研究——以南京市为例.南京:中国科学院南京土壤研究所.

张甘霖,卢瑛,龚子同,等.2003.南京城市土壤某些元素的富集特征及其对浅层地下水的影响.第四纪研究,23(4)：446 - 455.

张甘霖,何跃,龚子同. 2004. 人为土壤有机碳的分布特征及其固定意义. 第四纪研究,24(2)：149 - 159.

张甘霖. 2005. 城市土壤的生态服务功能演变与城市生态环境保护. 科技导报,23(3)：16 - 19.

张宏伟,魏忠义,王秋兵. 2008. 沈阳城市土壤全钾和碱解氮的空间变异性. 应用生态学报,19(7)：1517 - 1521.

张庶,金晓斌,杨绪红,等. 2015. 城市碳循环系统机制解析与核算研究进展. 中国农学通报,31(29)：97 - 103.

张小磊,何宽,安春华,等. 2006. 不同土地利用方式对城市土壤活性有机碳的影响——以开封市为例. 生态环境,15(6)：1220 - 1223.

张小萌,李艳红,王盼盼. 2016. 乌鲁木齐城市土壤有机碳空间变异研究. 干旱区资源与环境,30(2)：117 - 121.

章明奎,符娟林,厉仁安. 2004. 杭州市居民区土壤磷的积累和释放潜力. 浙江大学学报(农业与生命科学版),30(3)：300 - 304.

章明奎,符娟林,王美青. 2003. 杭州市城市和郊区表土磷库及环境风险评价. 生态环境,12(1)：29 - 32.

章明奎,周翠. 2006. 杭州市城市土壤有机碳的积累和特性. 土壤通报,37(1)：19 - 21.

赵涵,吴绍华,徐晓晔,等. 2017. 城市土壤无机碳空间分布特征及其与城市化历史的关系. 土壤学报,54(6)：1540 - 1546.

郑路,尹林克,胡秀琴,等. 2008. 准噶尔盆地城市新建防护绿地土壤养分和盐分的变化. 水土保持学报,22(6)：48 - 51.

朱哲,方凤满,邓正伟. 2016. 芜湖城区表层土壤黑碳含量及分布特征. 生态与农村环境学报,32(6)：908 - 913.

竹蕾,卢升高,何黎平. 2004. 火电厂粉煤灰的矿物学、形态与物理性质. 科技通报,20(4)：359 - 362.

Baker L A, Hope D, Xu Y, et al. 2001. Nitrogen balance for the Central Arizona-Phoenix (CAP) ecosystem. Ecosystems, 4：582 - 602.

Barton L, Colmer T D. 2006. Irrigation and fertiliser strategies for minimising nitrogen leaching from turfgrass. Agricultural Water Management, 80：160 - 175.

Battye W, Boyer K, Pace T G. 2002. Methods for improving global inventories of black carbon and organic carbon particulates. 11th International Emission Inventory Conference, 'Emission Inventories-Partnering for the Future,' Chapel Hill, NC.

Beyer L, Blume H P, Elsner D C, et al. 1995. Soil organic matter composition and microbial activity in urban soils. The Science of the Total Environment, 168(3)：267 - 278.

Beyer L, Kahle P, Kretschmer H, et al. 2001. Soil organic matter composition of man-impacted urban sites in North Germany. Journal of Plant Nutrition and Soil Science, 164(4)：359 - 364.

Bullock P, Gregory P J. 1991. Soils：a neglected resource in urban areas. Soils in the urban environment, 1 - 4.

Burow K R, Shelton J L, Dubrovsky N M. 2008. Regional nitrate and pesticide trends in ground water in the eastern San Joaquin valley, California. Journal of Environmental Quality, 37(5)：S249 - S263.

Cekstere G, Osvalde A. 2013. Astudy of chemical characteristics of soil in relation to street trees status in Riga (Latvia). Urban Forestry & Urban Greening, 12: 69 – 78.

Ceron Garcia J C, Pulido Bosch A. 1992. Reflections on the hydrochemistry of the cubeta de Pulpi almeria aquifer. Estudios Geologicos (Madrid), 48: 67 – 78.

Chen J S, Mansell R S, Nked-Kizza P, et al. 1996. Phosphorus transport during transient unsaturated water flow in an acid sandy soil. Soil Science Society of American Journal, 60(1): 42 – 48.

Chen W, Lu S, Pan N, et al. 2015. Impact of reclaimed water irrigation on soil health in urban green areas. Chemosphere, 119: 654 – 661.

Churkina G, Brown D G, Keoleian G. 2010. Carbon stored in human settlements: the conterminous united states. Global Change Biology, 16(1): 135 – 143.

Cotrufo M F, De Santo A V, Alfani A, et al. 1995. Effects of urban heavy metal pollution on organic matter decomposition in Quercus ilex L. woods. Environmental Pollution, 89: 81 – 87.

Cusack D F, McCleery T L. 2014. Patterns in understory woody diversity and soil nitrogen across native- and non-native-urban tropical forests. Forest Ecology and Management, 318: 34 – 43.

Cusack D F. 2013. Soil nitrogen levels are linked to decomposition enzyme activities along an urban-remote tropical forest gradient. Soil Biology & Biochemistry, 57: 192 – 203.

Dévai I, Felföldy L, Wittner I, et al. 1988. Detection of phosphine: new aspects of the phosphorus cycle in the hydrosphere. Nature, 333: 343 – 345.

Dhakal S. 2010. GHG emissions from urbanization and opportunities for urban carbon mitigation. Current Opinion in Environmental Sustainability, 2(4): 277 – 283.

Dodds W K. 2006. Nutrients and the "dead zone": The link between nutrient ratios and dissolved oxygen in the northern Gulf of Mexico. Frontiers in Ecology and the Environment, 4: 211 – 217.

Drake V M, Bauder J W. 2005. Ground water nitrate-nitrogen trends in relation to urban development, Helena, Montana, 1971 – 2003. Ground water monitoring & Remediation, 25: 118 – 130.

Druffel E. 2004. Comments on the importance of black carbon in the global carbon cycle. Marine Chemistry, 92(1 – 4): 197 – 200.

Elias E, Dougherty M, Srivastava P, et al. 2013. The impact of forest to urban land conversion on streamflow, total nitrogen, total phosphorus, and total organic carbon inputs to the converse reservoir, Southern Alabama, USA. Urban Ecosystems, 16: 79 – 107.

Færge J, Magid J, Penning de Vries F W T. 2001. Urban nutrient balance for Bangkok. Ecological Modelling, 139: 63 – 74.

Fissore C, Baker L A, Hobbie S E, et al. 2011. Carbon, nitrogen, and phosphorus fluxes in household ecosystems in the Minneapolis-Saint Paul, Minnesota, urban region. Ecological Applications, 21(3): 619 – 639.

Gatari M J, Boman J. 2003. Black carbon and total carbon measurements at urban and rural sites in Kenya, East Africa. Atmospheric Environment, 37(8): 1149 – 1154.

Golubiewski N E. 2006. Urbanization increases grassland carbon pools: Effects of landscaping in Colorado's front range. Ecological Applications, 16(2): 555 – 571.

Grimm N B, Foster D, Groffman P, et al. 2008. The changing landscape: Ecosystem responses to urbanization and pollution nitrogen budgets and riverine N & P fluxes for the drainages to the North Atlantic Ocean: Natural and human influences. Biogeochemistry, 35: 75 – 139.

Grimm N B, Grove J M, Pickett S T et al. 2000. Integrated approaches to long-term studies of urban ecological systems. BioScience, 50: 571 – 584.

Groffman P M, Law N L, Belt K T, et al. 2004. Nitrogen fluxes and retention in urban watershed ecosystems. Ecosystems, 7: 393 – 403.

Groffman P M. 1994. Denitrification in freshwater wetlands. Curr. Top. Wetland Biogeochem, 1: 15 – 35.

Hall S J, Baker M A, Jones S B, et al. 2016. Contrasting soil nitrogen dynamics across a montane meadow and urban lawn in a semi-arid watershed. Urban Ecosystems, 19: 1083 – 1101.

Haney R L, Senseman S A, Krutz L J, et al. 2002. Soil carbon and nitrogen mineralization as affected by atrazine and glyphosate. Biology and Fertility of Soils, 35(1): 35 – 40.

Heckrath G, Brookes P C, Poulton P R, et al. 1995. Phosphorus leaching from soils containing different phosphorus concentrations in the Broadbalk Experiment. Journal of Environmental Quality, 24(5): 904 – 910.

Howarth R W, Billen G, Swaney D, et al. 1996. Regional nitrogen budgets and riverine N and P fluxes for the drainages to the North Atlantic Ocean: natural and human influences. Biogeochemistry, 35: 75 – 139.

Hu X F, Chen F S, Nagle G, et al. 2011. Soil phosphorus fractions and tree phosphorus resorption in pine forests along an urban-to-rural gradient in Nanchang, China. Plant and Soil, 346: 97 – 106.

Huang L D, Wang H Y, Li Y X, et al. 2012a. Spatial distribution and risk assessment of phosphorus loss potential in urban-suburban soil of Lishui, China. Catena, 100: 42 – 49.

Huang L, Zhu W, Ren H, et al. 2012b. Impact of atmospheric nitrogen deposition on soil properties and herb-layer diversity in remnant forests along an urban-rural gradient in Guangzhou, southern China. Plant Ecology, 213: 1187 – 1202.

Huang W L, Peng P A, Yu Z Q, et al. 2003. Effects of organic matter heterogeneity on sorption and desorption of organic contaminants by soils and sediments. Applied Geochemistry, 18: 955 – 972.

Huh K Y, Deurer M, Sivakumaran S, et al. 2008. Carbon sequestration in urban landscapes: the example of a turfgrass system in New Zealand. Soil Research, 46(7): 610 – 616.

Janke B D, Finlay J C, Hobbie S E, et al. 2014. Contrasting influences of stormflow and baseflow pathways on nitrogen and phosphorus export from an urban watershed. Biogeochemistry, 121: 209 – 228.

Jarvie H, Neal C, Withers P. 2006. Sewage-effluent phosphorus: a greater risk to river eutrophication than agricultural phosphorus? Science of the Total Environment, 360(1 – 3): 246 – 253.

Jo H K, McPherson E G. 1995. Carbon storage and flux in urban residential greenspace. Journal of Environmental Management, (45): 109 – 133.

Jordan T E, Weller D E. 1996. Human contributions to the terrestrial nitrogen flux. BioScience, 46: 655 – 664.

Kaye J P, Mcculley R L, Burke I C. 2005. Carbon fluxes, nitrogen cycling, and soil microbial, communities in adjacent urban, native and agricultural ecosystems. Global Change Biology, 11: 575 – 587.

Kizildag N, Sagliker H, Cenkseven S, et al. 2014. Effects of imazamox on soil carbon and nitrogen mineralization under Mediterranean climate. Turkish Journal of Agriculture and Forestry, 38(3): 334 – 339.

Kuhlbusch T A J, Crutzen P. 1995. Toward a global estimate of black carbon in residues of vegetation fires representing a sink of atmospheric CO_2 and a source of O_2. Global Biogeochemical Cycles, 9: 491 – 501.

Kuhlbusch T A J. 1998. Black carbon and the Carbon Cycle. Science, 280: 1903 – 1904.

Lacatusu R, Lacatusu A R, Lungu M, et al. 2008. Macro- and micro elements abundance in some urban soils from Romania. Carpth J of Earth and Environmental Sciences, 3(1): 75 – 83.

Langroudi A A, Theron E, Ghadr S. 2021. Sequestration of carbon in pedogenic carbonates and silicates from construction and demolition wastes. Construction and Building Materials, 286: 122658.

Li S Q, Zhang G L, Yang J L, et al. 2016 Multi-source characteristics of atmospheric deposition in Nanjing, China, as controlled by East Asia monsoons and urban activities. Pedosphere, 26(3): 374 – 385.

Lorenz K, Kandeler E. 2005. Biochemical characterization of urban soil profiles from Stuttgart, Germany. Soil Biology and Biochemistry, 37: 1373 – 1385.

Lorenz K, Lal R. 2009. Biogeochemical C and N cycles in urban soils. Environment International, 35 (1): 1 – 8.

Lorenz K, Preston C M, Kandeler E. 2006. Soil organic matter in urban soils: Estimation of elemental carbon by thermal oxidation and characterization of organic matter by solid-state C – 13 nuclear magnetic resonance (NMR) spectroscopy. Geoderma, 130(3 – 4): 312 – 323.

Martinelli L A, Howarth R W, Cuevas E, et al. 2006. Sources of reactive nitrogen affecting ecosystems in Latin America and the Caribbean: current trends and future perspectives. Biogeochemistry, 79: 3 – 24.

Masiello C A. 2004. New directions in black carbon organic geochemistry. Marine Chemistry, 92: 201 – 213.

Muri G, Cermelj B, Faganeli J et al. 2002. Black carbon in Slovenian alpine lacustrine sediments. Chemosphere, 46(8): 1225 – 1234.

Neilsen E B, Lee L K. 1987. The magnitude and costs of groundwater contamination from agricultural chemicals: a national perspective. Agricultural Economic Report Number 576. USDA Economic Research Services.

Nyenje P M, Foppen J W, Uhlenbrook S, et al. 2010. Eutrophication and nutrient release in urban areas of sub-Saharan Africa — A review. Science of the Total Environment, 408: 447 – 455.

Ooki A, Uematsu M. 2005. Chemical interactions between mineral dust particles and acid gases during Asian dust events. Journal of Geophysical Research, 110: D03201.

Park S J, Cheng Z, Yang H, et al. 2010. Differences in soil chemical properties with distance to roads and age of development in urban areas. Urban Ecosystems, 13: 483 – 497.

Pascual J A, García C, Hernandez T, et al. 1997. Changes in the microbial activity of an arid soil amended with urban organic wastes. Biology and Fertility of Soils, 24(4): 429 – 434.

Peterjohn W T, Schlesinger W H. 1991. Factors controlling denitrification in a Chihuahuan desert ecosystem. Soil Science Society America Journal, 55: 1694 – 1701.

Pouyat R V, Mcdonnell M J, Pickett S T A. 1997. Litter decomposition and nitrogen mineralization in oak stand along an urban rural land use gradient. Urban Ecosystems, 1: 117 – 131.

Pouyat R V, Yesilonis I D, Golubiewski N E. 2008. A comparison of soil organic carbon stocks between residential turf grass and native soil. Urban Ecosystems, 5: 1573 – 1642.

Raciti S M, Groffman P M, Fahey T J. 2008. Nitrogen retention in urban lawns and forests. Ecological Applications, 18(7): 1615 – 1626.

Raciti S M, Groffman P M, Jenkins J C, et al. 2011a. Accumulation of carbon and nitrogen in residential soils with different land-use histories. Ecosystems, 14(2): 287 – 297.

Raciti S M, Groffman P M, Jenkins J C, et al. 2011b. Nitrate production and availability in residential soils. Ecological Applications, 21: 2357 – 2366.

Raciti S M, Hutyra L R, Finzi A C. 2012. Depleted soil carbon and nitrogen pools beneath impervious surfaces. Environmental Pollution, 164(5): 248 – 251.

Ren W, Chen F, Hu X, et al. 2011. Soil nitrogen transformations varied with plant community under Nanchang urban forests in mid-subtropical zone of China. Journal of Forestry Research, 22(4): 569 – 576.

Renforth P, Manning D, Lopez-Capel E. 2009. Carbonate precipitation in artificial soils as a sink for atmospheric carbon dioxide. Applied Geochemistry, 24(9): 1757 – 1764.

Scharenbroch B C, Lloyd J E, Johnson-Maynard J L. 2005. Distinguishing urban soils with physical, chemical, and biological properties. Pedobiologia, 49: 283 – 296.

Scherer-Lorenzen M, Palmborg C, Prinz A, et al. 2003. The role of plant diversity and composition for nitrate leaching in grasslands. Ecology, 84: 1539 – 1552.

Schlesinger W H. 1997. Biogeochemistry. London: Academic Press.

Schleuss U, Wu Q, Blume H P. 1998. Variability of soils in urban and periurban areas in Northern Germany. Catena, 33: 255 – 270.

Schmidt M W I, Noack A G. 2000. Black carbon in soils and sediments: analysis, distribution, implications, and current challenges. Global Biogeochemical Cycles, 14(3): 777 – 794.

Sharpley A N, McDowell R W, Kleinman P J A. 2001. Phosphorus loss from land to water: integrating agricultural and environmental management. Plant and Soil, 237: 287 – 307.

Shi W, Muruganandam S, Bowman D. 2006. Soil microbial biomass and nitrogen dynamics in a turfgrass chronosequence: a short-term response to turfgrass clipping addition. Soil Biology and Biochemistry, 38(8): 2032 – 2042.

Sivasankaran M A, Sivamurthy Reddy S, Ramesh R. 2004. Nutrient concentration in groundwater of

Pondicherry region. Journal of Environmental Science & Engineering, 46: 210 – 216.

Virginia R A, Jarrell W M, Franco-Vizcaino E. 1982. Direct measurements of denitrification in a *Prosopis* (Mesquite) dominated Sonoran Desert Ecosystem. Oecologia, 53: 120 – 122.

Vodyanitskii Y N. 2010. Iron minerals in urban soils. Eurasian Soil Science, 43(12): 1410 – 1417.

Wang J, Lin T. 2014. Characterizing the urban metabolism of food-sourced carbon, nitrogen, and phosphorous: a case study of Xiamen. Acta Ecologica Sinica, 34: 6366 – 6378.

Washbourne C L, Lopez-Capel E, Renforth P, et al. 2015. Rapid Removal of Atmospheric CO_2 by Urban Soils. Environmental Science & Technology, 49: 5434 – 5440.

Washbourne C L, Renforth P, Manning D A C. 2012. Investigating carbonate formation in urban soils as a method for capture and storage of atmospheric carbon. Science of the Total Environment, 431: 166 – 175.

White C S, Mcdonnell M J. 1988. Nitrogen cycling process and soil characteristics in an urban versus rural forest. Biogeochemistry, 5: 243 – 262.

Xia X, Zhao X, Lai Y, et al. 2013. Levels and distribution of total nitrogen and total phosphorous in urban soils of Beijing, China. Environmental Earth Sciences, 69: 1571 – 1577.

Yang J L, Zhang G L. 2011. Water infiltration in urban soils and its effects on the quantity and quality of runoff. Journal of Soils and Sediments, 11(5): 751 – 761.

Yang J, Mosby D. 2006. Field assessment of treatment efficacy by three methods of phosphoric acid application in lead-contaminated urban soil. Science of the Total Environment, 366: 136 – 142.

Yuan D G, Zhang G L, Gong Z T, et al. 2007. Variations of soil phosphorus accumulation in Nanjing, China as affected by urban development. Journal of Plant Nutrition and Soils Science, 170: 244 – 249.

Zak D R, Grigal D F. 1991. Nitrogen mineralization, nitrification and denitrification in upland and wetland ecosystems. Oecologia, 88: 189 – 196.

Zhang G L, Burghardt W, Yang J L. 2005. Chemical criteria to assess risk of phosphorus leaching from urban soils. Pedosphere, 15(1): 72 – 77.

Zhao X L, Xia X H. 2012. Total nitrogen and total phosphorous in urban soils used for different purposes in Beijing, China. Procedia Environmental Sciences, 13: 95 – 104.

Zhu W X, Carreiro M M. 1999. Chemoautotrophic nitrification in acidic forest soils along an urban-to-rural transect. Soil Biology & Biochemistry, 31(8): 1091 – 1100.

Zhu W X, Dillard N D, Grimm N B. 2004. Urban nitrogen biogeochemistry: status and processes in green retention basins. Biogeochemistry, 71: 177 – 196.

Zhu W X, Hope D, Gries C, et al. 2006. Soil characteristics and the accumulation of inorganic nitrogen in an arid urban ecosystem. Ecosystems, 9: 711 – 724.

Zhu, W X, Carreiro M M. 1999. Chemoautotrophic nitrification in acidic forest soils along an urban-to-rural transect. Soil Biology & Biochemistry, 31: 1091 – 1100.

第5章
城市土壤酸碱度与污染特征

城市土壤是城市生态系统的重要组成部分,是城市绿色植物生长的介质和养分的供给者,是土壤微生物的栖息地和能量的来源,是城市环境污染物的净化器。城市土壤通过其支持的绿色植物、微生物和自身的功能来净化城市环境。因此,城市土壤在改善和提高城市的环境质量、增进人类健康和促进城市可持续发展等方面有着重要的意义。随着全球城市化的快速发展,城市人口的比重将不断提高,因此城市环境对人类健康尤为重要。城市土壤既是城市环境污染物的汇聚地,也是导致城市环境污染的污染源。城市土壤中的污染物不仅可通过直接吞食、吸入和皮肤吸收等途径进入人体,直接对人特别是儿童的健康造成危害,还可以通过污染食物、大气和水环境间接地危害人类健康。城市建设和居民生活中大量碱性物质的加入,使得城市土壤的酸碱度发生变化,从而影响了土壤中污染物的迁移和转化行为。因此,了解城市土壤的酸碱度和污染特征是评价城市环境质量的一个重要方面,对城市环境管理具有重要意义。

5.1　城市土壤酸碱度

5.1.1　土壤酸碱度变化

土壤酸碱度(常用 pH 表示)是一个非常重要的土壤性质指标,它不仅可以影响土壤养分的有效性和土壤结构,还可以影响土壤微生物的活动,从而影响植物的健康和生长。因此,pH 对土壤的一系列其他性质有着深刻的影响。

城市土壤受人类活动影响强烈,其 pH 不同于其所在区域的自然土壤。根据已有的研究结果,城市土壤正向碱性方向演变。总体来看,pH 值比周围的自然土壤高,热带、亚热带地区尤为明显。如南京位于中亚热带地区,高温多雨,盐基淋溶强烈,所在区域的自然土壤一般呈酸性。然而,根据第二次土壤普查结果,南京市农业土壤 pH 为 6.0～7.5,属弱酸性和中性,而南京市的城市土壤却主要呈碱性。卢瑛等(2001)在南京市城区采集了 20 个不同功能区的代表性城市土壤剖面,根据不同的层次采集了 138 个不同深度的土壤样品。同时,采集南京市附近非城区自然土壤剖面样品进行对比。结果显示,南京附近自然土壤的 pH 为 4.5～7.4,土壤基本上呈酸性,少量呈中性。城市土壤 pH 为 5.2～9.2,中值为 8.2。其中,pH 小于 6.5 的土壤仅占 2.9%,12.3% 的土壤 pH 为 6.5～ 7.5,65.9% 的土壤 pH 为 7.5～8.5,pH 大于 8.5 的土壤占 18.8%(图 5-1)。可见,只有少部分的城市土壤 pH 呈酸性和中性,其与周边的自然土壤酸碱度接近,而大部分的城市土壤呈碱性,部分呈强碱性。吴新民等(2003)在南京市采集的 56 个土壤剖面样本,也获得了类似的结果,其土壤 pH 为 5.1～8.2,中值为 7.5;除风景区自然土壤偏酸性外,城市土壤基本呈中性和碱性。同样位于中亚热带的杭州城区土壤 pH 平均值为 7.7,比其周边郊区土壤(pH 平均值为 6.7)增加了一个 pH 单位(章明奎和王美青,2003)。位于我国南亚热带地区的广州,城市绿地土壤 pH 为 3.8～8.3(卢瑛等,2007;卓文珊等,2007),虽然具有一定比例的酸性和弱酸性土壤,但城市土壤 pH 较自然土壤有增高的趋势,而且出现了与该气候区不一致的中性和偏碱性土壤,部分城市区域的非酸性土壤比例甚至达到 70% 以上(卓文珊等,2007)。变化更为显著的是中国香港城市土壤,其呈弱碱性到强碱性,而超过一半的土壤呈强碱性(Jim,1998)。

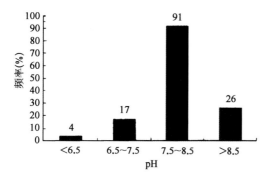

图 5-1 南京城市土壤 pH 分布频率

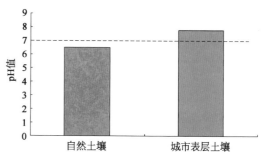

图 5-2 长春市城市表层土壤与自然土壤 pH 比较(王喜宁等,2011)

从土壤性质的地带性分布特征来看,北方的自然土壤一般偏碱性,但北方城市土壤的 pH 依然会比其所在区域的自然土壤高,显示出更强的石灰性。开封市城市绿地土壤 pH 为 6.9～10.7,平均值为 8.6,高于郊区土壤的平均 pH (8.0)(孙艳丽和马建华,2014;白秀玲等,2018)。长春市表层土壤 pH 为 6.7～9.4,大部分呈碱性(王喜宁等,2011;翁悦等,2018),其平均值高于本土区域自然土壤(图 5-2)(王喜宁等,2011)。

国内更多关于城市土壤的 pH 范围和主要结论列于表 5-1 中。这些研究表明大部分的城市土壤 pH 呈弱碱性和碱性,部分城市土壤呈现强碱性,其均值高于所研究城市周围的乡村和自然土壤。从城市土壤 pH 的分布范围来看,有的城市土壤也会出现偏酸性,甚至酸性的现象。这除了受到当地城市土壤起源的影响外,也不排除城市酸性污水所带来区域性污染的影响。

表 5 - 1　中国部分城市土壤酸碱度

地　　点	土壤 pH	主　要　结　论	文献来源
北京市公园	表土(0~15 cm) 7.5~8.7	公园表层土壤的 pH 值与深层土壤相比均有所下降	韩东昱等,2006
上海市典型新建绿地	4.7~8.9	土壤呈碱性和强碱性	项建光等,2004
上海市中心城区公园	5.4~9.1,平均值为 8.4	pH>7.5 的土壤占 98.4%	郝瑞军等,2011
广州市绿地	3.8~8.3	公园绿地土壤部分呈碱性,部分呈酸性和中性,但土壤 pH 明显高于自然土壤	卢瑛等,2007;卓文珊等,2007
深圳市绿地	>5.5,0~40 cm 呈中性	城市绿地土壤 pH 较自然土壤明显增高,且 0~20 cm 土壤比 20~40 cm 土壤增高得更加显著	卢瑛等,2005
香港城市土壤	6.8~10.0,平均值为 8.7	土壤呈弱碱性到强碱性,50% 以上的土壤为强碱性	Jim,1998
福州市公园绿地	6.7~7.6,平均值为 7.2	土壤总体呈中性,部分地区呈微碱性,均明显高于全省的平均值	林元敏,2008;陈秀玲等,2011
杭州市	表土(0~10 cm)平均值为 7.7	城区土壤的 pH 高于郊区农业土壤(6.7)	章明奎和王美青,2003
成都城市绿地	平均值为 7.7	市区绿地土壤有碱化的趋势	陈雪和郎春燕,2011
重庆市街渝中区绿地土壤	6.2~8.5,平均值为 7.7	73.4% 土壤呈碱性,25.5% 土壤呈中性	丁武泉,2008
西安市城墙内公园土壤	8.2~8.7	土壤均呈碱性	孙先锋等,2011
延安新区(北区)道路绿化带土壤	8.3~9.4,平均值为 8.6	pH>8.5 的土壤占 81.0%	赵满兴,2018
安徽芜湖城市森林土壤	6.7~8.2	公园绿地土壤 pH 平均值为 6.8,防护林为 8.2,附属绿地为 8.0	武慧君等,2018
徐州市绿地	8.0~8.6	城区土壤偏碱性	于法展等,2007
郑州市城市园林绿地	6.2~8.1	绿地土壤 pH 呈碱性	李楠等,2017;李文玲等,2018
开封市城市绿地土壤	6.9~10.7,平均值为 8.6	pH 偏碱性,高于郊区土壤(8.0)	马建华等,1999;白秀玲等,2018;孙艳丽和马建华,2014
开封市城市土壤剖面	7.7~10.0,平均值为 8.9	城区土壤 pH 明显升高	赵雯雯,2017

地　　点	土壤 pH	主　要　结　论	文献来源
保定市	7.5～7.8	建筑区土壤 pH 最高,交通区 pH 最低	冯万忠等,2008
衡水市	6.9～8.8	土壤整体呈中性偏碱性	孙世卫等,2018
济南公园土壤	7.8～8.6,平均值为 8.4	城市绿地土壤通常呈微碱性	韩冰等,2012
山东淄博城市和近郊	表层土壤 pH 为 8.6,高于深层土壤(8.1)	呈碱化特征	代杰瑞等,2018
沈阳市	4.8～9.57,平均值为 7.1	城区土壤 pH 呈中部高、周边低的特征	张宏伟等,2008
长春市公园绿地	6.7～9.4,平均值为 8.0	公园土壤整体呈弱碱性,平均值高于所在区域自然土壤	王喜宁等,2011;翁悦等,2018
哈尔滨城市经济半径内	6.0～7.8	土壤 pH 有明显升高的趋势	孟昭虹和周嘉,2005
包头公园	7.7～8.0	公园土壤均呈弱碱性	王贵等,2007

从世界范围来看,城市土壤的 pH 较高,如意大利的巴勒莫、卡塞塔和托斯卡纳、西班牙的塞维利亚、希腊的雅典、约旦的富海斯、巴基斯坦的伊斯兰堡等城市的土壤多呈碱性和弱碱性,pH 为 6.9～9.2,平均值均大于 7.5(表 5 - 2)。还有相当一部分城市土壤的 pH 具有较大的变异范围,阿尔及利亚城市土壤的 pH 为 6.8～8.4、爱尔兰的锡尔弗迈恩斯土壤的 pH 为 3.9～7.2,西班牙的阿斯图里亚斯降尘的 pH 为 4.7～8.7(表 5 - 2)。部分城市,如英国的布里斯托尔、瑞典的斯德哥尔摩土壤 pH 较低,呈弱酸性,甚至酸性(表 5 - 2)。

表 5 - 2　世界上部分城市的土壤酸碱度

城市(国家)	土壤 pH	主　要　结　论	文献来源
巴勒莫(意大利)	7.2～8.3	城市土壤呈中性偏碱性	Manta et al., 2002
卡塞塔(意大利)	7.1～7.8	土壤呈弱碱性	Papa et al., 2010
托斯卡纳(意大利)	6.9～8.6,平均值为 7.9	土壤呈中性到弱碱性	Bretzel and Calderisi, 2006
皮埃蒙特(意大利)	城市土壤 pH 为 4.7～7.8 平均值为 7.2,周边郊区土壤 pH 为 3.7～8.0,平均值为 5.6	城市土壤多呈中性呈碱性,且 pH 高于郊区土壤	Biasioli et al., 2006

城市(国家)	土壤 pH	主　要　结　论	文　献　来　源
乌普萨拉(瑞典)	7.1~7.5	土壤呈中性偏碱性	Ljung et al., 2006
斯德哥尔摩(瑞典)	城市中心表层土壤 pH 为 4.8~6.9,郊区为 3.9~6.6	城市中心土壤 pH 略高于郊区	Linde, 2005
锡尔弗迈恩斯(爱尔兰)	3.9~7.2	土壤呈酸性到中性	McGrath, et al., 2004
阿斯图里亚斯(西班牙)	工业城市街道降尘, pH 为 4.7~8.7	pH 高值出现在钢铁工业区	Ordóñez et al., 2003
塞维利亚(西班牙)	7.6~8.3,平均值为 8.0	土壤呈弱碱性	Madrid et al., 2004
雅典(希腊)	7.2~9.2	土壤呈弱碱性	Chronopoulos et al., 1997; Argyraki and Kelepertzis, 2014
布里斯托尔(英国)	绿地 pH 为 4.2~6.6,菜地 pH 为 6.5~7.1	土壤呈酸性或者近中性	Giusti, 2011
阿纳巴(阿尔及利亚)	6.8~8.4	土壤呈碱性	Maas et al., 2010
富海斯(约旦)	公园、操场、居民区土壤 pH 为 7.3~8.0,平均值为 7.8	土壤呈中性到弱碱性	Banat et al., 2005
大马士革(叙利亚)	6.8~7.6,平均值为 7.3	土壤呈中性	Möller et al., 2005
曼谷(泰国)	3.6~7.4,平均值为 6.6	土壤呈酸性	Wilcke et al., 1998
伊斯兰堡(巴基斯坦)	7.1~8.3	土壤偏碱性	Iqbal and Shah, 2011

5.1.2　土壤 pH 的空间分布

城市土壤受自然和强烈人为活动的双重影响而表现出较大的空间变异性。城市不同功能区由于受到人为活动影响的类型和程度不同,土壤 pH 表现出一定的差异性。南京市 6 个典型功能区土壤 pH 按照由大到小的顺序排列为:城市广场(8.0)>道路绿化带(7.8)>城市公园(7.4),居住区(7.3)>城市树林(6.8)>城郊天然林(6.6)(张俊叶等,2018)。在兰州市西固区 5 种利用类型的土壤中,工业园区土壤的 pH 最低,其次是道路两侧土壤,公园土壤的 pH 显著高于工业园区、道路两侧与居民区土壤,而与农业土壤差异不显著(康玲芬等,2006)。造成工业园区和道路两侧土壤的 pH 低于其他 3 种类型土壤的原因可能是该区域的工业活动为石油冶炼和化工基地,并且汽车尾气产生的 NO_x、SO_2 等气体与 H_2O 结合形成酸性物质,降低了工业园区及道路两侧土壤的 pH。当然,并不是所有的工业区土壤的 pH 均会低于其他功能区类型,这主要还与工业区的类型密切相关。如福州市不同功能区表层土壤(0～5 cm)中,工业区土壤 pH 为 7.7,高于生活文化区和商业区,而城市风景区的 pH 最低,为 7.2(陈秀玲等,2011)。

城市土壤的酸碱度沿着城市-城郊-农村具有一定的变化规律。南京市的研究结果表明由城区到农区,土壤 pH 呈显著的降低趋势。沈阳市表层土壤 pH 分布呈现出城区中部高、周边低的特征(张宏伟,2008)。哈尔滨市城市经济半径内的土壤 pH 为 6.0～8.0(孟昭虹和周嘉,2005),而哈尔滨市周边的林业示范基地的人工林等地的土壤 pH 平均值为 5.2～7.0(段文标等,2018)。可见,城市中心区域土壤往往偏碱性,土壤 pH 大于郊区和周边的自然土壤。

在土体内部,城市土壤 pH 的纵向分布规律不同于自然土壤。自然界表层土壤由于有机质含量较高,有机酸增加,以及降水导致的盐基离子向下淋溶等原因,上层土壤 pH 比其母质有所降低,并且 pH 在土体中随着深度的增加有上升的趋势。城市中存在大量的挖掘、填埋以及垃圾的混入导致土壤剖面层次混乱,因此土壤 pH 纵向变化往往无统一的规律性(图 5-3)。南京市的研究表明,土壤剖面的 pH 变化呈现多种情形:较高的 pH 既发现于建筑地基(封闭)土壤表层,也发现于公园绿地草坪土体的中部或者广场绿地草坪下部(图 5-3)。极低的 pH 主要发现于下蜀黄土发育的南京城郊菜地的表层,主要是由于菜地大量氮肥的施用,氮矿化产生质子,因而会降低土壤 pH。部分剖面在表层的土壤 pH 最低,0～30 cm 范围,pH 随深度增加而增大,而在 30 cm 以下有变缓的趋势(图 5-4)。开封市的研究也有类似发现(孙艳丽和马建华,2014),表层土壤的 pH 呈碱性,平均值达 8.6,表下层土壤的 pH 比表层稍高,这可能与城市土壤中表层 $CaCO_3$ 和盐基的淋溶和在剖面中的迁移有关。城市土壤部分土层出现酸碱性异常,可能与城市工农业活动或者市政建设等有关。

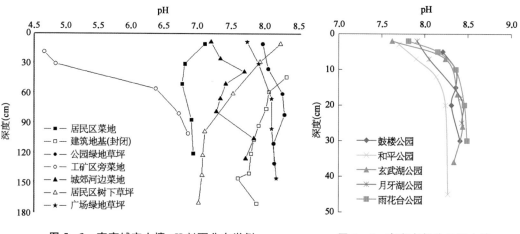

图 5-3　南京城市土壤 pH 剖面分布举例　　　图 5-4　南京市部分公园土壤
　　　　　(袁大刚,2006)　　　　　　　　　　　　　pH 的剖面分布

5.1.3　土壤 pH 变化的原因

1. pH 下降的原因

自然状态下的土壤酸碱性主要受成土因子控制,尤其是高温多雨的热带和亚热带地区,由于矿物的强烈风化和降雨引起土壤盐基离子淋溶,导致土壤酸化。这种自然酸化过程十分缓慢,pH 每下降一个单位往往需要上百年甚至上千年的时间。农业活动会加速土壤的酸化过程,农业生产中长期施用铵态氮肥后,土壤中的 NH_4^+ 经硝化作用产生酸,导致土壤 pH 下降;农业管理中作物收获带走大量的盐基离子,使得土壤中的盐基离子和质子收支不平衡时,也会大大加快土壤的酸化速率。目前工农业活动带来大气中氮氧化物和硫氧化物的增加,从而导致酸雨产生,酸雨不仅直接将 H^+ 带入土壤,而且会输入大量的铵态氮,其在土壤中的硝化作用,也会产生 H^+,从而引起土壤酸化。

由于酸雨和能产生质子的物质添加,城市土壤在特定环境或区域也会出现 pH 下降的现象。城市及其周边的工业活动往往会形成以城市中心的酸雨区,大量的研究已经表明城市降雨的 pH 低于周边地区(Giusti, 2011)。酸性降水的酸化作用在短期内会导致土壤潜在酸增长,而较高频率的酸性降雨将导致土壤 pH 下降较快。可释放致酸因子的工矿企业通过大气扩散及随后的降雨输入、工业尘、酸性固体和酸性废水等直接和间接方式将大量 H^+ 和相关的致酸元素输入周边的土壤中,致使土壤加速酸化,甚至发生严重酸化。这是部分城市土壤发生酸化的重要因素。酸雨也是阻止或者缓解城市土壤 pH 进一步升高的重要因素,如一定量的城市表层土壤 pH 低于亚表层,部分是由于酸雨的输入以及钙离子的淋溶作用。城市农业活动以及绿地氮肥的施用也是造成城市土壤表层发生酸化或者 pH 略有下降的主要原因之一。城市绿色植被生长,尤其是其生长植被不能全部回归土壤的乔木类植被,由于吸收土壤中的大量盐基离子而导致土壤 pH 下降。如哈尔滨城市林业示范基地的蒙古栎人工林土壤 pH 平均值为 5.2~7.0,而其毗邻无植被生长的裸地 pH 平均值为 7.1(段文标,2018),这是植物吸收土壤盐基养分元素和植物根系分泌有机酸作用的结果。

2. pH 上升的原因

尽管酸雨作用、城市里工农业活动及施肥会降低土壤的 pH,甚至带来部分土壤的酸化,但城市土壤普遍存在碱性增加现象,且 pH 高于周边的地带性土壤。主要原因有以下几个方面:

(1) 城市建设过程中大量建筑废弃物,如水泥、砖块、石灰,还有生活垃圾和煤渣等进入城市土壤,这些物质风化混入后,会增加土壤中碱性物质的含量,特别是 CaO、$Ca(OH)_2$ 和 $CaCO_3$ 等,还可能增加 K^+ 和 Na^+ 等阳离子的含量,使得土壤的酸中和容量增大。如爱尔兰戈尔韦市路边运动场的土壤因为使用石灰,而提高了土壤的 pH(Dao et al., 2010);重庆市渝中区街道绿地由于建筑垃圾等混入,提高了土壤中 $CaCO_3$ 的含量,使得"原来的酸性紫色土演变为石灰性紫色土"(丁武泉,2008);Nehls 等(2013)发现城市土壤中砖块有较高的 pH,其添加会增加土壤 pH。

（2）水泥、混凝土和石灰等使用过程中会产生大量含碳酸盐的灰尘，沉降后输入土壤。山东淄博市城区和近郊表层土壤 pH(8.6)高于深层土壤(8.1)，具碱化特征；同时，表层土壤的 CaO 含量是深层土壤的 1.18 倍，CaO 和 $CaCO_3$ 是石灰、水泥建筑降尘的特征物质，这类偏碱性物质向表层土壤释放可能是导致城市表层土壤碱化的原因之一（代杰瑞，2018）。上海典型新建绿地土壤主要为碱性和强碱性，其主要原因是 $CaCO_3$ 含量较高（项建光等，2004）。史贵涛等（2007）对上海市土壤和降尘进行研究后发现，土壤略显碱性（pH 平均值为 7.0），而灰尘则呈现出明显的碱性（pH 平均值为 8.6，$n=44$），这说明城市中含碱性物质的大气颗粒物的沉降会提高土壤的 pH。

（3）人工合成硅酸盐（水泥、炼钢炉渣等）的化学作用会产生次生 $CaCO_3$。Washbourne 等（2015）在英国纽卡斯尔市的一个混凝土建筑拆除点持续 18 个月的监测，发现对土壤中 $CaCO_3$ 含量一直在增加，这是混凝土中的 $CaSiO_3$ 结合来自大气的 CO_2 快速风化和矿物水化沉降为方解石的结果（式 5-1 和 5-2）。Langroudi 等（2021）研究表明次生碳酸盐主要沉降在土壤的大孔隙中，具有更多钙离子的地方会存储更多的碳。

$$CaSiO_3 + CO_2 + 2H_2O \rightarrow CaCO_3 + H_4SiO_4 \qquad (5-1)$$

$$Ca_9Si_6O_{18}(OH)_6 8H_2O + 9H_2CO_3 \rightarrow 9CaCO_3 + 6H_4SiO_4 + 8H_2O \qquad (5-2)$$

土壤 pH 影响次生 $CaCO_3$ 形成的形状和稳定性。反之，$CaCO_3$ 的形成也会影响土壤的 pH。从南京市的城区-郊区-农田土壤 $CaCO_3$ 含量变化来看，城区表层和亚表层土壤的 $CaCO_3$ 含量均显著大于郊区，而农区表层和亚表层土壤均无 $CaCO_3$。$CaCO_3$ 的这一变化规律与土壤 pH 从城区到郊区、农田的逐渐下降变化规律一致。已有研究表明 $CaCO_3$ 含量在一定范围内会对 pH 升降产生影响（刘世全等，2002）。南京市大量城市土壤样品的统计结果表明，土壤 pH 与 $CaCO_3$ 含量存在极显著非线性正相关关系（图 5-5）。

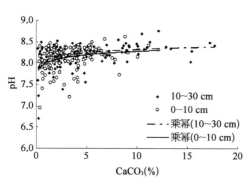

图 5-5　pH 和 $CaCO_3$ 含量关系图

（4）融化道路积雪的盐类如 $CaCl_2$、NaCl 及其他的盐类，造成土壤复钙和复盐。Ljung（2006）研究发现由于使用人工化雪盐和建筑物的风化向城市土壤中加入钙元素，土壤的 pH 与土壤中的碳酸盐含量呈线性关系。

综合来看，在城市化过程中，由酸沉降等带来酸性物质，但城市建房、筑路等市政建设、工业活动和居民生活等产生的碱性物质直接混入或通过降尘输入土壤后，可以抵消酸雨等的影响，最终导致城市土壤趋向碱性，pH 升高。

5.1.4 土壤 pH 变化的环境影响

土壤 pH 是土壤的重要理化性质,它可以影响土壤中元素(包括营养元素和有毒元素)的转化与释放、微量元素(包括重金属元素)的生物有效性强弱、土壤发生过程中元素的迁移和微生物的活性等。就土壤 pH 对微量元素有效度的影响来看,室内对黑土的培养研究发现 pH 变化 0.5 个单位,有效态铜含量变化约 0.5~1 倍;有效态锰含量变化约 3~5 倍;有效态锌含量变化 9~15 倍(于君宝等,2002)。pH 升高的土壤中铁、锰、铜、锌、钴等微量元素的溶解性和有效态含量可能会降低(王晖等,2007)。这一方面可以降低城市土壤中重金属的毒性,另一方面也会减少对土壤中植物所需微量元素的吸收,从而造成植物缺素。

城市土壤 pH 的改变,可能会影响某些有机污染物的迁移转化过程。如 pH 增加能增强低环 PAHs 的迁移淋滤能力,pH 降低则更能促进高环 PAHs 从土壤表层向深部迅速迁移(康耘和葛晓立,2010)。城市土壤的高 pH 意味着土壤中碱性物质的增加,部分土壤会有盐分的积累,如北方融雪加入的大量 $CaCl_2$ 和 NaCl 等盐类会导致部分绿地出现盐渍化,影响园林植物的生长。

土壤酸碱性的改变对土壤生物种群的影响非常大。土壤 pH 变小不利于细菌的繁殖,影响营养元素的良性循环。pH 的变化还会影响土壤中微生物和酶的活性(刘秋丽等,2011),不利于土壤中有机质的形成和矿化。城市土壤的不良性质会影响树木生长和城市绿化,需要重视和采取措施改良土壤。

5.2 城市土壤重金属污染

5.2.1 土壤重金属的来源

城市土壤是重金属和其他污染物的汇。城市环境的重金属来源具有多元性,概括来说,土壤重金属来源包括自然来源和人为来源。

1. 自然来源

成土母质是土壤重金属的自然来源,自然成土过程引起重金属在土壤剖面中的分配,城市土壤仍留下成土母质的烙印。

2. 人为来源

由于城市土壤受到多种方式人为活动的强烈影响,因此,人为活动是导致城市土壤中许多重金属元素积累的主要原因。

(1) 工业排放 矿产冶炼、电镀、塑料、电池、火力发电、化工等行业是排放重金属的主要工业源,所排放的重金属一方面呈气态或气溶胶态,进入大气后经干、湿沉降进入土壤;另一方面,工业活动所产生的废渣是重金属的重要载体,尤其是一些金属冶炼厂,废渣中的重金属含量极高,无处理堆弃或直接混入土壤,也会造成土壤重金属富集。因此,在城市土壤中,工业区及其周围土壤重金属污染一般较为严重。

（2）机动车排放　城市机动车排放是城市土壤重金属的重要来源,机动车尾气排放、轮胎、车刹及车辆镀金部分磨损或润滑油燃烧都会释放出含 Pb、Cd、Cu、Zn 等有害气体和粉尘,通过大气干、湿沉降影响路侧土壤。汽油稳定剂的使用显著增加了城市土壤中铂族元素(Pt、Pd 和 Rh)的含量。城市土壤污染指数与机动车流量具有显著的相关性。城市土壤中 Pb 主要来源于机动车尾气排放和含铅汽油的污染和燃烧。机动车轮胎的添加剂中含有 Zn,因此,轮胎磨损产生的粉尘,是城市土壤 Zn 污染的来源之一,交通也是城市土壤中 Cu 和 Zn 污染的主要来源。

（3）化石燃料燃烧　煤炭、燃油等中含有一些潜在毒害元素,如 Hg、Pb、Cd、As、Zn等。这些元素在高温条件下具有挥发性和半挥发性,即在煤炭、燃油燃烧过程中,呈气态或吸附在烟气中的细小颗粒物上呈气溶胶态,并能通过各种烟气污染控制设施而释放到大气环境中,化石燃料燃烧已成为大气环境中这类潜在毒害元素的主要污染源。

（4）城市废弃物及废弃物处置　城市每天产生大量的废弃物,如市政建设垃圾、家庭生活垃圾、工业废弃物、城市污泥等。由于污泥中含有丰富的有机质和 N、P、K 等养分元素,常常在城市园林绿化中作为土壤改良剂使用;但城市污泥中重金属含量高,导致城市绿地土壤中重金属积累。市政建设垃圾、家庭生活垃圾以及工业废弃物含有各种重金属,且部分重金属(如 Pb、Cu、As 等)含量比自然土壤高 100～1 000 倍,它们通过各种途径混入土壤或其中的重金属向周围土壤中释放,增加土壤重金属含量。

（5）大气沉降　由于城市及城郊区域工业生产(如金属矿开采和冶炼、制造业、加工业、发电厂等)、交通运输(如机动车尾气排放及轮胎磨损等)、取暖系统和城市废弃物处置等产生大量含有重金属的气体和粉尘,它们通过干、湿沉降进入城市土壤中。

（6）农用化学品　城市园林植物管理需要使用肥料、农药等,这些农用化学品中含有重金属元素,长期使用可导致土壤中某些重金属积累。如砷化物是多种杀虫剂或除草剂农药原料,这些含砷农药、杀虫剂的使用,导致砷进入土壤中;磷肥的施用是许多城市公园土壤 Cd 的重要来源之一。

5.2.2　土壤重金属含量与空间分布

重金属在城市土壤中的分布是比较复杂的。不同区域的城市土壤因母质、成土过程差异以及受到人为活动影响的方式和强度不同,城市土壤中各重金属含量差异性大,世界部分城市土壤重金属含量列于表 5-3。城市土壤中自然发生层次通常被人为地扰动或破坏,因此重金属在土壤剖面层次中分布没有规律,即使在较深层土壤中可能含量仍然很高。城市土壤中重金属的空间分布与人为活动强度密切相关,受工业活动、机动车排放等影响的区域,土壤重金属含量通常较高,城市工业区、商业区、住宅区、城市公园、路边土壤中重金属富集程度存在差异。本部分以中国历史悠久的六朝古都南京市和20世纪 80 年代以来快速发展、高度开放的华南地区最大城市广州市土壤为例,说明城市土壤重金属分布特征及其影响因素。

表 5-3 世界部分城市表土中重金属含量(变幅、平均值/中值)

城市(国家)	As(mg kg⁻¹)	Cd(mg kg⁻¹)	Cu(mg kg⁻¹)	Fe(g kg⁻¹)	Hg(mg kg⁻¹)	Mn(mg kg⁻¹)	Ni(mg kg⁻¹)	Pb(mg kg⁻¹)	Zn(mg kg⁻¹)	参考文献
阿纳巴(阿尔及利亚)	NA	0.01~14.15 (0.44/0.3)	0.2~132.1 (39/23.8)	7.11~47.5 (24.3/25.2)	NA	33.7~636.2 (355/405)	NA	3.1~823.7 (53.1/42.3)	4.7~258.8 (67.5/64.7)	Maas et al., 2010
利斯戈(澳大利亚)	NA	NA	11~682 (31.8/28)	NA	NA	NA	NA	<5~3 200 (20.8/27)	34~4 950 (109/97)	Rouillon et al., 2013
渥太华(加拿大)	1.7~9.9 (3/2.8)	0.11~0.75 (0.3/0.27)	6.27~42.46 (13.19/12.1)	15.3~33.2 (21.5/20.7)	0.018~2.01 (0.11/0.05)	320~873 (525/532)	10.5~27.9 (16.3/15.8)	15.6~547.4 (64.69/33.78)	50.4~380.4 (114/100)	Rasmussen, et al., 2001
北京(中国)	5.7~23 (9.9/NA)	0.003~0.98 (0.13/0.11)	13.4~208 (31.7/26.1)	NA	0.022~9.4 (0.30/0.26)	NA	17.8~39 (24.0/~23.8)	4.02~174.4 (23.3/19.3)	29.4~322 (92.9/84.5)	Chen et al., 2010; Luo et al., 2008; Wang et al., 2012a
长春(中国)	6.1~67.7 (12.5/NA)	0.028~11.04 (0.13/NA)	15.9~437 (29.4/NA)	NA	0.025~1.43 (0.12/NA)	399~3 933 (743/NA)	NA	19.7~377.5 (35.4/NA)	44.8~1 106.8 (90/NA)	Yang et al., 2011
广州(中国)	1.4~144 (17.4/14.1)	0.03~2.41 (0.32/0.23)	5.0~417 (35.8/25.3)	6.1~61.8 (27.9/27.0)	0.01~12.2 (0.61/0.34)	21.2~1 286 (218/185)	2.5~77.6 (18.7/16.2)	18.5~4 903 (87.6/63.8)	10.1~1 795 (107/78.8)	Lu et al., 2016
杭州(中国)	NA	0.65~4.57 (1.2/1.12)	7.4~177.3 (52/44.8)	4.19~71.92 (NA)	NA	NA	NA	15~492 (88.2/65.8)	19~1 249 (207/180)	Lu and Bai, 2010
香港(中国)	NA	0.11~1.36 (0.36/0.33)	1.30~277 (16.2/10.4)	NA	NA	NA	0.24~19.9 (4.08/3.65)	7.53~496 (88.1/70.6)	23.0~930 (103/78.1)	Lee et al., 2006
南京(中国)	NA	NA	13.6~869 (66.1/NA)	29.4~57.3 (39.7/NA)	NA	474~1 325 (799/NA)	30.1~68 (41.4/NA)	36.3~472 (107/NA)	57.7~852 (163/NA)	Lu, 2000; Lu et al., 2003
上海(中国)	NA	0.19~3.66 (0.52/N)	23.1~151.7 (59.25/NA)	NA	NA	NA	4.95~65.7 (31.1/NA)	13.72~192.4 (70.69/NA)	102.5~1 025 (301/NA)	Shi et al., 2008
沈阳(中国)	7.5~137.7 (22.7/17.6)	0.01~9.64 (1.10/0.54)	7.6~430 (92.4/71.1)	NA	0.06~1.34 (0.39/0.33)	132~1 030 (636/657)	NA	1.9~940 (117/70.1)	25~1 140 (235/182)	Li et al., 2013
天津(中国)	5.4~18 (11/NA)	0.01~2.1 (0.18/NA)	13~79 (33/NA)	NA	0.03~6.2 (0.43/NA)	NA	25~49 (39/NA)	3.9~120 (45/NA)	58~387 (148/NA)	Zhao et al., 2014
渭南(中国)	2.6~11.5 (8.49/NA)	NA	14.6~34.7 (20.9/NA)	NA	NA	431~654 (538.5/NA)	20.8~35.8 (25.4/NA)	19.0~89.5 (46.7/NA)	44.5~196.8 (71.6/NA)	Li and Feng, 2012

续表

城市(国家)	As(mg kg⁻¹)	Cd(mg kg⁻¹)	Cu(mg kg⁻¹)	Fe(g kg⁻¹)	Hg(mg kg⁻¹)	Mn(mg kg⁻¹)	Ni(mg kg⁻¹)	Pb(mg kg⁻¹)	Zn(mg kg⁻¹)	参考文献
西安(中国)	NA	NA	27.2~792 (54.3/39.4)	NA	NA	519~780 (672/672)	23.7~39.1 (34.5/34.7)	26~506.5 (59.7/45.4)	68.6~4 965 (186/104)	Chen et al., 2012
徐州(中国)	8.7~577 (39.8/13)	0.11~2.9 (0.54/0.42)	17~80 (38.2/32)	26.6~41.5 (33.7/32.9)	0.02~1.3 (0.29/0.18)	430~902 (543/508)	23~104 (34.3/30)	16~120 (43.3/36)	53~380 (144/102)	Wang and Qin, 2007
漳州(中国)	NA	0.02~7.88 (0.53/0.11)	3~128.1 (36.8/28.6)	10.3~90.3 (54.9/56.8)	0.03~2.89 (0.57/0.36)	NA	4.5~26.2 (12.6/12.8)	29.8~1 173.8 (103/54.3)	18.6~144 (85.5/72.6)	Cui et al., 2011
德拉斯图纳斯(古巴)	NA	NA	56~160 (94/92)	28~79 (52/49)	NA	NA	8~143 (36/25)	5~140 (42/35)	96~409 (199/170)	Rizo et al., 2013
塔林(爱沙尼亚共和国)	NA	NA	7~621 (45/35)	NA	NA	76~1 750 (384/320)	4.3~65 (16/15)	5.7~602 (75.3/50)	11.4~1 560 (156/114)	Bityukova, et al., 2000
皮耶塔尔萨里(芬兰)	1.4~16.3 (NA/2.7)	0.06~2.52 (NA/0.25)	4.7~2 612 (NA/22)	8.2~95.2 (NA/11.6)	0.011~2.31 (NA/0.093)	103~787 (NA/209)	4.5~386 (NA/7.9)	10.2~3 439 (NA/59)	17~2 368 (NA/82)	Peltola and Åström, 2003
图尔库(芬兰)	0.2~10.8 (NA/3.2)	0.03~2.50 (NA/0.2)	<1~495 (NA/19.15)	1.38~54.8 (NA/23.1)	NA	8~692 (NA/235)	<1~55.9 (NA/12.45)	6~264 (NA/20)	4~499 (NA/72.5)	Salonen and Korkka-Niemi, 2007
柏林(德国)	NA~126 (5.1/3.9)	NA~53 (0.92/0.35)	NA~12 300 (79.5/31.2)	NA	NA~71.2 (0.42/0.19)	NA	NA~769 (10.7/7.7)	NA~4 710 (119/76.6)	NA~25 210 (243/129)	Birke and Rauch, 2000
雅典(希腊)	6~204 (29/24)	0.1~3.5 (0.4/0.3)	11~4 109 (48/39)	6~48 (24/24)	NA	168~2 731 (587/554)	27~727 (111/102)	3~2 764 (77/45)	18~1 089 (122/98)	Argyraki and Kelepertzis, 2014
伊斯法罕(伊朗)	NA	0.28~0.46 (0.33/0.33)	20.8~144 (59.9/52)	23.4~37.4 (28.8/27.5)	NA	NA	NA	17.4~215.4 (84.2/73.2)	38~652 (196.7/154.8)	Tahmasbian et al., 2014
克尔曼(伊朗)	NA	NA	38.9~204 (68.6/53.4)	NA	NA	461~845 (611/576)	NA	48~233 (102/94.5)	42~152 (73/68)	Hamzeh et al., 2011
都柏林(爱尔兰共和国)	NA	NA	10~123 (31.2/25)	NA	NA	NA	NA	14~714 (80.5/39)	22~360 (107.4/94)	Dao et al., 2014

续　表

城市(国家)	As(mg kg⁻¹)	Cd(mg kg⁻¹)	Cu(mg kg⁻¹)	Fe(g kg⁻¹)	Hg(mg kg⁻¹)	Mn(mg kg⁻¹)	Ni(mg kg⁻¹)	Pb(mg kg⁻¹)	Zn(mg kg⁻¹)	参考文献
戈尔韦(爱尔兰)	<5~30 (8.6/8)	NA	9~271 (33.2/27)	4.4~56.1 (17/17)	NA	69~6 302 (1 214/539)	2~86 (20.7/22)	25~534 (78.4/58)	23~656 (99.3/85)	Zhang et al., 2006
那不勒斯(意大利)	NA	NA	6.2~286 (74/54)	NA	NA	NA	NA	4~3 420 (262/184)	30~2 550 (251/180)	Imperato, et al., 2003
巴勒莫(意大利)	NA	0.27~3.80 (NA/0.84)	10~344 (NA/77)	NA	0.04~56.0 (NA/1.85)	142~1 259 (NA/566)	7.0~38.6 (NA/19.1)	57~2 516 (NA/253)	52~433 (NA/151)	Manta et al., 2002
科森扎(意大利)	3~22 (7.48/7)	0.13~2.44 (0.4/0.3)	11.6~250 (44.4/30.4)	31~105.8 (54.7/51.3)	0.09~0.45 (0.19/0.18)	500~5 400 (130/100)	18~82 (34.7/33)	8~708 (63.7/31)	38~871 (166.7/127)	Guagliardi et al., 2012
托里诺(意大利)	NA	NA	34~283 (90/76)	NA	0.21~0.90 (0.48/0.47)	NA	103~790 (209/175)	31~870 (149/117)	78~545 (183/149)	Biasioli, et al., 2006; Rodrigues et al., 2006
托斯卡纳区(意大利)	NA	NA	27.5~305 (85.0/62.5)	NA	NA	NA	27.5~112 (59.0/55.2)	30.2~1 025 (219/122)	45.1~337 (128/107)	Bretzel and Calderisi, 2006
墨西哥(墨西哥)	NA	NA	26~461 (93/NA)	NA	NA	NA	29~151 (49/NA)	15~693 (116/NA)	95~1 890 (447/NA)	Rodriguez Salazar, et al., 2011
奥斯陆(挪威)	<3~69.6 (5.48/4.50)	0.06~3.10 (0.41/0.34)	4.76~437 (31.7/23.5)	2.2~50.2 (21.8/21.1)	0.01~2.30 (0.13/0.06)	71.4~2 230 (486/438)	2.23~232 (28.4/24.1)	<5~1 000 (55.6/33.9)	22.9~1 150 (160/130)	Tijhuis et al., 2002
特隆赫姆(挪威)	0.32~23 (4.0/3.3)	0.002~5.5 (0.19/0.12)	5.4~383 (39/32)	NA	0.02~2.2 (0.15/0.09)	NA	17~153 (45/43)	16~10 125 (81/32)	4.3~1 056 (112/80)	Andersson et al., 2010
锡亚尔科特(巴基斯坦)	NA	21.1~51.8 (36.8/45.68)	7.1~347 (26.85/18.9)	7.97~30.1 (18/17.8)	NA	MA	62.6~206 (85.5/83.4)	95~186 (121.4/121.5)	52.9~363 (94.2/78.1)	Malik et al., 2010
诺维萨德(塞尔维亚)	NA	0.75~2.09 (1.59/1.69)	8.36~45.7 (21.9/19.7)	6.64~19.0 (10.7/10.3)	0.16~0.55 (0.30/0.27)	286~836 (424/387)	16.6~27.4 (23.2/23.3)	17.5~55.9 (28.8/25.8)	63.3~400 (111/85.6)	Škrbić and Đurišić-Mladenović, 2013
卢布尔雅那(斯洛文尼亚共和国)	NA	NA	15~123 (39/32)	NA	0.15~0.86 (0.41/0.38)	NA	14~38 (26/26)	11~387 (87/68)	63~446 (148/122)	Biasioli et al., 2007; Rodrigues et al., 2006
阿维莱斯(西班牙)	4.5~117 (20.9/NA)	0.80~7.80 (2.16/NA)	19~1 040 (62.5/NA)	16.7~98.3 (35.6/NA)	0.17~2.41 (0.57/NA)	185~4 261 (690/NA)	5.00~48.0 (16.7/NA)	54.0~1 160 (149/NA)	110~1 959 (376/NA)	Ordóñez et al., 2003

续　表

城市(国家)	As(mg kg⁻¹)	Cd(mg kg⁻¹)	Cu(mg kg⁻¹)	Fe(g kg⁻¹)	Hg(mg kg⁻¹)	Mn(mg kg⁻¹)	Ni(mg kg⁻¹)	Pb(mg kg⁻¹)	Zn(mg kg⁻¹)	参考文献
直布罗陀(西班牙)	0.4~1 351 (9.6/NA)	0.2~318 (0.8/NA)	0.02~12 500 (40.2/NA)	0~43.5 (17.6/NA)	NA	0.1~1 220 (314/NA)	0.2~648 (40.5/NA)	0.75~26 500 (137.6/NA)	0.42~44 900 (178/NA)	Mesilio et al., 2003
穆尔西亚自治区(西班牙)	NA	0.03~0.74 (NA/0.13)	2.4~16.9 (NA/8.9)	NA	NA	34.1~206 (NA/135)	3.6~16.7 (NA/11.1)	4.8~150 (NA/21.9)	1.9~54.1 (NA/16.6)	Acosta et al., 2011
塞维利亚(西班牙)	NA	0.18~4.85 (2.89/NA)	10.7~198 (54.5/NA)	8.7~29.2 (16.4/NA)	0.11~1.30 (0.42/0.3)	187~781 (391/NA)	11.1~46.7 (21.2/NA)	23.0~725 (156/NA)	38.8~326 (120/NA)	Ruiz-Cortés, et al., 2005; Rodrigues et al., 2006
斯德哥尔摩(瑞典)	1.5~37.3 (6.1/NA)	0.06~1.11 (0.40/NA)	7.3~1 315 (71/NA)	NA	0.01~6.52 (0.59/NA)	NA	5.6~31.0 (12.8/NA)	4.6~1 279 (101/NA)	20~965 (171/NA)	Linde et al., 2001
乌普萨拉(瑞典)	1.41~15.0 (NA/3.46)	0.08~0.71 (NA/0.21)	10.9~110 (NA/25.4)	1.56~3.79 (NA/2.49)	0~3.66 (NA/0.139)	199~833 (NA/494)	7.22~39.1 (NA/18.5)	8.53~358 (NA/25.5)	44.8~149 (NA/84.0)	Ljung et al., 2006
大马士革(叙利亚)	NA	NA	16~97 (34/30)	NA	NA	NA	24~58 (39/35)	<5~108 (17/10)	46~293 (103/84)	Möller et al., 2005
曼谷(泰国)	NA	0.05~2.53 (0.29/0.15)	5.1~283 (41.7/26.6)	3.9~26.7 (16.1/18.4)	NA	50~810 (340/290)	4.1~52.1 (24.8/23.0)	12.1~269.3 (47.8/28.9)	3~814 (118/38)	Wilcke et al., 1998
纽卡斯尔(英国)	5~279 (20/15)	0.01~6.95 (0.65/0.28)	20~12 107 (233/77)	NA	NA	NA	11~165 (30/26)	40~4 134 (350/233)	75~4 625 (419/274)	Rimmer et al., 2006
谢菲尔德(英国)	NA	NA	NA	NA	NA	NA	8~473 (40/32)	19~4 300 (244/164)	NA	Rawlins et al., 2005
巴尔的摩(美国)	NA	0.000 3~3.1 (1.06/0.89)	5~336 (45/35)	6.34~2.58 (23.5/22.3)	NA	6~2 125 (472/422)	5~336 (27/18)	4~5 652 (231/89)	6~1 109 (141/81)	Pouyat et al., 2007
纽约(美国)	1~46 (15/13)	0.1~3 (0.4/0.4)	14~138 (50/46)	NA	0.1~1 (0.5/0.3)	19~3 117 (491/406)	8~97 (32/29)	40~730 (221/178)	19~300 (96/81)	Burt et al., 2014
彭萨科拉(美国)	0.13~14 (1.87/1.4)	0.02~1.8 (0.13/0.04)	0.27~54 (6.26/4.4)	0.59~18 (4.91/3.9)	0.005~0.38 (0.03/0.02)	NA	0.17~8 (2.48/1.95)	0.82~325 (23.98/11.5)	0.53~289 (33.22/17)	Liebens et al., 2012

注：NA: 缺乏数据。

1. 南京城市土壤重金属含量及其影响因素

南京市土壤重金属研究采用代表性的剖面与具有历史文化层的深厚剖面相结合。采集南京城区 20 个代表性土壤剖面不同层次的土壤样品 138 个,测定土壤 Fe、Mn、Cr、Ni、Co、V、Cu、Zn、Pb 含量并分析了其影响因素。南京城市土壤全 Fe 的含量为 29.4～57.3 g kg^{-1},平均值为 39.7 g kg^{-1}(表 5 - 4);与世界土壤的中值(40 g kg^{-1})相近。根据全国土壤背景值研究结果(中国环境监测总站,1990),该区域地带性黄棕壤表层(A 层)土壤的背景值为 33.3±9.9 g kg^{-1}(平均值±标准差)。在调查的南京城市土壤 138 个样品中,Fe 含量小于背景值上限的有 108 个,占 78.3％,可见 Fe 含量基本在背景值范围之内(图 5 - 6a)。Mn 的含量为 473.6～1 324.6 mg kg^{-1},平均值为 799.3 mg kg^{-1}(表 5 - 4),低于世界土壤的平均含量(850 mg kg^{-1}),高于中国土壤平均 Mn 含量(710 mg kg^{-1})(刘铮,1996)。按照南京地区土壤中 Mn 元素的背景值 511±226 mg kg^{-1}统计(中国科学院土壤背景值协作组,1979),54.3％土层中 Mn 含量超过其背景值上限(图 5 - 6b)。Cr 的含量为 48.1～139.7 mg kg^{-1},平均值为 84.7 mg kg^{-1}(表 5 - 4),高于世界土壤的背景值(70 mg kg^{-1})和我国土壤的背景值(57.3 mg kg^{-1})(王云和魏复盛,1995)。南京地区土壤中的 Cr 背景值为 59±20 mg kg^{-1}(中国科学院土壤背景值协作组,1979),Cr 含量超过背景值上限的土壤样品有 89 个,占 64.5％(图 5 - 6c)。Ni 的含量为 30.1～68.0 mg kg^{-1},平均值为 41.36 mg kg^{-1}(表 5 - 4),低于世界土壤的平均 Ni 含量(50 mg kg^{-1}),高于我国土壤 Ni 平均含量(24.9 mg kg^{-1})(王云和魏复盛,1995)。据南京地区土壤 Ni 的背景值(35.0±17.8 mg kg^{-1})统计(中国科学院土壤背景值协作组,1979),95.7％的土壤 Ni 含量在背景值范围内(图 5 - 6d)。Co 的含量为 11.8～21.5 mg kg^{-1},平均值为 16.09 mg kg^{-1}(表 5 - 4),是世界土壤的中值(8 mg kg^{-1})的 2 倍,小于我国土壤平均值(21 mg kg^{-1})(蔡祖聪和刘铮,1990)。根据南京地区土壤 Co 的背景值(14±7.9 mg kg^{-1})统计(中国科学院土壤背景值协作组,1979),所有调查的土壤样品中的 Co 含量均在背景值范围内(图 5 - 6e)。V 的含量为 83.2～163.8 mg kg^{-1},平均值为 119.3 mg kg^{-1}(表 5 - 4),大于世界土壤的平均含量(100 mg kg^{-1})(刘铮,1996)。黄棕壤母质 V 的背景值为 102.9±28.48 mg kg^{-1}(中国环境监测总站,1990),81.9％的土壤 V 含量在背景值范围之内(图 5 - 6f)。Cu 的含量为 13.6～869.4 mg kg^{-1},平均值为 66.1 mg kg^{-1}(表 5 - 4),是世界土壤中值(30 mg kg^{-1})的 2 倍多,是中国土壤平均含量(22 mg kg^{-1})的 3 倍多(刘铮等,1978);南京地区土壤 Cu 的背景值为 32.2±13 mg kg^{-1}(中国科学院土壤背景值协作组,1979),有 52.2％的土壤 Cu 含量超过背景值上限(图 5 - 6g)。Zn 的含量为 57.7～851.7 mg kg^{-1},平均值为 162.6 mg kg^{-1}(表 5 - 4),高于世界土壤平均含量(50～100 mg kg^{-1})和中国土壤平均含量 100 mg kg^{-1}(刘铮,1996)。有研究报道我国土壤 Zn 背景值为 68.0 mg kg^{-1},其含量范围为 28.4～161.1 mg kg^{-1}(中国环境监测总站,1990),城市土壤 Zn 平均值大于我国土壤背景值的上限值。南京地区土壤 Zn 的背景值为 76.8±29.5 mg kg^{-1}(中国科学院土壤背景值协作组,1979),Zn 含量大于南京地区背景值上限的土壤样品有 88 个,占 63.8％(图 5 - 6h)。

表 5-4 南京城市土壤重金属含量(mg kg⁻¹)及污染指数

元素	含量变幅	平均值±标准差	南京土壤背景值*	中国土壤背景值**	世界土壤中值**	元素污染指数	平均污染指数
Fe	29 400~57 300	39 700±5 340	33 300±9 900	29 400±9 480	40 000	0.88~1.72	1.19
Ni	30.1~68.0	41.4±5.9	35.0±17.8	26.9±14.4	50	0.86~1.94	1.18
Co	11.8~21.5	16.1±2.1	14±7.9	12.7±6.4	8	0.84~1.53	1.15
V	83.2~163.8	119.3±14.2	102.9±28.5	82.4±32.7	90	0.81~1.59	1.16
Mn	473.6~1 324.6	799.3±173.3	511±226	583.0±362.8	1 000	0.84~2.59	1.56
Cr	48.1~139.7	84.7±17.0	59±20	61.0±31.1	70	0.82~2.37	1.44
Cu	13.6~869.4	66.1±84.0	32.2±13	22.6±11.4	30	0.38~27.0	2.05
Zn	57.7~851.7	162.6±123.9	76.8±29.5	74.2±32.8	90	0.75~11.1	2.12
Pb	36.3~472.3	107.3±62.6	24.8±16.3	26.0±12.4	35	1.46~19.1	4.33

注: *：中国科学院土壤背景值协作组. 1979. 北京、南京地区土壤中若干元素的自然背景值. 土壤学报. 16(4)：319—328. **：中国环境监测总站. 1990. 中国土壤元素背景值. 北京：中国环境科学出版社.

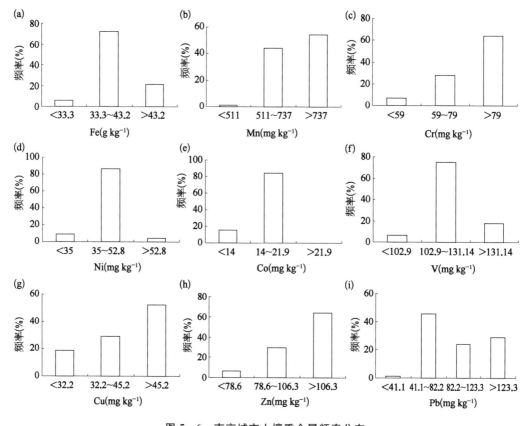

图 5-6 南京城市土壤重金属频率分布

Pb 的含量为 36.3～472.6 mg kg^{-1}，平均值为 107.3 mg kg^{-1}（表 5 - 4），约为世界土壤中值（12 mg kg^{-1}）的 9 倍，是我国 A 层土壤几何平均值（23.6 mg kg^{-1}）的 4 倍多（中国环境监测总站，1990）。南京地区土壤 Pb 的背景值为 24.8±16.3 mg kg^{-1}（中国科学院土壤背景值协作组，1979），小于背景值上限的土壤样品仅 2 个，占 1.5%，其余均大于背景值上限，其中超过 1 倍、2 倍和 3 倍的土壤分别占 45.7%、23.9% 和 29.0%（图 5 - 6i）。

　　由此可见，南京城市土壤中重金属含量均比自然土壤高。Fe 的平均含量与世界土壤的中值相近，高于中国土壤背景值；Mn、Ni 的含量低于世界土壤的中值，高于中国土壤背景值；Cr、V、Co 的含量高于世界土壤的中值和中国土壤的背景值；Cu、Zn、Pb 的含量是世界土壤中值和中国土壤背景值的 2 倍以上。

　　根据南京地区土壤背景值的平均值，计算获得土壤重金属污染指数（表 5 - 4）。Fe、Ni、Co 和 V 平均污染指数为 1.1～1.2，Mn、Cr 为 1.5 左右，Cu 和 Zn 大于 2，Pb 大于 4（表 5 - 4）。在 138 个城市土壤样品中，Fe、Ni、Co 和 V 含量在南京地区土壤背景值上限（平均值＋标准差）范围之内的分别占 78.3%、95.6%、100% 和 81.9%；而 Mn、Cr、Cu、Zn 和 Pb 含量超过南京地区土壤背景值上限的分别占 54.3%、64.5%、52.2%、63.8% 和 98.5%。因此，南京城市土壤中，Fe、Ni、Co 和 V 污染不明显，Mn 和 Cr 有一定的污染，Cu 和 Zn 污染明显，Pb 污染严重。

　　受扰动强烈的城市土壤，土体中重金属含量在纵向分布上没有规律性，完全不同于自然土壤。如图 5 - 7 和图 5 - 8 所示的 Fe、Pb 元素在剖面层次中的分布无规律可循，Mn、Cr、Ni、Co、V、Cu、Zn 元素剖面分布亦如此。由于城市建筑、修路等扰动和工业废弃物、生活垃圾、交通运输尾气等添加，城市土壤受到人为因素的严重改变，土壤中混入许多不同来源的物质，自然土壤发生层被破坏，导致许多土壤剖面上下土层没有发生学上的联系，

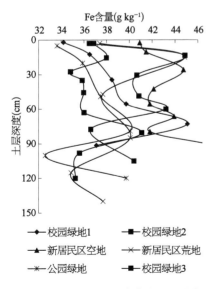

图 5 - 7　南京城市土壤铁的剖面分布

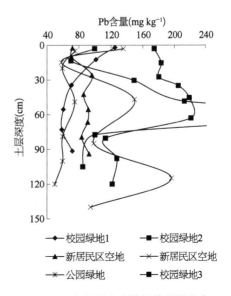

图 5 - 8　南京城市土壤铅的剖面分布

以致城市土壤中重金属含量在土壤剖面分布没有规律；且土壤受到不同程度 Cr、Mn、Cu、Zn 和 Pb 污染。相关分析表明，南京城市土壤 Fe、Cr、Ni、Co 和 V 含量之间均呈极显著的正相关，Mn 与 Pb、Ni 呈极显著或显著的正相关性；Cu、Zn、Pb 和 Cr 元素之间均呈极显著的正相关；Cu、Zn、Pb 与 Fe、Ni、Co、V 之间均没有显著相关性，这与元素的地球化学特征和主要来源有关。

南京城市土壤重金属元素含量与土壤基本物理和化学性质的相关分析结果表明，Fe、Co、V、Ni 元素的含量与黏粒含量呈极显著的正相关，与砂粒含量呈极显著的负相关（表 5-5），这表明它们主要富集在黏粒部分。Cu、Zn、Pb 元素的含量与黏粒含量呈极显著的负相关，与砂粒含量呈极显著正相关（表 5-5），这说明它们主要富集在土壤粗颗粒部分。Mn 元素的含量与粉粒呈极显著的正相关，与砂粒含量呈极显著的负相关，说明 Mn 主要富集在粉粒部分。Cu、Zn、Pb、Cr、Ni 元素的含量与土壤有机碳呈极显著或显著的正相关；Fe、Co 含量与有机碳呈显著的负相关（表 5-5）。Pb 含量与 pH 呈极显著正相关，Co 含量与 pH 呈显著负相关（表 5-5）。Fe、Co、V、Ni 元素的含量与阳离子交换量（CEC）显著正相关（表 5-5）。因此，土壤的颗粒组成及其化学性质会影响土壤中重金属元素的含量及富集特性。

表 5-5　重金属元素含量与土壤性质的相关系数

土壤性质	Fe	Ni	Co	V	Mn	Cr	Cu	Zn	Pb
黏粒（<0.002 mm）	0.540**	0.471**	0.411**	0.391**	0.011	−0.106	−0.346**	−0.447**	−0.471**
粉粒（0.002~0.05 mm）	−0.033	0.011	0.072	0.038	0.438**	−0.084	−0.165	−0.247**	−0.011
砂粒（0.05~2 mm）	−0.355**	−0.337**	−0.330**	−0.315**	−0.277**	0.119	0.339**	0.455**	0.330**
有机 C	−0.198*	0.175*	−0.172*	0.099	−0.128	0.342**	0.463**	0.693**	0.578**
pH	−0.142	−0.128	−0.180*	−0.095	0.164	0.008	0.124	0.147	0.281**
CEC	0.427**	0.471**	0.297**	0.387**	0.088	0.155	−0.060	−0.060	−0.033

注：*：$P<0.05$ 显著水平；**：$P<0.01$ 显著水平。

Wilcke 等(1998)认为，含量在正常范围以内，并与土壤黏粒含量呈显著正相关的重金属元素，主要来源于成土母质；其他元素可能来源于人为排放。南京城市土壤研究表明，Fe、Ni、Co、V 元素含量基本在土壤背景值范围之内，且它们均与黏粒含量呈极显著的正相关，所以它们主要来源于起源土壤物质。Cu、Zn、Pb、Cr 元素含量大部分超出了土壤背景值的范围,它们与土壤黏粒含量呈极显著的负相关(Cr除外),因此主要来源于人为输入。

　　城市土壤重金属元素积累不仅受当代城市建设和现代人为活动的影响,而且对于历史古城来说,其深受不同历史朝代人为活动的影响。土体深部历史文化层中重金属元素积累证明了这一点(杨凤根等,2004;Zhang et al.,2005)。对古都南京从六朝到现代具有代表性的10个土壤文化层进行高密度采样,从重金属元素(Cu、Zn和Pb)含量的统计可以看出,每个朝代土壤文化层中重金属含量均大大超过了南京土壤的背景平均值和南京郊区土壤的平均值(表5-6),这说明南京市土壤文化层中重金属元素总体上是富集的。

表 5-6　南京市各个朝代文化层中重金属元素含量分布情况(mg kg^{-1})

文化层与城市	Cu		Pb		Zn	
	含量范围	平均值	含量范围	平均值	含量范围	平均值
现代层	34.4~780	211.2	70.4~1 784	303.9	70.9~1 039	303.5
清朝层	51.1~5 765	967.1	46~2 870	508.3	67.8~2 483	338.3
明朝层	27.6~10 666	559.5	22.2~7 488	452	73.2~3 839	269.5
元朝层	74.9~201	130.8	200~307	244.8	176~219	196.8
宋朝层	33.8~436.1	164.8	19.4~311.9	132.1	55.6~250	114.6
五代-唐	43.6~482	251.2	27.3~256.7	140.1	84.5~283	121.3
六朝层	13~2 234	340.3	9.78~632.1	113.5	30.3~173.1	89.4
黄土层	10.6~46.7	21.37	4.6~53.7	15.44	42.2~89.3	61.9
南京郊区		25.2		17.3		73.8
南京背景值		32		25		78

2. 广州城市土壤重金属含量与分布特征

　　广州城市土壤重金属研究选择人为影响方式和程度不同的功能区表层土壤进行对比。共采集广州市越秀区、荔湾区、海珠区、天河区、白云区范围内城市公园、文教区、住宅区、交通区、工业区的表层土壤样品 426 个,研究了土壤重金属的含量与空间分布特征。426 个表层土壤总的重金属含量分析结果表明(图 5-9),土壤全 Fe 含量为 6.1~61.8 g kg^{-1},平均值为 27.9 g kg^{-1};全 Mn 含量为 21.2~1 286 mg kg^{-1},平均值为 218 mg kg^{-1};全 Ni 含量为 2.5~77.6 mg kg^{-1},平均值为 18.7 mg kg^{-1};全 Cu 含量为 5.0~417.0 mg kg^{-1},平均值为 35.8 mg kg^{-1};全 Zn 含量为 10.1~1 795 mg kg^{-1},平均值为 106.6 mg kg^{-1};全 Pb 含量为 18.5~4 903 mg kg^{-1},平均值为 87.6 mg kg^{-1};全 Cd 含量为 0.03~2.41 mg kg^{-1},平均值为 0.32 mg kg^{-1};全 Hg 含量为 0.01~12.23 mg kg^{-1},平均值为 0.64 mg kg^{-1};全 As 含量为 1.4~144 mg kg^{-1},平均值为 17.4 mg kg^{-1}。广州市土壤背

景值的平均值：Fe 29.0 g kg^{-1}、Mn 158.6 mg kg^{-1}、Ni 22.03 mg kg^{-1}、Cu 13.6 mg kg^{-1}、Zn 58.1 mg kg^{-1}、Pb 42.88 mg kg^{-1}、Cd 0.083 mg kg^{-1}、Hg 0.157 mg kg^{-1}和As 17.4 mg kg^{-1}（中国科学院土壤背景值协作组等，1982），城市土壤相应元素含量超过背景值的比例分别为 Fe 39.7%、Mn 60.8%、Ni 28.4%、Cu 87.1%、Zn 69.3%、Pb 82.6%、Cd 94.1%、Hg 74.6%和 As 37.1%。

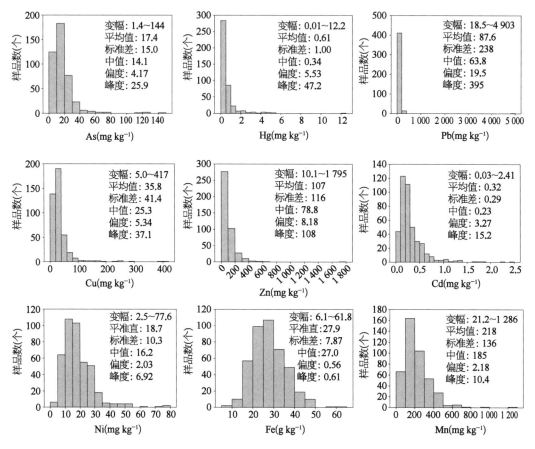

图 5 - 9　广州城市土壤中重金属元素含量频率分布和描述统计图($n=426$)

广州不同行政区域土壤重金属含量存在明显差异（表 5 - 7），荔湾区和海珠区土壤 Cu、Cd 含量显著高于越秀区、天河区、白云区，荔湾区、白云区和海珠区土壤，Zn 含量显著高于越秀区和天河区，海珠区土壤 Pb 含量显著高于其他区，越秀区和荔湾区土壤 Hg 和 As 含量显著高于其他 3 个区，荔湾区土壤 Ni 含量显著高于其他区，不同行政区土壤 Fe 含量没有显著差异。土壤重金属含量的差异可能与城市历史和工业布局有密切关系。越秀区和荔湾区是广州的老城区，具有悠久的历史，海珠区有许多工业的分布，如化工厂、电池厂、玩具厂等，而天河区和白云区均是由于城市规模扩张，由城郊发展而成，历史相对短暂。因此，荔湾区的 Cu、Cd、Zn、Hg、As 和 Ni 含量均较高，越秀区 Hg 和 As 含量较高,海珠区的 Cu、Cd、Zn 和 Pb 含量较高,天河区和白云区重金属污染相对较轻。可见,城市人类活动影响土壤重金属的积累和分布。

不同功能区土壤重金属含量也存在差异,工业区土壤中 Cu、Zn、Pb、Cd 含量显著高于公园、文教区、住宅区和交通区。值得关注的是,公园土壤中 Hg 和 As 的含量显著高于其他功能区(表 5-8)。由于一些城市公园是在城市垃圾填埋处或搬迁后的工厂区域建成的,因此部分公园土壤重金属元素含量可能会较高,污染相对严重。

土壤综合污染指数评价结果表明,广州城市土壤重金属综合污染指数<1.0 的仅占 2.0%,综合污染指数为 1.0~1.5、1.5~2.0、2.0~3.0 和>3.0 的分别占 16.0%、17.4%、28.2% 和 36.4%(图 5-10、图 5-11)。由此可见,土壤已经受到不同程度的重金属污染。综合分析,荔湾区、越秀区和海珠区土壤污染相对严重,工业区和城市公园土壤也受到较严重的污染。

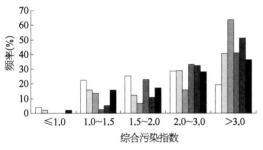

图 5-10　不同行政区土壤重金属综合污染指数

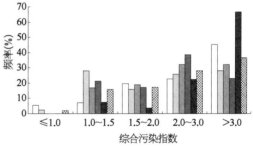

图 5-11　不同功能区土壤重金属综合污染指数

根据普通克里格插值原理及半方差函数拟合参数,应用 ArcGIS 软件中的 Geostatistical Analyst 模块进行空间变异插值,得到广州市城市土壤 As、Cd、Cu、Hg、Pb、Zn 元素含量的空间分布图(图 5-12)。总体来看,荔湾区、越秀区和海珠区土壤 As、Cd、Cu、Hg、Pb 和 Zn 的含量普遍偏高,白云区和天河区土壤含量较低。

经主成分(PC)分析得到大于 1 的特征值共有 3 个,与其对应的 3 个主成分的累计贡献率为 66%(图 5-13)。PC1、PC2 和 PC3 的贡献率分别为 26.0%、23.4% 和 16.6%。Cu、Zn、Pb 和 Cd 元素为一类,对 PC1 有很大的负荷量;Ni、Fe、Mn 和 Cd 元素为一类,对 PC2 有很大的负荷量;Hg 和 As 为一类,对 PC3 有很大的负荷量。同一类元素通常性质上具有相似性,如相同的来源。对 PC1 和 PC3 有很大负荷量的两组元素,较广州市土壤的自然背景值有明显的富集特征,明显地受到城市化和工业化影响,可能主要来源于人为输入,包括工业、道路交通和居民家庭的排放。对 PC2 有很大负荷量的 Fe 和 Ni,其含量在元素自然背景值范围之内,且铁含量呈正态分布特征,因此,该组元素主要来源于成土母质。Cd 元素对 PC1 和 PC2 都有很高的负荷量,这表明 Cd 受自然来源(成土母质)和人为来源的共同影响。

表 5-7 广州不同行政区土壤重金属含量差异显著性比较

行政区	N	Cu (mg kg⁻¹)	Zn (mg kg⁻¹)	Pb (mg kg⁻¹)	Cd (mg kg⁻¹)	Ni (mg kg⁻¹)	Fe (g kg⁻¹)	Mn (mg kg⁻¹)	Hg (mg kg⁻¹)	As (mg kg⁻¹)
天河区	154	22.8±12.4c	61.5±34.1c	66.9±42.6b	0.22±0.21c	17.5±8.1bc	28.8±7.4a	191.7±147.9c	0.44±0.68b	12.3±6.8c
越秀区	152	38.4±33.4b	103.2±67.0b	83.4±43.6b	0.34±0.27b	20.3±10.5b	27.8±7.7a	216.8±118.1bc	0.93±1.43a	22.4±21.2a
荔湾区	44	59.1±68.48a	158.9±130.7a	97.8±58.7b	0.49±0.44a	24.4±15.2a	28.1±7.3a	253.0±110.3ab	0.64±0.52ab	21.3±11.5ab
白云区	39	39.5±47.2b	155.8±103.8a	65.9±35.3b	0.35±0.21b	13.5±7.1d	26.0±8.1a	214.2±106.6bc	0.33±0.40b	16.5±9.6bc
海珠区	37	47.4±72.2ab	194.1±281.7a	201.7±795.6a	0.42±0.33ab	15.2±8.1cd	25.9±9.8a	291.0±171.8a	0.31±0.27b	13.7±9.0c

注：表中数据为平均值±标准误，显著性差异用 DMRT 多重比较法，同一列数据具有相同字母表示差异不显著，不同字母表示差异显著（$p < 0.05$）。

表 5-8 广州不同功能区土壤重金属含量差异显著性比较

功能区	N	Cu (mg kg⁻¹)	Zn (mg kg⁻¹)	Pb (mg kg⁻¹)	Cd (mg kg⁻¹)	Ni (mg kg⁻¹)	Fe (g kg⁻¹)	Mn (mg kg⁻¹)	Hg (mg kg⁻¹)	As (mg kg⁻¹)
公园	128	41.5±49.7b	108.1±91.3b	84.8±53.1b	0.40±0.39b	19.8±10.1ab	27.4±7.4b	207.8±122.5ab	0.93±1.44a	22.1±22.6a
文教区	82	34.3±46.6b	91.7±64.1b	76.2±51.6b	0.25±0.19c	16.3±9.2b	28.1±8.2b	199.4±136.0b	0.52±0.85b	13.6±8.5b
住宅区	137	30.6±26.6b	90.7±63.3b	70.5±37.3b	0.27±0.22c	18.9±11.0ab	27.9±7.7b	225.9±149.6ab	0.46±0.63b	15.6±9.8b
交通区	52	25.8±10.5b	86.2±41.8b	62.5±24.2b	0.24±0.13c	17.8±7.3ab	26.6±6.6b	227.5±108.5ab	0.48±0.72b	16.8±9.1b
工业区	27	58.7±64.7a	263.9±335.3a	270.4±927.2a	0.54±0.35a	21.0±13.8a	32.1±10.8a	259.7±167.2a	0.46±0.51b	16.3±10.9b

注：表中数据为平均值±标准误，显著性差异用 DMRT 多重比较法，同一列数据具有相同字母表示差异不显著，不同字母表示差异显著（$p < 0.05$）。

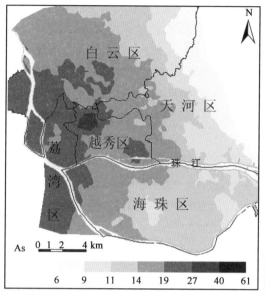

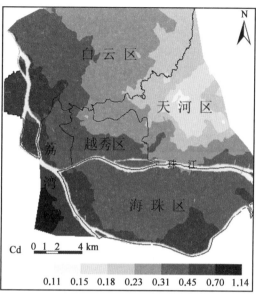

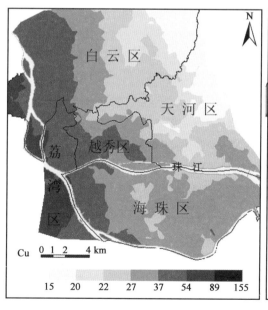

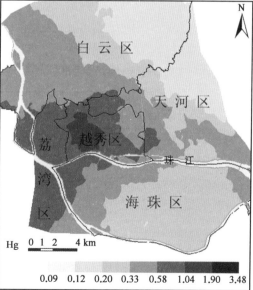

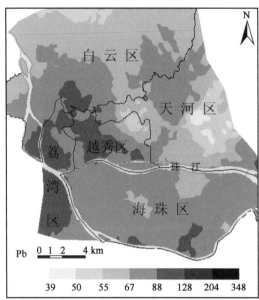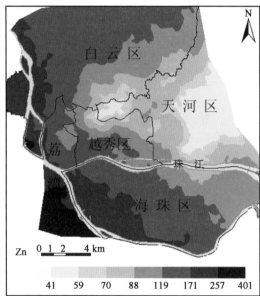

图 5 - 12　广州城市土壤重金属空间分布图(单位: mg kg⁻¹)

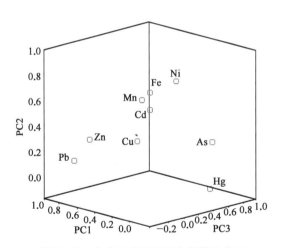

图 5 - 13　主成分分析因子负荷量散点图

5.2.3　土壤重金属化学形态特征和移动性

重金属元素进入土壤后,可以与土壤中各种物质产生复杂的化学反应,经过一系列的酸-碱反应、沉淀-溶解反应、氧化-还原反应、络合-解离反应、吸附-解吸等,导致重金属赋存形态变化。土壤中不同形态的重金属有不同的环境行为和生物效应,在评价重金属污染程度及潜在生态危害程度时,只研究重金属总量是远远不够的,必须同时研究重金属在土壤各地球化学相中的分配。重金属形态测定主要是对重金属结合形态加以适当区分,从而了解重金属从结合载体上释放出来的化学条件和难易程度,进而判断它们的稳定性和生物可给性,作为对生态系统影响效应和环境污染评价的依据。

化学形态分析是区分土壤重金属形态的常用方法,目前应用广泛的是化学连续提取法,是利用一系列提取剂连续提取分离出不同金属结合形态的过程。连续提取的方法常用来区分土壤中不同重金属组分,尽管该方法存在提取剂的非选择性和提取过程中元素在不同相之间重新分配的问题,但仍然可作为评价土壤重金属环境行为和生物有效性的有效方法。重金属在土壤中以交换态、碳酸盐结合态、铁锰氧化物结合合态、有机结合态和残渣晶格态存在。土壤中重金属形态受重金属元素本身性质和含量,以及土壤性质(如土壤质地、有机质含量、黏土矿物类型、pH、Eh 等)的影响。以残渣态存在的重金属通常被固定在土壤晶格中,不易释放出来,对环境影响非常小。其他几种形态统称为非残渣态,当土壤 pH、Eh 条件改变或有机质分解时,重金属可释放出来,对生态环境产生不利影响。本部分以南京市和广州市为例,说明城市土壤重金属的形态分布特征和移动性。

1. 南京城市土壤重金属形态分布

采用 Tessier 等(1979)连续提取方法,可把南京市不同城区(公园、学校区、菜地、道路旁、住宅区)和非城区土壤中的重金属分成 5 种形态,即交换态、碳酸盐结合态、铁锰氧化物结合态、有机结合态和残渣态。

在城区土壤中,Fe 均以残渣态为主,所占的比例平均达 94.1%(91.0%～96.6%),交换态和碳酸盐结合态所占的比例极低,平均小于 0.1%,铁锰氧化物结合态和有机结合态所占的比例分别为 4.6%(2.8%～6.8%)和 1.2%(0.5%～4.0%)(图 5 - 14)。城市土壤和非城区自然土壤中 Fe 的形态分布规律一致。

城区土壤中,Mn 以残渣态和铁锰氧化物结合态为主,分别占 49.1%(32.5%～56.9%)和 35.7%(26.6%～47.9%),其余为碳酸盐结合态 9.3%(3.5%～5.9%),有机结合态 5.3%(2.6%～9.5%)和交换态 0.6%(0.01%～5.3%)(图 5 - 14)。而非城区自然土壤中残渣态所占的比例高,铁锰氧化物结合态所占的比例低,交换态所占的比例高(图 5 - 14)。

在城区土壤中,Cr 的形态分布与 Fe 较一致,主要以残渣态存在,占 92.9%(88.7%～95.4%),其余形态所占的比例很小,依次为有机结合态 4.2%(2.6%～6.7%),铁锰氧化物结合态 2.69%(痕量～6.7%),碳酸盐结合态 0.20%(痕量～1.7%),交换态 0.04%(痕量～0.12%)(图 5 - 14)。Cr 在城市土壤和非城区自然土壤中的形态分布规律一致。

在城区土壤中,Ni 的形态分布规律与 Fe、Cr 一致,主要以残渣态为主,占 79.7%(68.1%～85.3%);其余依次为铁锰氧化物结合态 12.6%(4.8%～21.9%)、有机结合态 6.3%(2.4%～11.7%)、碳酸盐结合态 1.0%(0.4%～2.8%)、交换态 0.3%(0.1%～0.8%)(图 5 - 14)。而非城区自然土壤中残渣态、交换态 Ni 所占的比例较城市土壤略高。

在城区土壤中,Co 的形态以残渣态最高,为 69.2%(59.1%～76.2%),其余依次为铁

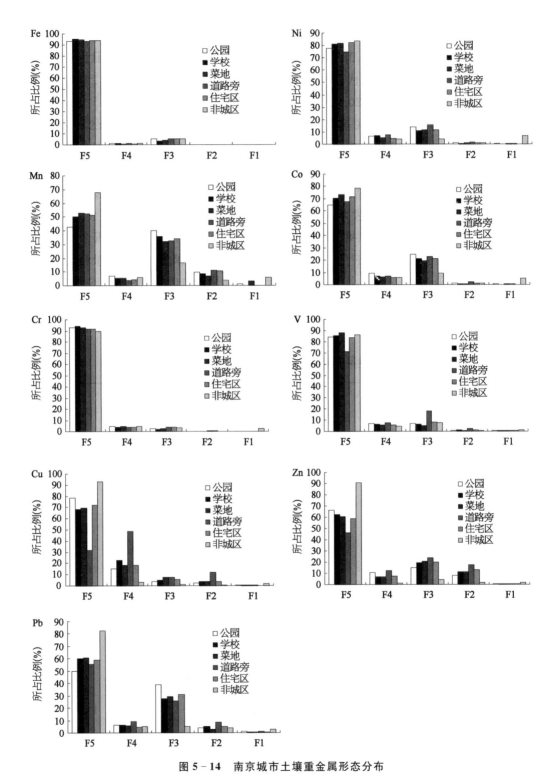

图 5 - 14　南京城市土壤重金属形态分布

F1：交换态；F2：碳酸盐结合态；F3：铁锰结合态；F4：有机结合态；F5：残渣态。

锰氧化物结合态 22.2%(16.6%～30.0%)、有机结合态 7.1%(3.0%～11.5%)、碳酸盐结合态 1.2%(痕量～3.9%)、交换态 0.3%(0.01%～0.6%)(图 5-14)。不同区域土壤各形态的 Co 所占比例基本一致。非城区自然土壤中残渣态、交换态所占的比例略高,铁锰氧化物结合态比例略低。

在城区土壤中,V 以残渣态为主,占 83.1%(64.2%～89.5%),其次为铁锰氧化物结合态,占 8.6%(4.8%～24.4%);其他依次为有机结合态 6.4%(4.5%～9.6%)、碳酸盐结合态 1.3%(0.3%～3.3%)、交换态 0.6%(0.2%～1.9%)(图 5-14)。城市道路旁土壤中残渣态所占的比例低于其他城区土壤,铁锰氧化物结合态所占的比例则相反(图 5-14)。不同城区土壤和非城区自然土壤 V 的形态分布规律基本一致。

在城市道路旁土壤中,Cu 以有机结合态所占的比例最高,为 48.7%,残渣晶格态为 31.5%,碳酸盐结合态也明显高于其他城区土壤。在其他城区土壤中,残渣态 Cu 占的比例最高,为 66.1%(20.8%～87.0%),其次为有机结合态,占 23.4%(6.5%～50.4%),依次为铁锰氧化物结合态 5.4%(0.07%～12.8%)、碳酸盐结合态 4.7%(1.3%～17.2%)、交换态 0.4%(0.08%～0.8%)(图 5-14)。非城区自然土壤的残渣态占比明显高于城市土壤,达 93.0%(91.7%～95.1%)。

Zn 以残渣态最高,为 60.0%(43.4%～76.9%),交换态所占的比例最低,为 0.5%(0.2%～0.9%),其他形态所占的比例依次为铁锰氧化物结合态 19.1%(9.6%～29.1%)、碳酸盐结合态 11.6%(5.7%～23.5%)、有机结合态 8.8%(4.9%～14.9%)(图 5-14)。城市道路旁土壤中残渣态所占的比例低于其他区域城市土壤,而有机结合态、铁锰氧化物结合态、碳酸盐结合态则明显高于其他城区土壤。非城区自然土壤的残渣态 Zn 占 90.3%(87.6%～93.6%),明显高于城市土壤,其他形态(除交换态)则明显低于城市土壤。

Pb 以残渣态和铁锰氧化物结合态为主,分别占 56.7%(45.6%～66.5%)和 30.9%(20.4%～42.7%),交换态最低,为 0.8%(0.4%～1.3%),有机结合态和碳酸盐结合态分别为 6.3%(2.7%～10.2%)和 5.2%(2.9%～9.7%)(图 5-14)。非城区自然土壤中残渣态 Pb 所占的比例较城市土壤高,达 82.5%(76.8%～87.6%),其他形态(除交换态外)所占比例低(图 5-14)。

人为输入的重金属不仅增加了城市土壤中重金属的含量,同时也改变了其化学形态分布。南京城市土壤中 Fe、Ni、Co 和 V 主要来源于原土壤物质,它们的形态分布与非城区自然土壤基本一致,残渣态占的比例极高,其他形态占比小。Cr 尽管以人为输入为主,但因非人为输入(如大气降尘)的残渣态所占比例也很高,导致城市土壤中残渣态 Cr 比例高,其他形态占比小,形态分布与非城区自然土壤一致。而人为输入城市土壤中的 Mn、Cu、Zn 和 Pb 的残渣态所占比例大大降低,其他 4 种形态的比例显著增加。这就导致了城市土壤中 Mn、Cu、Zn 和 Pb 的化学形态分布与非城区自然土壤有明显的不同,残渣态所占的比例明显降低。城市表层土壤中 Fe、Mn、Ni、Co、V、Cu、Zn、Pb 和 Cr 以残渣态为主,交换态所占比例极低,Cu 和 Zn 残渣态所占比例随着各自全量的增加而降低,Pb

残渣态所占比例随着其全量的增加而提高。

非残渣态总量可以作为活性态重金属的一种指标,南京城市土壤中重金属活性态(交换态+碳酸盐结合态+铁锰氧化物结合态+有机结合态)的比例显示,城市土壤中活性态 Mn 的比例最高,活性态 Fe 的比例最低,重金属活性态所占比例的大小顺序为 Mn>Pb>Zn>Cu>Co>Ni>V>Cr>Fe(表 5 - 9)。与非城区自然土壤相比较,Fe、Cr、Ni、Co 和 V 活性态所占的比例相差不大,Mn、Cu、Zn 和 Pb 所占的比例差异明显。这表明主要来源于原土壤物质的 Fe、Ni、Co 和 V 在城市土壤中呈活性态形式的比例较低,与非城区自然土壤相似;而主要来源于人为输入的 Mn、Cu、Zn 和 Pb 不仅含量高,而且活性态的比例高,明显高于非城区自然土壤;Cr 活性态所占的比例在城市土壤和非城区土壤中均低。

表 5 - 9　南京城市土壤和非城市土壤重金属活性态和残渣态比例(%)

形　态	土　壤	Fe	Mn	Cr	Ni	Co	V	Cu	Zn	Pb
活性态	城市土壤	5.9	50.9	7.1	20.3	30.8	16.9	33.8	40.0	43.4
	非城市土壤	6.1	30.9	10.1	14.9	22.0	13.9	6.7	8.7	16.5
残渣态	城市土壤	94.1	49.1	92.9	79.7	69.2	83.1	68.2	60.0	56.6
	非城市土壤	93.9	69.1	89.9	85.1	78.0	86.1	93.3	91.3	83.5

2. 广州城市土壤重金属形态分布

采用 BCR 三步连续提取方法(Rauret et al., 1999),将广州城市土壤重金属分为酸提取态、还原态(铁锰结合态)、氧化态(有机结合态)和残渣态 4 种形态(Lu et al., 2007)。广州城市土壤重金属形态分布表明(图 5 - 15),Cd 以酸提取态所占比例最高,为44.1%;其次为还原态 28.8%和残渣态 24.7%;氧化态比例最低,仅为 1.8%。Cu 以残渣态所占比例最高,平均为 51.4%;其次为还原态 23.3%和氧化态 19.4%;酸提取态所占比例最低,只有 5.8%。与其他几种元素相比较,Cu 以氧化态所占比例最高。Ni 以残渣态所占比例最高,达到 75.2%;其次是还原态 12.8%;酸提取态和氧化态所占比例最低,分别为 6.1%和 6.0%。Pb 以还原态所占比例最高,为 55.2%;其次为残渣态 37.0%;氧化态和酸提取态所占比例最低,分别仅为 5.0%和 2.9%。Zn 以残渣态所占比例最高,为49.6%;其次为还原态 22.9%和酸提取态 18.1%;氧化态所占比例最低,为 9.4%。Fe 以残渣态所占比例最高,平均达到 88.4%;其次为还原态 11.4%;氧化态和酸提取态所占比例很低,两者之和<0.3%。Mn 以氧化态所占比例最小,为 3.6%;其余 3 种形态所占比例相似,分别为酸提取态 33.2%、还原态 32.6%和残渣态 30.6%。土壤重金属形态分布与南京城市土壤基本一致(Lu et al., 2003;卢瑛等,2003)。

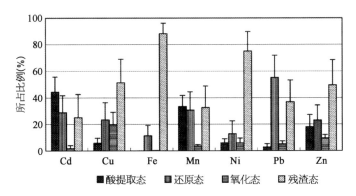

图 5-15　广州城市土壤中各金属元素的化学形态分布

土壤重金属的迁移系数是指以水溶态、可交换态和碳酸盐结合态组分占总量的比例。土壤重金属迁移系数值越高表明其迁移能力强、生物有效性高,因此对生物和环境风险高。用 0.11 mol L^{-1} HOAc 所提取的重金属形态通常包括水溶态、交换态和碳酸盐结合态组分,因此,酸提取态重金属所占比例表示了土壤重金属的迁移系数大小。土壤 Cd 的迁移系数最高,平均达 44.1%,因此土壤 Cd 活性最强,对环境风险最高。其他几种元素的迁移系数为 Mn(33.2%)、Zn(18.1%)、Ni(6.1%)、Cu(5.8%)、Pb(2.8%)和 Fe(0.02%)。广州城市土壤 Cd、Cu、Mn、Ni、Pb 和 Zn 含量与残渣态所占比例呈显著的负相关,与铁锰结合态所占比例呈显著正相关。

综上所述,城市土壤不仅重金属明显富集,而且重金属元素形态分布具有不同于自然土壤的特点。土壤中自然来源的重金属主要以残渣态存在,活性低。随着因人为输入导致土壤重金属含量的增加,非残渣态所占比例增加,重金属活性和移动性增大,潜在的环境风险增加。因此,必须加强对城市土壤重金属状况的监测和控制。

5.2.4　土壤重金属健康风险评价

土壤重金属生物可给性(bioaccessibility)是指土壤中重金属在胃肠环境条件下可以溶解,并有可能被动物或人体吸收部分所占的比例。土壤中的重金属并不能全部被人体直接吸收,只有其中生物可给性的部分才可能被人体吸收,影响人类健康。因此,了解土壤重金属生物可给性对客观合理评价土壤重金属风险,制定保障人体健康的土壤环境质量标准,以及污染土壤修复措施的决策,提供可靠的科学依据。评估土壤重金属生物可给性的方法有动物实验法(in vivo 或动物试验)和体外实验法(in vitro or physiological based extraction test)。动物实验,即通过人工饲喂掺入重金属污染土壤生长的饲料,研究土壤重金属含量与动物反应之间的关系,从而得到导致动物毒性的土壤重金属临界值,然后通过考虑实验动物和人类的差异,获得土壤中重金属对人体的毒性临界值,最终确定人体的最大允许摄入量。动物实验的结果通常认为是相当可靠的,但这种方法的应用受到其相对较长的实验周期和较高的实验费用限制。体外实验即基于生理学的浸提实验方法,它是参照人体胃、肠液的组成(包括各种有机酸和酶等),人工配制模拟胃、肠溶液,通过模拟胃、肠的环境条件(包括温度、pH、厌氧和蠕动等),创造与真实胃、肠相似的消化和吸收环境,以此来测定土壤中污染物通过生理学的浸提实验方法浸提出的量,来表征土壤中污染物对人体的生物可给性。这种评估土壤重金属的生物可给性的方法是从20世纪90年代初开始发展起来的,与动物实验相比,体外实验具有实验周期短、费用低和结果重现性好等优点,且其实验结果与动物实验的结果表现出良好的相关性(Ruby et al.,1999;Rodriguez et al.,1999),该方法已广泛应用于土壤污染物对人体的风险评价。

参考 Rodriguez 等(1999)所提出的体外胃肠法(in vitro gastrointestinal method, IVG)进行试验,土液比为 1∶150,反应液包括胃和小肠模拟液。胃模拟液中包括 0.15 mol·L^{-1} NaCl 和 1.0% 胃蛋白酶,用浓盐酸将 pH 调至 1.8。小肠模拟液中包括 0.035% 胰酶和 0.35% 胆盐,用 NaHCO$_3$ 饱和液将 pH 调至 5.5,整个反应过程需通入氩气 (Ar),制造厌氧环境,进行广州城市土壤中 Pb 和 As 的生物可给性实验。

1. 城市土壤 Pb 的生物可给性

城市土壤 Pb 在模拟胃阶段的生物可给性为 16.4%～64.9%,平均值为 39.1%,与中值相差不大,变异系数为 27.5%,属于中等变异性(表 5-10)。模拟小肠阶段 Pb 的生物可给性为 0.3%～7.0%,平均值为 1.9%,变异系数为 91.9%,属于高强度变异(表 5-10)。模拟胃阶段 Pb 的生物可给性的平均值约为小肠阶段的 21 倍。

表 5-10　广州城市土壤 Pb 的生物可给性统计分析($n=25$)

生物可给性	最小值	最大值	平均值	中值	标准误	变异系数
模拟胃阶段(%)	16.4	64.9	39.1	37.8	2.2	27.5
模拟小肠阶段(%)	0.3	7.0	1.9	1.4	0.3	91.9

模拟胃阶段 Pb 的生物可给性与理化性状之间均无显著相关性(表 5-11),而模拟小肠阶段 Pb 的生物可给性与土壤全 Fe 呈显著负相关。土壤 Pb 含量与模拟胃肠阶段 Pb 的生物可给性之间没有显著的相关性。

表 5-11　广州城市土壤 Pb 的生物可给性与土壤理化性质的相关分析($n=25$)

生物可给性	Pb	Fe	Mn	pH	有机质	砂粒	粉粒	黏粒
模拟胃阶段	−0.159	−0.158	0.025	0.129	−0.049	0.034	0.018	−0.091
模拟小肠阶段	−0.218	−0.431*	0.043	0.376	0.034	0.319	−0.237	−0.284

注:* 表示 $p<0.05$ 显著水平。

2. 城市土壤 As 的生物可给性

城市土壤 As 在模拟胃阶段的生物可给性为 2.9%～23.8%,平均值为 11.3%,中值为 9.6%,变异系数为 47.8%,属于中等变异性(表 5-12)。模拟小肠阶段 As 的生物可给性为 2.8%～13.2%,平均值为 6.9%,变异系数为 47.5%,属于中等变异性。模拟胃阶段 As 的生物可给性的平均值约为模拟小肠阶段的 1.6 倍。城市土壤 As 的生物可给性与 Rodriguez 等(1999)关于 As 污染土壤的研究结果基本一致,模拟胃阶段的 As 的生物可给性高于小肠阶段。

表 5-12　广州城市土壤 As 的生物可给性统计分析($n=25$)

生物可给性	最小值	最大值	平均值	中值	标准误	变异系数
模拟胃阶段(%)	2.9	23.8	11.3	9.6	1.1	47.8
模拟小肠阶段(%)	2.8	13.2	6.9	5.6	0.7	47.5

模拟胃阶段 As 的生物可给性与土壤有机质和砂粒含量呈极显著的正相关,而与粉粒和黏粒含量呈显著的负相关;模拟小肠阶段 As 的生物可给性同样与土壤有机质和砂粒含量呈显著的正相关,而与粉粒含量呈显著的负相关(表 5-13)。可见,土壤 As 的生物可给性会随着土壤有机质和砂粒含量增加而增大。

表 5-13　土壤 As 的生物可给性与土壤理化性质的相关分析($n=25$)

生物可给性	As	Fe	Mn	pH	有机质	砂粒	粉粒	黏粒
模拟胃阶段	−0.311	−0.176	−0.131	0.364	0.529**	0.526**	−0.424*	−0.424*
模拟小肠阶段	−0.532**	−0.361	−0.185	0.376	0.444*	0.640**	−0.662**	−0.311

注: * 和 ** 分别表示 $p<0.05$、$p<0.01$ 显著水平。

3. 城市不同功能区土壤 Pb 和 As 的生物可给性

不同的土地利用方式下,土壤 As 的生物可给性变异较大,而土壤 Pb 的生物可给性变异较小(表 5-14)。在模拟胃阶段,工业区土壤 As 的生物可给性显著高于其他功能区,土壤 Pb 的生物可给性在各功能区间没有显著差异;在模拟小肠阶段,工业区土壤 As 的生物可给性显著高于住宅区和公园土壤,而与交通区土壤无显著性差异,土壤 Pb 的生物可给性在各功能区之间的差异均未达到显著水平。

4. 城市土壤 Pb 和 As 的生物可给性预测

将重金属的生物可给性作为土壤的一种性状指标,结合土壤理化性质,运用逐步回归分析建立模型来预测土壤 Pb 和 As 的生物可给性。由于不同功能区土壤 Pb 和 As 的生物可给性存在一定的变异,因此,针对不同功能区的土壤分别建立预测模型(表 5-15)。

表 5 - 14 不同功能区土壤 Pb、As 的生物可给性分析

功能区	样品数	生物 可 给 性(%)			
		模拟胃阶段 As	模拟小肠阶段 As	模拟胃阶段 Pb	模拟小肠阶段 Pb
住宅区	7	8.4±1.6b	4.5±0.6b	42.3±6.5a	2.1±0.8a
工业区	6	16.9±2.4a	9.5±1.5a	39.5±1.1a	1.4±0.4a
公　园	6	9.0±1.7b	5.9±1.5b	38.7±4.7a	1.4±0.4a
交通区	6	11.2±1.3b	8.0±0.7ab	35.3±2.3a	2.6±0.9a

注：表中数据为平均值±标准误，显著性差异用 DMRT 多重比较法，同一列数据具有相同字母表示差异不显著，不同
　　字母表示差异显著($p<0.05$)。

表 5 - 15 广州城市土壤 Pb 和 As 的生物可给性预测模型

功 能 区	生物可给性(%)	回 归 模 型	r^2	p
住宅区($n=7$)	模拟小肠阶段 As	$y=10.92-0.20$ SOM	0.633 4	0.032 3
	模拟胃阶段 Pb	$y=106.79-1.70$ SOM-0.089Pb	0.964 3	0.011 3
工业区($n=6$)	模拟胃阶段 As	$y=28.37-0.037$ Mn	0.794 3	0.017 1
	模拟小肠阶段 As	$y=6.83-0.016$Mn$+0.13$ Sand	0.996 7	0.000 2
交通区($n=6$)	模拟胃阶段 As	$y=5.81+0.022$ Mn	0.711 7	0.034 8
	模拟胃阶段 Pb	$y=25.55+0.30$ SOM	0.998 3	0.002 5
	模拟小肠阶段 Pb	$y=0.018$Mn-1.80	0.951 1	0.000 9
公园($n=6$)	模拟小肠阶段 Pb	$y=2.43-0.11$Fe$+0.44$ pH	0.851 3	0.057 3
全区($n=25$)	模拟胃阶段 As	$y=2.78$pH$+0.07$ SOM-11.74	0.451 0	0.001 4
	模拟小肠阶段 As	$y=12.64+0.027$ SOM-0.13Silt-0.097 As	0.604 0	0.000 2
	模拟小肠阶段 Pb	$y=4.90-0.096$ Fe	0.185 4	0.031 6

注：SOM：土壤有机质($g\ kg^{-1}$)；Sand：砂粒含量%；Silt：粉粒含量%；Fe：全铁($g\ kg^{-1}$)；Mn：全锰($mg\ kg^{-1}$)。

　　住宅区土壤 As 在模拟小肠阶段的生物可给性可以用有机质含量来预测，模型具有较好的预测结果。有机质与全 Pb 相结合能很好地预测模拟胃阶段 Pb 的生物可给性，然而土壤全 Pb 含量越高，其模拟胃阶段 Pb 的生物可给性越小。模拟胃阶段 As 和小肠阶段 Pb 的生物可给性不能用逐步回归法建立合适的预测模型。

　　工业区土壤 Pb、As 的生物可给性与土壤 Mn 元素关系密切，全 Mn 含量越高，Pb、As 的生物可给性越小，很可能是由于 Mn 的氧化物、氢氧化物对重金属的吸附所致。As 在模拟胃阶段的生物可给性可以由土壤全 Mn 含量来预测。全 Mn 与土壤砂粒含量相结合能很好地预测模拟小肠阶段 As 的生物可给性，模型的决定系数非常高。模拟胃肠阶

段 Pb 的生物可给性不能用逐步回归法建立合适的预测模型。

交通区土壤 As 在模拟胃阶段的生物可给性以及 Pb 在模拟小肠阶段的生物可给性都可以由土壤全 Mn 含量来预测,且全 Mn 含量越高,Pb 和 As 的生物可给性越大,这与工业区的结果刚好相反,其原因有待进一步研究。模拟胃阶段 Pb 的生物可给性可由土壤有机质很好地预测。然而,没有合适的预测模型模拟小肠阶段 As 的生物可给性。

公园土壤 Pb 在模拟小肠阶段的生物可给性时,可通过全 Fe 与土壤 pH 相结合来预测。然而 Pb 在模拟胃阶段以及 As 在模拟胃和小肠阶段的生物可给性时都没有合适的预测模型。

广州城市土壤的 As 在模拟胃阶段的生物可给性受土壤 pH 影响较大,pH 越高,则 As 在模拟胃阶段的生物可给性越大,这可能是由于土壤中可溶态 As 含量随土壤 pH 提高而增加所引起。pH 与有机质相结合能很好地预测模拟胃阶段 As 的生物可给性。而土壤有机质、粉粒含量及全 As 相结合能很好地预测模拟小肠阶段 As 的生物可给性。土壤全 Fe 能较好地用来预测 Pb 在模拟小肠阶段的生物可给性,土壤全 Fe 含量越大,则 Pb 在模拟小肠阶段的生物可给性越小,Fe 元素的存在抑制了 Pb 在模拟小肠阶段的可溶性。

5. 城市土壤 Pb 和 As 暴露风险评估

人类可以通过吸入污染的扬尘、皮肤接触污染的土壤以及无意的经口摄入等多种途径,暴露于土壤重金属元素之下。在城市环境中,土壤通过手—口直接接触活动而经口摄入的重金属量占总摄入量的比例将明显提高,并成为人体内重金属的重要来源之一。特别是儿童,其户外活动时间较长,且缺乏卫生意识,因而导致经口摄入可成为污染土壤的人体暴露的主要途径。一般而言,儿童的经口无意的土壤摄入量可达50~200 mg d^{-1}。根据广州城市土壤 Pb 和 As 的生物可给性结果计算其暴露剂量,并与健康参考剂量相比较进行暴露风险评价。暴露剂量计算公式为:

$$CDI = \frac{CS \times IR \times CF \times FI \times EF}{BW} \qquad (5-3)$$

式中,CDI 为日摄入的可吸收的重金属含量($\mu g\ kg^{-1}\ d^{-1}$);CS 为土壤中该元素含量($mg\ kg^{-1}$),取平均值;IR 为摄取强度($mg\ d^{-1}$),取值为美国环境保护局(USEPA,2002)推荐值 200 mg 土 d^{-1};CF 为单位转换系数,取值为 10^{-3};FI 为污染物质中可吸收的部分,即生物可给性(BA%),取模拟胃阶段的生物可给性(BA%);EF 为暴露频率(d yr^{-1}),取值为 0.5(182 d yr^{-1});BW 为儿童体重(kg),取值为 17.8 kg(USEPA,1997)。

$$暴露风险值的计算公式:RQ = \frac{CDI}{RfD} \qquad (5-4)$$

式中,RQ 为风险值;RfD 为保障人体健康的参考剂量($\mu g\ kg^{-1}\ d^{-1}$)。As 的 RfD 为 0.3 $\mu g\ kg^{-1}\ d^{-1}$(USEPA,2005);根据世界卫生组织提出 Pb 的每周可耐受摄入量

(PTWI) 25 $\mu g\ kg^{-1}$(儿童)(WHO, 2006),推算得出 Pb 的 RfD 为 3.6 $\mu g\ kg^{-1}\ d^{-1}$。

根据以上各个指标参数值,计算得到土壤暴露风险特征值(表 5 - 16)。根据广州城市土壤重金属含量估算的儿童暴露于环境中将吸收的 Pb 和 As 量分别为 0.281 $\mu g\ kg^{-1}\ d^{-1}$ 和 0.015 $\mu g\ kg^{-1}\ d^{-1}$。Pb 以公园土壤暴露剂量最大(0.445±0.266 $\mu g\ kg^{-1}\ d^{-1}$),与住宅区和交通区土壤呈现显著性差异,工业区土壤暴露剂量次之;As 以工业区土壤暴露剂量最大(0.023±0.011 $\mu g\ kg^{-1}\ d^{-1}$),与其他功能区土壤均呈现显著性差异。因此,暴露于工业区的儿童潜在的健康风险最大。

表 5 - 16 广州城市土壤暴露风险特征

功能区	样品数	Pb 暴露剂量 ($\mu\ kg^{-1}\ d^{-1}$)	As 暴露剂量 ($\mu g\ kg^{-1}\ d^{-1}$)	Pb 风险值	As 风险值	Pb 临界值 ($mg\ kg^{-1}$)	As 临界值 ($mg\ kg^{-1}$)
住宅区	7	0.229±0.033b	0.014±0.003b	0.064	0.045	1 830.9	813.5
工业区	6	0.278±0.040ab	0.023±0.004a	0.077	0.076	1 626.6	355.6
公园	6	0.445±0.109a	0.013±0.002b	0.124	0.043	1 818.8	700.3
交通区	6	0.180±0.036b	0.011±0.002b	0.050	0.036	1 855.0	511.1
全区	25	0.281±0.071ab	0.015±0.003ab	0.078	0.050	1 784.7	603.9

注: 暴露剂量用平均值±标准误表示,纵向数据之间的显著性差异用 DMRT 多重比较法,同一列数据具有相同字母表示差异不显著,不同字母表示差异显著($p<0.05$)。风险值和临界值均用平均值表示。

土壤 Pb 和 As 的暴露剂量远远低于其健康参考剂量,风险值均远小于 1。Pb 和 As 的平均风险值分别为 0.078 和 0.050,其中公园土壤 Pb 的暴露风险值最大,为 0.124,主要是因为公园土壤有较高的 Pb 含量;而工业区土壤 As 的暴露风险值最大,为 0.076,这主要是由于工业区土壤 As 具有较高的生物可给性。

以 Pb 和 As 的健康参考剂量为基准,预测在保证人类健康条件下土壤 Pb 和 As 的临界含量,土壤中 Pb 和 As 全量如果超过其临界含量,意味着将会对人类(尤其是儿童)健康产生危害。整个研究区域 Pb 和 As 的临界值分别为 1 784.7 mg kg^{-1} 和 603.9 mg kg^{-1}。由于人体内重金属的来源除了土壤以外,还有食物、饮用水、空气等,因此预测的临界值比实际值要大。Pb 的临界值以交通区土壤最大,工业区土壤最小;As 的临界值以住宅区土壤最大,工业区土壤最小。这表明人体暴露于工业区遭受土壤重金属的潜在危害风险最高。

5.2.5 土壤重金属化学修复

城市土壤重金属污染影响城市生态环境质量和人体健康,因此城市土壤重金属污染治理对改善城市生态环境质量、促进人体健康非常重要。重金属在土壤中的可移动性是决定其生物有效性和毒性大小的一个重要因素,而移动性取决于其在土壤中的存在形态。土壤的性质如有机质含量、矿物组成、pH 和氧化还原电位(Eh)均可影响土壤重金属的形态,因此可通过改变土壤性质来调节重金属在土壤中的移动性,降低重金属在土壤中的活性,从而降低土壤重金属的毒性。当土壤污染物对人体暴露风险超过了允许水平或土壤需要恢复它原有的功能性时,需要进行土壤修复。决定土壤适当修复方法的基本因素包括对土壤污染物达到什么样程度的期望。治理土壤中重金属污染的原理大致有两种,一是改变重金属在土壤中的存在形态,使其被固定,以降低其在环境中的迁移性和生物可利用性,二是从土壤中去除重金属。

重金属的化学固定修复就是通过向重金属污染的土壤中加入化学改良剂,化学改良剂与土壤重金属发生吸附或(共)沉淀作用,或改变土壤化学性质,钝化土壤中的重金属,从而降低土壤重金属的活性或生物有效性,达到污染土壤治理和修复的目的。总的说来,吸附、离子交换、沉淀是重金属从活性态向更稳定的化学赋存形态转变的主要机制。化学改良剂主要包括石灰、磷酸盐、硅酸盐、沸石等,通过改变重金属活性降低重金属在环境中的迁移能力和生物有效性,减轻它们对生态系统的危害。如含磷化学改良剂与土壤中 Pb 可形成溶解度极低的磷氯铅矿[$Pb_5(PO_4)_3Cl$],从而降低土壤 Pb 的生物可利用性和移动性。土壤中的重金属被化学固定后,不仅可减少向土壤深层和地下水迁移,而且可以重建植被,实现既降低重金属危害同时又美化环境的双重目标。

选取两个重金属含量差异显著的广州城市土壤 A 和 B,它们分别采自广州某钢铁厂内和荔湾区路边。向土壤 A 和土壤 B 中加入含磷化合物和沸石等化学改良剂培养 2 个月后,土壤中酸提取态、铁锰结合态、有机结合态和残渣态的 Cu、Zn、Pb、Cd 含量均发生明显的变化。土壤中酸提取态 Cu、Zn、Pb、Cd 含量显著降低,残渣态 Cu、Zn、Pb、Cd 含量显著增加。加磷酸处理酸提取态 Zn 的降幅最大,残渣态 Zn 的增幅最大,磷酸降低酸提取态 Zn 的含量和增加残渣态 Zn 的含量的效果明显,有效地促进了土壤中非残渣态 Zn 向残渣态 Zn 的转化(图 5 - 16 和图 5 - 17)。加沸石处理酸提取态 Cu 的降幅最大,残渣态 Cu 的增幅最大,沸石促使土壤中 Cu 向残渣态转化的作用最显著(图 5 - 18 和图 5 - 19)。加磷酸处理酸提取态 Pb 的降幅最大,加磷酸二氢钙处理铁锰结合态 Pb 增幅最大,加 1/2 磷酸+1/2 磷酸二氢钙处理残渣态 Pb 增幅最大,加 1/2 磷酸+1/2 磷酸二氢钙促使土壤中非残渣态 Pb 向残渣态 Pb 转化的作用最大(图 5 - 20 和图 5 - 21)。土壤加改良剂后,各形态 Cd 含量和比例变化主要体现在酸提取态、铁锰结合态降低和残渣态升高。加 1/2 磷酸+1/2 磷酸二氢钙处理酸提取态 Cd、铁锰结合态 Cd 的降幅最大,显著增加残渣态 Cd 的含量,加 1/2 磷酸+1/2 磷酸二氢钙促使土壤中非残渣态 Cd 向残渣态 Cd 转化的作用最大(图 5 - 22 和图 5 - 23)。因此,沸石和含磷酸盐改良剂对重金属污染城市土壤具有明显的化学固定效果。

化学改良剂可降低城市土壤重金属如 Pb 和 Cd 的生物可给性(尹伟等,2011)。在模拟胃阶段,加入磷矿粉、过磷酸钙、骨粉、沸石、膨润土等处理均能不同程度地降低 Pb 的生物可给性,其中加入 2%骨粉处理效果最佳,因为骨粉的主要成分羟基磷灰石很可能与

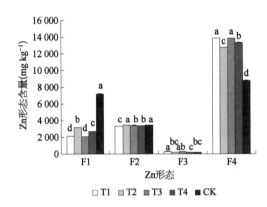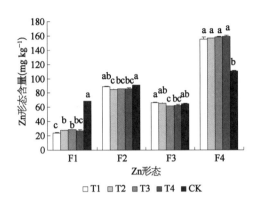

图 5 - 16　土壤 A 添加改良剂后各形态 Zn 的含量　图 5 - 17　土壤 B 添加改良剂后各形态 Zn 的含量

注：图中 F1、F2、F3、F4 分别表示酸提取态、铁锰结合态、有机结合态、残渣态；图中数据均为 3 次重复的平均值±标准
　误，不同处理中同一形态含量比例经 DMRT 检验，相同字母的表示差异不显著，不同字母表示差异显著($P<0.05$)。

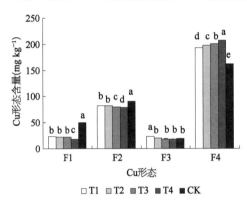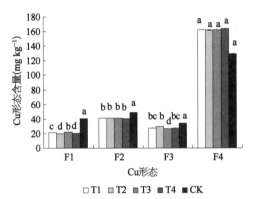

图 5 - 18　土壤 A 添加改良剂后各形态 Cu 的含量　图 5 - 19　土壤 B 添加改良剂后各形态 Cu 的含量

注：图中 F1、F2、F3、F4 分别表示酸提取态、铁锰结合态、有机结合态、残渣态；图中数据均为 3 次重复的平均值±标准
　误，不同处理中同一形态含量比例经 DMRT 检验，相同字母的表示差异不显著，不同字母表示差异显著($P<0.05$)。

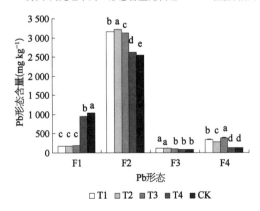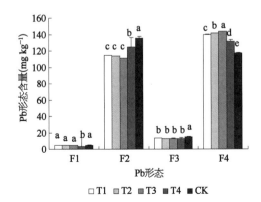

图 5 - 20　土壤 A 添加改良剂后各形态 Pb 的含量　图 5 - 21　土壤 B 添加改良剂后各形态 Pb 的含量

注：图中 F1、F2、F3、F4 分别表示酸提取态、铁锰结合态、有机结合态、残渣态；图中数据均为 3 次重复的平均值±标准
　误，不同处理中同一形态含量比例经 DMRT 检验，相同字母的表示差异不显著，不同字母表示差异显著($P<0.05$)。

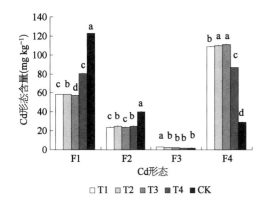 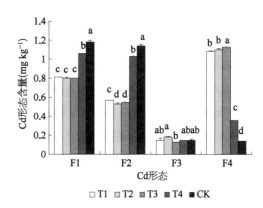

图5-22　土壤A添加改良剂后各形态Cd的含量　　图5-23　土壤B添加改良剂后各形态Cd的含量

注：图中F1,F2,F3,F4分别表示酸提取态、铁锰结合态、有机结合态、残渣态；图中数据均为3次重复的平均值±标准
　　误,不同处理中同一形态含量比例经DMRT检验,相同字母的表示差异不显著,不同字母表示差异显著($P<0.05$)。

磷氯铅矿($Pb_5(PO_4)_3Cl$)沉淀的形成有关。在模拟小肠阶段,加入磷矿粉、过磷酸钙、骨粉、沸石、蛭石、膨润土处理均能不同程度地降低Pb的生物可给性。由于人体胃的吸收能力相当较弱,吸收过程主要发生在小肠阶段,因此,降低小肠中Pb的生物可给性意义更为重要。加入1％过磷酸钙、2％磷矿粉、1％磷矿粉＋1％膨润土、2％骨粉、2％沸石、2％膨润土、2％蛭石处理的Pb在模拟小肠阶段的生物可给性降低了50％以上。加入黏土矿物虽不能降低模拟胃阶段Pb的生物可给性,但能大大降低模拟小肠阶段的可溶态Pb含量,这可能与较高的pH有助于黏土矿物对土壤溶液中Pb^{2+}的吸附有关,而加含磷物质的处理,很可能是形成了Pb的碳酸盐与氧化物,如$Pb_3(CO_3)_2(OH)_2$和Pb_2OF_2,从而使小肠中可溶态Pb的含量降低。

在模拟胃阶段,加入磷矿粉、过磷酸钙、骨粉、沸石、膨润土、蛭石等处理都能不同程度地降低Cd的生物可给性,而加入骨粉、膨润土的处理的效果最佳。在模拟小肠阶段,加入磷矿粉、过磷酸钙、骨粉、沸石、膨润土处理都能不同程度地降低Cd的生物可给性,其中加骨粉的处理降低Cd在模拟小肠阶段的生物可给性效果最好。羟基磷灰石对Cd^{2+}的修复机理与Pb^{2+}不同,一般认为它是一种吸附作用,而与溶解-沉淀作用无关。羟基磷灰石在空白溶液中的表面电动电势ζ为负值,且随pH的提高,其电负性增大,这种表面负电荷的增加更有利于阳离子吸附。这可能是骨粉物质可大大降低模拟小肠液中可溶态Cd含量的主要原因。

5.3　城市土壤有机污染物

5.3.1　土壤有机污染物的来源

城市土壤有机污染物主要包括多环芳烃(PAHs)、多氯联苯(PCBs)、有机农药、抗生素、氰化物、酚等。PAHs来源复杂,主要包括煤、油、植物、化工燃料的不完全燃烧,或直接来源于石油产品。具体来源途径有废弃物处置、生物质不完全燃烧与裂解、汽车尾气排放、大气沉降、防腐油、燃料、工业废水等。通常高分子量的 PAHs 主要来源于化石燃料的高温燃烧,而低分子量的 PAHs 则来源于石油类污染。当 PAHs 低环/高环<1 时,PAHs 主要来源于燃烧源;而当低环/高环>1 时,则来源于油类污染,其中低环组分包括菲(Phe)、蒽(Ant)、荧蒽(Fla)和芘(Pyr),高环组分包括苯并[a]蒽(Baa)、䓛(Chr)、苯并(b)荧蒽(Bbf)、苯并(k)荧蒽(Bkf)、苯并(a)芘(Bap)、二苯并(a,h)蒽(Daa)、苯并(ghi)苝(二萘嵌苯)(Bpe)和茚并(123-cd)芘(Ilp)。

多氯联苯(PCBs)主要来源于工业废弃物、含多氯联苯产品的生产和使用。PCBs 在处理和使用过程中通过挥发进入大气,经干湿沉降作用转入陆地和水体中。土壤中还有一部分 PCBs 主要来源于污泥肥料和填埋物的渗漏以及含 PCBs 农药的使用。土壤像一个大的仓库,不断地接纳由各种途径输入的 PCBs。

有机农药来源于农药的生产和使用。中国南方大部分城市土壤中 DDT/(DDE+DDD)均<1,表明 DDTs 主要来自历史残留物。α-HCH/γ-HCH<1,并有较高的 γ-HCH 残留,表明城市土壤中 HCH 同系物之间发生相互转化,HCHs 可能存在新的输入来源(裴绍峰等,2014)。

氰化物来源于电镀、冶金、印染等工业废水,酚来源于造纸、合成苯酚、橡胶、化肥、农药、炼油等工业废水。人为源排放是城市土壤有机污染物的主要来源。

5.3.2 土壤多环芳烃

多环芳烃是一类广泛存在于环境中的持久性有机污染物,是分子中含有 2 个或 2 个以上苯环相嵌合的稠环型化合物,具有非极性、憎水性和难降解等特征。自然环境中的 PAHs 能通过呼吸道、消化道和皮肤被人体吸收,具有致癌、致畸、致突变等毒性。土壤是环境中 PAHs 的储库和中转站,由土壤进入人体的 PAHs 的数量要高于大气和水。城市土壤中的 PAHs 会对人体健康产生直接或间接的影响,其对人体健康的潜在危害不容忽视。

不同城市和城市内部土壤中 PAHs 的含量和组成变幅均较大,具有高度的空间变异性。这与城市工业化水平、发展历史、地理位置、土地利用方式、人口密度、排放源、大气迁移和 PAHs 化合物的物理化学特性等密切相关,且受到土壤其他性质的影响。

通过对世界部分城市土壤中的 PAHs 含量进行比较后发现,工业化、城市化水平高的地区,土壤 PAHs 含量的总体水平较高(表 5-17)。有机碳含量和源分配是影响土壤 PAHs 的主要因素。因为机动车尾气排放、燃煤和生物质燃烧是城市土壤 PAHs 的主要污染源。因此,城市历史深刻影响土壤中 PAHs 含量,通常工业化水平高和历史悠久的城市土壤 PAHs 含量较高,老城区较新城区高。

表 5‑17　世界部分城市土壤中 PAHs 的含量

城市(国家)	PAHs 种类	范围(μg/kg)	平均值/中值 (μg/kg)	参　考　文　献
里斯本(葡萄牙)	$\sum$16PAHs	6.3～22 670	1 544/456	Cachada et al., 2012a
维塞乌(葡萄牙)	$\sum$16PAHs	6.0～790	169/83	Cachada et al., 2012a
埃斯塔雷雅(葡萄牙)	$\sum$16PAHs	27～2 016	NA/98	Cachada et al., 2012b
格拉斯哥(英国)	$\sum$15PAHs	1 487～51 822	11 930/8 337	Morillo et al., 2007
都灵(意大利)	$\sum$15PAHs	148～23 500	1 990/704	Morillo et al., 2007
卢布尔雅那(斯洛文尼亚)	$\sum$15PAHs	218～4 488	989/791	Morillo et al., 2007
塔拉戈纳(西班牙)	$\sum$16PAHs	42～1 472	438/NA	Nadal et al., 2007
克拉古耶瓦茨(塞尔维亚)	$\sum$15PAHs	38～3 136	240/NA	Stajic et al., 2016
伦敦(英国)	$\sum$16PAHs $\sum$50PAHs	4 000～67 000 6 000～88 000	18 000/NA 25 000/NA	Vane et al., 2014
布拉迪斯拉发(斯洛伐克)	$\sum$16PAHs	45～12 151	2 064.8/NA	Hiller et al., 2015
新奥尔良(美国)	$\sum$16PAHs	647～40 692	NA/3 731	Mielke et al., 2001
丹巴德(印度)	$\sum$13PAHs	1 019～10 856	3 488/NA	Suman et al., 2016
伊斯法罕(伊朗)	$\sum$16PAHs	57.7～11 730.1	2 000.56/NA	Moore et al., 2015
加德满都(尼泊尔)	$\sum$20PAHs	184～10 279	1 556/NA	Aichner et al., 2007
哈尔滨(中国)	$\sum$16PAHs	202～3 256	837/301	Ma and Li, 2009
沈阳(中国)	$\sum$16PAHs	90～8 350	1 510/NA	Sun et al., 2012
大连(中国)	$\sum$15PAHs	190～8 595	NA/796	Wang et al., 2012b
北京(中国)	$\sum$16PAHs	366～27 825	3 917/NA	Tang et al., 2005
太原(中国)	$\sum$16PAHs	980～26 230	8 650/NA	刘飞等,2008
兰州(中国)	$\sum$16PAHs	82.2～10 900	2 360/NA	Jiang et al., 2016
上海(中国)	$\sum$16PAHs	62～31 900	1 700/314	Liu et al., 2010
南京(中国)	$\sum$16PAHs	58.6～18 000	3 330/NA	Wang et al., 2015
杭州(中国)	$\sum$16PAHs	180.77～1 981.45	611.28/NA	Yu et al., 2014
厦门(中国)	$\sum$16PAHs	85～2 947	705/NA	Cai et al., 2012
香港(中国)	$\sum$16PAHs	nd～19 500	NA/140	Chung et al., 2007
贵阳(中国)	$\sum$16PAHs	247～1 560	537.6/NA	胡健等,2011

注：16 种优控 PAHs 分别为萘(Nap)、苊烯(Any)、苊(Ane)、芴(Fie)、菲(Phe)、蒽(Ant)、荧蒽(Flu)、芘(Pyr)、苯并[a]蒽(Baa)、屈(Chr)、苯并(b)蒽(Bbf)、苯并[k]荧蒽(Bkf)、苯并[a]芘(Bap)、茚并[1,2,3-cd]芘(Ilp)、二苯并[a,h]蒽(Daa)和苯并[g,h,i]芘(Bgp)。

从大尺度上看,气候是影响土壤中 PAHs 含量的重要环境因素之一。土壤中 PAHs 的挥发、光解等自然降解过程的强度存在着一定的纬度地带性变化规律,该过程强度由低纬向高纬逐渐降低。

不同土地利用方式可影响土壤 PAHs 含量,通常城区大于郊区,城市内部道路边土壤和工业区土壤中污染程度最严重。如大连城市土壤 PAHs 含量沿城区—城郊—农村递减,城区土壤 PAHs 含量较农村土壤高 45 倍。低分子量 PAHs 占总 PAHs 含量比例从城区—城郊—农村逐渐增加,煤和木材燃烧对 PAHs 贡献从城区—城郊—农村逐渐增加(Wang et al., 2012b)。杭州道路边土壤 PAHs 含量最高,然后依次为商业区、住宅区、公园和绿化带土壤。兰州城市土壤中 PAHs 含量以道路边、工业区土壤较高,商业区、公园、住宅区土壤较低(Yu et al., 2014)。

不同区域的城市土壤中 PAHs 组成也存在差异,如印度丹巴德市交通区土壤中 PAHs 以 4 环、5 环为主,占 50% 以上。尼泊尔加德满都土壤中,20 种 PAHs 中丰度最高的分别是二萘嵌苯(14.6%)、苯并[b+j+k]荧蒽(10.7%)、萘(10.7%)和菲(9.8%)(Aichner et al., 2007)。哈尔滨城市土壤 PAHs 以 4~5 环为主,沈阳城市土壤 PAHs 以 3~5 环占总量 90% 以上,中国香港城市土壤 PAHs 以 4 环为主,杭州城市土壤中 PAHs 组成主要以 4~6 环为主,兰州城市土壤 PAHs 组成主要为 4 环以上,以 Flu、Baa 和 Phe 为主,贵阳城市土壤中 4 环、5 环 PAHs 含量较高,在土壤 PAHs 含量中占有绝对优势。污染源的类型和强度以及气候因素是影响不同区域城市土壤 PAHs 含量和组成的重要因素。

土壤总 PAHs 含量亦受土壤性质影响,其与土壤有机碳、黑炭、PCBs、金属含量等呈显著的相关性。如美国新奥尔良城市土壤总 PAHs 含量与土壤金属总量呈线性相关。土壤不同粒径组分中的 PAHs 含量存在差异,最高值集中在 >125 μm 的粗砂粒部分,最低值出现在 <63 μm 粒径组分。有机质结合 PAHs 的能力在 125~250 μm 粒径组分最强,在 <63 μm 粒径组分最低(王欣等,2015)。

多环芳烃具有较高的生物毒性。城市土壤中 PAHs 生物可给性在模拟小肠条件下为 9.2%~60.5%,显著高于模拟胃液条件(3.9%~54.9%)。模拟小肠与胃液条件下 PAHs 生物可给性比值为 1.1~9.7。在模拟胃液和小肠条件下,土壤中 PAHs 组分生物可给性通常随着环数的增加而降低(图 5-24)(Tang et al., 2006)。

5.3.3 土壤多氯联苯

多氯联苯是许多含氯数不同的联苯含氯化合物的统称。依氯原子的个数及位置不同,PCBs 共有 209 种异构体。2017 年 10 月 27 日,世界卫生组织国际癌症研究机构公布的致癌物清单中包括 PCBs。PCBs 的毒性主要取决于氯的数量和氯在苯环上的位置。氯原子的取代数越少,毒性就越小,而且易挥发,水溶性也会增加。PCBs 是一种典型的持久性有机污染物,通过生物链富集、浓缩和放大进入动物体和人体造成巨大的危害。

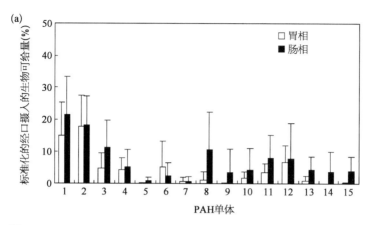

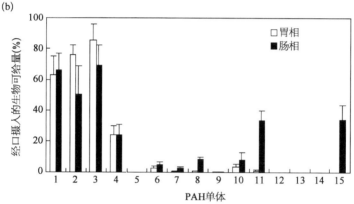

图 5－24　不同 PAHs 组分生物可给性（Tang et al.，2006）

注：PAH 1～15 分别代表萘、苊烯、苊、芴、菲、蒽、荧蒽、芘、苯并[a]蒽、屈、苯并(b)
蒽、苯并[a]芘、茚并[1，2，3-cd]芘、二苯并[a,h]蒽和苯并[g,h,i]芘。

动物实验表明,PCBs 对皮肤、肝脏、胃肠系统、神经系统、生殖系统和免疫系统的病变甚至癌变都有诱导效应。PCBs 的急性毒性很低,但是人类如果长时间暴露在低剂量环境中就可能导致痤疮、其他缺乏或增生反应、内分泌紊乱、肝中毒、生殖系统中毒以及致癌作用。

多氯联苯的挥发速率随着温度的升高而升高,但随着土壤中黏粒含量和联苯氯化程度的增加而降低。通过对经污泥改良后的试验田中 PCBs 的持久性和最终归趋的研究表明,生物降解和可逆吸附都不能造成 PCBs 的明显减少,只有挥发过程最有可能是引起 PCBs 损失的主要途径,尤其对高氯取代的联苯更是如此。

在世界范围内,不同区域城市土壤中 PCBs 的含量变化幅度较大(表 5－18)。不同区域的城市土壤 PCBs 同系物组成也不同,有机碳是土壤 PCBs 重要影响因素。上海城市土壤 PCBs 含量近似于全球土壤背景值,但高于中国土壤背景值。PCBs 同系物组成以 3～6 个氯的低联苯较高,在检测到的 PCBs 中,PCB15＋13、PCB18、PCB28、PCB104＋47

和 PCB153 是优势同系物。7 种指示性 PCBs 占 74 种 PCBs 的 11.7％。PCBs 来源于本地混合源，主要来源于 Aroclor 1260 -和 1254 -类似的混合物以及 Aroclor 1232 和 1242。土壤有机碳对土壤 PCBs 同系物有重要影响，6 种二噁英类 PCBs 毒性当量（TEQ）含量为 2.71～24.9 pg kg^{-1} - PCDDeq，平均值为 8.18 pg kg^{-1} - PCDDeq（Jiang et al., 2011）。

表 5 - 18　世界部分城市土壤中 PCBs 含量

城市（国家）	PCBs 种类	范围 (μg/kg)	平均值/中值 (μg/kg)	参 考 文 献
里斯本（葡萄牙）	Σ21 PCBs	0.18～34	7.0/4.6	Cachada et al., 2012a
维塞乌（葡萄牙）	Σ7 指示性 PCBs	0.06～18	4.1/2.3	Cachada et al., 2012a
	Σ21 PCBs	0.08～15	4.6/2.2	
埃斯塔雷雅（葡萄牙）	Σ19 PCBs	2.3～55	NA/8.8	Cachada et al., 2012b
阿威罗（葡萄牙）	Σ19 PCBs	0.62～73	NA/7.9	Cachada et al., 2009
	Σ7 指示性 PCBs	0.15～41	NA/2.6	
格拉斯哥（英国）	Σ19 PCBs	4.5～78	nd/22	Cachada et al., 2009
	Σ5 指示性 PCBs	1.9～43	NA/9.4	
都灵（意大利）	Σ19 PCBs	1.8～172	NA/14	Cachada et al., 2009
	Σ5 指示性 PCBs	0.72～86	NA/6.6	
卢布尔雅那（斯洛文尼亚）	Σ19 PCBs	2.8～48	NA/6.8	Cachada et al., 2009
	Σ5 指示性 PCBs	0.67～29	NA/2.1	
塔拉戈纳（西班牙）	Σ7 指示性 PCBs	0.19～10.5	4.4/NA	Nadal et al., 2007
伦敦（英国）	Σ^7 PCBs	1～750	22/NA	Vane et al., 2014
	$\Sigma^{\text{tri-hepta}}$ PCBs	9～2 600	120/NA	
加德满都（尼泊尔）	Σ^{12} PCBs	0.356～44.71	4.965/NA	Aichner et al., 2007
哈尔滨（中国）	Σ44 PCBs	0.53～6.2	2.2/2.1	Ma et al., 2009
	Σ7 指示性 PCBs	0.19～1.2	0.53/0.47	
北京（中国）	Σ18 PCBs	nd～37	12/13	Wu et al., 2011
	Σ6 指示性 PCBs	nd～9.3	3.1/3.2	
上海（中国）	Σ74 PCBs	0.23～11.33	3.06/NA	Jiang et al., 2011
香港（中国）	Σ7 指示性 PCBs	1.6～9.9	4.8/3.9	Zhang et al., 2007

注：7 种指示性 PCBs 包括 PCB28、PCB52、PCB101、PCB118、PCB138、PCB153 和 PCB180。

以重工业发展为主的哈尔滨工业区城市土壤 PCBs 含量较高,PCBs 同系物组成以 3 氯和 4 氯联苯在供试土壤中丰度最高,土壤 PCBs 与土壤有机碳、PAHs 呈显著相关(Ma et al., 2009)。以商业为主的中国香港城市土壤中 PCBs 以低氯同系物占优,PCB118 类二噁英同系物在部分土壤中被检测出,PCBs 来源主要与 Aroclor 1242 和 Aroclor 1248 有关,土壤有机质与 7 种指示性 PCBs 显著相关,总的来说,中国香港城市土壤 PCBs 没有达到严重污染水平(Zhang et al., 2007)。在尼泊尔加德满都城市土壤中,12 种 PCB 同系物(8、20、28、35、52、101、118、138、153、180、206 和 209)中含量高的分别是同系物 52 (19.4%)、101(14.3%)、118(13.4%)和 138 (11.7%)(Aichner et al., 2007)。

土地利用方式对城市土壤中的 PCBs 含量具有一定的影响。北京不同功能区(商业区、文化和教育区、古典园林区、公共绿地、住宅区、道路边)土壤中 PCBs 含量与世界其他城市含量相比处于中等水平。总的来说,PCBs 含量从城市中心区到郊区逐渐降低,表明土壤中 PCBs 含量随着城区建成时间而增加。不同土地利用类型中,PCBs 最高含量位于具有最古老历史的古典园林区土壤中,同系化合物组成相似,以低氯同系物包括 2、3、4 氯联苯为主。本地来源的氯化三联苯 1016、1242 和 1248 是土壤中 PCBs 的重要来源,并受世界范围内 PCBs 长距离运输影响(Wu et al., 2011)。

5.3.4　其他有机污染物

除 PAHs 和 PCBs 外,城市土壤中有机氯农药残留也受到广泛关注。土壤中残留的有机氯农药主要是滴滴涕(DDTs)、六六六(HCHs)和六氯苯(HCB)。在上海城市土壤中有机氯农药残留中,HCHs、DDTs 和 HCB 检出率均>95%,残留含量范围分别为未检出~38.6 $\mu g\ kg^{-1}$、1.8~79.6 $\mu g\ kg^{-1}$ 和 0.2~40.3 $\mu g\ kg^{-1}$,土壤有机氯农药总残留为 3.1~91.1 $\mu g\ kg^{-1}$,平均值为 22.3 $\mu g\ kg^{-1}$。有机氯农药主要残留物为 p, p'-DDE,占残留总量的 60% 以上。公园及绿化带土壤中有机氯农药残留相对较高,有机氯农药残留主要来源于过去施用(蒋煜峰等,2010)。

我国南方主要城市(长沙、成都、广州、南昌、武汉和南宁)土壤中残留有机氯农药主要是 DDTs、HCHs 和 HCB,三者占有机氯农药残留总量的 97.3%。总有机氯农药类(OCPs)物质质量分数的平均值为 23.0 $ng\ g^{-1}$,其中 DDTs 占 OCPs 物质的 59.0%,是南方主要城市土壤残留有机氯农药类的主要成分。氯丹(TC+CC)、九氯(TN+CN)和硫丹(α-End+β-End)残留量较低,是南方主要城市土壤中普遍存在的一类持久性有机污染物,没有对土壤质量造成危害。OCPs 物质及 TOC 含量均随土层深度的增加而降低,主要集中在土壤表层(0~5 cm),"表聚性"较为明显;土壤中 TOC、DDTs、HCHs 和 HCB 类农药与有机氯农药总含量之间显著相关,在决定有机氯农药含量和分布上起着重要的作用(裴绍峰等,2014)。

我国西北银川城市土壤中∑DDTs 变幅为 0.41~1 068 $ng\ g^{-1}$,平均值和中值分别为 92.1 $ng\ g^{-1}$ 和 2.24 $ng\ g^{-1}$。∑HCHs 变幅为 0.306~74.2 $ng\ g^{-1}$,平均值和中值分别为

7.98 ng g^{-1}和 0.852 ng g^{-1}。HCHs 污染来源于过去施用,DDTs 污染来源于过去 DDTs 施用和三氯杀螨醇带入(Wang et al.,2009)。

我国北方城市土壤中 DDTs 含量变幅为 0.03~1 282.58 ng g^{-1},平均值为68.14 ng g^{-1};HCHs 含量变幅为 0.32~136.43 ng g^{-1},平均值为 3.46 ng g^{-1}。历史悠久的公园、大面积公共绿地土壤中 DDTs 和 HCHs 含量远高于商业区、文化和教育区、住宅区和道路区土壤,这与长期施用 DDTs 和 HCHs 保护植被有关。DDTs 含量受到施用历史和公园年代影响,HCHs 污染源主要来源于过去施用以及 HCHs 远程大气运输。DDTs、HCHs含量呈现从城市中心到郊区降低、随城区历史增长而增加的趋势。DDTs、HCHs 含量与土壤有机碳和黑碳含量呈显著正相关。约 81.7%土壤中的 DDTs 含量低于我国土壤环境质量一级标准(50 ng g^{-1}),仅 1.5%超过我国土壤环境质量三级标准(1 000 ng g^{-1})。土壤中DDT 及其代谢产物含量顺序为 p,p′-DDE>p,p′-DDT>o,p′-DDT>p,p′-DDD(Yang et al.,2010,2012)。北京城市公园土壤中 HCHs 含量为 0.249 0~197.0 ng g^{-1},DDTs 为 5.942~1 039 ng g^{-1},在部分公园土壤中 DDTs 污染严重,土壤中 HCHs 来源于过去 HCHs 和林丹的施用,土壤中 DDTs 主要来源于过去 DDTs 施用和含有 DDT 杂质的三氯杀螨醇带入(Li et al.,2008)。

酞酸酯(PAEs)也是城市土壤中的一类有机污染物。在我国北方,天津不同功能区城市土壤中总酞酸酯(ΣPAEs)浓度为 0.524~2.058 mg kg^{-1},鞍山城市土壤中 ΣPAEs 浓度为 0.779~2.016 mg kg^{-1};两城市不同功能区土壤 ΣPAEs 含量均呈现风景区<生活区<工业区的趋势;在 15 种酞酸酯中,邻苯二甲酸二丁酯(DBP)和邻苯二甲酸二己酯(DEHP)在天津和鞍山各样点土壤中均有检出,为两城市土壤中酞酸酯主要污染物(朱媛媛等,2012)。在我国南方,广州市道路、公园、住宅区表层土壤中,16 种邻苯二甲酸酯类(PAEs)在所有供试土壤中均检测出,这表明邻苯二甲酸酯类是广州城市土壤中普遍存在的环境污染物。土壤中 16 种邻苯二甲酸酯类(PAEs)含量为 1.67~32 μg g^{-1},中值为17.7 μg g^{-1},主要来源于城市固体废弃物沥出液、废弃的塑料渗出液、城市污水、大气沉降等。16 种邻苯二甲酸酯类(PAEs),以邻苯二甲酸二异丁酯(DiBP)、邻苯二甲酸二正丁酯(DnBP) 和二(2-乙基己基)酯(DEHP) 为主,占 74.2%~99.8%,广州城市土壤受到PAEs 严重污染(Zeng et al.,2009)。

城市土壤中还含有不同种类的抗生素。Gao 等(2015)调查了北京和上海城市表层土壤中 8 种喹诺酮类(QNs)、9 种磺胺类药(SAs)和 5 种大环内酯类(MLs)抗生素的存在和分布情况。QNs,尤其是诺氟沙星(NOR)、氧氟沙星(OFL)和环丙沙星(CIP) 是城市表层土壤中主要抗生素,NOR 平均含量最高,为 94.6 μg kg^{-1}。城市土壤抗生素含量比长期污水灌溉和施用有机肥的农业土壤高。上海城市土壤抗生素含量与土壤 pH 呈显著负相关,与土壤有机碳、重金属含量呈显著正相关。在北京和上海城市土壤中检测出 22种抗生素中的 17 种,QNs,尤其是 NOR、OFL 和 CIP 是城市土壤中检出率最高的抗生素,北京和上海城市土壤中抗生素总量没有差异。

以上研究结果表明,城市土壤中有机污染物的检出率和含量与人为活动关系密切,存在较大的变异性。因此,只有加强不同区域城市土壤中有机污染物的相关研究,才能更好地了解土壤受到人为活动的影响程度,并制定相应的利用和管理对策。

参考文献

白秀玲,马建华,孙艳丽,等. 2018. 开封城市土壤磷素组成特征及流失风险. 环境科学,39(2): 909 – 915.

蔡祖聪,刘铮. 1990. 我国主要土壤中钴的含量和分布. 土壤学报,27(3): 348 – 352.

陈秀玲,李志忠,靳建辉,等. 2011. 福州城市土壤 pH 值、有机质和磁化率特征研究. 水土保持通报,31 (5): 176 – 181.

陈雪,郎春燕. 2011. 成都市城市绿地土壤理化性质研究. 广东微量元素科学,18(6): 52 – 57.

代杰瑞,庞绪贵,宋建华,等. 2018. 山东淄博城市和近郊土壤元素地球化学特征及生态风险研究. 中国地质,45(3): 617 – 627.

丁武泉. 2008. 重庆市渝中区市街绿地土壤理化性质分析. 安徽农业科学,36(28): 12348 – 12349.

段文标,段文靖,陈立新,等. 2018. 哈尔滨城市森林土壤对污水的净化能力. 生态学杂志,37(7): 2130 – 2138.

冯万忠,段文标,许皞. 2008. 不同土地利用方式对城市土壤理化性质及其肥力的影响——以保定市为例. 河北农业大学学报,2: 61 – 64.

韩冰,刘毓,赵凤莲,等. 2012. 济南市公园绿地土壤肥力特征及综合评价. 园林科技,1: 18 – 22.

韩东昱,龚庆杰,岑况. 2006. 北京市公园土壤铜、铅含量及化学形态分布特征. 环境科学与技术,29(3): 31 – 32.

郝瑞军,方海兰,沈烈英,等. 2011. 上海中心城区公园土壤的肥力特征分析. 中国土壤与肥料,2011(5): 20 – 26.

胡健,张国平,刘顿,等. 2011. 贵阳市表层土壤中多环芳烃的分布特征及来源解析. 生态学杂志,30(9): 1982 – 1987.

蒋煜峰,王学彤,孙阳昭,等. 2010. 上海市城区土壤中有机氯农药残留研究. 环境科学,31(2): 409 – 414.

康玲芬,李锋瑞,化伟,等. 2006. 不同土地利用方式对城市土壤质量的影响. 生态科学,25(1): 59 – 63.

康耘,葛晓立. 2010. 土壤 pH 值对土壤多环芳烃纵向迁移影响的模拟实验研究. 岩矿测试,29(2): 123 – 126.

李楠,郭风民,孙桂琴,等. 2017. 郑州市城市园林绿地土壤肥力调查与评价. 河南科学,35(10): 1615 – 1621.

李文玲,李楠,刘召强,等. 2018. 城市土壤比较分析及对公园植物的影响. 河南科学,36(7): 1036 – 1041.

林元敏. 2008. 福州市绿地公园土壤肥力调查与评价. 安徽农学通报,14(7): 133 – 135.

刘飞,刘应汉,王建武,等. 2008. 太原市区土壤中多环芳烃污染特征研究. 地学前缘,15(5): 155 – 160.

刘秋丽,马娟娟,孙西欢,等. 2011. 土壤的硝化-反硝化作用因素研究进展. 农业工程,1(4): 79 – 83.

刘世全,张世熔,伍钧,等.2002.土壤 pH 与碳酸钙含量的关系.土壤,34(5):279－282.

刘铮,唐丽华,朱其清,等.1978.我国主要土壤中微量元素的含量与分布初步总结.土壤学报,15(2):138－150.

刘铮.1996.中国土壤微量元素.南京:江苏科技出版社.

卢瑛,冯宏,甘海华.2007.广州城市公园绿地土壤肥力及酶活性特征.水土保持学报,21(1):160－163.

卢瑛,甘海华,史正军,等.2005.深圳城市绿地土壤肥力质量评价及管理对策.水土保持学报,19(1):153－156.

卢瑛,龚子同,张甘霖.2001.南京城市土壤的特性及其分类的初步研究.土壤,33(1):47－51.

卢瑛,龚子同,张甘霖.2003.南京城市土壤中重金属的化学形态分布.环境化学,22(2):131－136.

马建华,张丽,李亚丽.1999.开封市城区土壤性质与污染的初步研究.土壤通报,30(2):46－49.

孟昭虹,周嘉.2005.哈尔滨城市土壤理化性质研究.哈尔滨师范大学自然科学学报,21(4):102－105.

裴绍峰,刘海月,叶思源.2014.我国南方主要城市土壤有机氯农药残留及分布特征.山东农业大学学报(自然科学版),45(5):768－774.

史贵涛,陈振楼,许世远,等.2007.上海城市公园土壤及灰尘中重金属污染特征.环境科学.2:238－242.

孙世卫,陈迪,尹红.2018.衡水城市绿地土壤肥力特征分析与评价.现代农村科技,12:53－55.

孙先锋,徐甜甜,王敏,等.2011.西安市城墙内公园土壤重金属含量水平及污染评价.城市环境与城市生态,24(3):1－4.

孙艳丽,马建华.2014.开封城市土壤主要性质及空间分布分析.许昌学院学报,33(5):94－99.

王贵,姚德,郜睿智.2007.包头公园土壤重金属含量水平及污染评价.山东理工大学学报(自然科学版),21(5):1－4.

王晖,邢小军,许自成.2007.攀西烟区紫色土 pH 值与土壤养分的相关分析.中国土壤与肥料,6:19－22.

王喜宁,武春阳,孙亚楠,等.2011.长春市城市土壤特性研究.内蒙古农业科技,3:35－37.

王欣,杨毅,陆敏,等.2015.城市土壤不同粒径组分 PAHs 污染特征.环境科学与技术,38(9):176－182.

王云,魏复盛.1995.土壤环境元素化学.北京:中国环境科学出版社.

翁悦,吕竺妍,李腾,等.2018.长春市城区公园土壤的肥力特征分析与评价.东北农业科学,43(1):28－33.

吴新民,潘根兴,姜海洋,等.2003.南京城市土壤的特性与重金属污染的研究.生态环境,12(1):19－23.

武慧君,姚有如,苗雨青,等.2018.芜湖市城市森林土壤理化性质及碳库研究.土壤通报,49(5):1015－1023.

项建光,方海兰,杨意,等.2004.上海典型新建绿地的土壤质量评价.土壤,36(4):424－429.

杨凤根,张甘霖,龚子同,等.2004.南京市历史文化层中土壤重金属元素的分布规律初探.第四纪研究,24(2):203－212.

尹伟,卢瑛,甘海华,等.2011.应用体外试验方法评价铅污染城市土壤化学修复效果,华南农业大学学报,32(4):27－30.

于法展,尤海梅,李保杰,等. 2007. 徐州市不同功能城区绿地土壤的理化性质分析. 水土保持研究,14
　　(3)：85 - 88.

于君宝,王金达,刘景双,等. 2002. 典型黑土 pH 值变化对微量元素有效态含量的影响研究. 水土保持
　　学报,16(2)：93 - 95.

袁大刚. 2006. 城市土壤形成过程与系统分类研究——以南京市为例.

张宏伟,魏忠义,王秋兵. 2008. 沈阳城市土壤 pH 和养分的空间变异性研究. 江西农业学报,20(5)：
　　102 - 105.

张俊叶,俞菲,杨靖宇,等. 2018. 南京城市林业土壤多环芳烃累积特征及其与黑炭的相关性. 南京林业
　　大学学报(自然科学版),42(2)：75 - 80.

章明奎,王美青. 2003. 杭州市城市土壤重金属的潜在可淋洗性研究. 土壤学报,40(6)：915 - 920.

赵满兴,曹阳阳,焦佳斌,等. 2018. 延安新区(北区)道路绿地土壤肥力质量评价. 中国农学通报,34
　　(27)：130 - 136.

赵雯雯. 2017. 开封市城市土壤重金属与多环芳烃污染及风险分析. 河南大学.

中国环境监测总站. 1990. 中国土壤元素背景值. 北京：中国环境科学出版社.

中国科学院土壤背景值协作组,广东省环境保护研究所,中山大学地理系. 1982. 广东省区域土壤中某
　　些元素的自然背景值. 见：《环境科学》编辑部编. 环境中若干元素的自然背景值及其研究方法. 北
　　京：科学出版社,56 - 59.

中国科学院土壤背景值协作组. 1979. 北京、南京地区土壤中若干元素的自然背景值. 土壤学报,16(4)：
　　319 - 328.

朱媛媛,田靖,景立新,等. 2012. 不同城市功能区土壤中酞酸酯污染特征. 环境科学与技术,35(5)：
　　42 - 46.

卓文珊,唐建锋,管东生. 2007. 城市绿地土壤特性及人类活动的影响. 中山大学学报(自然科学版),46
　　(2)：32 - 35.

Acosta J A, Faz A, Martínez-Martínez S, et al. 2011. Enrichment of metals in soils subjected to
　　different land uses in a typical Mediterranean environment (Murcia City, southeast Spain). Applied
　　Geochemistry, 26：405 - 414.

Aichner B, Glaser B, Zech W. 2007. Polycyclic aromatic hydrocarbons and polychlorinated biphenyls in
　　urban soils from Kathmandu, Nepal. Organic Geochemistry, 38(4)：700 - 715.

Andersson M, Ottesen R T, Langedal M. 2010. Geochemistry of urban surface soils — Monitoring in
　　Trondheim, Norway. Geoderma, 156：112 - 118.

Argyraki A, Kelepertzis E. 2014. Urban soil geochemistry in Athens, Greece：The importance of local
　　geology in controlling the distribution of potentially harmful trace elements. Science of The Total
　　Environment, 482：366 - 377.

Banat K M, Howari F M, Al-Hamad A A. 2005. Heavy metals in urban soils of central Jordan：Should
　　we worry about their environmental risks? Environmental Research, 97(3)：258 - 273.

Biasioli M, Barberis R, Ajmonemarsan F. 2006. The influence of a large city on some soil properties and
　　metals content. Science of The Total Environment, 356(1 - 3)：154 - 164.

Biasioli M, Grčman H, Kralj T, et al. 2007. Potentially toxic elements contamination in urban soils：A comparison of three European cities. Journal of Environmental Quality, 36: 70 - 79.

Birke M, Rauch U. 2000. Urban geochemistry: investigations in the Berlin metropolitan area. Environmental Geochemistry and Health, 22: 233 - 248.

Bityukova L, Shogenova A, Birke M. 2000. Urban Geochemistry: A study of element distributions in the soils of Tallinn (Estonia). Environmental Geochemistry and Health, 22: 173 - 193.

Bretzel F, Calderisi M. 2006. Metal Contamination in Urban Soils of Coastal Tuscany (Italy). Environmental Monitoring and Assessment, 118(1 - 3): 319 - 335.

Burt R, Hernandez L, Shaw R, et al. 2014. Trace element concentration and speciation in selected urban soils in New York City. Environmental Monitoring and Assessment, 186: 195 - 215.

Cachada A, Lopes L, Hursthouse A, et al. 2009. The variability of polychlorinated biphenyls levels in urban soils from five European cities. Environmental Pollution, 157: 511 - 518.

Cachada A, Pato P, Rocha-Santos T, et al. 2012a. Levels, sources and potential human health risks of organic pollutants in urban soils. Science of the Total Environment, 430: 184 - 192.

Cachada A, Pereira M E, Ferreira da Silva E, et al. 2012b. Sources of potentially toxic elements and organic pollutants in an urban area subjected to an industrial impact. Environmental Monitoring and Assessment, 184(1): 15 - 32.

Cai C, Zhang Y, Reid B J, et al. 2012. Carcinogenic potential of soils contaminated with polycyclic aromatic hydrocarbons (PAHs) in Xiamen metropolis, China. Journal of Environmental Monitoring, 14(12): 3111 - 3117.

Chen X, Lu X, Yang G. 2012. Sources identification of heavy metals in urban topsoil from inside the Xi'an Second Ringroad, NW China using multivariate statistical methods. Catena, 98: 73 - 78.

Chen X, Xia X H, Wu S, et al. 2010. Mercury in urban soils with various types of land use in Beijing, China. Environmental Pollution, 2010, 158: 48 - 54.

Chronopoulos J, Haidouti C, Chronopoulou-Sereli A, et al. 1997. Variations in plant and soil lead and cadmium content in urban parks in Athens, Greece. Science of the Total Environment, 196 (1): 91 - 98.

Chung M K, Hu R, Cheung K C, et al. 2007. Pollutants in Hong Kong soils: polycyclic aromatic hydrocarbons. Chemosphere, 67(3): 464 - 473.

Cui Z A, Qiao S Y, Bao Z Y, et al. 2011. Contamination and distribution of heavy metals in urban and suburban soils in Zhangzhou City, Fujian, China. Environmental Earth Sciences, 64: 1607 - 1615.

Dao L, Morrison L, Zhang C. 2010. Spatial variation of urban soil geochemistry in a roadside sports ground in Galway, Ireland. Science of The Total Environment, 408(5): 1076 - 1084.

Dao L, Morrison L, Zhang H, et al. 2014. Influences of traffic on Pb, Cu and Zn concentrations in roadside soils of an urban park in Dublin, Ireland. Environmental Geochemistry and Health, 36: 333 - 343.

Gao L H, Shi Y, Li W, et al. 2015. Occurrence and distribution of antibiotics in urban soil in Beijing and Shanghai, China. Environmental Science & Pollution Research, 22(15): 11360 - 11371.

Giusti L. 2011. Heavy metals in urban soils of Bristol (UK). Initial screening for contaminated land.

Journal of Soils and Sediments, 11(8): 1385 – 1398.

Guagliardi I, Cicchella D, De Rosa R. 2012. A geostatistical approach to assess concentration and spatial distribution of heavy metals in urban soils. Water Air and Soil Pollution, 223: 5983 – 5998.

Hamzeh M A, Aftabi A, Mirzaee M. 2011. Assessing geochemical influence of traffic and other vehicle-related activities on heavy metal contamination in urban soils of Kerman city, using a GIS-based approach. Environmental Geochemistry and Health, 33: 577 – 594.

Hiller E, Lachká L, Jurkovič L, et al. 2015. Polycyclic aromatic hydrocarbons in urban soils from kindergartens and playgrounds in Bratislava, the capital city of Slovakia. Environmental Earth Sciences, 73(11): 7147 – 7156.

Imperato M, Adamo P, Naimo D, et al. 2003. Spatial distribution of heavy metals in urban soils of Naples city (Italy). Environmental Pollution, 124: 247 – 256.

Iqbal J, Shah M H. 2011. Distribution, correlation and risk assessment of selected metals in urban soils from Islamabad, Pakistan. Journal of Hazardous Materials, 192(2): 887 – 898.

Jiang Y F, Wang X T, Zhu K, et al. 2011. Polychlorinated biphenyls contamination in urban soil of Shanghai: Level, compositional profiles and source identification. Chemosphere, 83(6): 767 – 773.

Jiang Y F, Yves U J, Hang S, et al. 2016. Distribution, compositional pattern and sources of polycyclic aromatic hydrocarbons in urban soils of an industrial city, Lanzhou, China. Ecotoxicology & Environmental Safety, 126(7): 154 – 162.

Jim C Y. 1998. Urban soil characteristics and limitations for landscape planting in Hong Kong. Landscape and Urban Planning, 40(4): 235 – 249.

Langroudi A A, Theron E, Ghadr S. 2021. Sequestration of carbon in pedogenic carbonates and silicates from construction and demolition wastes. Construction and Building Materials, 286: 122658.

Lee C S, Li X, Shi W, et al. 2006. Metal contamination in urban, suburban, and country park soils of Hong Kong: a study based on GIS and multivariate statistics. Science of Total Environment, 356: 45 – 61.

Li X H, Wang W, Wang J, et al. 2008. Contamination of soils with organochlorine pesticides in urban parks in Beijing, China. Chemosphere, 70(9): 1660 – 1668.

Li X Y, Liu L J, Wang Y G, et al. 2013. Heavy metal contamination of urban soil in an old industrial city (Shenyang) in Northeast China. Geoderma, 192: 50 – 58.

Li X, Feng L. 2012. Multivariate and geostatistical analyzes of metals in urban soil of Weinan industrial areas, Northwest of China. Atmospheric Environment, 47: 58 – 65.

Liebens J, Mohrherr C J, Rao K R. 2012. Trace metal assessment in soils in a small city and its rural surroundings, Pensacola, FL, USA. Environmental Earth Sciences, 65: 1781 – 1793.

Linde M, Bengtsson H, Öborn I. 2001. Concentrations and pools of heavy metals in urban soils in Stockholm, Sweden. Water, Air & Soil Pollution: Focus, 1(3 – 4): 83 – 101.

Linde M. 2005. Trace Metals in Urban Soils — Stockholm as a Case Study. Swedish University.

Liu Y, Chen L, Zhao J, et al. 2010. Polycyclic aromatic hydrocarbons in the surface soil of Shanghai, China: Concentrations, distribution and sources. Organic Geochemistry, 41(4): 355 – 362.

Ljung K, Otabbong E, Selinus O. 2006. Natural and anthropogenic metal inputs to soils in urban Uppsala, Sweden. Environmental Geochemistry and Health, 28(4): 353 – 364.

Lu S G, Bai S Q. 2010. Contamination and potential mobility assessment of heavy metals in urban soils of Hangzhou, China: relationship with different land uses. Environmental Earth Sciences, 60: 1481 – 1490.

Lu Y, Gong Z T, Zhang G L, et al. 2003. Concentrations and chemical speciations of Cu, Zn, Pb and Cr of urban soils in Nanjing, China, Geoderma, 115(1/2): 101 – 111.

Lu Y, Jia C J, Zhang G L, et al. 2016. Spatial distribution and source of potential toxic elements (PTEs) in urban soils of Guangzhou, China. Environmental Earth Sciences, 75: 329.

Lu Y, Zhu F, Chen J, et al. 2007. Chemical fractionation of heavy metals in urban soils of Guangzhou, China. Environmental Monitoring Assessment, 134: 429 – 439.

Lu Y. 2000. The Characteristics and environmental significance of urban soils: a case study for Nanjing city. PhD Thesis. Institute of Soil Science, Chinese Academy of Sciences, Nanjing, China.

Luo W, Lu Y, Wang G, et al. 2008. Distribution and availability of arsenic in soils from the industrialized urban area of Beijing, China. Chemosphere, 72: 797 – 802.

Ma W L, Li Y D. 2009. Polycyclic aromatic hydrocarbons and polychlorinated biphenyls in topsoils of Harbin, China. Archives of Environmental Contamination &. Toxicology, 57(4): 670 – 678.

Maas S, Scheifler R, Benslama M, et al. 2010. Spatial distribution of heavy metal concentrations in urban, suburban and agricultural soils in a Mediterranean city of Algeria. Environmental Pollution, 158(6): 2294 – 2301.

Madrid L, Diaz-Barrientos E, Reinoso R, et al. 2004. Metals in urban soils of Sevilla: seasonal changes and relations with other soil components and plant contents. European Journal of Soil Science, 55(2): 209 – 217.

Malik R N, Jadoon W A, Husain S Z. 2010. Metal contamination of surface soils of industrial city Sialkot, Pakistan: a multivariate and GIS approach. Environmental Geochemistry and Health, 32: 179 – 191.

Manta D S, Angelone M, Bellanca A, et al. 2002. Heavy metals in urban soils: a case study from the city of Palermo (Sicily), Italy. Science of The Total Environment, 300(1 – 3): 229 – 243.

Mcgrath D, Zhang C, Carton O T. 2004. Geostatistical analyses and hazard assessment on soil lead in Silvermines area, Ireland. Environmental Pollution, 127(2): 239 – 248.

Mesilio L, Farago M E, Thornton I. 2003. Reconnaissance soil geochemical survey of Gibraltar. Environmental Geochemistry and Health, 25: 1 – 8.

Mielke H W, Wang G, Gonzales C R, et al. 2001. PAH and Metal Mixtures in New Orleans Soils and Sediments. Science of the Total Environment, 281(1 – 3): 217 – 227.

Möller A, Müller H W, Abdullah A, et al. 2005. Urban soil pollution in Damascus, Syria: concentrations and patterns of heavy metals in the soils of the Damascus Ghouta. Geoderma, 124(1 – 2): 63 – 71.

Moore F. 2015. Ecotoxicological risk of polycyclic aromatic hydrocarbons (PAHs) in urban soil of

Isfahan metropolis, Iran. Environmental Monitoring and Assessment, 187(4): 1 – 14.

Morillo E, Romero A S, Maqueda C, et al. 2007. Soil pollution by PAHs in urban soils: a comparison of three European cities. Journal of Environmental Monitoring, 9(9): 1001 – 1008.

Nadal M, Schuhmacher M, Domingo J L. 2007. Levels of metals, PCBs, PCNs and PAHs in soils of a highly industrialized chemical/petrochemical area: Temporal trend. Chemosphere, 66(2): 267 – 276.

Nehls T, Rokia S, Mekiffer B, et al. 2013. Contribution of bricks to urban soil properties. Journal of Soils and Sediments, 13(3): 575 – 584.

Ordóñez A, Loredo J, De Miguel E, et al. 2003. Distribution of heavy metals in the street dusts and soils of an industrial city in Northern Spain. Archives of Environmental Contamination and Toxicology, 44: 160 – 170.

Papa S, Bartoli G, Pellegrino A, et al. 2010. Microbial activities and trace element contents in an urban soil. Environmental Monitoring and Assessment, 165(1 – 4): 193 – 203.

Peltola P, Åström M. 2003. Urban geochemistry: a multimedia and multielement survey of a small town in Northern Europe. Environmental Geochemistry and Health, 25: 397 – 419.

Pouyat R V, Yesilonis I D, Russell-Anelli J, et al. 2007. Soil chemical and physical properties that differentiate urban land-use and cover type. Soil Science Society of America Journal, 71: 1010 – 1019.

Rasmussen P E, Subramanian K S, Jessiman B J. 2001. A multi-element profile of house dust in relation to exterior dust and soils in the city of Ottawa, Canada. Science of the Total Environment, 267: 125 – 140.

Rauret G, Lopez-Sanchez J F, Sahuquillo A, et al. 1999. Improvement of the BCR three step sequential extraction procedure prior to the certification of new sediment and soil reference materials. Journal of Environmental Monitoring, (1): 57 – 61.

Rawlins B G, Lark R M, O'Donnell A M, et al. 2005. The assessment of point and diffuse metal pollution of soils from an urban geochemical survey of Sheffield, England. Soil Use and Management, 21: 353 – 362.

Rimmer D L, Vizard C G, Pless-Mullolib T, et al. 2006. Metal contamination of urban soils in the vicinity of a municipal waste incinerator: One source among many. Science of the Total Environment, 356: 207 – 216.

Rizo O D, Morell D F, Arado Lopez J O, et al. 2013. Spatial distribution and contamination assessment of heavy metal in urban topsoils from Las Tunas City, Cuba. Bulletin of Environmental Contamination and Toxicology, 91: 29 – 35.

Rodrigues S, Pereira M E, Duarte A C, et al. 2006. Mercury in urban soils: A comparison of local spatial variability in six European cities. Science of the Total Environment, 368: 926 – 936.

Rodriguez R R, Basta N T, Casteel S W, et al. 1999. An in vitro gastrointestinal method to estimate bioavailable arsenic in contaminated soils and solid media. Environmental Science and Technology, 33 (4): 642 – 649.

Rodríguez-Salazar M T, Morton-Bermea O, Hernández-Álvarez E, et al. 2011. The study of metal contamination in urban topsoils of Mexico City using GIS. Environmental Earth Sciences, 62:

899 – 905.

Rouillon M, Gore D B, Taylor M P. 2013. The nature and distribution of Cu, Zn, Hg, and Pb in urban soils of a regional city: Lithgow, Australia. Applied Geochemistry, 36: 83 – 91.

Ruby M V, Schoof R, Brattin W, et al. 1999. Advances in evaluating the oral bioavailability of inorganics in soil for use in human health risk assessment. Environmental Science and Technology, 33: 3697 – 3705.

Ruiz-Cortés E, Reinosol R, Díaz-Barrientos E, et al. 2005. Concentrations of potentially toxic metals in urban soils of Seville: relationship with different land uses. Environmental Geochemistry and Health, 27: 465 – 474.

Salonen V, Korkka-Niemi K. 2007. Influence of parent sediments on the concentration of heavy metals in urban and suburban soils in Turku, Finland. Applied Geochemistry, 22: 906 – 918.

Shi G, Chen Z, Xu S, et al. 2008. Potentially toxic metal contamination of urban soils and roadside dust in Shanghai, China. Environmental Pollution, 156: 251 – 260.

Škrbić B, Đurišić-Mladenović N. 2013. Distribution of heavy elements in urban and rural surface soils: the Novi Sad city and the surrounding settlements, Serbia. Environmental Monitoring and Assessment, 185: 457 – 471.

Stajic J M, Milenkovic B, Pucarevic M, et al. 2016. Exposure of school children to polycyclic aromatic hydrocarbons, heavy metals and radionuclides in the urban soil of Kragujevac city, Central Serbia. Chemosphere, 146: 68 – 74.

Suman S, Sinha A, Tarafdar A. 2016. Polycyclic aromatic hydrocarbons (PAHs) concentration levels, pattern, source identification and soil toxicity assessment in urban traffic soil of Dhanbad, India. Science of the Total Environment, 545: 353 – 360.

Sun Y B, Sun G H, Zhou Q X, et al. 2012. Polycyclic Aromatic Hydrocarbon (PAH) Contamination in the Urban Topsoils of Shenyang, China. Soil & Sediment Contamination An International Journal, 21 (8): 901 – 917.

Tahmasbian I, Nasrazadani A, Shoja H, et al. 2014. The effects of human activities and different land use on trace element pollution in urban topsoil of Isfahan (Iran). Environmental Earth Sciences, 71: 1551 – 1560.

Tang L, Tang X Y, Zhu Y G, et al. 2005. Contamination of polycyclic aromatic hydrocarbons (PAHs) in urban soils in Beijing, China. Environment International, 31(6): 822 – 828.

Tang X Y, Tang L, Zhu Y G, et al. 2006. Assessment of the bioaccessibility of polycyclic aromatic hydrocarbons in soils from Beijing using an in vitro test. Environmental Pollution, 140(2): 279 – 285.

Tessier A, Campbell P G C, Bisson M. 1979. Sequential extraction procedure for the speciation of particulate trace metals. Analytical chemistry, 51(7): 844 – 851.

Tijhuis L, Brattli B, Sæther O M. 2002. A geochemical survey of topsoil in the city of Oslo, Norway. Environmental Geochemistry and Health, 24: 67 – 94.

USEPA. 1997. Technology alternatives for the remediation of soils contaminated with As, Cd, Cr, Hg, and Pb. Washington D C. Office of Emergency and Remedial Response.

USEPA. 2002. Supplemental guidance for developing soil screening levels for superfund sites. Washington D C. Office of Emergency and Remedial Response.

USEPA. 2005. Guidelines for carcinogen risk assessment. Risk Assessment Forum. Washington D C. Office of Emergency and Remedial Response.

Vane C H, Kim A W, Beriro D J, et al. 2014. Polycyclic aromatic hydrocarbons（PAH）and polychlorinated biphenyls（PCB）in urban soils of Greater London, UK. Applied Geochemistry, 51：303-314.

Wang C H, Wu S, Zhou S H, et al. 2015. Polycyclic aromatic hydrocarbons in soils from urban to rural areas in Nanjing：Concentration, source, spatial distribution, and potential human health risk. Science of the Total Environment, 527：375-383.

Wang M, Markert B, Chen W, et al. 2012a. Identification of heavy metal pollutants using multivariate analysis and effects of land uses on their accumulation in urban soils in Beijing, China. Environmental Monitoring and Assessment, 184：5889-5897.

Wang W, Li X H, Wang X F, et al. 2009. Levels and chiral signatures of organochlorine pesticides in urban soils of Yinchuan, China. Bulletin of Environmental Contamination and Toxicology, 82（4）：505-509.

Wang X S, Qin Y. 2007. Some characteristics of the distribution of heavy metals in urban topsoil of Xuzhou, China. Environmental Geochemistry and Health, 29：11-19.

Wang Z, Yang P, Wang Y, et al. 2012b. Urban fractionation of polycyclic aromatic hydrocarbons from Dalian soils. Environmental Chemistry Letters, 10（2）：183-187.

Washbourne C L., Lopez-Capel E., Renforth P, et al. 2015. Rapid Removal of Atmospheric CO_2 by Urban Soils. Environmental Science & Technology, 49：5434-5440.

WHO. 2006. The world health report 2006：working together for health. World Health Organization.

Wilcke W, Müller S, Kanchanakool N, et al. 1998. Urban soil contamination in Bangkok：heavy metal and aluminum partitioning in topsoils. Geoderma, 86：211-228.

Wu S, Xia X, Yang L, et al. 2011. Distribution, source and risk assessment of polychlorinated biphenyls（PCBs）in urban soils of Beijing, China. Chemosphere, 82（5）：732-738.

Yang L Y, Xia X H, Liu S D, et al. 2010. Distribution and sources of DDTs in urban soils with six types of land use in Beijing, China. Journal of Hazardous Materials, 174（1-3）：100-107.

Yang L Y, Xia X H, Hu L J. 2012. Distribution and health risk assessment of HCHs in urban soils of Beijing, China. Environmental Monitoring and Assessment, 184（4）：2377-2387.

Yang Z, Lu W, Long Y, et al. 2011. Assessment of heavy metals contamination in urban topsoil from Changchun City, China. Journal of Geochemical Exploration, 108：27-38.

Yu G G, Zhang Z H, Yang G L, et al. 2014. Polycyclic aromatic hydrocarbons in urban soils of Hangzhou：status, distribution, sources, and potential risk. Environmental Monitoring and Assessment, 186（5）：2775-2784.

Zeng F, Cui K Y, Xie Z Y, et al. 2009. Distribution of phthalate esters in urban soils of subtropical city, Guangzhou, China. Journal of Hazardous Materials, 164（2-3）：1171-1178.

Zhang C. 2006. Using multivariate analyses and GIS to identify pollutants and their spatial patterns in urban soils in Galway, Ireland. Environmental Pollution, 142: 501 – 511.

Zhang G L, Yang F G, Zhao Y G, et al. 2005. Historical change of heavy metals in urban soils of Nanjing, China during the past 20 centuries. Environment International, 31: 913 – 919.

Zhang H B, Luo Y M, Wong M H, et al. 2007. Concentrations and possible sources of polychlorinated biphenyls in the soils of Hong Kong. Geoderma, 138(3 – 4): 244 – 251.

Zhao L, Xu Y, Hou H, et al. 2014. Source identification and health risk assessment of metals in urban soils around the Tanggu chemical industrial district, Tianjin, China. Science of the Total Environment, 468: 654 – 662.

第6章
城市土壤磁性特征及其环境意义

磁性是土壤的一项基本物理性状。土壤磁性的强弱主要受控于强磁性矿物(磁铁矿和磁赤铁矿)的含量、种类和粒径等特征。自然土壤的磁性多继承于母质。比如,海南玄武岩发育的红土,磁性物质含量很高,磁性很强。土壤磁性还与风化成土过程密切有关。暖湿、微碱和含有机质的成土环境,有利于次生磁性物质的合成。黄土高原古土壤磁性的增强,主要由于风化成土作用。但酸性和过湿环境,不利于磁性矿物的生成。南方网纹红土磁性微弱,与磁赤铁矿的溶解和转化有关(Hu et al., 2009)。

城市土壤磁性增强的现象十分普遍。与自然土壤不同,城市土壤磁性的异常,多归因于人为影响,是城市土壤深受人为干扰的有力佐证。研究城市土壤磁性,可从一个新的角度,揭示人为活动对土壤发生发育的深刻影响。城市土壤是反映城市环境的一面镜子。城市土壤污染物的累积,常与磁信号异常密切关联。磁学方法作为研究城市土壤和城市环境的一种新方法,正越来越受到重视。

6.1 土壤磁性和磁学参数

6.1.1 物质磁性的起源

天然物质都具有一定的磁性,物质的磁性源于电子运动。电子绕原子核轨道运动,产生轨道磁矩;电子自旋运动,产生自旋磁矩。但当一个原子轨道被两个自旋方向相反的电子填充时,磁矩刚好相互抵消,整个原子对外没有磁性。少数物质(例如铁、钴、镍)原子内部的电子轨道具有孤电子,使得不同自转方向电子的数量不一样而产生剩余磁矩,导致整个原子显示磁矩。一个分子的磁矩,是各原子电子轨道磁矩和自旋磁矩的矢量和(Thompson and Oldfield, 1986)。

物质的磁性区分为铁磁性、亚铁磁性、顺磁性、抗磁性、反铁磁性和不完全反铁磁性,可形象地以简图(图6-1)表示:① 铁磁性:在外磁场中,自旋磁矩沿外磁场方向排列,产生很强的感应磁性;去掉外磁场后,恢复不到原来状态,显示很高的剩余磁性。铁磁性物质主要是纯铁,磁性很强。② 亚铁磁性:多为铁氧体,也就是氧化铁矿物。在外磁场作用下,铁氧体包含磁矩大小不等并且反向排列的两种磁晶格,但正方向的磁矩总和大于反方向的磁矩总和,从而有一净磁矩。常见的亚铁磁性物质有磁铁矿、磁赤铁矿、磁黄铁矿和胶黄铁矿等。③ 顺磁性:每分子具有一定的固有磁矩,在外加磁场作用下,各分子的磁矩在一定程度上会沿外磁场方向排列,产生微弱的正向感应磁性;但在去掉外磁场后,分子磁矩受热运动影响,依然回归无序状态,宏观上不显磁性,也就是无剩余磁性。顺磁性物质的感应磁性不高,为正值,主要有黏土矿物、黑云母、角闪石、辉石等。④ 抗磁性:在外加磁场中,每个分子的感应磁矩都与外磁场相反,且当外磁场去掉后,感应磁性就立即消失。抗磁性物质磁化率很低,且为负值,如石英、长石、方解石、石膏等。⑤ 反铁磁性和不完全反铁磁性:反铁磁性是指在外加磁场的情况下,邻近原子或离子的等量磁矩,处于反向排列状态,合磁矩为零,因此不产生感应磁性。但当反铁磁性具有杂质或晶格有缺陷时,单元磁矩的平行度就会改变,会显示微弱的感应磁性。赤铁矿和针铁矿就是具有不完全反铁磁性结构的天然晶体(Thompson and Oldfield, 1986)。

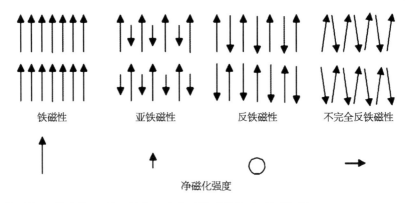

图 6‑1 铁磁性、亚铁磁性、反铁磁性和不完全反铁磁性物质磁矩排列(**Thompson and Oldfield, 1986**)

6.1.2 土壤磁性矿物

磁性是土壤的一项基本物理性状,是组成土壤的各种物质磁性特征的综合体现。土壤中常见的天然磁性矿物主要是铁的氧化物和氢氧化物、铁的硫化物以及碳酸盐。铁的氧化物主要有磁铁矿(Fe_3O_4)、磁赤铁矿($\gamma-Fe_2O_3$)、赤铁矿($\alpha-Fe_2O_3$);铁的氢氧化物主要有针铁矿($\alpha-FeOOH$)、纤铁矿($\gamma-FeOOH$)、水铁矿($5Fe_2O_3 \cdot 9H_2O$);铁的硫化物有胶黄铁矿(Fe_3S_4)和磁黄铁矿($Fe_{1-x}S$);铁的碳酸盐矿物有菱铁矿($FeCO_3$)。不同磁性矿物的磁化率值见表 6‑1。

土壤中抗磁性矿物(石英、长石、方解石等)、顺磁性矿物(黏土矿物、黑云母、角闪石、辉石等)和不完全反铁磁性矿物(赤铁矿和针铁矿)占绝对优势。亚铁磁性矿物(磁铁矿、磁赤铁矿、磁黄铁矿等)含量通常不到万分之一,却是土壤磁性的主导(Maher, 1998)。赤铁矿和针铁矿是土壤常见的重要组分,尽管感应磁性(磁化率)很低,但却能携带剩磁。这两类不完全反铁磁性矿物,与亚铁磁性矿物(磁铁矿和磁赤铁矿)一起构成了土壤磁学关注的主要对象。

表 6-1　土壤中常见氧化铁矿物及其磁化率比较(Maher,1998)

氧化铁矿物	分　子　式	磁性状态	磁化率($\times 10^8$ m³ kg⁻¹)
赤铁矿	$\alpha - Fe_2O_3$	不完全反铁磁性	40
针铁矿	$\alpha - FeOOH$	不完全反铁磁性	70
磁赤铁矿	$\gamma - Fe_2O_3$	亚铁磁性	26 000
纤铁矿	$\gamma - FeOOH$	顺磁性	70
水铁矿	$5Fe_2O_3 \cdot 9H_2O$	顺磁性	40
磁铁矿	Fe_3O_4	亚铁磁性	56 500

6.1.3　土壤磁畴

土壤磁性矿物颗粒的大小通常用磁畴(domain)来描述。以磁铁矿为例,磁性颗粒粒径大于 1～2 μm,为多畴颗粒(multi domain, MD);粒径在 0.03～0.05 μm 的,称为单畴颗粒(single domain,SD),其中,粒径在 0.02～0.04 μm 的单畴颗粒,称作稳定单畴颗粒(stable single domain, SSD);介于多畴与单畴之间的铁磁颗粒,称为假单畴颗粒(pseudo single domain, PSD, 0.05～1 μm);粒径在 0.001～0.01 μm 的超细铁磁性或亚铁磁性颗粒,称为超顺磁颗粒(superparamagnetic,SP)。从单畴向超顺磁过渡,是一种具有特殊磁性特征的细黏滞性颗粒(fineviscous, FV,0.015～0.025 μm)(Thompson and Oldfield, 1986; Hay et al., 1997)。但是,磁畴边界的划分有时较模糊,会有不确定性。

土壤学研究中,可通过区分磁畴来判断土壤磁性矿物的来源。一般认为,岩石矿物、化石燃料(煤)燃烧和火山灰中的磁性矿物粒径较粗;超细磁颗粒主要源于风化成土作用、土壤灼烧和细菌合成(胡雪峰和龚子同,1999)。

6.1.4　土壤磁学参数

土壤的磁性特征主要受磁性矿物种类、含量、晶粒大小(磁畴状态)及配比等影响(Maher, 1986; Thompson and Oldfield, 1986; Peters and Dekkers, 2003)。但主导土壤磁性特征的强磁性矿物(磁铁矿和磁赤铁矿)的绝对含量很低。尤其是成土过程形成的超细亚铁磁性颗粒,处于纳米级别(<20 nm),含量低于 0.1%(Maher, 1998;卢升高, 2000),很难直接测算。采用磁学参数及组合,可有效地反映土壤磁性特征。以下是土壤学研究常用的磁学参数。

1. 磁化率(χ)与频率磁化率(χ_{fd}%)

磁化率(magnetic susceptibility)是最常用的磁性参数,是指物质在给定磁场中受感应产生的磁化强度与外磁化强度的比值,反映了物质易磁化的程度。通常反映了土壤亚铁磁性矿物,即狭义强磁性矿物的相对含量。磁化率有 3 种表达方式:体积磁化率(k)、质量磁化率(χ)和频率磁化率(χ_{fd}%)。体积磁化率只是物质感应磁和外磁场的比例，没有单位。磁化率仪上的直接读数实际上只受物质感应磁场的影响，就是体积磁化率。质量磁化率是体积磁化率除以物质的密度(ρ)，单位为 10^{-6} m^3 kg^{-1} 或 10^{-8} m^3 kg^{-1}，后者更常用。

　　土壤磁化率可在磁化率仪上测定。由于装样体积是一定的，只要测得放入土样的质量，就可获知其密度。由此，磁化率仪可测出土样质量磁化率(χ)。在样品测定时，磁化率仪产生的外加磁场有高频磁场(4.7 kHz)和低频磁场(0.47 kHz)两种，由此获得的质量磁化率分别称为高频质量磁化率(χ_{hf})和低频质量磁化率(χ_{lf})。通常所说的土壤磁化率，多指低频质量磁化率(χ_{lf})。土壤 χ_{lf} 可定性地反映强磁性矿物(磁铁矿和磁赤铁矿)的含量。

　　频率磁化率(χ_{fd}%)通过计算获得：χ_{fd}% $=(\chi_{lf}-\chi_{hf})/\chi_{lf}\times100$%。当土壤磁性颗粒以粒径相对较粗的 MD、PSD 和 SD 主导时，χ_{lf} 和 χ_{hf} 较接近，χ_{fd}% 接近于 0。但风化成土过程产生的超细磁颗粒 SP 在低频磁场，会产生强烈感应磁性；在高频磁场，感应磁性较弱。因此，土壤若含有一定量 SP，在不同频率磁场下，测得的磁化率会有差值。这使得土壤 χ_{fd}% 具有粒径意义，可指示 SP 的相对含量。通常认为 χ_{fd}%<2% 时，土壤几乎不含成土作用产生的 SP，以粗磁性颗粒为主导；χ_{fd}%>5%，土壤含 SP；当样品 χ_{fd}%>10% 时，SP 含量占有主导地位(Fine et al.，1995；Dearing et al.，1996)。黄土高原古土壤 χ_{fd}% 通常>10%，表明风化成土作用产生的 SP 是磁性增强的主要贡献者。人为活动释放出来的磁性颗粒粒径，主要分布在 SD 和 MD 范围内(Hay et al.，1997)，SD 和 MD 的 χ_{fd}% 通常<2%(Dearing et al.，1996)。因此，χ_{fd}% 可定性地判别土壤磁性颗粒的粒径，进而推测土壤磁性物质的来源。

2. 等温剩磁(IRM)与饱和等温剩磁(SIRM)

　　剩磁就是"剩余的磁性"或"残余的磁性"，其原理和测试方法与磁化率不同。磁化率是样品在外加磁场存在条件下产生的感应磁性。那么样品撤离外磁场后，是否还会保持原有的感应磁性？这就是剩磁需要解决的问题。剩磁是样品在恒定外加磁场短时间磁化后，移离外磁场，样品自身显示的"残余磁性"。当然，测试剩磁的外加磁场，要远远强于测试磁化率的外加磁性。

　　等温剩磁(isothermal remanent magnetism, IRM)是样品在常温恒定外磁场中磁化，再移离磁场，在旋转磁力仪(样品剩磁测试专用仪器)上测得的样品残余磁性。这里要说明的是：用于样品磁化的恒定磁场强度可人为选定，磁场强度单位为特斯拉(T)。土壤研究常用磁场强度范围为 10 mT~1 T，极端条件下也有用 7 T 的。样品在不同磁场强度下磁化后，获得的剩磁值不同。外加磁场越强，样品产生的同步感应磁性也越强，移离外磁场后的剩磁也越高。因此，等温剩磁值需标注外磁场。比如，在恒定外磁场 20 mT、40 mT、60 mT、80 mT、100 mT、200 mT、300 mT 和 1 T 下磁化后，测得的样品剩磁，可分别标记为 IRM$_{20\,mT}$、IRM$_{40\,mT}$、IRM$_{60\,mT}$、IRM$_{80\,mT}$、IRM$_{100\,mT}$、IRM$_{200\,mT}$、IRM$_{300\,mT}$

和 IRM$_{1T}$。沉积物或土壤样品,在高磁性条件下,感应磁性会接近饱和,这时测得的剩磁就叫饱和等温剩磁(saturated isothermal remanent magnetism,SIRM)。事实上,土壤样品在 1 T 的外磁场条件下,感应磁性已接近饱和。因此,土壤 SIRM 通常以 IRM$_{1T}$ 值来估算或替代。

对同一个样品,可绘制以外磁场为纵坐标,以等温剩磁为横坐标的等温剩磁曲线。亚铁磁性矿物含量高的样品容易磁化,在 300 mT 条件下,接近饱和。300 mT 以上的剩磁曲线近似水平直线,总体呈抛物线状。反铁磁性和不完全反铁磁性含量高的样品较难磁化,300 mT 以上剩磁继续随磁场加大而升高;在 1 T 条件下,也未接近饱和,其等温剩磁曲线常呈直线状(Hu et al.,2009)。等温剩磁曲线可反映土壤样品磁性矿物的类型和含量。

与磁化率相比,土壤 SIRM 易受到磁性颗粒种类和大小的影响,同时也易受反铁磁性矿物的干扰。亚铁磁性(磁铁矿和磁赤铁矿)矿物极易获得剩磁,也容易退磁,一般经 100 mT 的弱磁场磁化后,即可获得饱和等温剩磁(SIRM)95% 以上的剩磁;而不完全反铁磁性矿物(赤铁矿和针铁矿)常需在极高磁场(4～7 T)中磁化后,才能获得饱和剩磁。

土壤样品在强磁场(通常 1T)获得饱和等温剩磁(SIRM)后,加反向磁场获得的剩磁,用来评价亚铁磁性矿物的赋存状况。如,IRM$_{-20\,mT}$ 和 IRM$_{-30\,mT}$ 分别为样品在 1 T 外磁场饱和后,再加反向磁场 −20 mT 和 −30 mT 条件下获得的等温剩磁,可指示样品亚铁磁性矿物(磁铁矿和磁赤铁矿)的含量。样品 SIRM 与较高可逆磁场间的剩磁差值,如 SIRM − IRM$_{-500}$ 或 SIRM − IRM$_{-300}$,可估计样品中不完全反铁磁性矿物(赤铁矿和针铁矿)的含量(Oldfield,1991)。这是因为大多数亚铁磁性矿物的饱和磁场小于 100 mT,所以在反向强场中的剩磁差(即 SIRM − IRM$_{-500}$ 或 SIRM − IRM$_{-300}$)是由不完全反铁磁性矿物引起的。

3. 非磁滞剩磁(ARM)和非磁滞剩磁磁化率(χ_{ARM})

非磁滞剩磁(ARM)是将样品置于较弱的恒定直流弱磁场(0.04 mT),叠加一个从峰值(100 mT)递减至零的交变退磁场中。在这种特定的磁场磁化后,迅速在旋转磁力仪上测定剩磁,就叫非磁滞剩磁(ARM)。ARM 对磁畴 SD 和 PSD 特别敏感,在 0.02～0.036 μm(SSD)段出现最大值(Cisowski,1981)。在实际研究中,ARM 常转化成磁化率的形式,表示为非磁滞剩磁磁化率(χ_{ARM}),两者意义完全一样,但单位不同。χ_{ARM} = ARM/H,H 为恒定直流场,通常取 0.04 mT(0.04 mT = 0.318 4 × 10^2 Am^{-1})。

4. ARM/χ_{lf} 和 χ_{ARM}/χ_{lf}

ARM/χ_{lf} 和 χ_{ARM}/χ_{lf} 意义完全一样,可用于评价 SD 的含量(Thompson and Oldfield et al.,1986;Oldfield,1991;Verosub and Roberts,1995)。ARM 主要依赖于粒径较细的单畴(SD)亚铁磁性矿物,而 χ_{lf} 依赖于所有磁畴状态的亚铁磁性矿物的含量(Oldfield,1991)。但 SP 含量只影响 χ_{lf},不影响 χ_{ARM};当 SP 含量较高时,χ_{ARM}/χ_{lf} 会变小。而在 SP 含量很低、MD 含量较高的城市土壤,χ_{ARM}/χ_{lf} 会随着磁性颗粒粒径的减小而增加。磁性参数比例对磁畴的指示较复杂,要根据具体情况做具体分析。

5. SIRM/χ_{lf} 和 χ_{ARM}/SIRM

超顺磁(SP)的 χ_{lf} 很强,χ_{ARM} 很弱,SIRM 为 0。当样品含有大量 SP 时,SIRM/χ_{lf} 值很低(Oldfield et al.,1985,1991;张卫国等,1995;俞立中等,1995;潘永信等,1996);反之,SD 占主导时,由于 SD 对 SIRM 较敏感,对 χ_{lf} 较弱,SIRM/χ_{lf} 值较高。同样,由于 χ_{ARM} 对 SSD 最敏感,χ_{ARM}/SIRM 高值,一般指示较高的 SSD 含量。

由于环境物质中的磁性矿物是由不同类型、不同颗粒的磁性载体混合组成,磁性参数存在多解性。比如,SIRM/χ_{lf} 增大的原因,既可能是不完全反铁磁性矿物(赤铁矿和针铁矿)相对于亚铁磁性矿物(磁铁矿和磁赤铁矿)含量的增加,也可能是 SP 含量降低导致 χ_{lf} 减小造成的。因此,多种磁性参数的配合使用,有利于获得较正确的解释。比如,若 χ_{ARM}/χ_{lf} 和 χ_{ARM}/SIRM 变化特征一致,可确定样品 SP 含量很低。因为 SP 含量的变化,会引起 χ_{ARM}/χ_{lf} 的变化,而对 χ_{ARM}/SIRM 没作用(Jordanova et al.,1997)。同样,对 SIRM/χ_{lf} 变化原因的解释,也可以结合 χ_{ARM}/SIRM。如果后者也相应变化,可以排除 SP 变化的影响。高的 χ_{ARM}/χ_{lf} 和高的 χ_{ARM}/SIRM 反映了高浓度的 SD 颗粒,尤其是 SSD;低的 χ_{ARM}/χ_{lf} 和高的 χ_{ARM}/SIRM,则指示了高浓度的 SP 颗粒(Oldfield,1991;潘永信等,1996)。

6. 软剩磁(Soft)、硬剩磁(Hard)、S-ratio 和剩磁矫顽力(B_{cr})

软剩磁(Soft)是指样品在 20 mT 磁场中磁化后的剩磁,也就是 $IRM_{20\,mT}$,主要反映亚铁磁性矿物的含量。Soft% 为软剩磁占比,Soft%=Soft/SIRM×100%,主要反映亚铁磁性矿物(磁铁矿和磁赤铁矿)占磁性矿物总量的相对含量。硬剩磁(Hard)是指样品在 300 mT 的磁场中磁化后的剩磁与饱和等温剩磁(SIRM)的差值($SIRM - IRM_{300}$),反映样品中不完全反铁磁性矿物(赤铁矿和针铁矿)的含量(俞立中等,1995)。

Hard%=Hard/SIRM×100%,F_{300}%=IRM_{300}/SIRM×100%,均反映样品中不完全反铁磁性矿物的相对比例(Maher,1986;张卫国等,1995)。

S-ratio=$IRM_{20\,mT}$/SIRM×100%,与 Soft% 意义相近。其值>70% 时,亚铁磁性成分占主导(Lecoanet et al.,2001);接近 0 时,亚铁磁性矿物缺失,不完全反铁磁性占主导(King and Channell,1991)。

剩磁矫顽力(B_{cr})是指已获得饱和等温剩磁(SIRM)的样品,剩磁降低到 0 所需的反向磁场的强度。该参数既能反映磁性矿物种类的不同,也能反映磁性矿物颗粒大小的变化。赤铁矿 B_{cr} 约为 200 mT,磁铁矿的 B_{cr} 约为 20 mT。MD 颗粒的 B_{cr} 值比 SD 颗粒更小(Thompson et al.,1980)。

6.2　城市土壤磁性的特异性

6.2.1　表土磁化率的空间分异

在受人类活动影响剧烈的城市地区,即使母质和土壤类型较一致,土壤磁化率通常也会有较大的空间分异。以上海市宝山区为例,该区域是传统老工业区,表土磁化率空间变化尤为显著。总体来看,金属冶炼企业,如海光金属冶炼厂、上钢一厂等周边土壤的磁化率很高;交通枢纽,如逸仙路高架、沪太路周围土壤的磁信号也明显增强;而远郊乡村农业土壤的磁化率较低(图6-2)。宝山区表土磁化率增强与城市化水平密切相关:表土磁性较强的东南部淞南、杨行、高境等地,主要有工业区、居民区和商业区,人为影响强烈;而表土磁性相对较弱的西北部罗泾、罗店等地,水田、菜地和林地面积较大。宝山区自然土壤类型单一,均源自滨海潮滩沉积物,表土磁化率的巨大变化,以及与城市化和工业化程度的密切关联,表明人类活动是引起表土磁化率增强的主要原因。

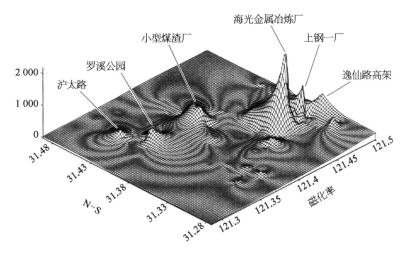

图6-2 上海市宝山区部分区域表土磁化率空间分布

在上海市宝山区,考虑空间分布的均匀性和土地利用方式的多样性,共设置127个表土监测点,测定表土低频磁化率(χ_{lf})和高频磁化率(χ_{hf}),并计算频率磁化率($\chi_{fd}\%$)(表6-2)。样点包括农业土壤(共40个,既有大面积的蔬菜基地,也有被建筑物切割包围的

表6-2 上海宝山区不同功能区表土 χ_{lf} 和 $\chi_{fd}\%$

区 域	$\chi_{lf}(10^{-8}\ m^3\ kg^{-1})$			$\chi_{fd}\%$		
	最大值	最小值	平均值	最大值	最小值	平均值
宝山区	1 127	18	148	10.2	0	1.5
工业土壤	1 127	42	268	3.1	0.1	1.2
吴淞工业区(淞南镇)	1 127	127	346	2.3	0.1	0.8
道路绿化土壤	598	19	143	10.2	0	1.4
居民区土壤	310	31	112	4.0	0.3	1.6
农业土壤	527	18	82	8.2	0	2.3
远郊农业土壤(罗泾镇)	62	18	39	8.2	0.6	2.9

小面积蔬菜用地)、工业土壤(共 28 个,包括宝山城市工业园区、吴淞工业区、石洞口工业区等)、道路绿化带土壤(共 38 个,包括宝山区几条主要交通干道,如沪太路、蕴川路、逸仙路高架、外环高速等两旁的绿化用地)和居民区土壤(共 21 个,如大华新村、通河新村、海滨新村和宝钢新村等小区内的土壤)。

宝山区表土 χ_{lf} 变化范围为 18~1 127×10^{-8} m^3 kg^{-1}。工业表土磁化率增强最显著,χ_{lf} 平均值达 268×10^{-8} m^3 kg^{-1}。尤其是吴淞工业区表土,χ_{lf} 的平均值达到 346×10^{-8} m^3 kg^{-1},最高达到 1 127×10^{-8} m^3 kg^{-1};冶炼企业周边表土样点,χ_{lf} 多大于 600×10^{-8} m^3 kg^{-1}(表 6-2)。居民区土壤 χ_{lf} 也有显著增高,如高境和庙行-通河-泗塘新村区域,表土 χ_{lf} 的平均值分别为 159×10^{-8} m^3 kg^{-1} 和 147×10^{-8} m^3 kg^{-1}。农业土壤 χ_{lf} 平均值为 82×10^{-8} m^3 kg^{-1},磁性增强不显著。尤其是远郊农业土壤(罗泾镇),χ_{lf} 平均值仅为 39×10^{-8} m^3 kg^{-1}。不同功能区土壤磁化率值表现为工业土壤>马路绿化土壤>居住土壤>农业土壤。

6.2.2 表土磁性异常增强的原因

磁性是土壤的基本物理性状,任何土壤都会或强或弱地显示磁信号。土壤的磁性物质有 3 种来源:一是继承成土母质;二是形成于风化成土过程;三是人为污染成因,多源于人类活动亚铁磁性颗粒的输入,如工业废气颗粒沉降、汽车尾气排放、生活垃圾堆放等(Hoffman et al., 1999;Boyko et al., 2004)。前两种为自然成因,属背景磁性;第三种为人为污染成因。由于对土壤磁性背景值的调查十分复杂,又没有规范标准的方法。因此,将上海宝山区受人为干扰少、地下水位以上的自然土壤层的大量调查数据的平均值作为当地土壤背景磁性,其值为:χ_{lf} 为 29.1±9.8×10^{-8} m^3 kg^{-1},χ_{fd}% 为 2.1%(Hu et al., 2007)。与参考背景磁性相比,宝山区各类表土 χ_{lf} 普遍增强,平均值为 148×10^{-8} m^3 kg^{-1}(表 6-2)。

城市表土磁性增强,与人类活动释放的磁性颗粒有关。矿物燃烧会生成磁性颗粒释放到环境,形成大气飘尘和降尘。比如,发电厂燃煤、钢铁冶炼等产生的烟尘(飞灰,fly ash),包含大量悬浮磁性颗粒,通过干湿沉降落到表土,导致土壤磁性增强(Bityukova et al., 1999)。福建某钢铁厂和火电厂附近的污染表土,含有磁铁矿、赤铁矿和磁黄铁矿(琚宜太等,2004)。受汽车尾气和有轨电车的影响,周围城市表土含有磁铁矿和金属铁质微粒(Muxworthy et al., 2001, 2003, 2010)。汽车尾气和机件磨损释放的含铁颗粒物,会导致土壤磁性增强(Muxworthy et al., 2001, 2003, 2010)。

宝山石洞口有两家燃煤发电厂,主要为邻近的宝山钢铁集团提供动力。燃煤产生的球状磁性颗粒的沉降,不仅导致周边土壤磁性升高,还使邻近潮滩沉积物磁性增强(张卫国和俞立中,2002)。宝山吴淞工业区是以钢铁冶金为主的重工业基地,20 世纪 50 年代开始已集中大量钢铁企业,排出的烟尘、粉尘包含铁磁性颗粒,是附近表土 χ_{lf} 异常增高的主要原因。

6.2.3　土壤剖面磁性参数的垂向变化

城市土壤土柱磁化率高分辨扫描,可清晰分辨出土壤污染层和自然母质层的界限(Blaha et al.,2008;张果等,2011)。在城市土壤剖面结构十分复杂的区域,垂向磁性测量可为人为污染造成的磁性异常作出三维解释,反映区域环境演变(Zawadzki et al.,2015)。上海城市土壤多发育于潮滩沉积物,成土作用弱,发育时间短,背景磁性弱;但其上层多受人为活动影响,磁化率多异常,有的甚至高于 $1\,000 \times 10^{-8}$ m^3 kg^{-1}(Hu et al.,2007)。城市土壤发生与演化,深受大气污染与沉降的影响。磁性参数能敏感指示大气颗粒物沉降,可作为解译城市土壤环境变化的重要参数。将邻近工业区下风滨海滩涂沉积物芯样进行 $^{210}Pb/^{137}Cs$ 定年后,用磁性参数可较好地描述大气污染的历史(Horng et al.,2009)。

在上海市宝山区,按土地利用方式不同,采集了 18 个土壤剖面,研究土壤磁性垂向变化规律。其中,罗店镇农业区 4 个,剖面代号分别为 L1、L2、L3、L4;大场镇居民区 2 个,剖面代号分别为 D1、D2;共和新路交通干线绿化地 2 个,剖面代号 J1、J2;石洞口工业区 5 个,剖面代号分别为 S1、S2、S3、S4、S5;吴淞工业区 5 个,剖面代号分别为 W1、W2、W3、W4、W5。

土壤磁化率主要反映土壤亚铁磁性颗粒的含量,是磁学研究方法的一个最常用参数。宝山农业土壤 4 个剖面,χ_{lf} 平均值为 $20 \sim 30 \times 10^{-8}$ m^3 kg^{-1},χ_{lf} 曲线垂向变化基本一致,因此仅列 L1、L2 剖面图(图 6 - 3a,b)。各剖面表层(0～30 cm)偏高,平均值为 47.7×10^{-8} m^3 kg^{-1};30 cm 以下迅速减小,且趋平稳,χ_{lf} 平均值仅为 15.1×10^{-8} m^3 kg^{-1}。土壤剖面表土磁性增强的现象很普遍,可能与成土过程生物成磁作用有关。表层有机质含量高,有利于土壤亚铁磁性矿物的生物合成。大气悬浮颗粒的沉降,可能是表土磁性增强更为重要的原因。相比之下,L1 剖面表层磁性增强更显著,χ_{lf} 为 82.8×10^{-8} m^3 kg^{-1}(图 6 - 3a),该剖面虽然是农业利用,但处于上海石洞口发电厂的下风区,且距离交通干道较近,工业和交通源是表层磁性增高的主要原因。而上海地区农业土壤剖面邻近滨海,地下水位高,剖面中下部呈青灰色,潜育特征明显,厌氧环境导致磁性矿物还原溶解。因此,土壤剖面 30 cm 以下磁性显著减弱。这与中国南方第四纪红土网纹层磁性减弱的机理类似(Hu et al.,2009)。总的来看,农业土壤剖面 χ_{lf} 曲线特征,接近于当地自然土壤剖面,表层磁性稍强,下部受潜育化影响减弱。

城区内土壤磁化率的纵向变化不同于农业土壤。居民区和道路绿化带土壤剖面 χ_{lf} 常有大幅波动,且各不相同,无明确规律(图 6 - 3c, d, e, f)。居民区土壤剖面 D1,在 0～60 cm 低而平直,平均值仅为 30.0×10^{-8} m^3 kg^{-1};但 60 cm 以下 χ_{lf} 逐渐增大,最高达 150×10^{-8} m^3 kg^{-1}(图 6 - 3c)。D2 剖面表层 χ_{lf} 较高,向下反复波动,逐渐减小;但 70 cm 以下又逐渐增大(图 6 - 3d)。道路绿化带土壤剖面 J1 的 χ_{lf} 曲线在 0～30 cm 剧烈波动;30～60 cm 变小;60 cm 以下又增大(图 6 - 3e)。J1 最大值为 177×10^{-8} m^3 kg^{-1},平均值为 83.0×10^{-8} m^3 kg^{-1}。J2 剖面 χ_{lf} 在 0～10 cm 逐渐减小;10～40 cm 迅速增大,40 cm 处

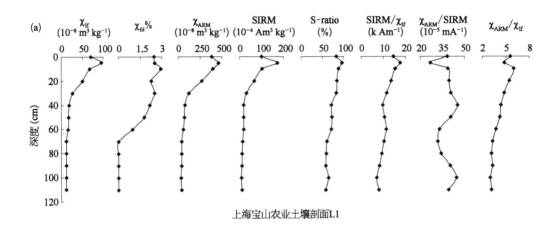

上海宝山农业土壤剖面L1

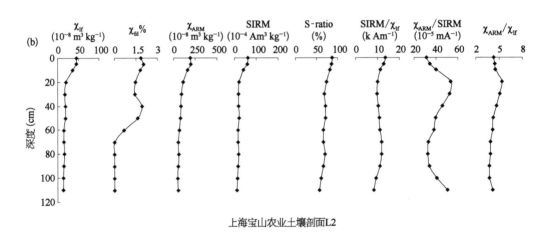

上海宝山农业土壤剖面L2

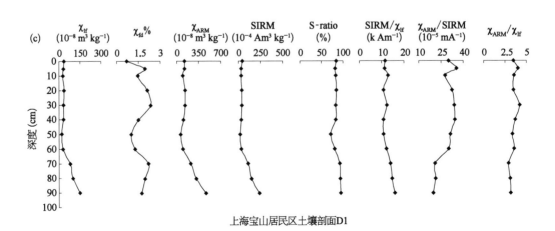

上海宝山居民区土壤剖面D1

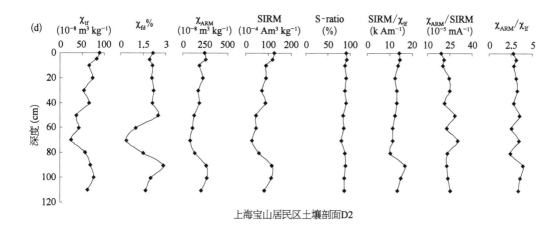

上海宝山居民区土壤剖面D2

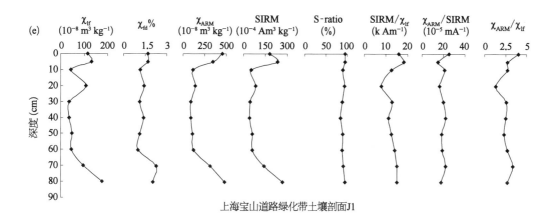

上海宝山道路绿化带土壤剖面J1

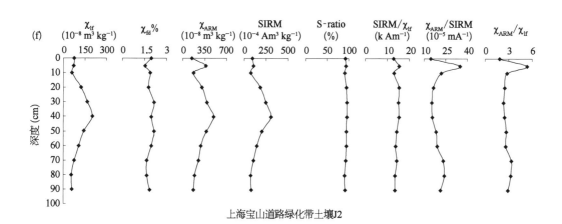

上海宝山道路绿化带土壤J2

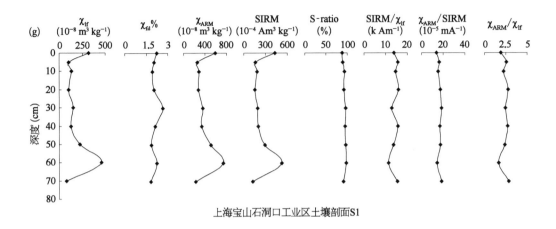

上海宝山石洞口工业区土壤剖面S1

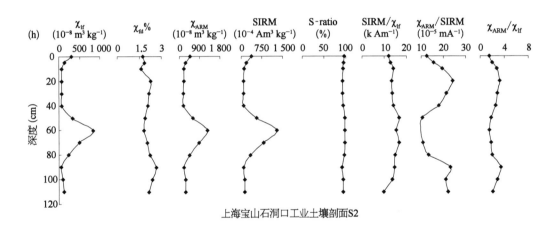

上海宝山石洞口工业土壤剖面S2

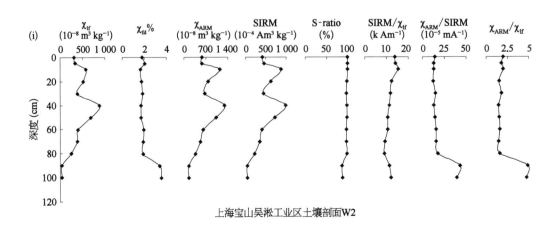

上海宝山吴淞工业区土壤剖面W2

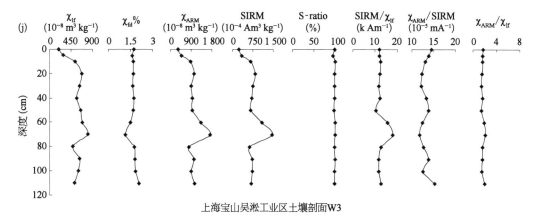

图 6 – 3　上海市宝山区土壤剖面磁性参数垂向分布

达到最大值;40 cm 以下又迅速减小(图 6 - 3f)。J2 最大值为 $200×10^{-8}$ m^3 kg^{-1},平均值为 $103×10^{-8}$ m^3 kg^{-1}。居民区在兴建时,会移入大量不同性状的客土铺垫草坪基底。道路绿化带土壤主要也以客土为主,有时添入废渣和废弃物。这两类城市土壤通常地势较高,底层未受地下水潜育作用。土壤剖面 χ_{lf} 曲线多受客土影响,无特定变化规律。

　　与其他功能区相比,工业区土壤剖面土壤 χ_{lf} 值更高,波动幅度更大。有的剖面含有黑色工业废渣层,磁性显著增高。如石洞口 S1、S2 剖面表层(0~5 cm)χ_{lf} 很高,剖面中部出现大幅波动,最大值分别为 $456×10^{-8}$ m^3 kg^{-1} 和 $841×10^{-8}$ m^3 kg^{-1},平均值分别为 $186×10^{-8}$ m^3 kg^{-1} 和 $222×10^{-8}$ m^3 kg^{-1}(图 6 - 3g,h);吴淞工业区土壤剖面,χ_{lf} 很高,垂向变化剧烈,且各不相同。如 W2 剖面最大值达 $879×10^{-8}$ m^3 kg^{-1},平均值为 $393×10^{-8}$ m^3 kg^{-1};W3 整个剖面 χ_{lf} 值均较高,最大值为 $808×10^{-8}$ m^3 kg^{-1},平均值为 $560×10^{-8}$ m^3 kg^{-1}(图 6 - 3i,j)。

　　若视农用土壤剖面 χ_{lf} 接近自然土壤剖面,居民区和道路绿化带土壤 χ_{lf} 高于自然土壤 3~5 倍,而工业土壤 χ_{lf} 普遍高于自然土壤 20~40 倍。宝山工业土壤 χ_{lf} 曲线垂向变化频繁而强烈,可能与工业废渣的侵入有关。因此,利用 χ_{lf} 曲线可以较好地判断城市土壤受人为扰动和客土入侵等的影响程度。

6.2.4　土壤磁性颗粒的粒径

　　城市土壤磁性颗粒来源复杂多样。其中,人为活动产生的磁性颗粒通常粒径较粗,以 MD 和 SD 为主;而成土过程形成的磁性颗粒以 SP 为主(Dearing et al.,1996;Kapička et al.,1999,2000)。利用土壤磁学参数及其组合,可粗略判别磁性颗粒磁畴(粒径),从而判别土壤磁性颗粒的来源及成因,区分磁性颗粒的自然成因或人为污染成因。χ_{fd}% 可粗略指示 SP 含量,是最常用的磁性颗粒粒径判别参数。当 χ_{fd}%>5% 时,表明含有成土过程中产生的 SP(Fine et al.,1995;Dearing et al.,1996);而当 χ_{fd}%<4% 时,表明磁性

颗粒粒径较粗,以 MD 和 SD 为主,主要来源于人为因素(Heller et al., 1998; Dearing et al., 1996)。通常情况下,污染城市土壤的 χ_{lf} 大,$\chi_{fd}\%$ 小,χ_{lf} 与 $\chi_{fd}\%$ 呈负相关(Hay et al., 1997;旺罗等,2000)。Hay(1997)指出在英国,表层土壤的磁性特征可用来指示污染土壤的空间分布,并提出污染土壤的磁信息标准是 $\chi_{lf}>38\times10^{-8}$ m^3 kg^{-1} 和 $\chi_{fd}\%<3\%$。

上海市宝山区不同类型土壤的 $\chi_{fd}\%$ 多小于 3%。农业土壤表层 $\chi_{fd}\%$ 值稍大,但依然<3%;50 cm 以下土壤 $\chi_{fd}\%$ 值接近 0,可能受地下水影响,SP 被溶蚀。居民区和道路绿化带土壤剖面,$\chi_{fd}\%$ 普遍低于 2%。工业区土壤磁信号很强,但 $\chi_{fd}\%$ 甚至更低(图 6-3)。总之,宝山土壤 SP 含量很低,磁性颗粒以 SD、PSD 和 MD 为主。宝山土壤多为潮滩发育的新成土,成土作用弱,所以 SP 含量低;而人为侵入的磁性颗粒粒径较粗。城区土壤 χ_{lf} 大,$\chi_{fd}\%$ 小;而非城区自然土壤 χ_{lf} 小,$\chi_{fd}\%$ 大(卢瑛等,2001)。宝山区表土 χ_{lf} 和 $\chi_{fd}\%$ 呈显著负相关($p<0.05$)。尤其在磁性最强的吴淞工业区表土,χ_{lf} 和 $\chi_{fd}\%$ 呈极显著负相关($p<0.01$)(图 6-4)。进一步表明,城市土壤污染越重,人为侵入的粗磁性颗粒量就越高,磁信号增幅越大,但 $\chi_{fd}\%$ 反而会降低。

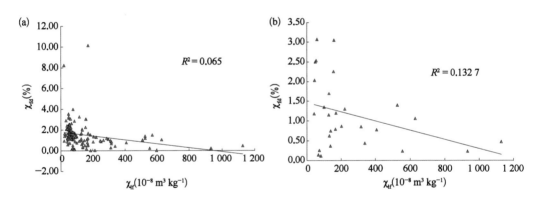

图 6-4 上海市宝山区表土($n=127$)(a) 和吴淞工业区表土($n=34$) (b) χ_{lf} 与 $\chi_{fd}\%$ 的相关关系

其他磁性参数及组合也能指示土壤磁性颗粒粒径的变化。宝山城市土壤 SP 含量低,χ_{ARM}/SIRM 和 χ_{ARM}/χ_{lf} 通常与磁性颗粒粒径呈反比。工业土壤 χ_{ARM}/SIRM 和 χ_{ARM}/χ_{lf} 值最低;居民区和马路绿化土壤次之;农用土壤相对较大。工业土壤邻近厂区,离污染源近,MD 含量较高,磁性颗粒粒径粗。

农业区 L1 剖面亚表层 χ_{lf} 出现峰值,$\chi_{fd}\%<3\%$;χ_{ARM}/SIRM 和 χ_{ARM}/χ_{lf} 出现低谷,且变化一致(图 6-3a)。表明该层无 SP,SSD 含量很低,其磁性增强主要由 PSD 和 MD 贡献,可能是受工业飘尘影响。居民区土壤剖面 D2 的 20~70 cm 段,χ_{lf} 出现锯齿形变化,$\chi_{fd}\%<3\%$,SIRM/χ_{lf} 无变化,χ_{ARM}/SIRM 和 χ_{ARM}/χ_{lf} 也呈锯齿形变化,且与 χ_{lf} 趋势相反(图 6-3d)。这说明该层无 SP 和 SSD,磁性的增加主要还是 PSD 和 MD 的贡献。道路绿化带 J2 剖面在 0~10 cm 段,χ_{lf} 平缓,$\chi_{fd}\%<2\%$,SIRM/χ_{lf} 略有升高,但 χ_{ARM}/SIRM 和 χ_{ARM}/χ_{lf} 有同向峰值(图 6-3f),表明该层无 SP,但含有较多的 SSD 磁性颗粒。

在 40 cm 处，χ_{lf} 出现峰值，但 $\chi_{ARM}/SIRM$ 和 χ_{ARM}/χ_{lf} 都未有相应变化，表明该层并不含 SSD，而以 PSD 和 MD 粗颗粒为主。

工业区 S1 剖面 60 cm 处，χ_{lf} 出现峰值，但 $\chi_{ARM}/SIRM$ 和 χ_{ARM}/χ_{lf} 均较低，未有相应变化（图 6 - 3g），表明该层以粗颗粒 MD 为主。工业区 W2 剖面 0～80 cm 段，χ_{lf} 很高，$\chi_{fd}\%<2\%$（图 6 - 3i），表明亚铁磁性颗粒含量很高，但不含 SP；$\chi_{ARM}/SIRM$ 和 χ_{ARM}/χ_{lf} 不仅值低，变化完全一致，说明 SSD 含量也较低，以粗颗粒 MD 为主。在 80～100 cm 段，χ_{lf} 急剧降低；$\chi_{fd}\%$ 升高，但依然<4%；$\chi_{ARM}/SIRM$ 和 χ_{ARM}/χ_{lf} 迅速增大，变化趋势一致，表明粒径增粗，SSD 增加。W3 剖面 70 cm 处 χ_{lf} 出现峰值，$\chi_{fd}\%$ 很低，$SIRM/\chi_{lf}$ 也出现峰值，但 $\chi_{ARM}/SIRM$ 和 χ_{ARM}/χ_{lf} 都很低（图 6 - 3j），说明对磁信号的贡献主要还是粒径较粗的 MD。这种显著的高磁化率值和较粗的磁性粒径，往往是工业污染土壤的特征，和以往很多磁学污染研究结果一致（Hunt，1986；Hu et al.，2007）。

6.2.5　土壤磁性矿物的矫顽力

通常所说的矫顽力，是指土壤样品磁化或退磁的难易程度，与亚铁磁性矿物和不完全反铁磁性矿物的相对含量有关。Soft、Hard 和 S-ratio 等磁性参数能有效地判别土壤矫顽力，估算亚铁磁性矿物和不完全反铁磁性矿物的比例。宝山农业区土壤剖面 0～30 cm S-ratio 平均值为 83.9%；30 cm 以下 S-ratio 平均值为 64.8%。剖面上层 S-ratio 平均值显著高于下层，表明上层低矫顽力的亚铁磁性矿物的贡献明显大于下层；但随着深度增加，亚铁磁性矿物被溶蚀，不完全反铁磁性矿物的相对含量增加（图 6 - 3a，b）。农业区 L1 剖面表层 S-ratio 值明显大于其他农业剖面表层，表明 L1 表层亚铁磁性矿物的含量较高，与 χ_{lf} 值反映的结果一致。居民区 D1、D2 剖面 S-ratio 值变化不大，平均值分别为 84.6%、87.8%（图 6 - 3c，d），表明全剖面亚铁磁性矿物为主导。

道路绿化带土壤 J1、J2 剖面 S-ratio 值平均值分别为 90.8%、93.7%，变化幅度不大，整个土壤剖面的 S-ratio 都在 90% 以上。石洞口工业区 S1、S2 剖面 S-ratio 值变化幅度不大，平均值为 93.1% 和 94.4%（图 6 - 3g，h）。吴淞工业区 W2 剖面 0～80 cm S-ratio 平均值为 97.5%。W3 剖面 S-ratio 值随深度变化不大，平均值为 94.7%（图 6 - 3i，j）。其他工业区土壤剖面的 S-ratio 平均值多高于 90.0%，随深度变化趋势与 χ_{lf} 曲线一致。工业区和道路绿化带土壤 S-ratio 值很高，说明工业和交通排放物多以磁性较强的亚铁磁性物质为主。据研究，钢铁厂排放的颗粒物 S-ratio 值较高，约为 76%～80%；而发电厂飞灰样品含有赤铁矿，S-ratio 值相对较低，约为 52%～63%（Lecoanet et al.，2001）。宝山工业区土壤的 S-ratio 值多高于 90%。以发电厂燃煤飞灰污染为主体的石洞口工业区土壤，S-ratio 值略低于冶炼工业飞灰污染为主体的吴淞工业区土壤（图 6 - 3）。但是，以土壤矫顽力和相应磁性参数来区分磁性矿物的种类，判别磁性矿物的来源，仍需深入研究。

6.2.6　土壤磁性颗粒微形态和微化学特征

人类生产活动产生的磁性颗粒常呈圆球状或似球状形态,多为高温燃烧的产物,形成于燃煤、工业燃烧和交通运输(Lu et al., 2016)。富含铁等杂质的矿石(煤)燃烧时,可根据其燃烧条件的不同,生成磁铁矿和磁赤铁矿。高温燃烧时,矿物呈熔融状态;但当冷却时,由于受表面张力影响,多凝结成球体。金属冶炼和钢铁工业生产过程,也会向周围大量地释放磁性圆球体(王泉海等,2002)。交通工具发动机高温燃烧,也会形成表面较为光滑或褶裂的球体(俞立中,1999)。交通排放的磁性颗粒,还可能源于刹车衬套表面和机械部件的磨损。人为释放的磁性颗粒进入大气成为飘尘,然后再通过干湿沉降落到地表。

城市土壤中,人为成因的磁性颗粒十分常见,研究磁性单颗粒的微形态特征,有助于判别其来源。用强磁铁块提取宝山城市土壤磁性组分,再在解剖镜下挑选典型磁性单颗粒,用环境扫描电镜(ESEM)观察其微形态特征。宝山城市土壤磁性组分中包含大量磁性圆球体。磁性圆球体的粒径多数为 $20\sim50\ \mu m$(图6-5和图6-6),也有粒径$>50\ \mu m$的砂级颗粒,甚至存在粒径$>100\ \mu m$的粗砂颗粒(图6-7、图6-8和图6-9)。总体来看,工业区表土

图6-5　上海市宝山区城市表土磁性
圆球体(Hu et al., 2022)

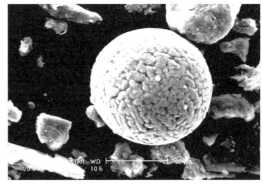

图6-6　上海市宝山区吴淞工业区表土磁性
单颗粒微形态特征

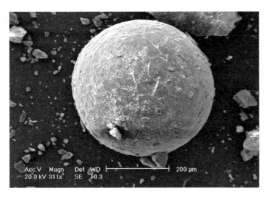

图6-7　上海市宝山区城市表土磁性单颗粒微形态
特征(粒径约为450 μm)(Hu et al., 2022)

图6-8　上海市宝山区城市表土磁性单颗粒微形态
特征(粒径约为280 μm)(Hu et al., 2022)

离污染源近,磁性圆球体粒径较粗,粒径>100 μm 的粗颗粒十分常见(图 6 - 9);而农业区表土离工业区较远,磁性圆球体多为远距离运输的粉砂级颗粒(20～50 μm)(图 6 - 10)。

图 6 - 9　上海市宝山区城市表土磁性单颗粒微形态特征(粒径约为 150 μm)(Hu et al., 2022)

图 6 - 10　上海市宝山区农业区表土磁性单颗粒微形态特征(Hu et al., 2022)

　　依据磁性圆球体表面微形态特征,大致可分为三类:① 纯圆,光滑,有金属光泽,表面杂物很少(图 6 - 8);② 纯圆,但表面呈现纤维状、麻团状、蠕虫状或焦斑状等特殊结构(图 6 - 6 和图 6 - 11);③ 圆形,但表面有破损,有时内部有气孔(图 6 - 10)。圆球体气孔的形成,与高温燃烧冷凝过程气体的泄出有关。

　　用扫描电镜中的 EDX 能谱技术,对磁性单颗粒的微化学特征进行研究。根据微化学组成的不同,也可把磁性单颗粒

图 6 - 11　上海市宝山区罗泾镇表土发现的具纤维结构的磁性圆球体

分为 3 种类型:① 纯铁磁性颗粒,Fe 含量高于 80%。自然界中,除了陨石,铁以单质形式存在的矿物极为少见。城市土壤中的纯铁磁性圆球体不可能源于成土母质,也不会形成于成土过程,只可能源于人为活动。宝山吴淞工业区上钢一厂附近土壤中发现的磁性单颗粒,微化学成分为 Fe(93.8%)、Si(4.88%)和 O(1.34%)。宝山吴淞工业区有大型钢铁冶炼企业,石洞口附近有宝山钢铁公司,还有两家燃煤发电厂。这两处发现的以 Fe 元素为主体的磁性圆球体,可能是含铁矿物燃烧产生,也可能是车辆部件摩擦及机动车尾气排放产生(Matzka and Maher,1999)。② 铁氧化物磁性颗粒。这些颗粒 Fe 含量在 50%以上,O 的含量在 30%～50%,还含有少量 Al、Si 和 Mg 元素,可能形成于煤的燃烧。③ Si、Al、Fe 为主成分的磁性颗粒。Si 和 Al 含量在 70%左右,铁含量为 10%左右。这类磁性颗粒在宝山石洞口发电厂附近土壤较常见,可能也与煤的燃烧有关。

　　相比之下,自然成因磁性颗粒的微形态特征不同于城市土壤。黄土高原古土壤包含的磁性颗粒多呈片状、柱状、粒状,多棱角,有风化溶蚀痕迹(图 6-12)。海南岛玄武岩发育红土中的磁性颗粒,棱角分明,溶蚀更明显(图 6-13)。在这两类强发育的自然土壤中,均未发现类似城市土壤的圆球体。进一步表明,城市土壤中的磁性圆球体有特殊的成因,与人为活动有关。

图 6-12　中国黄土高原洛川古土壤　　　图 6-13　中国海南玄武岩上发育红土磁性
**　　　　磁性颗粒微形态特征　　　　　　　　　　　颗粒微形态特征**

　　为了进一步研究和追踪城市土壤磁性圆球体的物源,在宝山区石洞口采集大气悬浮颗粒样品。宝山区石洞口濒临长江口,有两家火力发电厂和宝山钢铁集团。受火力发电厂和钢铁企业废气排放的影响,这里经常烟雾缭绕,大气质量较差。在石洞口盛桥中学一教学楼顶部,放置了大流量大气悬浮颗粒采样仪,24 小时采集大气悬浮颗粒样。采样点距离地面高,不容易受到扬尘的污染,能够代表一天的大气悬浮颗粒状况。

　　用磁铁在大气悬浮物中分选出少量磁性组分,放在环境电子显微镜(ESEM)下,手动移动观察磁性单颗粒的微形态;并结合扫描电镜匹配的 EDX 能谱分析系统,对选定的磁性单颗粒进行微化学分析。大气悬浮颗粒中包含大量磁性圆球体,粒径大部分为 $10\sim50\ \mu m$(图 6-14、图 6-15、图 6-16 和图 6-17),也有粒径$>100\ \mu m$ 的粗颗粒(图 6-18 和图 6-19)。微形态特征基本相似,主要有两种类型:一种纯圆、光滑,有金属光泽(图 6-14 和图 6-16);另一种表面粗糙,沾染的杂质多,有的还有麻团状、纤维状结构,有的呈中空(图 6-18)。此外,还有一种更为特殊的圆球体,已破碎,呈空腔结构,但内部填充了更为细小的球体(粒径$<5\ \mu m$)(图 6-17),其形成机理尚有待研究。这些大气中存在的磁性单颗粒微形态特征与城市表土磁性圆球体很相近。大气悬浮物磁性圆球体的微化学特征也与城市土壤磁性圆球体相似,主要包含两种类型:一种为球体,Fe 元素占主导,含量达 $60\%\sim80\%$;另一种为圆球体,Fe 含量只有 20% 左右,Si、Al 含量增加,附带少量 Ti、K、Mg 等元素。

　　城市大气颗粒的磁性组分,一般占城市大气颗粒总量的 $5\%\sim15\%$。大气悬浮颗粒中的磁性颗粒多源于燃煤企业和钢铁工厂(Kapička et al., 1999, 2000)。煤燃烧产生的

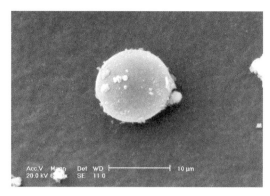

图6-14　上海市宝山区石洞口大气悬浮磁性圆球体形态特征(Hu et al., 2022)

图6-15　上海市宝山区石洞口大气悬浮颗粒中的磁性圆球体形态特征(Hu et al., 2022)

图6-16　上海市宝山区石洞口大气悬浮颗粒的磁性圆球体形态特征(Hu et al., 2022)

图6-17　上海市宝山区石洞口大气悬浮颗粒中破碎的磁性圆球体形态特征(Hu et al., 2022)

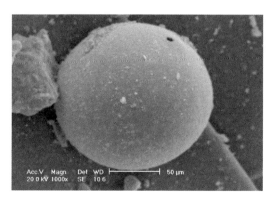

图6-18　上海市宝山区石洞口大气悬浮颗粒中的磁性圆球体形态特征(Hu et al., 2022)

图6-19　上海市宝山区石洞口大气悬浮颗粒中的磁性圆球体形态特征(Hu et al., 2022)

磁性小球粒,可能是煤中所含的黄铁矿微球团转化而来(Mayer et al., 1996;Royall, 2001;Xie et al., 2001)。交通运输工具内部的机件磨损、排气系统内部的烧蚀等,也能释放磁性颗粒(Fergusson and Kim,1991;Schibler et al., 2002;Maher, 1998)。发电站的飞灰和汽车尾气颗粒,均包含磁性颗粒(Beckwith et al., 1986)。源于交通排出的磁性颗粒是铁氧化物,产生于刹车衬套表面,是纯铁和 Al-Ca-Fe-K-Mg-Si 物质的聚合物。因此,即使无铅燃料的施用减少了铅污染,交通运输仍然是引起环境污染的重要因素。

总之,大气悬浮颗粒不仅包含磁性圆球体,而且粒径、微形态和微化学特征均与城市表土发现的磁性圆球体相似。表明城市表土的磁性圆球体多源于大气悬浮颗粒的沉降,是城市土壤深受人为活动影响的佐证。

6.3 城市土壤磁性增强的环境意义

6.3.1 土壤磁性与重金属含量的关系

工业高温燃烧(钢铁冶炼、化工工业和火力发电)或运输(汽车尾气、汽车引擎磨损、轮胎磨损等)等过程,常释放含铁磁性小颗粒,颗粒物多包含重金属或有机物污染物(PAH 和 PCB)(Heller et al., 1998)。煤燃烧产生的磁性小球粒的形成,与痕量金属元素的富集相伴随(Mayer et al., 1996;Royall, 2001;Xie et al., 2001)。当这些磁性颗粒沉降到地表时,表土的磁性和污染物质含量会同时增加。已有的研究表明,城市和高速公路附近土壤的 χ_{lf} 与 Fe、Pb、Zn、Cu 含量存在线性关系(Beckwith et al., 1986);而受钢铁工业与交通污染的土壤,χ_{lf} 与重金属 Cr、Pb、Zn、Cu 存在极显著相关性(Bityukova et al., 1999)。街道灰尘磁性参数与重金属含量的显著相关性(Xie et al., 2001),说明降尘是表土重金属等污染物的主要来源。

上海宝山不同城市功能区表土样的 χ_{lf} 与 Zn、Cr、Mn、Cu、Cd、Fe 含量多呈极显著正相关(表 6 - 3),这说明在城市表土或受城市化影响的表土中,磁性增强与重金属累积间存在密切的关联。

表 6 - 3　上海宝山不同城市功能表土 χ_{lf} 与重金属含量相关系数

功能区	采样数	χ_{lf} 10^{-8} m^3 kg^{-1}	Zn mg kg^{-1}	Cr mg kg^{-1}	Mn mg kg^{-1}	Cu mg kg^{-1}	Pb mg kg^{-1}	Cd mg kg^{-1}	Fe mg kg^{-1}
全区	127	148	0.665**	0.411**	0.600**	0.537**	0.096	0.525**	0.498**
农业区土壤	40	82	0.218	0.238	0.224	0.217	0.083	0.299	0.286
道路绿化带土壤	38	143	0.583**	0.846**	0.650**	0.549**	0.421**	0.431**	0.355*
居民区土壤	21	112	0.551*	0.507*	0.350	0.585*	0.394	0.383	0.134
工业区土壤	28	268	0.697**	0.364*	0.592**	0.699**	0.688**	0.519**	0.464*

注：* *：$p < 0.01$ 极显著相关；*：$p < 0.05$ 显著相关。

城市土壤 χ_{lf} 与重金属含量的这种密切关联,还因城市区域功能而异。受工业活动影响强烈的工业区表土,χ_{lf} 与 Zn、Mn、Cu、Pb、Cd、Fe 含量呈极显著正相关;与 Cr 含量也呈显著相关(表 6-3)。其中,在 χ_{lf} 异常增强的表土样点,重金属含量也特别高。如吴淞工业区某金属冶炼厂外土壤 χ_{lf} 高达 $1\,127\times10^{-8}$ m³ kg⁻¹,其 Mn、Cr、Pb、Zn、Cu 和 Cd 含量分别高达 $2\,280$ mg kg⁻¹、375 mg kg⁻¹、218 mg kg⁻¹、$2\,385$ mg kg⁻¹、27 mg kg⁻¹ 和 1.41 mg kg⁻¹。另一钢铁冶炼厂外土壤 χ_{lf} 达 933×10^{-8} m³ kg⁻¹,其 Mn、Cr、Pb 和 Zn 含量分别为 $1\,120$ mg kg⁻¹、676 mg kg⁻¹、169 mg kg⁻¹ 和 281 mg kg⁻¹。一个交通立交下的土壤 χ_{lf} 达 629×10^{-8} m³ kg⁻¹,其 Mn、Cr、Pb、Zn 和 Cu 含量分别为 $1\,523$ mg kg⁻¹、793 mg kg⁻¹、85 mg kg⁻¹、611 mg kg⁻¹ 和 224 mg kg⁻¹。

工业燃料以煤为主,煤中含有黄铁矿(pyrite)、白铁矿(marcasite)、菱铁矿(siderite),经燃烧形成磁铁矿(magnetite)和赤铁矿(hematite)。燃煤产生的铁球体颗粒,常含有相当高的重金属元素(Shu et al., 2001)。冶金尘埃与飞灰是强磁性物质,易与重金属共存(Strzyszcz and Magiera, 2001)。因此,工业活动会释放出吸附有重金属元素的磁性颗粒(Muxworthy et al., 2001, 2003, 2010;余涛等, 2008)。宝山吴淞工业区是以钢铁冶炼为主体的老工业区,石洞口工业区有两家发电厂和以钢铁生产为主的宝山钢铁集团。燃煤和冶炼产生的烟尘中,包含大量磁性颗粒。磁性颗粒比表面积大,吸附重金属元素。磁性颗粒的沉降,导致土壤磁性和重金属含量的同步增强。工业区土壤剖面磁性和重金属元素含量异常,还可能与城市建设、修筑等工程中添埋工业废渣类客土有关。另外,城市地表的历史污染,也会导致土壤剖面磁性和污染物含量异常。

宝山区道路绿化带表土 χ_{lf} 与 Zn、Cr、Mn、Cu、Pb、Cd 含量呈极显著正相关,与 Fe 呈显著正相关(表 6-3)。同样,该类型表土 χ_{lf} 明显增强的样点,重金属含量也异常增高。如长江西路绿化带表土 χ_{lf} 为 315×10^{-8} m³ kg⁻¹;Zn、Cr、Pb 的含量分别为 327 mg kg⁻¹、118 mg kg⁻¹、133 mg kg⁻¹。泰和路绿化带表土 χ_{lf} 达 598×10^{-8} m³ kg⁻¹;Zn、Cr、Pb 的含量分别为 602 mg kg⁻¹、184 mg kg⁻¹、157 mg kg⁻¹;逸仙高架绿地表土 χ_{lf} 达 571×10^{-8} m³ kg⁻¹;重金属 Zn、Cr、Pb 的含量分别为 153 mg kg⁻¹、119 mg kg⁻¹、107 mg kg⁻¹。

道路绿化带土壤深受交通运输的影响,汽车尾气也是磁性污染物的主要来源。交通污染主要来源于汽油的燃烧和汽车发动机、轮胎和部件磨损产生的粉尘(Olson and Skogerboe, 1975;崔德杰和张玉龙, 2004)。汽车尾气释放的磁性颗粒中包含 Pb、Zn 等重金属元素(Lu and Bai, 2006)。汽车和有轨电车燃烧会产生磁性物质,包括磁赤铁(maghemite)和金属 Fe,粒径为 $0.1\sim0.7$ μm,而这种磁性矿物质易结合其他重金属,如 Pb、Zn、Cr 等(Muxworthy et al., 2001, 2003, 2010)。对德国慕尼黑大气中可吸入悬浮颗粒进行研究后发现,磁性参数与汽车排放的污染物质有极显著的相关性(Muxworthy et al., 2001)。高速公路沿线表层土壤 χ_{lf} 的增加与交通有关(Hoffmann et al., 1999)。高速公路两旁的土壤 χ_{lf} 与 Cu、Pb、Zn、Fe 含量存在线性关系(Beckwith et al., 1986)。

宝山居民区表土 χ_{lf} 只与 Cu 呈极显著正相关,与 Zn、Cr 呈显著正相关,与 Mn、Pb、

Cd、Fe 的相关性达不到显著水平(表 6-3)。农业区表土 χ_{lf} 与各重金属及 Fe 含量的相关性均不显著(表 6-3)。总体上看,工业区土壤剖面 χ_{lf} 与各重金属含量间的相关性最密切,道路绿化带土壤次之,居民区和农用土壤与各类重金属的相关性相对较弱。

居民区土壤重金属污染元素可能主要源于生活废弃物,来源和成分较为复杂,有的重金属依附物可能不显磁性,使得土壤重金属元素含量与磁性强度之间的相关性较弱。同样,农业土壤 χ_{lf} 与重金属含量之间相关性较弱,可能基于如下原因:农业土壤中人为释放的磁性颗粒含量低,磁性弱。而且农业耕作方式会"稀释"人类活动释放的磁性颗粒(Strzyszcz and Magiera, 2001)。另外,部分农用土壤累积的重金属元素(如 Cd),主要源于农药和化肥,并不依附于磁性颗粒。

为了进一步揭示城市土壤磁信号增强与重金属累积的关系,对典型剖面磁化率与重金属含量曲线进行了比照。宝山石洞口工业区土壤剖面(以 S2、S5 为例)χ_{lf} 曲线与 Cu、Pb、Zn、Cd、Ni、Mn、Fe 含量曲线变化十分相近(图 6-20a,b),χ_{lf} 与这几种重金属元素含量均呈显著正相关性。宝山吴淞工业区土壤剖面(以 W1、W2 为例)χ_{lf} 曲线,也与各重金属元素含量垂向曲线相似(图 6-20c,d),χ_{lf} 与各重金属元素含量也呈显著正相关性,尤其与 Cu、Pb、Zn、Cd、Mn、Fe 含量的相关系数在 0.750 以上。可见,城市土壤的磁性参数与重金属的相关性不仅表现在表土层,在污染较重的工业区深层土壤中,磁信号对重金属元素的积累也有很好的响应。

6.3.2 土壤磁性组分的地球化学特征

城市不同功能区的土壤磁性组分含量差异很大。工业区表土磁性组分含量特别高,且粗颗粒多。例如,位于上海宝山吴淞工业区某冶炼厂附近土壤的磁性组分含量高达 60.0%,是该区域所有监测点最高值。道路绿化带土壤和居民区土壤的磁性组分含量分别为 13.6% 和 14.0%,而农业区表土磁性组分含量仅为 7.5%(表 6-4)。不同功能区表土磁性组分含量顺序与磁信号强度一致。城市表土 χ_{lf} 与磁性组分含量几乎线性相关($p < 0.01$,$n = 115$,$r = 0.771$),说明土壤磁信号的强度,即 χ_{lf} 值主要是由磁性组分的含量决定的。

城市土壤磁性组分的地球化学特性不同于自然土壤。城市土壤磁性组分 Zn、Cr、Cu、Pb 含量显著高于未受人类活动影响的北方黄土($t_{Zn} = 8.64$, $t_{Cr} = 4.57$, $t_{Cu} = 4.39$, $t_{Pb} = 3.31$)和镇江下蜀黄土磁性组分含量($t_{Zn} = 5.75$, $t_{Cr} = 3.26$, $t_{Cu} = 4.39$, $t_{Pb} = 3.16$),其平均含量分别是灵台黄土磁性组分的 2.1、2.1、1.8、3.3 倍,是镇江土壤磁性组分的 2.2、1.7、2.3、3.9 倍。城市土壤磁性组分 Pb 最大值是黄土磁性组分最大值的 76.0 倍,Cr 是 18.8 倍,Cu 是 6.2 倍,Zn 是 5.3 倍,充分表明城市土壤磁性物质多源于人为活动富集重金属元素,与自然土壤磁性物质有本质的不同。这也是城市土壤 χ_{lf} 与重金属含量密切相关的根本原因。

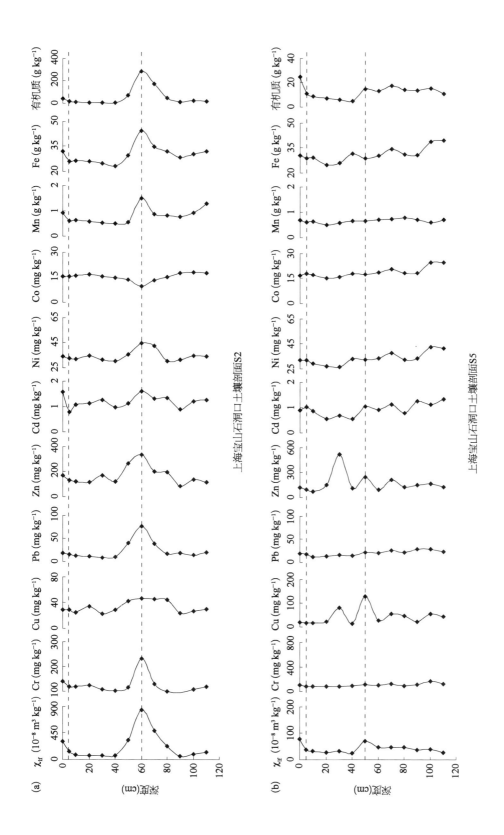

上海宝山石洞口土壤剖面S2

上海宝山石洞口土壤剖面S5

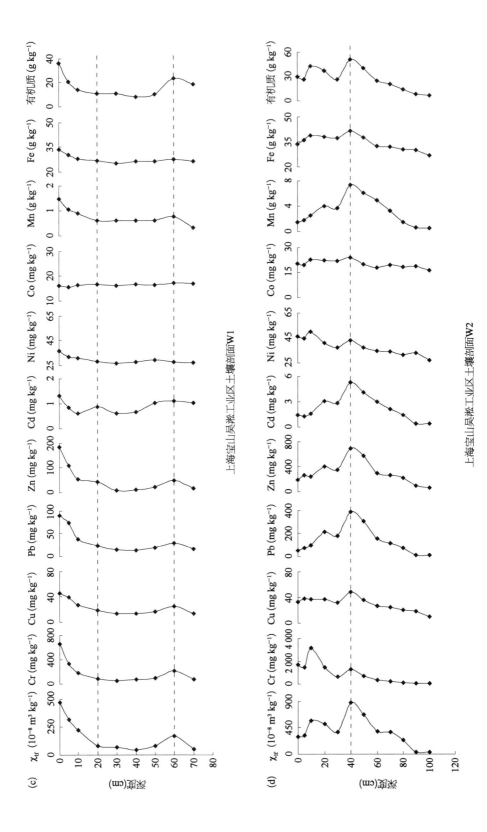

图 6 - 20　上海市宝山区土壤剖面 χ_{lf} 和重金属含量的垂向分布

表 6-4　上海市宝山区不同功能区表土磁性组分含量

功能区		磁性组分含量%	χ_{lf} 10^{-8} m^3 kg^{-1}	χ_{fd} %
上海自然土壤本底		—	29.1±9.8	2.1
农业区 $n=15$	最大值	9.87	59.0	3.24
	最小值	5.88	17.1	0.44
	平均值	7.47	36.8	1.81
	变异系数	0.13	0.28	0.45
居民区 $n=10$	最大值	19.97	309.9	3.11
	最小值	8.52	69.8	0.74
	平均值	14.00	127.5	1.71
	变异系数	0.31	0.62	0.42
道路绿化带 $n=10$	最大值	21.65	278.7	2.1
	最小值	7.80	65.6	0.01
	平均值	13.61	144.6	1.15
	变异系数	0.35	0.46	0.63
工业区 $n=10$	最大值	60.02	1 052.8	1.06
	最小值	6.73	74.2	0.03
	平均值	28.97	450.3	0.55
	变异系数	0.63	0.81	0.52

　　城市不同功能区土壤磁性组分在地球化学特性上也存在差异。工业区表土磁性组分重金属累积量更高,农业区表土磁性组分重金属含量很低。上海市宝山区土壤磁性组分 Zn、Cr、Ni、Cu、Mn 和 Fe 的平均含量分别是原样的 1.7、1.7、1.4、1.1、2.8 和 3.3 倍(表 6-5)。宝山吴淞工业区土壤磁性组分 Cu、Cd、Cr、Zn、Pb、Ni 和 Fe 含量分别是原样中的 3.9、2.3、4.0、2.0、2.4、3.6 和 9.2 倍,远高于宝山土壤磁性组分重金属元素的平均含量。宝山工业区土壤磁性组分 Zn、Cr、Cu、Pb 和 Mn 含量分别是农业区的 3.1、4.5、2.2、4.5 和 1.9 倍;道路绿化带土壤磁性组分 Zn、Cr、Cu 和 Pb 含量分别是农业区的 1.2、1.6、1.2 和 1.7 倍;居民区土壤磁性组分 Zn、Cr、Cu 和 Pb 含量分别是农业区的 1.3、1.3、1.3 和 2.4 倍(表 6-5)。

　　不同功能区土壤磁性组分重金属含量的差异,与其成因和来源不同有关。磁性组分重金属含量最高的土壤,出现在工业区或繁忙的交通干线附近。工业区磁性颗粒主要源于燃煤和金属冶炼,更易富集重金属。燃煤飞灰的磁性组分中含有 Cr、Mn、Co、Cu、Zn、

表 6-5　上海市宝山区不同城市功能区表土和磁性组分重金属含量

功能区	项　目	Zn mg kg⁻¹	Cr mg kg⁻¹	Ni mg kg⁻¹	Cu mg kg⁻¹	Pb mg kg⁻¹	Mn g kg⁻¹	Fe g kg⁻¹
农业区	土壤	173.3	72.4	52.2	50.1	67.2	0.60	36.2
	磁性组分	266.1	117.7	79.5	46.4	34.8	1.97	129.9
居民区	土壤	189.3	69.9	54.5	46.4	100.4	0.58	33.8
	磁性组分	350.9	155.1	81.7	60.5	82.3	1.76	123.8
道路绿化带	土壤	161.1	135.6	57.0	42.9	89.6	0.69	36.6
	磁性组分	317.2	188.1	73.5	57.3	60.0	1.66	118.0
工业区	土壤	513.5	398.4	55.7	99.5	118.7	1.51	50.3
	磁性组分	836.0	533.9	66.1	101.2	155.6	3.70	141.4

Ni、As 等重金属元素(Hansen et al., 1981；Beckwith et al., 1986)。在钢铁生产和冶炼加工过程,也会释放大量吸附重金属(如 Cu、Zn、Pb、Cd、Cr、Mn)的磁性颗粒。交通工具释放的磁性物质,主要源于汽油、柴油燃烧以及汽车机件摩擦等。道路沥青中含炉渣,当轮胎与之摩擦时,也可产生磁性颗粒。居民区土壤除了从空气中沉降下来的工业和交通产生磁性颗粒外,还有来自装修、废弃电子产品、垃圾、电池等人为污染物。农业区土壤也可能包含来自工业和交通排放的磁性颗粒,但由于与污染源较远,这类磁性颗粒的粒径较小,数量也较少。

上海市宝山区石洞口大气悬浮颗粒磁性组分 Fe、Mn、Zn、Cu、Ni、Co、Pb 和 Cd 的平均含量分别为 5 332 mg kg⁻¹、4 550 mg kg⁻¹、4 266 mg kg⁻¹、163.6 mg kg⁻¹、166.0 mg kg⁻¹、25.99 mg kg⁻¹、332.4 mg kg⁻¹和 2.83 mg kg⁻¹,是大气悬浮颗粒原样的 4.1、8.4、3.9、7.8、34.1、8.6、16.0 和 1.0 倍。这与城市土壤磁性组分重金属显著富集的现象一致,表明城市土壤磁性物质多源于大气沉降。

6.3.3　磁学方法检测城市土壤污染的优缺点

利用磁学方法,可以检测和评估城市土壤污染。与传统的化学研究方法相比,磁学方法是一种间接研究土壤污染的方法,但它具有快速、灵敏、经济、对样品无破坏、信息量大等优点(Oldfield, 1991)。在室内对土壤样品进行磁化率测试(Bartington MS2B 双频探头)只需数分钟。还可更换探头(Bartington MS2D 探头),在野外对地表磁性进行实时探测。虽然后者的精度差一些,但可快速、即时获得地表上部 60 mm 范围内铁磁性物质的浓度信息。磁学检测方法,通常用于传统的大量耗费人力、物力和时间的化学分析之前的预研究(Schibler et al., 2002)。尤其是对城市大区域环境调研,磁学检测方法可以经济和快捷地提供大量数据,并开展有效的空间分析,对城市土壤污染状况作出初步的判断,快速划定污染区和无污染区(Hay, 1997; Hoffmann et al., 1999; Strzyszcz and Magiera, 2001; Blundell et al., 2009)。利用磁学方法监测城市土壤和城市环境污染,正越来越受到国内外同行的关注(Beckwith et al., 1986; Bityukova et al., 1999; Hoffmann et al., 1999; Cui et al., 2016; Lu et al., 2016)。

　　利用磁学方法,检测和评估城市土壤污染,首先必须正确区分土壤磁信号的自然来源和人为污染来源。有的研究者认为,土壤人为成因的磁信号远远强于土壤背景磁性,使得背景磁性几乎可以忽略不计。但事实上,有的土壤背景磁性很强。如黄土高原灵台剖面的不少古土壤,χ_{lf}大于 200×10^{-8} m^3 kg^{-1}(Ding et al., 2001);发育于玄武岩的南方红土,其 χ_{lf} 普遍大于 $1\,000 \times 10^{-8}$ m^3 kg^{-1}。显然,若把土壤强磁信号都理解为污染,则会产生误读。要正确地区分土壤磁信号的自然成因和人为污染成因,需对研究区域土壤和成土母质背景磁性开展调查。成土母质或母岩背景磁性过高的地区,用磁学方法监测土壤污染,可能背景干扰大,不太敏感。

　　大量研究表明,人为成因磁性颗粒粒径(磁畴)较粗,可以用磁性参数及组合,有效判别和区分土壤磁性颗粒的自然成因或人为污染成因。磁学参数及组合,能粗略区分磁性矿物的种类,从而判断不同的污染来源。Soft％和 Hard％可用来估计亚铁磁性矿物(磁铁矿和磁赤铁矿)和不完全反铁磁性矿物(赤铁矿和针铁矿)在土壤中的含量比例,$IRM_{-200\,mT}/SIRM$ 的值也能用来反映亚铁磁性矿物和不完全反铁磁性颗粒的主导作用(Lecoanet et al., 2003)。不同污染来源和成因的磁性颗粒,在磁性矿物种类上会产生重要分异,因而这些磁学参数能有效地指示磁性矿物的不同成因。比如,燃煤飞灰和汽车尾气排放的磁性颗粒种类不同,用磁学参数及组合可有效地区分这两种不同的污染源(Strzyszcz and Magiera, 2001; Kapička et al., 1999, 2000)。

　　上海市宝山地区土壤多发育于长江口潮滩沉积物,成土作用弱,背景磁性低,比较适合于磁学方法污染检测。有关土壤或沉积物磁信号强度与重金属含量间的密切关联,已有大量报道(Beckwith et al., 1986; Rochette and Ambrosi, 1997; Bityukova et al., 1999;孙炳彦,1999; Xie et al., 2001;王学松和秦勇, 2005;李晓庆等, 2006;王博等,2011;陈轶楠等, 2014;刘德新等, 2014;薛勇等, 2016;闫慧和沈宇娟, 2016)。宝山区城市土壤 χ_{lf} 与多种重金属元素含量存在显著正相关性,尤其工业区土壤 χ_{lf} 与重金属含量的相关性更为密切。因此,可考虑采用磁学方法,快速判别,甚至半定量监测城市土壤重金属污染。

　　然而,利用磁学方法监测土壤污染依然存在很多局限:① 很多研究者希望建立土壤磁信号与特定污染物间的定量关系。事实上,人为成因磁性颗粒来源和成因复杂,其微化学又千差万别,很难利用磁性参数定量化地判读重金属含量。② 土壤污染物质种类多样。不少污染物并不依附于磁性颗粒,有些土壤会有一些反磁性有机污染物存在,反而会使土壤磁性下降(Strzyszcz and Magiera, 2001)。因此,χ_{lf} 低的土壤,并非无污染。磁信号并非土壤污染的必需指标。③ 农业土壤 χ_{lf} 与重金属含量间的相关性通常较弱。农业土壤受工业与交通污染相对较小,有的重金属元素,如 Cd 主要源于磁性微弱的农药和化肥,而耕作方式又会"稀释"表土积累的少量人类活动释放的磁性颗粒物。这使得农业土壤 χ_{lf} 通常不能较好地指示重金属污染。④ 在土壤背景磁性很高的区域,很难正确区分人为污染产生的磁信号和背景磁信号,因此,不太适合利用磁学方法监测土壤污染。

参考文献

陈铁楠,张永清,张希云,等.2014.晋南某钢厂周边土壤重金属与磁化率分布规律及其相关性研究.干旱区资源与环境,28(1):85-91.

崔德杰,张玉龙.2004.土壤重金属污染现状与修复技术研究进展.土壤通报,35(3):366-370.

琚宜太,王少怀,张庆鹏,等.2004.福建三明地区被污染土壤的磁学性质及其环境意义.地球物理学报,47(2):282-288.

李晓庆,胡雪峰,孙为民,等.2006.城市土壤污染的磁学监测研究.土壤,38(1):66-74.

刘德新,马建华,孙艳丽,等.2014.开封市城市土壤磁化率空间分布及对重金属污染的指示意义.土壤学报,51(6):1242-1250.

胡雪峰,龚子同.1999.土壤磁化率——作为一种气候指标的局限性.土壤,31(1):39-42.

卢升高.2000.土壤频率磁化率与矿物粒度的关系及其环境意义.应用基础与工程科学学报,8(1):9-15.

卢瑛,张甘霖,龚子同.2001.城市土壤磁化率特征及其环境意义.华南农业大学学报,22(4):26-28.

潘永信,朱日祥.1996.环境磁学研究现状和进展.地球物理学进展,11(4):87-99.

孙炳彦(译).1999.都市土壤中重金属含量对城市大气污染水平的依赖性.环境科学动态,2:29-30.

王博,夏敦胜,余晔,等.2011.环境磁学在监测城市河流沉积物污染中的应用.环境科学学报,31(9):1979-1991.

王泉海,邱建荣,李凡,等.2002.煤粉燃烧过程中铁矿物质迁移特性的研究进展.燃烧科学与技术,8(6):566-569.

王学松,秦勇.2005.徐州钢铁厂附近土壤中重金属及硫的垂向分布特征与磁学响应.环境科学学报,25(12):1669-1675.

旺罗,刘东生,吕厚远.2000.污染土壤的磁化率特征.科学通报,45(10):1091-1094.

薛勇,胡雪峰,叶荣.2016.上海宝山不同功能区表土磁化率特征及对重金属污染的指示作用.土壤通报,47(5):1245-1252.

闫慧,沈宁娟.2016.磁化率对城郊耕地土壤重金属污染的指示研究——以许昌市为例.地球与环境,44(6):678-682.

余涛,杨忠芳,岑静,等.2008.磁化率对土壤重金属污染的指示性研究——以沈阳新城子区为例.现代地质,22(6):1034-1040.

俞立中,许羽,张卫国.1995.湖泊沉积物的矿物磁性测量及其环境应用.地球物理学进展,10(1):11-22.

俞立中.1999.环境磁学在城市污染研究中的应用.上海环境科学,18(4):175-178.

张果,胡雪峰,吴小红,等. 2011. 上海城市土壤磁化率的垂向分布特征及环境指示意义. 土壤学报,48 (2): 429 - 434.

张卫国,俞立中. 2002. 长江口潮滩沉积物的磁学性质及其与粒度的关系. 中国科学: D 辑,32(9): 783 - 792.

张卫国,俞立中,许羽. 1995. 环境磁学研究的简介. 地球物理学进展,10(3): 95 - 105.

Beckwith P R, Ellis J B, Revitt D M, et al. 1986. Heavy metal and magnetic relationships for urban source sediments. Physics of the Earth and Planetary Interiors, 42(1 - 2): 67 - 75.

Bityukova L, Scholger R, Birke M. 1999. Magnetic susceptibility as indicator of environmental pollution of soils in Tallinn. Physics and Chemistry of the Earth, Part A: Solid Earth and Geodesy, 24(9): 829 - 835.

Blaha U, Appel E, Stanjek H. 2008. Determination of anthropogenic boundary depth in industrially polluted soil and semi-quantification of heavy metal loads using magnetic susceptibility. Environmental Pollution, 156: 278 - 289.

Blundell A, Dearing J A, Boyle J F, et al. 2009. Controlling factors for the spatial variability of soil magnetic susceptibility across England and Wales. Earth-Science Reviews, 95(3): 158 - 188.

Boyko T, Scholger R, Stanjek H, et al. 2004. Topsoil magnetic susceptibility mapping as a tool for pollution monitoring: repeatability of in situ measurements. Journal of Applied Geophysics, 55(3): 249 - 259.

Cisowski S. 1981. Interacting vs. non-interacting single domain behavior in natural and synthetic samples. Physics of the Earth and Planetary Interiors, 26(1 - 2): 56 - 62.

Cui G P, Zhou L P, Dearing J. 2016. Granulometric and magnetic properties of deposited particles in the Beijing subway and the implications for air quality management. Science of the Total Environment, 568: 1059 - 1068.

Dearing J A, Dann R J L, Hay K, et al. 1996. Frequency-dependent susceptibility measurements of environmental materials. Geophysical Journal International, 124(1): 228 - 240.

Ding Z L, Yang S L, Sun J M, et al. 2001. Iron geochemistry of loess and red clay deposits in the Chinese Loess Plateau and implications for long-term Asian monsoon evolution in the last 7.0 Ma. Earth and Planetary Science Letters, 185(1): 99 - 109.

Fergusson J E, Kim N D. 1991. Trace elements in street and house dusts: sources and speciation. Science of the Total Environment, 100: 125 - 150.

Fine P, Verosub K L, Singer M J. 1995. Pedogenic and lithogenic contributions to the magnetic susceptibility record of the Chinese loess/palaeosol sequence. Geophysical Journal International, 122 (1): 97 - 107.

Hansen L D, Silberman D, Fisher G L. 1981. Crystalline components of stack-collected, size-fractionated coal fly ash. Environmental Science & Technology, 15(9): 1057 - 1062.

Hay K L, Dearing J A, Baban S M J, Loveland P. 1997. A preliminary attempt to identify atmospherically-derived pollution particles in English topsoils from magnetic susceptibility measurements. Physics and Chemistry of the Earth, 22(1): 207 - 210.

Heller F, Strzyszcz Z, Magiera T. 1998. Magnetic record of industrial pollution in forest soils of Upper Silesia, Poland. Journal of Geophysical Research: Solid Earth, 103(B8): 17767 – 17774.

Hoffmann V, Knab M, Appel E. 1999. Magnetic susceptibility mapping of roadside pollution. Journal of Geochemical Exploration, 66(1 – 2): 313 – 326.

Horng C S, Huh C A, Chen K H, et al. 2009. Air pollution history elucidated from anthropogenic spherules and their magnetic signatures in marine sediments offshore of Southwestern Taiwan. Journal of Marine Systems, 76: 468 – 478.

Hu X F, Su Y, Ye R, et al. 2007. Magnetic properties of the urban soils in Shanghai and theirenvironmental implications. Catena, 70(3): 428 – 436.

Hu XF, Wei J, Xu LF, et al. 2009. Magnetic susceptibility of the Quaternary Red Clay in subtropical China and its paleoenvironmental implications. Palaeogeography, Palaeoclimatology, Palaeoecology, 279: 216 – 232.

Hu XF, Li M, He Z C, et al. 2022. Magnetic responses to heavy metal pollution of the industrial soils in Shanghai: implying the influences of anthropogenic magnetic dustfall on urban environment. Journal of Applied Geophysics, 197: 104544.

Hunt A. 1986. The application of mineral magnetic methods to atmospheric aerosol discrimination. Physics of the Earth and Planetary Interiors, 42(1): 10 – 21.

Jordanova D, Petrovsky E, Jordanova N, et al. 1997. Rock magnetic properties of recent soils from northeastern Bulgaria. Geophysical Journal of the Royal Astronomical Society, 128(2): 474 – 488.

Kapička A, Petrovský E, Ustjak S, et al. 1999. Proxy mapping of fly-ash pollution of soils around a coal-burning power plant: a case study in the Czech Republic. Journal of Geochemical Exploration, 66 (1): 291 – 297.

Kapička A, Jordanova N, Petrovský E, et al. 2000. Magnetic stability of power-plant fly ash in different soil solutions. Physics and Chemistry of the Earth, Part A: Solid Earth and Geodesy, 25 (5): 431 – 436.

King J W, Channell J E T. 1991. Sedimentary magnetism, environmental magnetism and magnestostratigraphy. Reviews of Geophysics, 29: 358 – 370.

Lecoanet H, Lévêque F, Ambrosi J P. 2001. Magnetic properties of salt-marsh soils contaminated by iron industry emissions (southeast France). Journal of Applied Geophysics, 48(2): 67 – 81.

Lecoanet H, Leveque F, Ambrosi J P. 2003. Combination of magnetic parameters: an efficient way to discriminate soil-contamination sources (south France). Environmental Pollution, 122(2): 229 – 234.

Lu S G, Bai S Q. 2006. Study on the correlation of magnetic properties and heavy metals content in urban soils of Hangzhou City, China. Journal of Applied Geophysics, 60(1): 1 – 12.

Lu S G, Yu X L, Chen Y Y. 2016. Magnetic properties, microstructure and mineralogical phases of technogenic magnetic particles (TMPs) in urban soils: Their source identification and environmental implications. Science of the Total Environment, 543: 239 – 247.

Maher B A. 1986. Characterisation of soils by mineral magnetic measurements. Physics of the Earth and Planetary Interiors, 42(1): 76 – 92.

Maher B A. 1998. Magnetic properties of modern soils and Quaternary loessic paleosols: paleoclimatic implications. Palaeogeography, Palaeoclimatology, Palaeoecology, 137(1-2): 25-54.

Matzka J, Maher B A. 1999. Magnetic biomonitoring of roadside tree leaves: identification of spatial and temporal variations in vehicle-derived particulates. Atmospheric Environment, 33(28): 4565-4569.

Mayer T, Morris W A, Versteeg K J. 1996. Feasibility of using magnetic properties for assessment of particle-associated contaminant transport. Water Quality Research Journal of Canada, 31 (4): 741-752.

Muxworthy A R, Matzka J, Petersen N. 2001. Comparison of magnetic parameters of urban atmospheric particulate matter with pollution and meteorological data. Atmospheric environment, 35(26): 4379-4386.

Muxworthy A R, Matzka J, Davila A F, et al. 2003. Magnetic signature of daily sampled urban atmospheric particles. Atmospheric Environment, 37(29): 4163-4169.

Muxworthy A R, Schmidbauer E, Petersen N. 2010. Magnetic properties and Mössbauer spectra of urban atmospheric particulate matter: a case study from Munich, Germany. Geophysical Journal International, 150(2): 558-570.

Oldfield F, Hunt A, Jones M D H, et al. 1985. Magnetic differentiation of atmospheric dusts. Nature, 317: 516-518.

Oldfield F. 1991. Environmental magnetism — a personal perspective. Quaternary Science Reviews, 10 (1): 73-85.

Olson K W, Skogerboe R K. 1975. Identification of soil lead compounds from automotive sources. Environmental Science & Technology, 9(3): 227-230.

Peters C, Dekkers M J. 2003. Selected room temperature magnetic parameters as a function of mineralogy, concentration and grain size. Physics and Chemistry of the Earth, 28(16): 659-667.

Rochette P, Ambrosi J P. 1997. Relationship between heavy metals and magnetic properties in a large polluted catchment: The Etang de Berre (south of France). Physics and Chemistry of the Earth, 22 (1): 211-214.

Royall D. 2001. Use of mineral magnetic measurements to investigate soil erosion and sediment delivery in a small agricultural catchment in limestone terrain. Catena, 46(1): 15-34.

Schibler L, Boyko T, Ferdyn M, et al. 2002. Topsoil magnetic susceptibility mapping: data reproducibility and compatibility, measurement strategy. Studia Geophysica et Geodaetica, 46 (1): 43-57.

Shu J, Dearing J A, Morse A P, et al. 2001. Determining the sources of atmospheric particles in Shanghai, China, from magnetic and geochemical properties. Atmospheric Environment, 35 (15): 2615-2625.

Strzyszcz Z, Magiera T. 2001. Record of industrial pollution in Polish ombrotrophic peat bogs. Physics and Chemistry of the Earth, Part A: Solid Earth and Geodesy, 26(11-12): 859-866.

Thompson R, Oldfield F. 1986. Environmental Magnetism. London: Allen & Unwin.

Thompson R, Stober J C, Turner G M, et al. 1980. Environmental applications of magnetic measurements. Science, 207(4430): 481 – 486.

Verosub K L, Roberts A P. 1995. Environmental magnetism: past, present, and future. Journal of Geophysical Research: Solid Earth, 100(B2): 2175 – 2192.

Xie S, Dearing J A, Boyle J F, et al. 2001. Association between magnetic properties and element concentrations of Liverpool street dust and its implications. Journal of Applied Geophysics, 48(2): 83 – 92.

Zawadzki J, Fabijańczyk P, Magiera T, et al. 2015. Micro-scale spatial correlation of magnetic susceptibility in soil profile in forest located in an industrial area. Geoderma, 249 – 250: 61 – 68.

第 *7* 章
城市环境和人类活动的土壤记录

　　土壤作为最重要的自然环境要素,既是人类物质生活资料的最初来源,也是人类生产生活废物的接纳者和净化者。随着人类文明和城市化进程的推进,城市土壤受到人为活动的影响,记录着环境变化的信息。实际上,随着人类的生产生活活动,各类废弃物或残留物直接和间接地进入土壤。这些残留物或废弃物一部分被土壤净化,另一部分由于物质本身的特征或土壤净化能力的限制在土壤中蓄积起来,形成了具有记录城市环境演变历史的特征土层(又称文化层),即被埋藏、堆积、叠压在现代城市地下并记录着古代城市历史信息的地层。城市土壤的形成和特点与城市历史密切相关。这些城市文化层土壤中的黑碳、重金属等含量信息是城市环境演变的最好记录。

7.1　城市土壤文化层特征

　　《中国大百科全书·考古卷》(夏鼐,1986)对文化层的定义是:"在人类居住的地点,通常都会通过人类的各种活动,在原来天然形成的'生土'上堆积在一层'熟土',其中往往夹杂人类无意或有意遗弃的各种器物及其残余,故称'文化层'。"古老城市经过了千百年的历史,如被称为"永恒之城"的罗马和"西方文明的摇篮"的雅典,距今均已有2 700余年。众多历史古城多经历制造兵器、抗击侵略、发动战争、扩大地盘以及进入工业时代的工业大发展和大兴土木,进行规模性的城市建设等。在不同的历史时期,由于人类活动的重点不同,对城市中的土壤影响会存在差异,因此形成了具有历史记录的文化层,其一般可达几米或者几十米深。

　　城市土壤的文化层不同于自然土壤层,其存在的深度和特性与人类活动密切相关。文化层和自然土层之间的差异首先是可见的形态差异。文化层的形成具有明显记录过去人类活动的特色,其组成物质复杂,除了具有自然土壤的矿物基质以外,还包含有某一古时代特征的人工物质,如陶瓷、瓦片、砖块、灰坑(穴)、骨头、木块、铁质碎片、石膏等(Alexandrovskaya and Alexandrovskiy, 2000)。因此,文化层一般粗骨化,并质地相对于自然土层更粗(Mazurek et al., 2016)。从微形态来看,文化层具有次棱角状的、碎屑状的、部分海绵状结构,并含有各种各样的被挤压的孔隙,其表面孔隙大于被埋藏的自然土层（Mazurek et al., 2016）。

城市土壤文化层区别于自然土层更重要的体现在其化学性质。文化层的有机碳、氮、磷、碳氮比（C/N）、重金属等均明显高于自然土层（Lorenz and Kandeler, 2005; Golyeva et al., 2014）。文化层中有机碳的出现和分布是人类活动影响的测度和表征（Sándor and Szabó, 2014）。波兰克拉科夫城市土层中有机碳含量为 $0.39 \sim 118\ g\ kg^{-1}$，最低的有机碳含量出现在深层的自然土层中，最高的有机碳含量值出现在文化层中（Mazurek et al., 2016）。埋藏的自然土壤中有机碳含量普遍低于文化层。虽然文化层中的全氮含量也明显高于埋藏的自然土层，但是文化层中 C/N 比值高于埋藏自然土层（Mazurek et al., 2016），这与高碳含量有机质的输入有关（Engovatova and Golyeva, 2012）。在俄罗斯莫斯科文化层中碳含量是自然土层的 4 倍（Dolgikh and Alexandrovskiy, 2010）。文化层中高黑碳含量也是高的 C/N 比率的重要影响因素之一，通过微形态也可以观察到文化层中黑碳的出现（Mazurek et al., 2016）。

黑碳被认为是一个持久性的物质。一旦进入土壤，不易进一步分解转化（Ohlson et al., 2009; Liu et al., 2011; Borchard et al., 2014）。因此，黑碳被认为是土壤中特殊土层形成和发展的一个标志。早期文化层中黑碳含量主要与生物质的燃烧有关。由于黑碳在自然土壤中也很常见（Ohlson et al., 2009; Rodionov et al., 2010），因此，通常认为黑碳是人工物质，将其归为不易分解的有机物质。但除非在森林大火点及其附近，否则自然土壤中的黑碳含量并不高（Ohlson et al., 2009），明显低于城市土壤文化层。因此，更多的研究者认为文化层中的黑碳属于人工物质（Heymann et al., 2014），是一个高含量的人为源。尤其是进入工业时代，土壤黑碳与该区域的工业化程度有关（Liu et al., 2011）。因此，相对于全碳含量，黑碳可以体现人类活动对土体过程的影响。

文化层中往往具有高磷含量，因为人类的聚居生活会产生磷素的富集。城市土壤中磷含量升高是人类活动的一个结果（Zhang et al., 2001）。南京城市和城郊土壤都有明显的磷富集，最高含量可达背景含量的百倍以上（Zhang et al., 2001）。波兰克拉科夫城市土壤有效磷含量为 $50.1 \sim 510\ mg\ kg^{-1}$，高值出现在文化层中（Mazurek et al., 2016）。俄罗斯莫斯科历史文化层中磷素的含量是郊区的 20 倍（Alexandrovskaya and Alexandrovskiy, 2000）。

重金属含量升高也是城市土壤不同历史时期文化层的重要特征之一。如铅在地壳中的克拉克值是 $13\ mg\ kg^{-1}$，俄罗斯的莫斯科区域自然土壤的铅含量稍微低于克拉克值。但在特维斯科伊大道地区的中世纪莫斯科土壤铅含量比现代土壤还高，为 $119 \sim 900\ mg\ kg^{-1}$，19 世纪文化层中的铅含量可达到 $1\ 320\ mg\ kg^{-1}$（Alexandrovskaya and Alexandrovskiy, 2000）。这主要是因为在 $15 \sim 20$ 世纪，铅被用作制造家用器皿，也被用于管道和屋顶覆盖层，并且含铅燃料在 15 世纪也被广泛应用。莫斯科红场地表下的 $12 \sim 13$ 世纪文化层中 Cu、Zn 和 As 含量均有所增加，而 $17 \sim 19$ 世纪的文化层中 Pb、Cu 和 As 等含量达到最大。比如，As 含量在 $18 \sim 19$ 世纪增加到 $74\ mg\ kg^{-1}$，而该区域的背景值仅为 2 mg kg^{-1}。这主要来自皮革和印染工业对含 As 物质的应用。含铜物质常被用于家庭和园艺虫害的控制,而且胆矾过去常被用来保护建筑物的木料。铜在地壳中的克拉克背景值为 65 mg kg^{-1},莫斯科区域自然土壤的铜含量低于 3～20 mg kg^{-1},但在 15～16 世纪文化层中铜的含量达到 650 mg kg^{-1}(Alexandrovskaya and Alexandrovskiy, 2000)。

对文化层中黑碳和重金属元素的研究有两个目的,一是为城市考古和城市科技史提供自然科学上的证据;二是由于城市化过程中土壤的转移而产生对环境的潜在危害性做一些评价工作。如根据文化层中重金属元素的时空分布规律来探讨各个历史时期人类活动的踪迹,进而探讨具体城市历史时期哪个朝代的工业、商业较发达,以及这些工业区、商业区和生活区的可能分布位置等。对文化层中土壤的研究也是城市土壤研究的深入和拓宽,更重要的是有关历史时期土壤环境质量演变的研究对今天有借鉴作用,可以为当今城市生态环境保护和治理提供土壤的历史资料和一定的理论根据。研究城市土壤中的重金属含量、活化率、化学形态分布及其影响因素,可以了解城市土壤重金属的污染状况及其环境行为,如在城市建设过程中对历史时期已经污染严重文化层的挖掘、搬运、再填埋时,可能会产生二次污染的危险性做出科学评价,为合理利用和保护城市土壤资源、改善城市环境质量、保障城市居民的健康提供理论和决策依据。

南京是我国的六大古都之一,具有悠久的历史渊源和深厚的文化底蕴。自 20 世纪80 年代以来,南京成为我国发展最快的城市之一,在都市化的过程中,由于人类活动的影响,各个历史时期的城市环境(土壤、河流沉积物和大气)中的微量元素含量及分布各有其特点。由于大气中的颗粒物质最终汇集到土壤中,而南京市内的河流由于历史上人工开凿和改道,有许多河流沉积物堆积在各个时期的文化层中。因此,历史时期南京市的环境质量大多记录在各个时期的文化层中。本章以下内容将以南京市为例,研究城市土壤演变过程中有关土壤碳和重金属的历史记录。

7.2　城市环境演变的土壤碳记录

7.2.1　南京的历史文化层

南京市具有 2 000 多年的建城历史,曾为六朝的政治文化生活中心。南京从公元前770—公元前 220 年开始形成,是受人为活动影响深刻的历史文化名城。在古建成区内采集 6 个具有历史文化层的深厚剖面,其中 4 个剖面(Y1、Y2、Y5 和 Y15)位于历史上皇宫所在地,属于政治-文化-生活中心区;2 个(Y131 和 Y133)位于商业-工业区。另外,采集 4 个近郊菜地土壤剖面(CH4C、SBC、GJS-1 和 XZ01),用以反映现代人为活动作用,从而与历史活动进行对比。

在土壤剖面采样过程中,文化层的断代在专业考古研究人员指导下完成,主要根据出土的文物、实物,比如砖瓦块、瓷片、陶片等大致确定其年代上下限,同时对文化层采集的木炭借助^{14}C 测年法精确测定其年龄。通过比对发现,^{14}C 测定的结果与考古断代的结果是互相吻合的。以 Y131 剖面土壤中木炭样品的^{14}C 同位素测年数据与其考古确定文化层年龄对比结果见表 7-1。根据断代结果,对代表性剖面 Y1、Y15、Y131 和 Y133 的主要文化层进行了对应(图 7-1)。

表 7-1 Y131 文化层剖面^{14}C 测年数据一览表(杨凤根等,2004)

样品编号	测量结果 a B.P.	公元年* a	标准朝代年限 a	碳样深度 cm	考古定深度 cm
			现代层		0~50
Y131-3	现代碳		清朝(1644—1912)	160~170	50~185
Y131-4	532±70	1418±70	明朝(1368—1644)	240~250	185~280
Y131-6	872±55	1078±55	宋朝(960—1279)	305~310	280~340
Y131-7	982±63	968±63	唐、五代(618—979)	360~400	340~400
Y131-1	1560±95	390±95	六朝(222—589)	590	400~590
			黄土		>590

注:* 公元年=1950-测量结果。

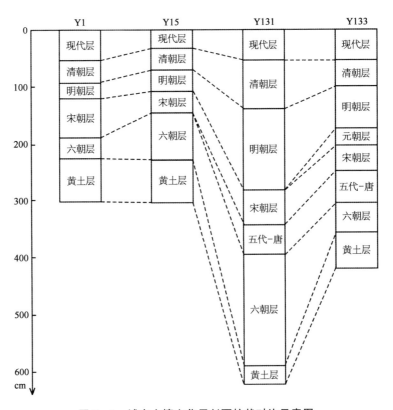

图 7-1 城市土壤文化层剖面柱状对比示意图

自然和人为活动产生的黑碳最终会通过沉降进入土壤。由于黑碳具有不易分解的稳定特性,因此可以在土壤层中长期存在。在自然界生态系统中,通过沉积物和冰心中黑碳含量,能够追溯较大规模火灾等历史事件(Dickens et al., 2004)。因此,黑碳是指示与含碳物质燃烧相关活动的良好指标。有机碳虽然易于分解,但是埋藏于深层的有机碳却分解缓慢,易于保存下来,成为某些历史文化层中人为活动的见证。

7.2.2 土壤有机碳记录

历史上的政治-文化-生活中心区土壤剖面有机碳含量的平均值为 $6.41\ g\ kg^{-1}$;商业-工业区为 $16.05\ g\ kg^{-1}$,近郊菜地为 $8.96\ g\ kg^{-1}$,因此,商业-工业区土壤剖面有机碳含量较高,分别是政治-文化-生活中心区的 2.5 倍和近郊菜地的 1.8 倍(表 7 - 2)。商业-工业区与政治-文化-生活中心区和近郊菜地土壤的有机碳含量均存在显著差异;政治-文化-生活中心区和近郊菜地土壤的有机碳含量之间差异不显著(表 7 - 2)。这种差异性特征反映了文化层中有机碳的地域分布特征和所受人为活动影响的强度。

表 7 - 2 南京市含有文化层的城市土壤有机碳和黑碳含量统计

剖 面	层 数	有机碳(OC)($g\ kg^{-1}$)		黑碳(BC)($g\ kg^{-1}$)		BC/OC	
		均值	标准差	均值	标准差	均值	标准差
Y1	10	6.79	4.02	1.03	0.98	0.16	0.11
Y2	12	7.87	4.59	1.26	1.23	0.17	0.16
Y5	7	4.52	1.83	0.53	0.13	0.15	0.11
Y15	7	6.77	3.69	0.83	0.64	0.12	0.04
平均*	36**	6.49bB	1.41	0.91bB	0.31	0.15bA	0.12
Y131	16	16.46	5.60	7.93	4.75	0.46	0.19
Y133	17	15.63	11.82	9.30	10.71	0.42	0.34
平均	33	16.05aA	0.59	8.62aA	0.97	0.44aA	0.27
CH4C	6	6.36	4.25	1.29	2.14	0.14	0.14
SBC	5	10.13	3.23	1.35	1.47	0.12	0.10
GJS - 1	5	5.88	5.57	2.60	3.15	0.48	0.64
XZ01	6	13.47	9.13	8.11	9.65	0.40	0.37
平均	22	8.96bAB	5.53	3.72abAB	3.40	0.32abA	0.40
总计	91	10.65	7.96	4.35	6.64	0.29	0.28

注: * 小写字母: $p = 0.05$ 显著水平;大写字母: $p = 0.01$ 显著水平;* * :剖面的总层数。

　　具有历史文化层的城市土壤土体中有机碳分布规律不同于自然(森林、草地和农业)土壤。在历史上的政治-文化-生活中心区,除 Y2 有机碳含量在整个剖面基本上表现出逐层减少的特征外,其他各个剖面在一些层位上均出现波动,可能是受人为活动影响的结果(图 7-2)。如在 Y1 剖面中在 120～152 cm 的文化层(宋朝层)有机碳含量反而高于102～120 cm;Y5 剖面中表层 80 cm 以内有机碳含量表现为随着深度增加而逐渐递增的趋势,最高含量出现在 50～80 cm 的明朝层,在 80～200 cm 不同时期中,宋朝层也具有较高的含量;Y15 剖面中 15～50 cm 的清朝层有机碳含量最高,其次是 50～105 cm 的明朝层和 190～215 cm 的东晋层(图 7-2)。可见,在政治-文化-生活中心区不同时期的文化层中,有机碳往往具有较高的含量,甚至超过表层。

　　商业-工业区土壤 Y131 和 Y133 两个文化层剖面由于受到人为活动的剧烈影响,有机碳剖面分布在不同层次之间和不同剖面之间变异性较大,没有规律可言。但这两个剖面比较深,分别达 6 m 和 3.5 m,反映了人为堆积和添加的结果(图 7-3)。土体中有机碳的含量范围较宽(3.17～48.92 g kg^{-1}),其中 Y131 有机碳含量在 5.8 m 深处高达 10.98 g kg^{-1};在Y133 剖面中有机碳含量的最大值出现在 1.8～2.0 m 处,其值为 48.92 g kg^{-1}(图 7-3),说明城市土壤不但深厚而且还固定了大量有机碳。

　　在现代近郊菜地的 CH4C、SBC、GJS-1 和 XZ01 4 个剖面中,有机碳含量基本上是表层较高,呈现出向下逐层减少的趋势。但 SBC 和 GJS-1 剖面历史时期可能受到过人为扰动,有机碳含量分别在 100 cm 和 82 cm 处出现较高值(图 7-4)。

　　具有悠久历史的古老城市,在历史时期的各种工农业和生活中,土壤有机碳含量不断增加,并出现了累积。随着历史变迁和城市演变,这些土层被掩埋,由此有机碳在文化

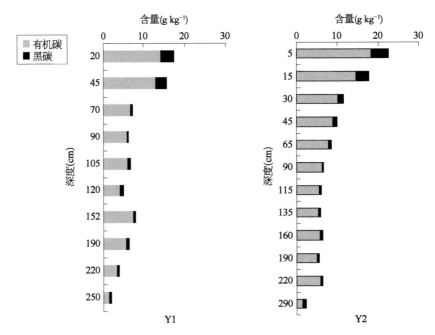

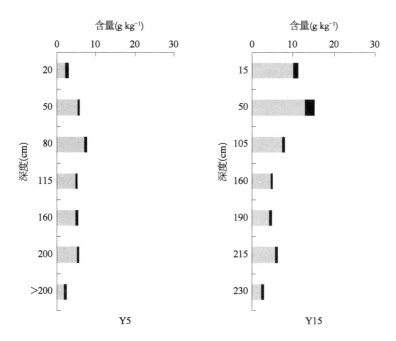

图 7 - 2　政治-文化-生活中心区土壤有机碳和黑碳的剖面分布特征

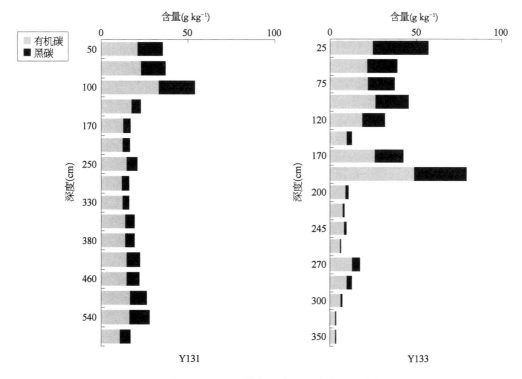

图 7 - 3　商业-工业区土壤有机碳和黑碳的剖面分布特征

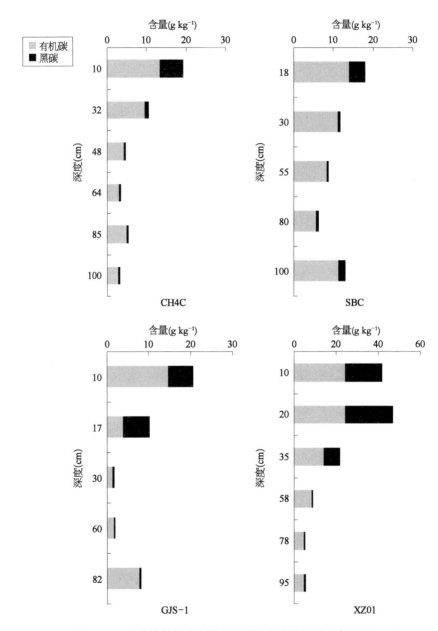

图 7 - 4　现代近郊菜地土壤有机碳和黑碳的剖面分布特征

层土壤剖面中能够被固定和保存下来。这类土壤由于脱离自然土壤的发生学轨迹,在土壤深度上出现大的变异性,一般都较深厚,有的甚至深达数米,土层中有机质含量较高且分布无一定的规律。

7.2.3　土壤黑碳记录

南京城市土壤剖面的黑碳含量为 0.22～32.19 g kg^{-1},平均值为 4.35 g kg^{-1}。其中

黑碳含量的最高值($32.19\ \mathrm{g\ kg^{-1}}$)出现在 Y133 剖面 25～50 cm 处,可能与这一层含有大量的黑色粉煤灰渣有关。德国的一些城市由于垃圾填埋等人为堆积作用,土壤含有一定比例的黑碳组分(Schleuss et al., 1998;Beyer et al., 2001)。Lorenz 和 Kandeler(2005)在德国斯图加特发现一个富含煤渣、木炭和煤等燃烧物质的剖面黑碳含量的最高值达到 $294\ \mathrm{g\ kg^{-1}}$。

从南京市调查的含有文化层土壤剖面的黑碳含量来看,历史上的政治-文化-生活中心区土壤剖面中黑碳含量平均值为 $0.91\ \mathrm{g\ kg^{-1}}$;历史上的商业-工业区黑碳含量平均值为 $8.62\ \mathrm{g\ kg^{-1}}$;城市近郊菜地黑碳含量平均值为 $3.72\ \mathrm{g\ kg^{-1}}$(表 7 - 2)。商业-工业区土壤剖面黑碳含量较高,分别是政治-文化-生活中心区和近郊菜地的 9.5 倍和 2.3 倍。可见,深层的城市土壤黑碳受不同时期不同人为活动类型的影响。历史上的政治-文化-生活中心区属于生活区,主要受到城市居民活动的影响,直接受工业活动的影响较小;历史的商业-工业区的文化层可能记录了不同历史时期和背景下人类活动的信息和污染历史,如大规模的冶炼活动所引起的燃煤消耗、炉渣排放等。而现代的近郊菜地土壤剖面反映的是近段时间以来人为活动作用的结果。

从剖面分布特征来看(图 7 - 2),在政治-文化-生活中心区土壤的 4 个文化层剖面 Y1、Y2、Y5 和 Y15 中,黑碳含量在土壤剖面中总体上表现出与有机碳类似的分布规律,即自上而下含量有逐渐减少的趋势。但各个剖面在一些层位上也出现波动,可能是受不同历史时期人类的生活燃煤等活动影响的结果。如在 Y1 剖面中黑碳含量在第 5、6、7 层出现异常,先有所升高,然后又逐层减少;Y2 剖面中在第 8 层和最后一层出现波动;Y5 剖面中在第 3 层和最后一层出现异常;Y15 剖面中第 2 层和第 6 层比各自的上一层略高以外,其他各层仍然表现出依次减少的特征。

商业-工业区土壤的 Y131 和 Y133 2 个文化层剖面由于受到人为活动的剧烈影响,黑碳在同一剖面不同层次之间和不同剖面之间变异性较大(图 7 - 3)。由于人为堆积和添加作用,这 2 个剖面比较深厚,分别达 6 m 和 3.5 m。黑碳在剖面中含量范围较宽($0.42～32.19\ \mathrm{g\ kg^{-1}}$),其中 Y131 剖面黑碳含量在 5.8 m 处高达 $6.13\ \mathrm{g\ kg^{-1}}$,其最大值出现在表层,达 $14.25\ \mathrm{g\ kg^{-1}}$;在 Y133 剖面中,黑碳含量在 1.8～2.0 m 处高达 $30.52\ \mathrm{g\ kg^{-1}}$,这可能与该埋藏层所处历史时期大规模冶炼活动所引起的燃煤消耗、炉渣排放等有关。这说明城市土壤黑碳的来源不仅与现在(表层含量高)的城市活动有关,而且还与过去(文化层中含量高)的历史有关。

现代近郊菜地土壤的 CH4C、SBC、GJS - 1 和 XZ01 剖面黑碳含量的剖面分布基本上是表层较高,呈现出由表层向下逐渐减少的趋势(图 7 - 4)。由于人为施加有机物质等因素的作用,这类菜地剖面表层和亚表层的黑碳有富集趋势。

不同的历史文化层剖面黑碳含量表明在城市化过程中,由于大量生物物质(如木头等)和化石燃料(煤、石油等)大量使用过程中产生的黑碳物质会保留在土壤中。由于黑碳的生物、化学惰性,使得黑碳在文化层土壤剖面中能够长期保存。作为土壤有机质的一个组分存在,黑碳含量的高低可能直接决定土壤有机质的质量和生物化学性质。

7.3 城市土壤碳组成特征及其指示意义

在城市历史文化层剖面中,表层土壤的 BC/OC 值往往比下层高(图 7-5),反映了黑碳在现代土壤表层富集的特点。南京城市土壤的历史商业-工业区土体 BC/OC 值的平均值、黑碳和有机碳含量均高于其他功能区的土体。其中 BC/OC 平均值的大小顺序是商业-工业区>现代的近郊菜地>政治-文化-生活中心区,与有机碳和黑碳的变化顺序一致。这说明由于受到不同的人为活动影响,城市土壤受到了不同程度的污染。

历史上不同功能区利用下的 BC/OC 值在文化层中具有不同的分布特征(图 7-5),其中商业-工业区土壤的 Y131 和 Y133 2 个文化层剖面 BC/OC 值分布明显区别于其他剖面。商业-工业区土壤剖面的 BC/OC 值显著高于政治-文化-生活中心区土壤,而商业-工业区土壤与现代的近郊菜地土壤之间,以及政治-文化-生活中心区土壤与近郊菜地土壤之间 BC/OC 值差异不显著(表 7-2)。

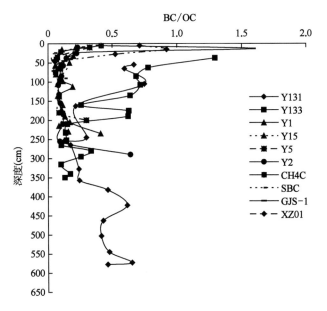

图 7-5 城市剖面土壤 BC/OC 值分布

土壤中 BC/OC 值的大小反映了不同燃烧活动的物质来源。商业-工业区 2 个土壤剖面文化层的 BC/OC 值的平均值分别为 0.46 和 0.42,接近 0.5,说明其黑碳的主要来源可能是化石燃料(如煤等)的燃烧;政治-文化-生活中心区文化层土壤剖面的 BC/OC 值的平均值为 0.15,比较接近 0.11,说明其黑碳的主要来源可能是生物质的燃烧;现代的近郊菜地剖面 BC/OC 值的平均值为 0.29,其值介于 0.11 和 0.5 之间,说明其黑碳来源复杂,可能是生物质和化石燃料燃烧共同作用的结果。

历史上的商业-工业区土壤黑碳异常与该区域重金属的异常相一致。杨凤根等(2004)对南京市文化层重金属的研究发现,商业-工业区土壤文化层剖面中 Cu、Pb 和 Zn含量的平均值分别是政治-文化-生活中心区土壤剖面的 7.3 倍、3.5 倍和 1.8 倍,其中剖面重金属的异常与历史时期人为活动方式的不同有关。已有研究表明,城市土壤中 Cu、Pb 和 Zn 的主要来源是外源输入,且与人为活动有关(Wilcke et al.,1998;杨凤根等,2004)。因此,商业-工业区土壤黑碳高值与历史时期高强度的工业活动直接相关。由于受到近现代黑碳来源的影响,城市剖面土壤表层和/或亚表层中 BC 含量和 BC/OC 值较高。城市区域黑碳的主要来源是化石燃料燃烧,其中在近现代主要来自交通排放的颗粒物质,而在文化层中则与燃烧用煤历史有关。

7.4　城市土壤演变的重金属记录

自然土壤中重金属元素的主要来源是成土母质,其含量主要由成土母质和成土过程决定。成土母质决定了土壤中重金属元素的最初含量,而成土过程又改变了这些元素的最初含量、结合形态和剖面分布。城市土壤由于受到自然因素与人为因素的双重作用,其重金属含量既受到原土壤母质和成土过程的影响,又受到人为因素的强烈影响。由于人为活动的作用往往强于成土过程,并且重金属在土壤中具有稳定性,因此,文化层中的重金属对城市土壤环境的演变过程和历史具有一定的指示作用。

7.4.1　不同历史时期土壤重金属含量特征

在具有文化层的土体中,一定深度的土壤层位均对应有一定朝代的文化层,剖面上重金属元素的分布可以揭示出文化层中重金属元素的时间分布规律。南京市代表性区域土体中 Cu、Pb 和 Zn 的含量曲线表明,各个不同的历史朝代文化层中重金属元素的积累各不相同(图 7 - 6)。但在不同层次中重金属元素 Cu、Zn 和 Pb 的含量具有一致性,而且位于商业-工业区土壤的 Y131 和 Y133 这种不同层次间含量差异和元素的协同出现性更为明显。

从具有文化层的深厚剖面可以看出,位于政治-文化-生活中心区土壤的 Y1 和 Y15剖面 Cu、Pb 和 Zn 的积累层位主要有靠近地表(0~30 cm)的近现代层、清朝层(30~80 cm)和明朝层(80~120 cm),但是对比这些元素在南京地区的背景值(表 7 - 3),不难看出 Cu、Pb 和 Zn 在这 2 个剖面上的积累并不强烈。位于商业-工业区土壤的 Y131 和Y133 剖面中 Cu、Pb 和 Zn 含量除黄土外是背景值的数十倍,明显的积累层位有近现代层、清朝层、明朝层和六朝层(表 7 - 4)。

将不同剖面相同文化层的重金属元素进行分类汇总发现,重金属元素含量在南京市

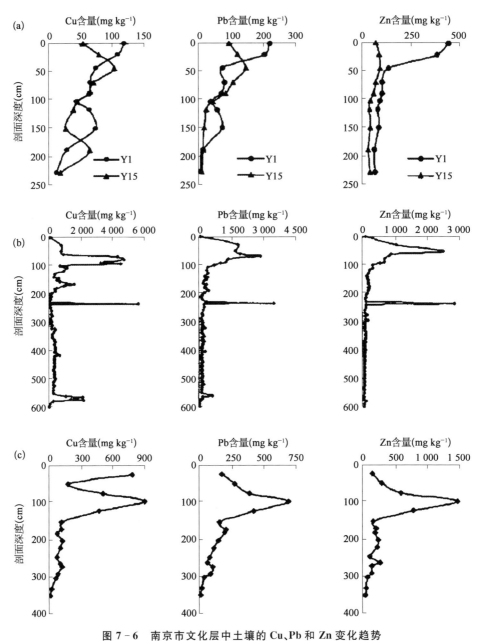

图 7 - 6　南京市文化层中土壤的 Cu、Pb 和 Zn 变化趋势

(a) 剖面 Y1 和 Y15;(b) 剖面 Y131;(c) 剖面 Y133。

各个历史时期文化层中总体上呈富集现象(表 7 - 3)。Cu、Pb 和 Zn 在每个朝代文化层中,以及 Cd 在现代层中的含量均远超南京土壤的背景值和南京郊区土壤的平均值,比世界部分城市土壤的重金属含量高出数倍,大致与莫斯科 16～20 世纪的文化层中重金属含量相当(表 7 - 4)。

表 7 - 3　南京市文化层中重金属与世界城市土壤重金属含量及背景值对比表(单位: mg kg^{-1})

文化层	Cu	Pb	Zn	Cd	Cr	Mn	Co	Ni	来　源
现代层	231	327	326	0.323	84.8	837	16.3	25.3	本研究
清朝层	942	498	335	0.244	83.7	1 111	14.4	33.9	本研究
明朝层	163	182	180	0.189	82.1	1 091	15	29.3	本研究
元朝层	131	245	197	0.218	67.9	1 032	15.2	19.5	本研究
宋朝层	164	129	113	0.171	79	1 026	14	28	本研究
唐朝层	251	140	121	0.172	80.6	1 043	14.1	29.1	本研究
六朝层	351	117	90.8	0.156	77	761	13.1	27.5	本研究
黄土层	20.6	15.1	61.6	0.206	76.5	669	16.6	23.3	本研究
南京背景值	32	25	78		59	511	14	35	中国科学院土壤背景值协作组,1979
南京郊区土壤	25.2	17.3	73.8		40.9	402	15.4	24.4	卢瑛,2000
中国土壤	22	23.6	68		57	710	21	25	中国环境监测总站,1990
世界土壤	30	12	75		70	850	8	50	中国环境监测总站,1990
南京	66	107	162		84.7	799	16.1	41.4	卢瑛,2000
香港	24.8	93.4	168	2.18					Li et al., 2001
曼谷	41.7	47.7	118	0.29	26.4	340		24.8	Wilcke et al., 1998
伦敦	73	294	183	1.00					Thornton, 1991
阿伯丁	27	94.4	58.4		23.9	286	6.4	14.9	Paterson et al., 1996
格拉斯哥	97	216	207	0.53					Gibson and Farmer, 1986
马德里	71.7	161	210		74.7	437	6.42	14.1	De Miguel, 1998
檀香山	130	48	260			1 630	71	302	Sutherland and Tack, 2000
那不勒斯	74	262	251				11		Imperato et al., 2003
巴勒莫	77	253	151	0.84	39	566	6.5	19.1	Manta et al., 2002
莫斯科 20th	197	1 332	1 552		98			24	Alexandrovskaya and Alexandrovskiy, 2000
莫斯科 19th	149	242	192		90			29	Alexandrovskaya and Alexandrovskiy, 2000

文化层	Cu	Pb	Zn	Cd	Cr	Mn	Co	Ni	来　源
莫斯科 18th	65	134	129		68			19.7	Alexandrovskaya and Alexandrovskiy, 2000
莫斯科 17th	81	125	165		89			33	Alexandrovskaya and Alexandrovskiy, 2000
莫斯科 16th	359	89	398		81			29	Alexandrovskaya and Alexandrovskiy, 2000

表 7 - 4　古代城市不同功能区重金属元素平均含量对比表（单位：mg kg⁻¹）

文化层	Cu		Pb		Zn		Cd	
	第一组*	第二组	第一组	第二组	第一组	第二组	第一组	第二组
现代层	97.6	386	161	521	247	418	0.223	0.441
清朝层	78.5	1 302	123	654	125	422	0.208	0.259
明朝层	59.9	220	70.9	244	90.2	229	0.213	0.176
元朝层		131		245		197		0.218
宋朝层	60.3	210	42.1	168	76.8	130	0.2	0.157
唐朝层	47.3	271	29.3	151	97.9	123	0.225	0.165
六朝层	48	426	17.8	141	57.3	99.2	0.174	0.151
黄土层	14.7	27.7	10.9	20.2	53.1	71.9	0.203	0.21
总文化层	65.5	476	74.3	264	109	195	0.203	0.19

文化层	Cr		Mn		Co		Ni	
	第一组*	第二组	第一组	第二组	第一组	第二组	第一组	第二组
现代层	82	88.1	802	877	16.3	16.3	21.2	29.9
清朝层	83.7	83.7	881	1 207	16.3	13.6	20.4	39.5
明朝层	77.5	84.6	722	1 294	16.7	14.1	20.4	34.1
元朝层		67.9		1 032		15.2		19.5
宋朝层	75.7	80.4	671	1 186	16.1	13.1	19.7	31.8
唐朝层	47.3	80.1	517	1 093	19.2	13.6	25.2	29.4
六朝层	67.4	79.4	475	833	14.2	12.9	17.2	30.1
黄土层	72	81.9	707	624	15.9	17.5	20	27.3
总文化层	77	81	689	1 052	16	13.5	19.8	31.9

注：＊第一组：政治-文化-生活中心区；第二组：商业-工业区。

南京市文化层所反映的各个历史时期的重金属元素积累情况存在差异(图7-7)。当今时代是工农业发展的鼎盛时期,世界各国的研究已经表明现代城市中重金属污染较严重(Wilcke et al.,1998;Manta et al.,2002)。现代城市中工业和交通等人类活动带来近现代层土壤重金属较高含量。但清朝层、明朝层以及部分六朝层(东吴—东晋—南朝统称六朝)等文化层中土壤重金属元素也发生了明显的积累效应,这与该时期的历史活动密切相关。

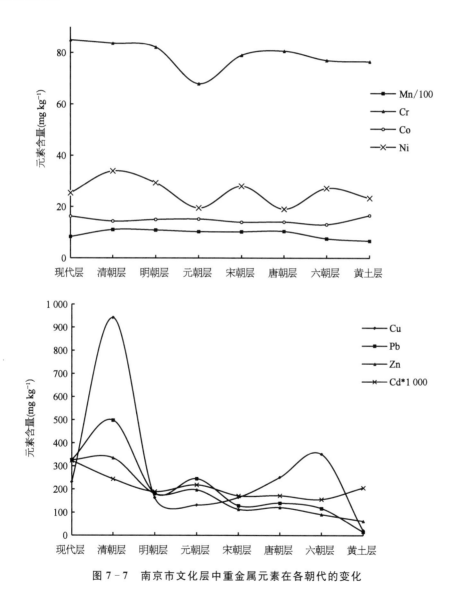

图7-7　南京市文化层中重金属元素在各朝代的变化

明清时期南京有些区域文化层土壤重金属含量非常高,如秦淮河流域的金沙井剖面Y131,在清朝中晚期和明朝早中期重金属元素含量相比南京市背景值和其他历史时期大大增加。这是因为清朝中晚期社会、政治动荡导致了当时军事制造手工业的发达,大规模的作坊式生产兵器,再加上工艺上落后,造成了对环境的污染。而明朝早中期整个社会、政治的稳定,工业发达、经济商贸繁荣,据史料记载,南京是郑和宝船队(或其中之一部分)的起始点,永乐三年(公元 1405 年)7 月,明成祖朱棣为加强对西洋各国的交流与联系,派航海家郑和 7 次跋涉远航,与 40 多个国家交往。郑和七下西洋的宝船有能载千人以上 9 帆、12 桅的宝船、运马匹的马船、装食品和粮油的粮船,还有坐船、战船和存淡水的水船等共计 200 多艘,这些船大多由南京中保村龙江宝船厂制造。当郑和七下西洋回国的船队浩浩荡荡驶入三叉河时(外秦淮河连接长江段),他们主要在南京宝船厂修理和改造船只。此外,船队带来了各国的大量商贸物资,对该区域的经贸和交通也产生了影响。因此,明朝早中期社会、政治的稳定,导致了工业的相对发达,内秦淮河流域由于造船业的繁荣带动了其他工业的发展。另外,内秦淮河流域在当时是个商贾云集的地方,商贸的发达导致了人类活动的频繁,再加上工业的发达,对环境产生的影响不言而喻。

重金属元素(Cu、Pb 和 Zn)异常增高的另一层位是六朝时期(图 7-7),这正是历史上南京(建业、秣陵和建康)早期较发达时期。这个时期从东吴、东晋到南朝的宋、齐、梁、陈(史称六朝),南京六朝古都由此而来。据史料记载,南京早在春秋时期就开始铸造兵器了,东吴时期由于战争的需要铸造业得到了很大的发展。在南朝时期,建康为南方的冶铸中心,此时冶铁技术提高,创造了生熟铁混合冶炼法。东晋时,因冶铸业的迅速发展,造成城市污染,被迫将坐落在市区冶城的冶炼工场迁移。到梁代,冶铁工匠们已经发明了在炼铁高炉中添加陶球以防止炉子的爆炸,可见六朝时期的工业已经非常发达了。同时南朝的建康,商业繁荣,大市百余个,市场名目繁多且专业分工,一些商品有专门的市场。商品有三吴地区的粮食、丝帛、青瓷、纸张,长江中游来的铜铁矿石,海外的香料、珍宝等。到梁武帝时期,建康城内的人口从东晋初的 4 万户增加到 28 万户,人口超过了 100 万。城区的范围西起长江,东到倪塘,南到石子岗(今雨花台),北过蒋山(今紫金山),广达 40 里,成为南北朝时全国最长的一座城市。南京城虽然不能在政治、经济和文化上直接影响北方,但是在政治上它至少是江南地区的中心,在经济上它的发达和繁荣远远超过北方,在文化上它自西晋承接而来的典章制度更能代表汉魏文化上的正统。由此可见,六朝时期的南京在政治上相对稳定、经济上繁荣、工业上发达,是历史时期南京早期的繁荣顶峰。当时的工业发展带来了土壤中重金属的污染。

南北朝时期是中国封建社会最黑暗、最动荡的时期之一,整个社会分裂割据、长期连年战乱纷争,在长达 170 年的南北朝时期,南北战争连绵不断,有上百次之多,几乎与南北朝相始终。冷兵器时期战争的特点必然导致手工业兵器制造业的高速发展,朝代的频繁更迭导致城市的不断毁灭与重建,这些都可能造成城市土壤的污染。

7.4.2　文化层中铅的来源

铅在土壤、大气和水体中循环时会保持其来源的同位素比值(Bollhofer and

Rosman, 2001; Zhu et al., 2001),因此很多研究用铅同位素比值来鉴别城市土壤中的铅污染的来源(Duzgoren-Aydin et al., 2004; Wong and Li, 2004; Zhang et al., 2007)。Y131 剖面是一个非常典型的铅来源解析例子。在整个剖面中,黄土层具有最高的 $^{206}Pb/^{207}Pb$ (>1.19),在文化层中 $^{206}Pb/^{207}Pb$ (<1.18)明显下降(图 7 - 8)。来自其他土壤剖面的黄土层 $^{206}Pb/^{207}Pb$ 一般也高于 1.185,而人为淀积层一般低于 1.18。Y131 剖面及周边 5 个底层黄土的平均 $^{206}Pb/^{207}Pb$ 值是 1.187 6,13 个文化层的平均值是 1.172 2。这表明文化层混合有其他相对低的 $^{206}Pb/^{207}Pb$ 富铅物质。从图 7 - 8 中可以看出,在城市发展历史中,从古至今, $^{206}Pb/^{207}Pb$ 总体上呈现逐渐降低的趋势,而且 $^{206}Pb/^{207}Pb$ 的降低基本与铅含量的升高相对应,这表明有明显的外源铅添加。南京从六朝开始纺织业就已经非常发达了,到清朝纺织业发展到了鼎盛时期,清政府特设江宁织造署来管理纺织业。在古代,铅应用最广泛的领域是染料,常用的染料有作为白色染料的白铅(碱式碳酸铅)、红色染料铅丹(Pb_3O_4)、黄色染料铅黄(PbO)、防锈染料铅酸钙(Ca_2PbO_4)等,南京享誉全球的漂亮云锦就是用这些颜料上色的。另外,从六朝开始南京的瓷器制造也很发达,烧瓷手工业过程中给瓷器上釉时,也会用到各种颜色的颜料铅。可见,历史上南京手工业、工业的发达,特别是冶炼业、纺织业和烧瓷业的发达,造成了南京市文化层中铅污染的主要来源。

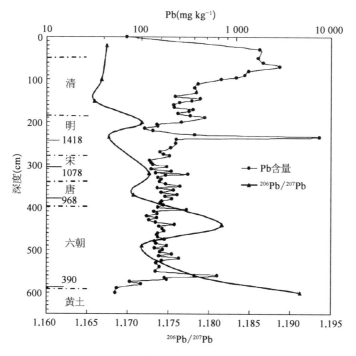

图 7 - 8　Y131 剖面文化层中的铅含量和 $^{206}Pb/^{207}Pb$ (Zhang et al., 2007)

将文献中的铅同位素数据(Chen et al., 1980;陈毓蔚和朱炳泉,1984; Mukai et al., 2001)汇总后发现,来自中国北方的铅矿具有高的 $^{208}Pb/^{206}Pb$ 和低的 $^{206}Pb/^{207}Pb$,而中国

南方的铅矿恰好与之相反(图 7-9)。南京市历史文化层中$^{206}Pb/^{207}Pb$值为 1.15～1.20,完全在中国南方铅矿的 Pb 同位素比值范围内,与南京市附近的江浙皖赣地区铅矿的 Pb 同位素比值更相近。这说明南京城市土壤的铅或多或少地被周边区域的铅污染了。南京附近有一个大的铅、锌和铜矿,这里的$^{206}Pb/^{207}Pb$值是 1.17。因此,文化层中的铅,尤其是明朝以前的铅主要来自南京附近,实际上也是来自中国南方铅矿。因为南京市各历史时期的手工业、工业用铅基本是就地取材,在靠近南京附近的地方开采。然而,明代以后文化层中的$^{206}Pb/^{207}Pb$低于 1.170(图 7-8)。中国北方具有低$^{206}Pb/^{207}Pb$的铅矿可能被运移到这里。明代以后,当需求超过区域供应的时候,科技的发展使得大量原材料的运输成为可能。煤炭燃烧对大气铅同位素比率有一定的影响,中国飞灰中的$^{206}Pb/^{207}Pb$值为 1.14～1.18(Bollhofer and Rosman, 2001)。因此,文化层中低的$^{206}Pb/^{207}Pb$值部分是由于历史时期煤炭应用所带来的。另一个可能则是汽油的使用(Monna et al., 1997)。然而,工业汽油在中国的使用时间不到 100 年,这对于古文化层中铅同位素的影响可以忽略。文化层中最低的$^{206}Pb/^{207}Pb$值出现在清代早期到中期与之相吻合(图 7-8),此时的现代交通运输系统并没有发展起来。虽然城市的表层土壤通常被来自汽油燃烧产生的铅污染(Zhu et al., 2001; Duzgoren-Aydin et al., 2004),但本剖面中文化层的这个铅源可基本排除,因为文化层被埋藏至少 50 cm 深。

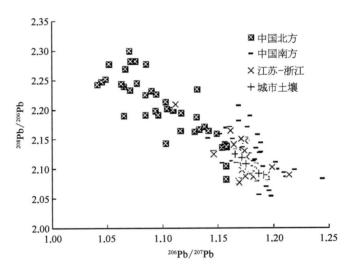

图 7-9 不同源的铅同位素比值(Zhang et al., 2007)

7.4.3 文化层中重金属的区域差异

古代城市的不同功能利用对不同历史时期土层的重金属含量有一定影响,可造成土壤埋藏文化层重金属含量的空间差异性。南京市的政治-文化-生活中心区与商业-工业区文化层中土壤的重金属元素含量具有较大的差异。政治-文化-生活中心区文化层土壤中 Cu、Pb 和 Zn 的平均值分别为 65.5 mg kg^{-1}、74.3 mg kg^{-1} 和 109 mg kg^{-1}；而商业-工业区文化层土壤中 Cu、Pb 和 Zn 的平均值分别为 476 mg kg^{-1}、264 mg kg^{-1} 和 195 mg kg^{-1}。商业-工业区文化层中土壤重金属元素 Cu、Pb 和 Zn 含量是政治-文化-生活中心区的 7.3 倍、3.5 倍和 1.8 倍。把这 2 种不同功能利用区同一时期相应文化层中的重金属元素加以对比后发现其差别更加明显(表 7-4)。如商业-工业区土壤的现代层和清朝层中 Cd 含量是政治-文化-生活中心区土壤相应文化层的 2 倍左右，商业-工业区土壤的清朝层和六朝层中 Cu 含量是政治-文化-生活中心区土壤相应文化层的 16.5 倍和 8.9 倍。

各个历史时期文化层中的 Mn、Cr、Co 和 Ni 在政治-文化-生活中心区和商业-工业区中的含量相差不大，仅 Mn 在某些文化层中有组间差异，而且在 2 个功能区各文化层内，这 4 个元素的含量与黄土层中也较接近(图 7-7)。说明 Mn、Cr、Co 和 Ni 在空间上变化不大，这可能是由于这些元素在文化层中主要受土壤自然背景控制，外源输入影响小，而 Mn 也许在个别文化层中有少量的外源输入。

城市土壤文化层中重金属的空间分布规律受到不同时代居民活动的影响。南京市历史上的政治-文化-生活中心区位于明故宫—长江路总统府旁—大行宫城东一带地区；历史上的商业-工业区位于城南、城西的靠近内秦淮河的中华门城堡—三山街—中山南路—朝天宫一带，这两个区域在各个朝代时期人类活动的方式大不相同。明故宫—长江路总统府旁—大行宫城东一带地区主要是历史上不同朝代的皇宫所在地，主要是进行政治文化活动和富人的生活区。位于这一带的 Y1 和 Y15 剖面文化层中 Cu、Pb 和 Zn 积累层位主要有靠近地表(0~30 cm) 的近现代层、清朝层(30~80 cm) 和明朝层(80~120 cm)。另外，Cu 含量在六朝层(190~220 cm) 也有明升高现象，但比商业-工业区低得多(表 7-4)。城南和城西靠近内秦淮河流域历史上一直是作坊林立的工业区、商贾云集的商业区和市井嘈杂的普通大众生活区。据史料记载，公元前 495 年(东周敬王二十五年)吴王夫差在今南京市朝天宫后山设立冶城，铸造兵器。从春秋末年到东晋初年，冶城一直是冶炼铜铁、制造兵器的地方，冶炼历时 800 多年。三国孙吴定都建业后，在此设立了制造弓的弓匠坊和制造箭的箭匠坊，是当时重要的工业区。商业区常与工业区相近，因为在枪炮出现以前，弓箭是部队作战的常规武器，也是重要的狩猎工具，所以它的需求量很大，为了便于生产和销售，都集中在一个地区。由于古代的冶炼技术不高，没有环境保护的观念，由此产生的重金属污染有相当一部分会进入土壤，成为历史活动的记载者。历史悠久的南京城在不同的历史时期，不同区域的功能利用具有比现代社会更强烈的差异，由此产生了重金属元素记录的空间差异。

总结来看，城市土壤文化层剖面的黑碳含量、BC/OC 值以及重金属 Cu、Pb 和 Zn 含量出现异常高的层次都与城市历史变迁和环境演变息息相关。这些指标和含量的异常在一定程度上可以用来指示土壤受人为活动的影响强度并反映土壤的污染程度。

参考文献

陈毓蔚,朱炳泉. 1984. 矿石铅同位素组成特征与中国大陆地壳的演化. 中国科学 B 辑,14(3):269-277.

卢瑛. 2000. 城市土壤的特性及其环境效应——以南京市为例. 中国科学院南京土壤研究所博士论文.

夏鼐. 1986. 中国大百科全书·考古卷,中国大百科全书出版社.

杨凤根,张甘霖,龚子同,等. 2004. 南京市历史文化层中土壤重金属元素的分布规律初探. 第四纪研究, 24(2):203-212.

中国环境监测总站. 1990. 中国土壤元素背景值. 北京:中国环境科学出版社,1-381.

中国科学院土壤背景值协作组. 1979. 北京、南京地区土壤中若干元素的自然背景值. 土壤学报,16(4): 319-328.

Alexandrovskaya E I, Alexandrovskiy A L. 2000. History of the cultural layer in Moscow and accumulation of anthropogenic substances in it. Catena, 41: 249-259.

Beyer L, Kahle P, Kretschmer H, et al. 2001. Soil organic matter composition of man-impacted urban sites in North Germany. Journal of Plant Nutrition and Soil Science, 164(4): 359-364.

Bollhofer A, Rosman K J R. 2001. Isotopic source signatures for atmospheric lead: the Northern Hemisphere. Geochimica et Cosmochimica Acta, 65(11): 1727-1740.

Borchard N, Ladd B, Eschemann S, et al. 2014. Black carbon and soil properties at historical charcoal production sites in Germany. Geoderma, 232: 236-242.

Chen Y W, Mao C X, Zhu B Q. 1980. Lead isotopic composition and genesis of phanerozoic metal deposits in China. Geochemistry, 9(3): 215-229.

De Miguel E, de Grado M J, Llamas J F, et al. 1998. The overlooked contribution of compost application to the trace element load in the urban soil of Madrid (Spain). Science of the Total Environment, 215(1-2): 113-122.

Dickens A F, Gelinas Y, Hedges J I. 2004. Physical separation of combustion and rock sources of graphitic black carbon in sediments. Marine Chemistry, 92: 215-223.

Dolgikh A V, Alexandrovskiy A L. 2010. Soils and cultural layers in Velikii Novgorod. Eurasian Soil Science, 43(5): 477-487.

Duzgoren-Aydin N S, Li X D, Wong S C. 2004. Lead contamination and isotope signatures in the urban environment of Hong Kong. Environment International, 30: 209-217.

Engovatova A, Golyeva A. 2012. Anthropogenic soils in Yaroslavl (Central Russia): history, development, and landscape re construction. Quatemary International, 54-62.

Gibson M J, Farmer J G. 1986. Multistep sequential chemical extraction of heavy metals from urban soils. Environmental Pollution Series B, Chemical and Physical, 11: 117-135.

Golyeva A, Zazovskaia E, Turova I. 2014. Properties of ancient deeply transformed man-made soils (cultural layers) and their advances to classification by the example of Early Iron Age sites in Moscow Region. Catena, 54: 605-610.

Heymann K, Lehmann J, Solomon D, et al. 2014. Can functional group composition of alkaline isolates from black carbon-rich soils be identified on a sub-100 nm scale. Geoderma, 235: 163-169.

Imperato M, Adamo P, Naimo D, et al. 2003. Spatial distribution of heavy metals in urban soils of

Naples city (Italy). Environmental Pollution, 124(2): 247 – 256.

Li X D, Poon C N, Liu P S. 2001. Heavy metal contamination of urban soils and street dusts in Hong Kong. Applied Geochemistry, 16(11 – 12): 1361 – 1368.

Liu S, Xia X, Zhai Y, et al. 2011. Black carbon (BC) in urban and surrounding rural soils of Beijing, China: spatial distribution and relationship with polycyclic aromatic hydrocarbons (PAHs). Chemosphere, 82: 223 – 228.

Lorenz K, Kandeler E. 2005. Biochemical characterization of urban soil profiles from Stuttgart, Germany. Soil Biology and Biochemistry, 37: 1373 – 1385.

Manta D S, Angelone M, Bellanca A, et al. 2002. Heavy metals in urban soils: a case study from the city of Palermo (Sicily), Italy. Science of the Total Environment, 300(1 – 3): 229 – 243.

Mazurek R, Kowalska J, Gąsiorek M, et al. 2016. Micromorphological and physico-chemical analyses of cultural layers in the urban soil of a medieval city — A case study from Krakow, Poland. Catena, 141: 73 – 84.

Monna F, Lancelot J, Croudace I W, et al. 1997. Pb isotopic composition of airborne particulate material from France and the Southern United Kingdom: implications for Pb pollution sources in urban areas. Environmental Science and Technology, 31(8): 2277 – 2286.

Mukai H, Tanaka A, Fujii T, et al. 2001. Regional characteristics of sulfur and lead isotope ratios in the atmosphere at several Chinese urban sites. Environmental Science and Technology, 35(6): 1064 – 1071.

Ohlson M, Dahlberg B, Økland T, et al. 2009. The charcoal carbon pool in boreal forest soils. Nature Geoscience, 2: 692 – 695.

Paterson E, Sanka M, Clark L. 1996. Urban soils as pollutant sinks — A case study from Aberdeen, Scotland. Applied Geochemistry, 11(1 – 2): 129 – 131.

Rodionov A, Amelung W, Peinemann N, et al. 2010. Black carbon in grassland ecosystems of the world. Global Biogeochemical Cycles, 24(3): GB3013.

Sándor G, Szabó G. 2014. Influence of human activities on the soils of Debrecen, Hungary. Soil Science Annual, 65(1): 2 – 9.

Schleuss U, Wu Q, Blume H P. 1998. Variability of soils in urban and periurban areas in Northern Germany. Catena, 33: 255 – 270.

Sutherland R A, Tack F M G. 2000. Metal phase associations in soils from an urban watershed, Honolulu, Hawaii. Science of the Total Environment, 256(2 – 3): 103 – 113.

Thornton I. 1991. Metal contamination of soils in urban areas. In: Bullock P and Gregory P, eds. Soils in the urban environment. Oxford, Great Britain: Blackwell Scientific Publications, 47 – 75.

Wilcke W, Muller S, Kanchanakool N, et al. 1998. Urban soil contamination in Bangkok: heavy metal and aluminium partitioning in topsoils. Geoderma, 86(3 – 4): 211 – 228.

Wong S C, Li X D. 2004. Pb contamination and isotopic composition of urban soils in Hong Kong. Science of the Total Environment, 319(1 – 3): 185 – 195.

Zhang G L, Burghardt W, Lu Y, et al. 2001. Phosphorus-enriched soils of urban and suburban Nanjing and their effect on groundwater phosphorus. Journal of Plant Nutrition and Soils Science, 164(3): 295 – 301.

Zhang G L, Yang F G, Zhao W J, et al. 2007. Historical change of soil Pb content and Pb isotope signatures of the cultural layers in urban Nanjing. Catena, 69: 51 – 56.

Zhu B Q, Chen Y W, Peng J H. 2001. Lead isotope geochemistry of the urban environment in the Pearl River Delta. Applied Geochemistry, 16(4): 409 – 417.

第 *8* 章
城市土壤时空变异与表征

随着社会生产力的发展和进步,社会产业结构也随之发生了明显的调整,由以农业(第一产业)为主的传统乡村型社会向以工业(第二产业)及服务业(第三产业)等非农产业为主的现代城市型社会转变。城市土壤作为城市建设、发展和扩张过程中人造建筑物和自然实体的重要载体,其功能作用也随之发生重要变化。城市土壤的服务对象由服务于自然生态和农业生产转变为服务于人类生活和社会文化,其功能由提供食物的生产功能和维持物质循环的生态功能,逐渐转变为净化污染和保护环境的环保功能、提供建筑物原材料的工程功能,以及满足人类生存和文化传承的社会文化功能。在城市土壤功能和社会性质发生改变的过程中,土壤属性和结构也随之发生重要变化,不仅受原始自然环境中成土因素的影响,还会受到城市化过程中人类活动和社会进化的影响,城市土壤的时空变异规律也会因不同城市的历史、文化和经济而不同。同时,相对于自然生态景观的连片性和均一性,城市景观破碎化的特征更为突出,这使城市土壤属性表现出很强的时空异质性和不稳定性。在城市化快速发展的今天,城市土壤功能和性质在人们的意识里发生着根本性的改变。为此,在认识土壤社会功能和社会属性的同时,快速准确地获取有效的土壤属性信息及其时空分布规律具有重要价值,可为监测评估城市土壤生态系统健康状况,服务于城市土壤有效利用和合理管理,维护城市环境健康绿色和谐发展提供支撑。本章内容将以南京市为例,从不同城市化时间、城-郊-农空间序列、城市土壤属性的空间变异制图等几个角度阐述城市土壤时空变异与表征。

8.1 城市扩张及土壤演变

8.1.1 城市扩张模型

在城市不断扩张发展的过程中,城市土地职能、社会资源和经济形态会发生显著的变化,进而影响土壤中物质的再分配和再循环。因此,从城市扩张角度来探讨土壤空间分布特征,有助于快速准确地把握城市土壤时空分异规律。本章节以南京历史演变进程为研究对象,探讨城市扩张过程中城区形态特征、城市景观格局、土地利用类型和社会生产活动的变化,并采用以空间代替时间的研究思路,进一步分析不同时期土壤属性时空异质性的变化,归纳并总结城市扩张与土壤属性时空变异规律之间的协同关系。

937年,南唐迁都南京,建制改称江宁府,并留下了首府地图(图8-1)。虽然这张1 000多年前的地图比例有失准确,难以获得准确的地理位置信息,但仍然可以根据地名及相关信息推断其内城范围在西南方向以秦淮河为限,西北至清凉山石头城一带,东至今天的龙蟠中路南段玄武湖连通秦淮河的古河道,面积10余 km²。夫子庙是这一范围的中心地带,属于典型的老南京城区。明代修建的城墙基本上定义了后来600年直至民国时期的南京主城区范围。明代时期,南京城区西、南仍以秦淮河为界,东向扩大到今天的明故宫一带,北线扩张到珠江路一线。明朝后期的南京城区主要集中在明城墙范围内的南半部分,但在相当长的一段时间内,城墙内依然保留有较大面积的粮田和菜地。民国时期,根据1928年南京市工务局的城区道路地图(图8-2),主城区在西北方向沿今天的中山北路一线直至江边下关码头,扩展至今天的台城一带,其他区域基本没有跨越明城墙范围。民国末期,城区除南面少部分区越过城墙扩展、码头一带发展较快外,主要体现在原有城区的密集化,城墙内西北部分依然保留有大面积的成片水田。

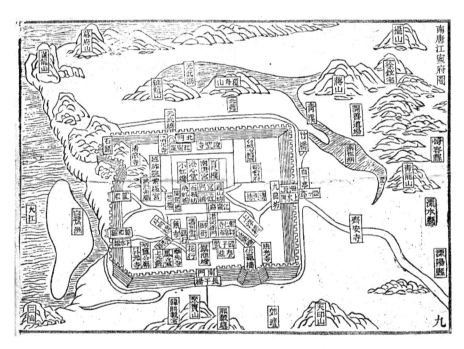

图8-1 南唐江宁府地图(约公元937年)

选择1949年的南京市航片,1984年、1995年和2003年的Landsat TM多光谱遥感影像以及1:5万标准地形图为基础数据资料,通过解译南京市1949年、1984年、1995年和2003年4个时段的航摄或卫片影像(图8-3),研究主城区空间形态及土地利用类型历史演变过程。结果表明,1949年南京市主城建成区面积为38.5 km²(表8-1),城墙范围内玄武湖以南区域已经完全成为建成区,西北方向至下关码头区域建成区趋于连片

图 8 - 2　1928 年南京城道路简图

分布,城墙外围有零星的建成区斑块。1984 年主城建成区面积达 123.1 km²,扩张至 1949 年的 3 倍以上,年均扩张面积为 2.4 km²(表 8 - 1)。这主要是由于长江航运以及南京长江大桥的建成提供了交通便利,尤以西北和北向发展迅速。至 1995 年,实际建成区面积达 162.8 km²,年均扩张面积为 3.6 km²(表 8 - 1),城市化过程趋势加快。该时段建成区扩张主要分布在秦淮河以西和紫金山以北地带。至 2003 年,建成区面积达 198.5 km²,年均扩张面积为 4.5 km²(表 8 - 1),城市化过程在扩张速度和面积上得到了飞速发展。由于这个阶段主城区范围内可以转为建设用地的土地资源已经非常有限,因此,空间扩张主要表现在河西地区和宁南地区,以及其他区域零星闲置土地的建设过程。至此,在主城区范围内 258 km² 的土地上,除了自然保护地和水域外,耕地主要集中在外秦淮北岸和西善桥一带,留存量已经非常有限。

南京城市在扩张的过程中遵循已有的城市普遍扩张趋势,主要以城市为中心,逐渐向外围扩展,主城区以建筑用地为主要的土地利用方式,在主城区到郊区的过渡阶段以工业企业用地为主,郊区则作为城市蔬菜供应的主要基地,最外围分布的是以种植粮食作物为主的农田。Zhao 等(2007)建立了城市扩张的概念模型(图 8 - 4)。城市扩张逐步

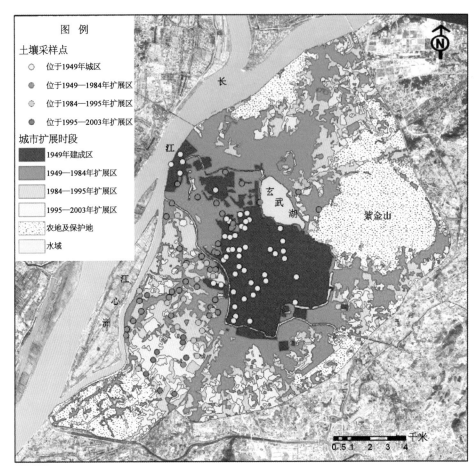

图 8 - 3 南京主城区 4 个时段的建成范围和土壤采样点坐落位置

表 8 - 1 1949—2003 年南京主城建成区扩张面积

时期 （年）	起始面积 （km²）	末期面积 （km²）	扩张面积 （km²）	年均扩张面积 （km²）
1949—1984	38.5	123.1	84.6	2.4
1984—1995	123.1	162.8	39.7	3.6
1995—2003	162.8	198.5	35.7	4.5

注：数据不包含景观保护地和水域面积；年均扩张面积＝(末期面积－初期面积)/(末期年－初期年)。

侵占郊区菜地，并随之产生了更大的蔬菜需求，导致菜地外延，侵占远郊农田。郊区蔬菜基地属于很特殊的农业用地方式，高投入、高产出，化肥和农药施用量大，同时还接纳了城郊工业活动所产生的废气沉降、污水灌溉、城市生活垃圾等，因此造成菜地土壤中某些

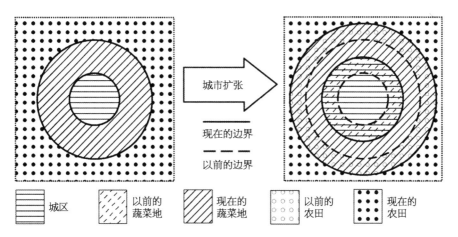

图 8 - 4　城市扩张及土地利用演变概念模型(Zhao et al., 2007)

元素和污染物的含量异常。这些物质随着城市的不断扩张,逐步进入城区范围。由于土地利用方式的根本改变,其赋存方式也发生改变,并对城市生态系统造成影响。城市化后,有关这些物质的迁移及其对其他生态环境要素的影响仍需要深入的研究。

按照空间分布模式,由城市中心向外按照样带的方法可将城市及其周边土壤划分为城市土壤、郊区菜地土壤和远郊农业土壤 3 类,通过对比城市化发展的过程中土地利用方式的演变过程,进一步分析土壤属性的时空演变规律。以南京市为例,郊区菜地和农区的界线非常容易划分,基本以外秦淮河为界,外侧以水田为主,内侧全部为蔬菜地。而城区和郊区的界线则较为模糊,郊区的定义本身具有争议性,难以界定严格的城区和郊区界线。根据 2003 年遥感资料解译获得的南京市建成区范围,排除不连片分布的郊区建设用地,提取到主城区界线。界线以内的土壤样点代表城区类型,界线以外到外秦淮河以内的样点代表郊区样点,为排除干扰,把落在郊区居民点和建设用地上的样点排除,只选用菜地类型。农区则只选择粮食作物类型,因为南京周边的农区类型主要是水田。如此得到代表城区、郊区和农区典型利用方式的 3 组土壤样点。这样的城郊界限区分方法可以更好地研究城区、郊区和农区典型利用方式下的土壤空间演变规律。

8.1.2　土壤属性的时间演变

1. 颗粒组成

分析南京市 1949 年前、1949—1984 年、1984—1995 年、1995—2003 年 4 个时期建成区内土壤样点颗粒组成(砂粒、粉粒、黏粒和粒径＞2 mm 的粗骨物质),结果显示土壤样点的颗粒组成与建成区的发展历史呈现出明显的相关性。随着南京市城市化时间的增加,土壤中粉粒和黏粒的含量呈现明显下降趋势,而砂粒和粗骨物质的含量则逐渐提高(图 8 - 5)。同时,拥有 50 年以上建成区发展历史的城市表层土壤砂粒含量是 10 年以下城市区域(1995—2003 年扩展区域)的 2.2 倍,亚表层是 1.7 倍。砂粒、粉粒、黏粒和粒径>2 mm 的粗骨物质含量在不同时间段的表层和亚表层之间差异很小,2 个层次随着城市化历史的延长,表现出相同的渐变规律。

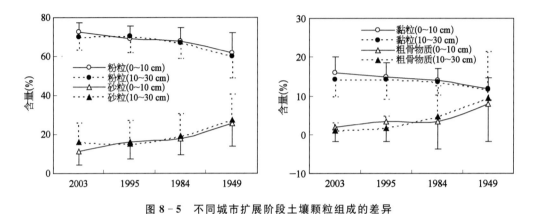

图 8-5 不同城市扩展阶段土壤颗粒组成的差异

(图中横轴的年份指特定区域建成时期)

统计意义上的土壤颗粒组成显著差别主要体现在 1949 年前建成区和其他 3 个时段的建成区之间,如高的砂粒和粗骨物质含量、低的黏粒和粉粒含量,而 1949—2003 年扩展的城市区域土壤的颗粒组成基本没有显著差异(表 8-2)。配对 T 检验结果表明,表层和亚表层之间的差异在 4 个时间段上基本都不显著,只有 1949 年前的老城区土壤的亚表层粗骨物质含量显著高于表层(表 8-2)。

表 8-2 不同城市扩展阶段、不同层次土壤颗粒组成均值比较

扩展年代	1949 年之前 N=50~56		1949—1984 年 N=42~45		1984—1995 年 N=16~17		1995—2003 年 N=8~9	
层次	0~ 10 cm	10~ 30 cm	0~ 10 cm	10~ 30 cm	0~ 10 cm	10~ 30 cm	0~ 10 cm	10~ 30 cm
砾石%	8.0A	9.55a	3.4B	4.6ab	3.4B	1.7b	1.9B	1.1b
P (T-test)	0.041		0.261		0.448		0.279	
砂粒%	25.6A	27.6a	18.0B	19.3b	15.9B	15.3b	11.4B	15.9b
P (T-test)	0.403		0.145		0.643		0.093	
粉粒%	61.8B	60.2b	68.0A	67.1a	69.3A	70.51a	72.6A	70.0a
P (T-test)	0.402		0.193		0.946		0.154	
黏粒%	11.8B	11.5b	14.0A	13.55a	14.8A	14.26ab	16.0AB	14.2ab
P (T-test)	0.444		0.223		0.165		0.054	

注: 表中字母是对四个时间段之间某土壤性质95%差异显著性水平的方差分析结果,大写字母代表表层,小写字母代表亚表层;P(T-test)是对各时间阶段内表层和亚表层含量差异的配对 T 检验系数。

很显然,城市土壤颗粒组成的变化不是自然土壤发展过程的结果,主要是受人为活动的影响。在城市化过程中,随着建筑材料和废弃物持续进入土壤,建成区发展时间越长,土壤中的砂粒和粗骨物质含量趋向提高。但由于城市土壤高度的空间变异性,土壤样点之间存在较强的差异性,统计结果难以达到统计显著性水平,这也进一步反映了城市土壤颗粒物组成的强空间异质性和不确定性。

2. 酸碱度和 $CaCO_3$

南京市不同时期土壤酸碱度和 $CaCO_3$ 的分布具有一定的特点。建成区土壤 pH 在 1995—2003 年与 1984—1995 年之间非常接近,随着城市化发展时间增长,表层和亚表层土壤 pH 呈现出明显的升高趋势(图 8-6)。与 10 年以内新建城区相比,1949 年老城区表层土壤 pH 平均值高 0.3 个单位,亚表层高 0.35 个单位(表 8-3),这说明城市化使土壤 pH 由中性朝着弱碱性发展。表层土壤 $CaCO_3$ 含量则表现出了较大的不确定性,随着城市化时间的增长,其均值整体表现出上升趋势,但波动明显,而亚表层土壤的 $CaCO_3$ 含量均值呈现稳定的提高趋势,1949 年前 50 年以上建成的历史区域土壤中 $CaCO_3$ 含量是 10 年以内新建城区(1995—2003 年)的 2.4 倍。

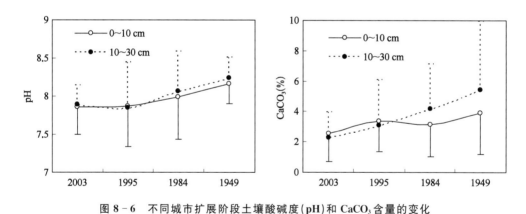

图 8-6　不同城市扩展阶段土壤酸碱度(pH)和 $CaCO_3$ 含量的变化

对土壤 pH 进行方差分析,结果显示不同时期建成区土壤 pH 没有统计学意义上的显著差别,但 1949 年建成区亚表层土壤中的 $CaCO_3$ 含量显著高于 1995—2003 年建成区(表 8-3)。2 个较长建成时间的城区亚表层土壤 pH 极显著高于表层,$CaCO_3$ 含量也具有同样规律,这可能缘于老城区较为稳定的建筑结构。$CaCO_3$ 主要来源于建筑材料,相对于新城区,较老的城区范围内大规模的基建工作已经完成,客土覆盖后植被稳定,在南京市所处的亚热带气候较强降雨下,表层土壤 $CaCO_3$ 有淋溶过程。

3. 有机碳和全氮

土壤有机碳在 4 个时段建成区之间呈现出 U 型变化规律,平均值在 1949 年老城区表现出最高,在 1984—1995 年较低,1995—2003 年又出现上升的趋势(图 8-7 和表 8-4)。全氮随着建成区时间的增加,含量平均值变化不大(图 8-7)。有机碳和全氮在 4 个时期

表 8-3　不同城市扩展阶段、不同层次土壤酸碱度和 CaCO₃ 均值比较

扩展年代	1949 年之前 N=50~56		1949—1984 年 N=42~45		1984—1995 年 N=16~17		1995—2003 年 N=8~9	
层次	0~ 10 cm	10~ 30 cm	0~ 10 cm	10~ 30 cm	0~ 10 cm	10~ 30 cm	0~ 10 cm	10~ 30 cm
pH	8.16A	8.24a	7.99A	8.06a	7.87A	7.85a	7.86A	7.89a
P (T-test)	0.007		0.003		0.396		0.279	
CaCO₃ %	3.92A	5.43a	3.14A	4.2ab	3.36A	3.12ab	2.54A	2.26b
P (T-test)	0.001		0.011		0.254		0.983	

注：表中字母是对四个时间段之间某土壤性质 95% 差异显著性水平的方差分析结果,大写字母代表表层,小写字母代表亚表层;P(T-test)是对各时间阶段内表层和亚表层含量差异的配对 T 检验系数。

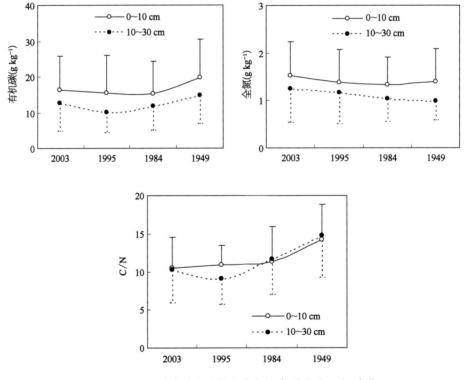

图 8-7　不同城市扩展阶段土壤有机碳、全氮和 C/N 变化

的表层含量都显著高于亚表层,C/N 比值表现出随建成区时间增加而提高的趋势(图 8-7 和表 8-4)。这主要是由于在城市化发展过程中,土壤中有机物物质的输入强度和累积速率大于氮。这一方面可能是由于碳氮比大的有机物分解矿化较困难或速度很慢;另一方面可能是在城市环境下,主要以高碳氮比有机物质进入土壤,如生活垃圾的碳氮比约为 50：1,而未烧尽的煤炭、燃油等也属于高碳氮比材料。

表 8 - 4　不同城市扩展阶段、不同层次土壤有机碳、全氮和 C/N 比较

扩展年代	1949 年之前 N=50～56		1949—1984 年 N=42～45		1984—1995 年 N=16～17		1995—2003 年 N=8～9	
层次	0～ 10 cm	10～ 30 cm	0～ 10 cm	10～ 30 cm	0～ 10 cm	10～ 30 cm	0～ 10 cm	10～ 30 cm
有机碳 g kg⁻¹	19.7A	14.77a	15.4A	11.77a	15.6A	10.07a	16.4A	12.7a
P (T-test)	0.000		0.002		0.003		0.026	
全氮 g kg⁻¹	1.40A	0.99a	1.33A	1.03a	1.38A	1.16a	1.52A	1.25a
P (T-test)	0.000		0.000		0.038		0.017	
C/N	14.1A	14.7a	11.5B	11.7b	10.9B	9.1b	10.5AB	10.2ab
P (T-test)	0.455		0.751		0.023		0.319	

注：表中字母是对四个时间段之间某土壤性质 95% 差异显著性水平的方差分析结果,大写字母代表表层,小写字母代表亚表层;P(T-test)是对各时间阶段内表层和亚表层含量差异的配对 T 检验系数。

4.全磷和有效磷

随着建成区时间的增加,全磷呈现出明显的上升趋势,1949 年老城区表层和亚表层土壤全磷含量显著高于其他扩展时段,有效磷也表现出明显的上升趋势,而磷的活化度则呈现下降趋势(图 8-8)。在统计学意义上进行分析,表层和亚表层土壤中磷的含量和

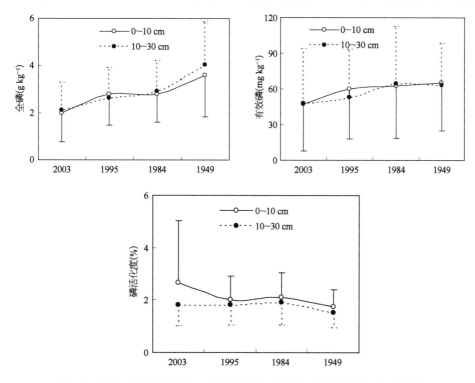

图 8 - 8　不同城市扩展阶段土壤全磷(TP)、有效磷(AP)和磷活化度的变化

活度差异并不显著,但表层土壤磷活化度均值要高于亚表层(表8-5),随着建成历史的增加,2个层次之间磷活化度的配对 T 检验系数逐渐降低,并在 1949 年老城区达到 95%统计显著水平,表层活化度显著高于亚表层。这主要是由于城市化后,土壤中磷素持续富集,建成时间越久,磷的含量越高。城市环境下存在磷的输入过程,而不仅仅是继承了郊区菜地土壤的高磷特性。居民区磷含量最高,表明城市中磷主要来源于生活污水和生活垃圾等。

表 8-5　不同城市扩展阶段、不同层次土壤全磷(TP)、有效磷(AP)和磷活化度比较

扩展年代	1949 年之前 N=50～56		1949—1984 年 N=42～45		1984—1995 年 N=16～17		1995—2003 年 N=8～9	
层次	0～ 10 cm	10～ 30 cm	0～ 10 cm	10～ 30 cm	0～ 10 cm	10～ 30 cm	0～ 10 cm	10～ 30 cm
全磷 g kg⁻¹	3.59A	4.04a	2.78B	2.93b	2.79AB	2.63b	1.98B	2.13b
P (T-test)	0.028		0.787		0.356		0.478	
有效磷 mg kg⁻¹	64.84A	63.11a	62.32A	64.51a	59.77A	52.81a	47.32A	47.97a
P (T-test)	0.667		0.572		0.044		0.851	
磷活化度	1.76A	1.53a	2.12A	1.91a	2.03A	1.83a	2.66A	1.81a
P (T-test)	0.031		0.184		0.196		0.370	

注：表中字母是对四个时间段之间某土壤性质95%差异显著性水平的方差分析结果,大写字母代表表层,小写字母代表亚表层;P(T-test)是对各时间阶段内表层和亚表层含量差异的配对 T 检验系数。

5. 全钾和速效钾

随着建成区时间的增加,土壤中全钾含量呈现出明显的下降趋势,1949 年老城区全钾含量显著低于其他 3 个时段,而速效钾则呈现上升趋势,钾活化度稳步提高(图 8-9)。在 4 个时段中,亚表层土壤的速效钾含量均值显著高于表层土壤,活化度均值也表现出同样的规律(表 8-6)。

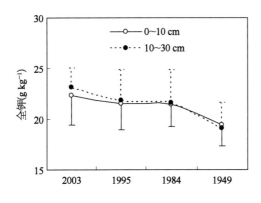
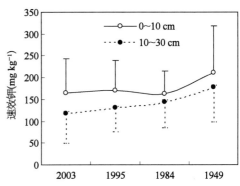

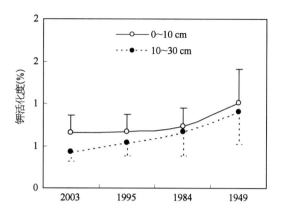

图 8 - 9　不同城市扩展阶段土壤全钾、速效钾和钾活化度变化

表 8 - 6　不同城市扩展阶段、不同层次土壤全钾、速效钾和钾活化度比较

扩展年代	1949 年之前 N=50～56		1949—1984 年 N=42～45		1984—1995 年 N=16～17		1995—2003 年 N=8～9	
层次	0～ 10 cm	10～ 30 cm	0～ 10 cm	10～ 30 cm	0～ 10 cm	10～ 30 cm	0～ 10 cm	10～ 30 cm
全钾($g\ kg^{-1}$)	19.4B	19.2b	21.4A	21.7a	21.5A	21.9a	22.4AB	23.1a
P（T-test）	0.456		0.276		0.976		0.117	
速效钾($mg\ kg^{-1}$)	211A	179a	163B	144a	170AB	130a	165AB	119a
P（T-test）	0.001		0.022		0.010		0.009	
钾活化度	1.01A	0.90a	0.73B	0.66b	0.67B	0.54bc	0.66B	0.43c
P（T-test）	0.038		0.083		0.000		0.036	

注：表中字母是对四个时间段之间某土壤性质 95％差异显著性水平的方差分析结果,大写字母代表表层,小写字母代表亚表层;P(T-test)是对各时间阶段内表层和亚表层含量差异的配对 T 检验系数。

6. 重金属

城市化发展过程中,土壤重金属 Cr、Cu、Zn、Cd 和 Pb 的含量会受到一定影响。随着建成区时间的增加,表层土壤 Cr 含量没有明显规律,而亚表层土壤 Cr 含量呈现降低趋势(图 8 - 10)。土壤 Cr 在深度之间的变异不统一,1949 年老城区表层含量高于亚表层,而其他 3 个时段亚表层高于表层(图 8 - 10 和表 8 - 7)。对于土壤 Cu 和 Pb 来说,在不同城市扩展阶段表现出了极其相似的规律性。随着建成区历史的增加,整体上含量均值呈提高趋势,但两者的表层含量均在 1984—1995 年出现一个异常的峰值;亚表层含量呈现出非常稳定的上升趋势,平均含量随着时间显著提高,变异程度也随之提高(图 8 - 10)。表层和亚表层 Cu 和 Pb 含量都没有显著性差异,但表现出亚表层高于表层的趋势(表 8 - 7)。

　　土壤 Zn 随着建成区时间的增加,其含量的均值呈提高趋势,尤其以亚表层表现出稳定的变化趋势(图 8 - 10)。表层土壤中 1949 年建成区含量显著高于其他 3 个时段,而 3 个时段之间没有显著差异,层次之间也没有显著性差异(表 8 - 7)。土壤 Cd 随着时间变化没有明显规律(图 8 - 10),层次之间趋势相同,表层高于亚表层,并在 1949—1984 年和 1984—1995 年 2 个时段达到了显著水平(表 8 - 7)。以上结果表明,城市土壤表层的重金属元素更多地受到人为活动的影响,部分出现富集趋势。

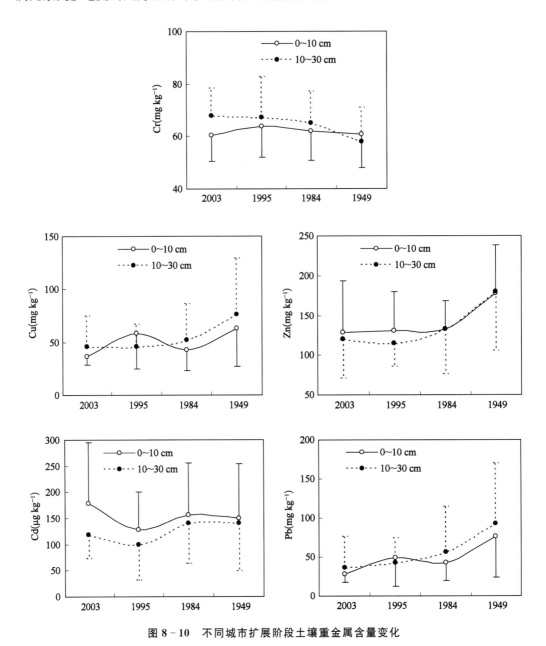

图 8 - 10　不同城市扩展阶段土壤重金属含量变化

表 8 - 7 不同城市扩展阶段、不同层次土壤重金属均值比较

扩展年代	1949 年之前 N＝50～56		1949—1984 年 N＝42～45		1984—1995 年 N＝16～17		1995—2003 年 N＝8～9	
层次	0～ 10 cm	10～ 30 cm	0～ 10 cm	10～ 30 cm	0～ 10 cm	10～ 30 cm	0～ 10 cm	10～ 30 cm
Cr mg kg^{-1}	60.6A	57.8b	61.9A	64.9a	63.8A	67.3ab	60.5A	67.8ab
P (T-test)	0.060		0.042		0.067		0.008	
Cu mg kg^{-1}	62.6A	75.9a	43.0B	52.3b	58.6AB	45.5b	36.5B	46.0ab
P (T-test)	0.054		0.058		0.108		0.318	
Zn mg kg^{-1}	178A	180a	132B	133b	130B	115b	128AB	120b
P (T-test)	0.957		0.618		0.467		0.239	
Cd μg kg^{-1}	150A	141a	157A	139.93a	128A	98.83a	179A	118a
P (T-test)	0.720		0.038		0.001		0.182	
Pb mg kg^{-1}	76.0A	92.25a	42.8B	56.4ab	48.7ABC	42.8b	28.2C	36.0b
P (T-test)	0.175		0.128		0.600		0.501	

注：表中字母是对四个时间段之间某土壤性质 95％差异显著性水平的方差分析结果,大写字母代表表层,小写字母代表亚表层;P(T-test)是对各时间阶段内表层和亚表层含量差异的配对 T 检验系数。

南京市 4 个时期的土壤理化性质统计分析结果表明,在城市化过程中,随着建筑材料和废弃物持续进入土壤,建成区时间越长,土壤中的砂粒和粗骨物质含量趋向提高,并具有趋碱性和复钙特征。有机碳随着城市的发展有增加的趋势,全氮累积速率增加不显著。磷为典型的城市输入元素,建成时间越久,磷的含量越高。虽然随着城市建成时间越长全钾含量越低,但速效钾则呈现上升趋势,这说明城市环境下会提高钾的活化度。Cu、Pb 和 Zn 随着建成区时间的增加,整体上在表层土壤中的含量均值呈上升趋势,而亚表层含量呈现出非常稳定的上升趋势。对于城市输入型且具有一定环境危害的元素,随着城市的发展在土壤中不断累积,当超过土壤的环境容量时,将带来严重的环境问题。如城市土壤的高磷含量带来的地表水和地下水污染,以及土壤中高铅含量带来的城市儿童血铅超标等。因此,在城市土壤中应重点关注磷和铜、锌、铅等重金属元素的污染问题。

8.2 城-郊-农序列土壤性质空间变异

8.2.1 土壤颗粒组成

根据城市功能性,将南京市分为城区、郊区和农区 3 个区域。从城-郊-农样带土壤颗粒组成的变化来看,郊区菜地土壤和农区土壤在颗粒组成上没有显著差异,而城区土壤黏粒和粉粒含量显著低于前两者,砂粒含量显著高于前两者(图 8 - 11)。这说明相对于农区和郊区,城市土壤出现明显的粗骨化现象。

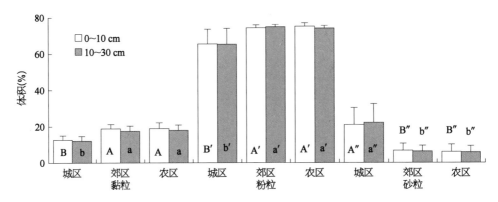

图 8 - 11　城郊农样带土壤颗粒组成变化

注：图中大写字母：表层含量在 95％置信度水平的方差分析分组结果,小写字母：亚表层的方差分析结果。样
　　点数量：城区 110 个,郊区菜地 15 个,农区 10 个。

　　城区土壤表层和亚表层中砂粒含量均值分别为 20.9％和 22.1％,而郊区菜地土壤表层和亚表层中砂粒含量均值为 6.7％和 6.3％,农区土壤表层和亚表层中砂粒含量均值为 6.2％和 6.1％(表 8 - 8),前者达到后两者的 3 倍左右。除了城区表层土壤的黏粒含量显著高于亚表层外,3 个区域表层和亚表层的砂粒、粉粒和黏粒差异不显著。这主要是由于在自然条件下,土壤颗粒组成是相对稳定的,受到母质和成土过程的影响,而土地利用方式等人为活动并不会对土壤颗粒组成造成显著的改变。在城市区域,外源砂砾质材料,如广泛使用的建筑材料进入了城市土壤,同时城市绿化会将粗骨物质埋藏到下层,上覆新鲜土壤,并不断受到来自空气的细颗粒降尘,因此,城市区域土壤颗粒组成发生了较大的变化,并且表层黏粒含量高于亚表层。

表 8 - 8　城郊农样带表层和亚表层土壤颗粒组成均值比较

样带划分	城　　区			郊　　区			农　　区		
层次	0～ 10 cm	10～ 30 cm	两层 差异 P 值*	0～ 10 cm	10～ 30 cm	两层 差异 P 值	0～ 10 cm	10～ 30 cm	两层 差异 P 值
砂粒％	20.9a	22.1a	0.15	6.7a	6.3a	0.17	6.2a	6.1a	0.54
粉粒％	65.5a	65.3a	0.43	74.3a	74.8a	0.13	75.1a	74.6a	0.97
黏粒％	12.7a	12.2b	0.04	18.9a	18.3a	0.13	19.0a	18.5a	0.24

注：* 两层差异 P 值为配对 T 检验结果,不同的字母表示存在差异显著性 P<0.05。

8.2.2　土壤酸碱度和 CaCO₃

　　自城区到农区,pH 呈显著的降低趋势,城区和郊区菜地土壤 pH 均值在 7.5 以上,而农区土壤均值低于 7.0(图 8 - 12a)。由城市到农区,土壤 pH 都表现出表层低于亚表层的规律,且显著性水平逐渐降低(表 8 - 9)。$CaCO_3$ 含量为城区显著高于郊区(图 8 - 12b),这主要是由于农区土壤为酸性,不含有 $CaCO_3$,而城区建筑用的生石灰或熟石灰混入城市土壤与空气反应形成 $CaCO_3$,同时城市建筑等人类活动直接将大量碳酸盐材料引入土壤,此外还可能包括硅酸钙(混凝土)的风化产生碳酸钙,使得土壤复钙。因此,城区的输入强度要显著高于郊区。城区和郊区的表层 $CaCO_3$ 含量均低于亚表层。这是由于南京位于我国江南地区,雨水一般为酸性,而且降雨量较大,会导致表层的 $CaCO_3$ 向下淋溶迁移。因此,土壤中 $CaCO_3$ 含量是酸雨沉降过程、碱性降尘和碱性建筑材料碎屑介入等综合作用的结果。

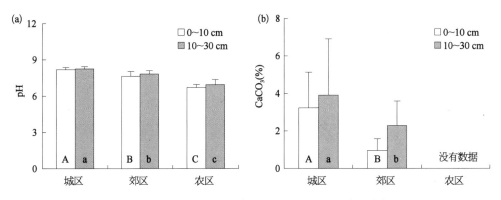

图 8 - 12　城郊农样带土壤 pH(a) 和 $CaCO_3$ (b) 含量变化

注:图中大写字母:表层含量在 95% 置信度水平的方差分析分组结果;小写字母:亚表层的方差分析结果。样点数量:城区 110 个,郊区菜地 15 个,农区 10 个。

表 8 - 9　城郊农样带表层和亚表层土壤 pH 和 $CaCO_3$ 含量均值比较

样带划分	城　　区			郊　　区			农　　区		
层次	0~ 10 cm	10~ 30 cm	两层差异 P 值	0~ 10 cm	10~ 30 cm	两层差异 P 值	0~ 10 cm	10~ 30 cm	两层差异 P 值
pH	8.18a	8.26b	0.00	7.64a	7.80b	0.04	6.71a	6.95a	0.07
$CaCO_3$ %	3.15a	3.80b	0.01	1.03a	2.28a	0.06			

注:两层差异 P 值为配对 T 检验结果,不同的字母表示存在差异显著性 $P<0.05$ 或 $P<0.001$。

8.2.3　土壤养分元素

1. 土壤有机碳和全氮

郊区和城区土壤有机碳和全氮含量均显著高于农区,其平均值为郊区>城区>农区。在城郊农序列的不同土壤深度中,表层和亚表层含量变化趋势相同(图 8 - 13)。表层和亚表层含量差异在3个类型中都达到极显著水平(表8-10),说明表层土壤有机碳和全氮含量显著高于亚表层。

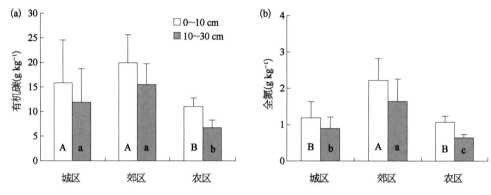

图8-13 城郊农样带土壤有机碳(a)和全氮(b)变化

注:图中大写字母:表层含量在95%置信度水平的方差分析分组结果;小写字母:亚表层的方差分析结果。样点数量:城区110个,郊区菜地15个,农区10个。

表8-10 城郊农样带表层和亚表层土壤一般养分含量均值比较

样带划分	城 区			郊 区			农 区		
层次	0~10 cm	10~30 cm	两层差异 P 值	0~10 cm	10~30 cm	两层差异 P 值	0~10 cm	10~30 cm	两层差异 P 值
有机碳(g kg^{-1})	15.6a	11.7b	0.000	18.9a	15.5b	0.002	10.8a	6.7b	0.003
全氮(g kg^{-1})	1.18a	0.87b	0.000	2.22a	1.64b	0.024	1.05a	0.64b	0.007
有效磷(mg kg^{-1})	50.1a	50.4a	0.874	69.5a	30.4b	0.024	21.1a	20.0a	0.862
全磷(g kg^{-1})	2.80a	3.16b	0.003	3.12a	2.46b	0.003	1.82a	1.91a	0.723
磷活化度(%)	1.86a	1.66b	0.011	2.63a	1.37a	0.074	1.17a	0.99a	0.329
速效钾(mg kg^{-1})	1774a	1474b	0.000	118a	97b	0.035	59a	48a	0.058
全钾(g kg^{-1})	20.1a	20.0a	0.668	24.3a	24.3a	0.986	19.0a	19.0a	0.940
钾活化度(%)	0.91a	0.76b	0.000	0.47a	0.38a	0.053	0.30a	0.27a	0.182

注:两层差异 P 值为配对 T 检验结果,不同的字母表示存在差异显著性 $P<0.05$ 或 $P<0.001$。

2. 土壤全磷、有效磷和磷活化度

城区和郊区土壤中有效磷含量均显著高于农区土壤,城区和郊区之间没有明显差异(图8-14)。郊区表层土壤存在明显的有效磷富集特征,平均值达 69.5 mg kg^{-1},高于城区(50.1 mg kg^{-1})和农区(21.1 mg kg^{-1})(表8-10)。在不同深度上,郊区表层土壤的有效磷含量远远高于亚表层,而在城区和农区的表层和亚表层之间均没有明显的差异(表8-10)。在城郊序列中,土壤全磷与有效磷的含量分布规律基本相似。在不同深度

之间,城区表层含量显著低于亚表层,郊区与之相反,表层含量显著高于亚表层(表 8-10)。从活化度来看,郊区菜地表层土壤磷的活化度最高,城区和郊区土壤磷活化度显著高于农区土壤(图 8-14)。整体而言,表层土壤磷活化度高于亚表层土壤。

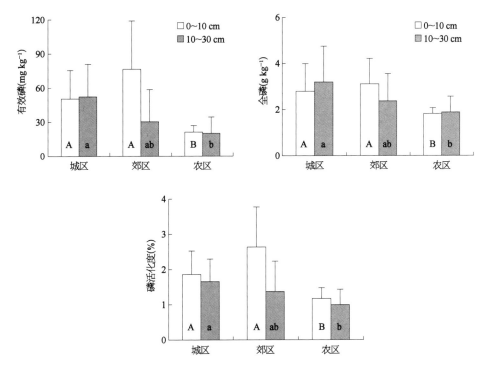

图 8-14　城郊农样带土壤有效磷、全磷和磷活化度变化

注:图中大写字母:表层含量在 95% 置信度水平的方差分析分组结果;小写字母:亚表层的方差分析结果。
　　样点数量:城区 110 个,郊区菜地 15 个,农区 10 个。

郊区菜地土壤会施用大量的磷肥和有机肥,造成磷,尤其是有效磷在表层土壤中大量富集。这些地区被城市化后,其携带的大量磷进入城区。磷在土壤中迁移性弱,即使城市中没有磷的再输入,其在土体中的储量也较为稳定。但城市活动,如强烈的扰动和客土覆盖等影响,会导致磷的层次分布出现较大的变化。与农业土壤相比,磷在剖面中趋向于均匀化,相当于表层被其他土壤所稀释。但在南京市的研究结果表明,城区和郊区 0~30 cm 土壤中磷的平均水平非常接近。这暗示着城区内部依然存在着磷素对表层土壤的输入过程。磷主要来源于生活污水、生活垃圾等,属于城区和郊区复合输入型物质,城市土壤既继承了其前身菜地土壤的高磷含量,在城市化后,又继续接纳着城市生活废弃物带来的磷素,因此会呈现出比较高的含量。

3. 土壤全钾、速效钾和钾活化度

由城区到农区,土壤速效钾含量呈显著下降趋势(图 8-15),城区表层土壤均值为 177 mg kg^{-1},郊区为 117 mg kg^{-1},农区为 59 mg kg^{-1}(表 8-10)。从不同土壤深度上看,土壤

表层速效钾含量显著高于亚表层(表8-10)。全钾含量以郊区最高,城区与农区没有显著性差异(图8-15),在不同土壤深度上,表层和亚表层含量极其接近(表8-10)。钾活化度较低,均小于1%,变化规律和速效钾相同,钾活化度以城区最高,表层高于亚表层(图8-15)。

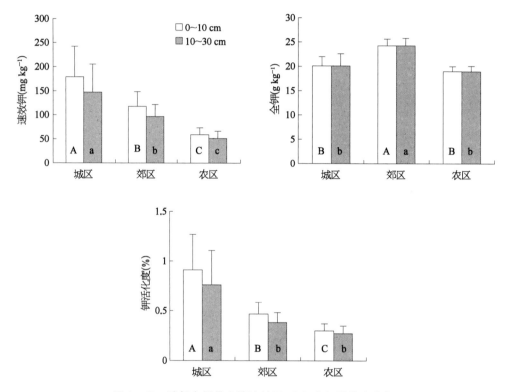

图8-15 城郊农样带土壤速效钾、全钾和钾活化度变化

注:图中大写字母:表层含量在95%置信度水平的方差分析分组结果;小写字母:亚表层的方差分析结果。样点数量:城区110个,郊区菜地15个,农区10个。

城郊农序列中全钾含量差异表明,郊区菜地土壤是钾输入最强的区域。但城区土壤钾的活化度最高,说明城区土壤可能有速效钾的输入。比如,城市洒水车中会添加氯化钾,利用其吸水保湿功能。当然也可能是蔬菜和作物对速效钾的吸收降低了郊区和农区土壤中速效钾的含量。另外,城市化后,土地利用和土壤条件改变,可能提高了钾的活化度。城市土壤的粗骨化、碱化等提高了城区土壤的速效钾含量。

8.2.4 土壤重金属

在城郊农序列中,土壤中Cr平均值表现为郊区>城区>农区(图8-16)。郊区菜地土壤Cr含量显著高于城区和农区,表层和亚表层分别达到76.0 mg kg^{-1}和74.4 mg kg^{-1},超过南京地区背景值平均水平(59 mg kg^{-1}),略低于背景值上限(79 mg kg^{-1})。城区和农区土壤Cr含量没有统计上的显著差别。在3个类别中,表层和亚表层Cr含量均没有显著性差异(表8-11)。

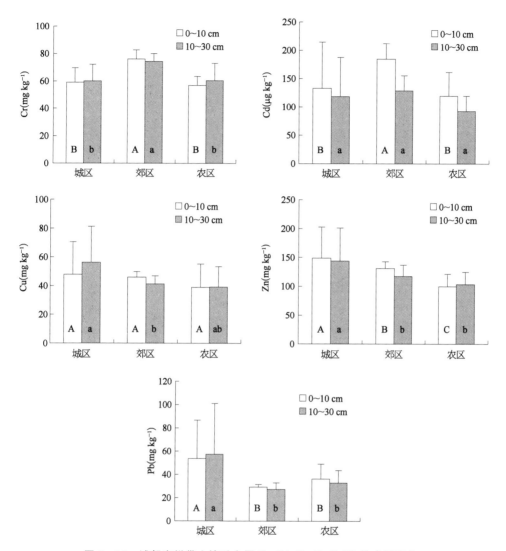

图 8 - 16　城郊农样带土壤重金属 Cr、Cd、Cu、Zn 和 Pb 的含量变化

注：图中大写字母：表层含量在 95％置信度水平的方差分析分组结果；小写字母：亚表层的方差分析结果。样
　　点数量：城区 110 个，郊区菜地 15 个，农区 10 个。

表 8 - 11　城郊农样带表层和亚表层土壤重金属含量均值比较

样带划分	城　　区			郊　　区			农　　区		
层次	0～ 10 cm	10～ 30 cm	两层 差异 P 值	0～ 10 cm	10～ 30 cm	两层 差异 P 值	0～ 10 cm	10～ 30 cm	两层 差异 P 值
Cr(mg kg^{-1})	58.5a	59.3a	0.258	76.0a	74.4a	0.486	56.9a	58.6a	0.799
Cd(μg kg^{-1})	126a	115a	0.104	185a	129b	0.000	111a	93a	0.142

样带划分	城　　区			郊　　区			农　　区		
层次	0～10 cm	10～30 cm	两层差异 P 值	0～10 cm	10～30 cm	两层差异 P 值	0～10 cm	10～30 cm	两层差异 P 值
Cu(mg kg^{-1})	48.3a	52.7b	0.043	46.0a	41.3b	0.004	39.0a	39.2a	0.939
Zn(mg kg^{-1})	145a	140a	0.360	131a	121b	0.046	100a	103a	0.535
Pb(mg kg^{-1})	52.6a	54.7a	0.545	29.1a	26.5a	0.095	36.2a	32.8b	0.013

注:两层差异 P 值为配对 T 检验结果,不同的字母表示存在差异显著性 $P<0.05$ 或 $P<0.01$。

土壤 Cd 的含量变化与 Cr 类似,其平均值为郊区＞城区＞农区(图 8-16)。从统计显著性差异水平来看,只有郊区的表层 Cd 含量高于城区和农区(表 8-11)。郊区土壤表层 Cd 含量显著高于亚表层,表现为表层富集;城区和农区上下层之间没有显著差异(表 8-11)。与背景值相比较后发现,所有区域均值都没有超过背景平均值(190 μg kg^{-1})。

土壤中 Cu 的含量变化表现为城区的微弱富集,其平均值为城区＞郊区＞农区(图 8-16),只有城区和郊区的亚表层之间差异达到 95% 显著性水平(表 8-11)。城区表层和亚表层 Cu 含量分别为 48.3 mg kg^{-1} 和 52.7 mg kg^{-1}(表 8-11),超过背景值上限 45.2 mg kg^{-1};郊区为 46.0 mg kg^{-1} 和 41.3 mg kg^{-1},在背景值上限附近。上下层之间 Cu 含量差异表现为城区表层显著低于亚表层,郊区表层极显著高于亚表层,农区没有显著差异(表 8-11)。可见,城市环境条件下存在 Cu 污染,其平均值已经超过背景值上限,可以认为 Cu 污染输入主要来自城市环境条件。

土壤中 Zn 的含量平均值为城区＞郊区＞农区,并达到显著性差异水平(图 8-16)。城区表层和亚表层 Zn 含量分别为 145 mg kg^{-1} 和 140 mg kg^{-1},超过背景值上限(106 mg kg^{-1});郊区为 131 mg kg^{-1} 和 121 mg kg^{-1},也超过背景值上限;农区在背景值上限附近。城区和农区上下层之间没有显著差异,郊区表层含量显著高于亚表层(表 8-11)。本研究区 Zn 的污染较为严重,城市区域土壤平均含量已经为背景值上限的 1.37 倍,为背景平均值的 1.89 倍。Zn 污染可以认为是由城市环境所主导的,由城区到农区,输入强度逐渐降低,属于典型的城市环境输入元素。

土壤中 Pb 的含量变化表现为城区富集,其平均值为城区＞农区＞郊区(图 8-16)。从统计意义角度,城区土壤含量显著高于郊区和农区,而后两者之间没有显著差异。城区表层和亚表层含量分别达到 52.6 mg kg^{-1} 和 54.7 mg kg^{-1},超过背景值上限(41.1 mg kg^{-1}),郊区和农区均超过背景平均值(24.8 mg kg^{-1})。上下层之间的含量差异表现为城区表层平均值略低于亚表层,郊区表层略高于亚表层,农区表层显著高于亚表层(表 8-11)。可见,城市土壤 Pb 存在明显的污染,Pb 属于典型的城市环境输入元素。

根据南京市城郊农序列的研究结果,5 种重金属元素可以分为 2 类,Cu、Zn 和 Pb 为城市环境主导的污染输入型,土壤已经受到明显的污染。而 Cr 和 Cd 受城市环境影响不明显,表现为郊区含量较高,但与背景值相比较,没有明显的污染迹象。

8.2.5　土壤性质变异的空间解析

为进一步量化城市不同功能区与土壤属性之间的相关性,可通过距离分析的方式进行研究。选择南京市老城区为中心,在 ArcGIS 下进行距离分析,获得各个样点与城市中心的距离,对土壤属性与距城市中心距离之间的关系通过代数式进行拟合。相关系数显示,pH、CaCO$_3$、速效钾、Cu、Zn、Pb 与老城中心距离呈现显著负相关关系,也就是随着距城市中心距离的增加,土壤属性的含量降低。

以不同颜色分别代表了城市—农村的渐变类型,包括老城区、新城区和郊区(菜地、农田)(图 8-17)。从老城区到农田,表层土壤 pH 表现出明显的下降趋势,在城区和农田,pH分布表现出较低的空间变异性,呈现出聚集的特征:城区土壤 pH 集中在 7.5～8.5 之间,农田土壤 pH 小于 7.0(图 8-17)。在新城区、郊区和菜地,土壤 pH 变异较大,小部分土壤pH 小于 7.0,但大部分大于 7.0,而老城区均大于 7.0。这反映了随着距城市中心距离的变化,城市对土壤 pH 表现出较强的影响。新城区和郊区的城市化历史较短,因此仍然有少部分土壤保留了自然和农业土壤的低 pH 特点,但大部分已经被城市化所影响,甚至郊区菜地土壤已经受到城市活动的影响,pH 呈上升趋势。由老城区到农田,表层土壤速效钾含量呈现下降趋势,老城区土壤速效钾含量整体高,而且具有异常高值点(图 8-18)。新城区和郊区土壤速效钾含量明显高于菜地和农田土壤,说明其受城市活动影响较强。

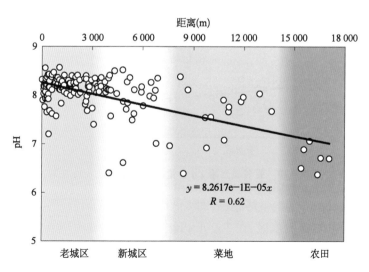

图 8-17　表层土壤 pH 含量与老城中心距离关系

由于土壤重金属含量在亚表层表现出了更稳定的规律性,因此选用亚表层土壤重金属含量进行与老城中心距离关系的拟合。虽然土壤 Zn 含量与老城区中心距离呈对数关

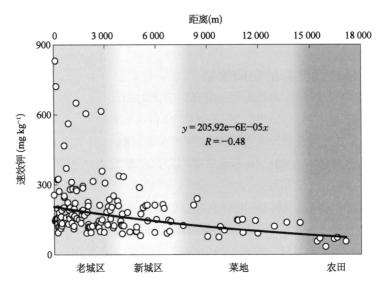

图 8 - 18　表层土壤速效钾与老城中心距离关系

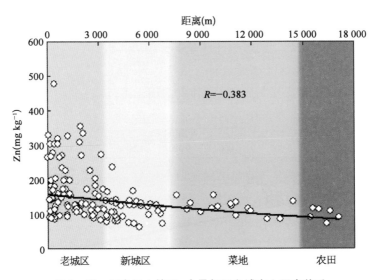

图 8 - 19　亚表层土壤 Zn 含量与距老城中心距离关系

系,并随着距离增加呈显著的下降趋势(图 8 - 19),但 Zn 的变化没有 pH 和速效钾那样明显的规律,而是从城区到农区,在 130 mg kg^{-1} 附近出现较集中的分布,在郊区菜地和农区土壤中,没有异常高含量的点出现,而在新城区到城区,高含量点比例显著提高(图 8 - 19)。

土壤中 Pb 含量与距城市中心距离的分布规律同 Zn 相似。从城区到农区,Pb 含量在 20 mg kg^{-1} 附近集中分布,郊区菜地和农区土壤变异较小,没有高含量出现(图 8 - 20)。在城区,高含量样点比例显著提高,表明城市土壤中的 Pb 主要来源于城市化过程。

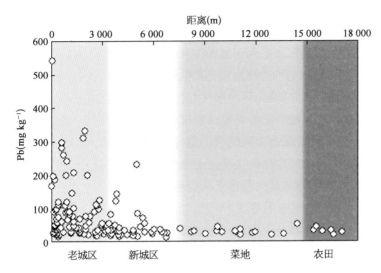

图 8-20　亚表层土壤 Pb 含量与距城市中心距离关系

不同土壤属性与距城市中心距离的模拟方程适用不同函数,可见,城市化过程中对土壤属性的影响在不同时空分布上存在较强的差异。因此,深入分析土壤属性与城市发展之间的相关关系具有重要的意义,不仅可以从时空分布上快速获取土壤属性的分布特征,还可以为保护城市环境、监测城市环境变化提供有价值的信息。

8.3　城市土壤的空间分布与制图

8.3.1　土壤空间制图

城市土壤主要分布在城市或者城郊地区,受多种人为活动方式和自然环境的综合影响。在城市化发展进程中,从远郊到城区的城市生态景观具有明显的地域分异性和空间异质性,这在反映人为活动对自然环境影响程度差异性的同时,也显著地影响着城市土壤图斑的空间分布形态及其属性特征(李亮亮等,2005;孙孝林等,2013)。相对于原始自然土壤来说,城市土壤在时空分布上具有明显的异质性和不确定性。

1. 城市土壤图斑呈现出破碎化和零散分布的特征

在城市发展过程中,自然土壤受到人为作用的干扰和影响,逐渐被城市硬化道路、建筑物和人造设施等侵占,土壤的连片性和连续性被分割,零散地存在于绿化带、草坪和城市公园等区域。城市土壤斑块的破碎化和岛屿化特征,也使土壤属性在斑块内部和斑块之间存在着很强的异质性。

2. 土壤发生发育过程具有很强的不确定性和随机性

城市中人为活动和城市建设对土壤的发生发育过程具有较强的影响,同时,由于人为活动的不可预测性,以及在不同城市化阶段,人们的生活方式及发展重心有很大的差异性,会直接导致城市土壤属性的时空异质性,及其主导环境影响因素的差异性(Zeng et al.,2016;占长林等,2017; Xu et al., 2020)。

3. 城市土壤的生态功能发生着明显的变化

原始自然土壤以农业生产功能为主,城市土壤作为城市生态系统的重要组成部分,其社会属性主要表现在养分供给、环境净化和生态保护等方面(Lavelle et al., 1997;张甘霖,2005;方海兰,2014)。城市土壤既可以直接紧密地接触密集的城市人群,又可以通过食物链、水体和大气等影响城市人群的食品健康和环境质量(Whitton, 2002)。为此,从注重土壤肥力和生产功能转移到关注城市土壤环境和生态功能,从空间分布形态上认识城市土壤功能的异质性,将是最大程度上认识和理解城市土壤,合理利用城市土壤,充分发挥其生态和环境功能的重点所在。

城市土壤制图伴随着城市土壤的研究逐渐开展。1988 年德国土壤学家开始与城市土壤空间分布特征相关的研究工作,最早成立了城市土壤组,出版了《城市土壤调查、描述和制图指南》,并开展了汉堡、汉诺威、基尔等城市和不来梅、慕尼黑、奥伯豪森和萨尔布吕肯等区域的土壤制图(Crosta and Moore, 1989; Frank and Frank, 1990; Rode et al., 1992)。1995 年,美国首次国家级的城市土壤会议在曼哈顿召开,讨论城市土壤调查和纽约市土壤调查工作计划等(Pascual et al., 1999),1997 年完成了纽约市斯塔滕岛南拉托里特公园土壤调查与制图(Hernandez and Gaibraith, 1997),1998 年完成了国家休闲区(Gateway National Recreation Area, GNRA)土壤调查的野外测图(Mcclenahen and Brown, 1988)。同年,国际土壤学会正式成立了"城市、工业、矿山和交通土壤工作组"(WGSUITMA),这标志着世界范围内城市土壤研究即将进入一个新的阶段。2000 年,在德国埃森召开了第一届国际城市土壤会议,包括中国在内的全球 41 个国家 300 多名代表出席了该会议,说明城市土壤研究在世界上的影响。

近年来,关于城市土壤生态功能和空间分布规律的研究依然是世界上各国土壤学家的研究重点,中国土壤学家基于不同城市土壤属性空间分异特征及其发生学意义,进行了一系列关于城市土壤环境、空间分布及生态功能的研究。Wang 和 Lu(2011) 使用地理信息系统技术(GIS)和多元统计方法完成了丽水市土壤重金属的空间分布制图,对可能存在的污染源及其影响因素进行了解释。Wang 等(2016)使用克里格插值方法完成了克拉玛依市土壤重金属的空间分布图,并在此基础上探讨了城市土壤的污染指数和生态风险指数。Yang 等(2017) 利用南京市土壤多环芳烃的空间分布图进行了多环芳烃空间表征、来源解析及风险评估的研究。Chen 等(2020)基于地理位置服务数据进行了深圳市土壤多环芳烃的精细化制图,提出了污染物风险区域和人口密度之间的四类关键预警区域。

国外也有一批土壤学家持续从事关于城市土壤制图的研究,美国农业部自然资源保护局和纽约市水土保持区在纽约市开展了一项为期 20 年的土壤调查计划,于 2014 年在 Web 土壤调查网站上发布了 1∶12 000 比例尺的城市土壤调查图,为城市土壤形成过程、描述、分类和绘图等提供了创新的方法和技术,特别是在科普宣传和教育方面发挥了重要作用(Shaw et al.,2018)。俄罗斯莫斯科州立大学的首席土壤专家 Ivan Vasenev 先后探讨了莫斯科城区与农业区土壤属性的空间差异性(Vasenev et al.,2013),并使用数字土壤制图方法完成了高度城市化莫斯科地区的土壤图(Vasenev et al.,2014)。德国科学家 Okujeni 等(2018)将单一回归模型用于城市的植被土壤透水层(VIS)制图中,有效地提高了城市土壤制图的质量,为城市环境中的土壤描述和制图提供了新的基准;Mohamed(2020)利用激光雷达数据衍生的地形数据对德国柏林土壤进行了制图,并描述了城市土壤类型及其发生过程。斯洛伐克科学家 Sobocká 等(2020)提出了基于城市土壤综合体概念的城市土壤制图方法,规范了有关城市土壤调查、制图和分类的问题。这些研究成果在推动世界城市土壤研究中发挥了很大的作用,对于解释城市土壤形成过程、类型划分、制图描述和功能解析等提供了关键信息。

8.3.2　土壤制图方法

城市土壤属性具有较强的时空异质性,在分布和迁移过程中受自然和社会等多重环境因素的共同影响,呈现出高度的空间异质性和复杂性,快速高效地获取土壤属性的空间分布是评估城市土壤健康状况、获取土壤时空分异规律的重要基础。数字土壤制图以土壤—景观模型为理论基础,以空间分析和数学方法为技术手段,是一种高效表达土壤属性空间分布的技术方法,为快速获取城市土壤属性提供了有效途径。数字土壤制图的关键理论基础是土壤学家道库恰耶夫(1883)的“土壤成土因素学说”(龚子同,2013)和地理学家 Tobler(1970)的“地理学第一定律”。土壤成土因素学说认为土壤是自然成土因素和人为成土因素综合作用的产物,学者们将土壤—环境知识作为土壤制图的重要信息(Jenny,1941),通过建立成土要素与土壤属性之间的相关关系,构建“土壤—景观”模型,实现区域景观上的土壤制图(朱阿兴等,2018)。“地理学第一定律”的制图方法主要是基于“空间自相关性理论”,由于环境因子在空间分布上具有连续性和依赖性,使土壤属性在近距离上表现出很强的空间相关性,有助于建立土壤属性空间插值模型,以反映土壤空间分布规律(Trangmar et al.,1985)。基于以上理论基础,本节从“理论-数据-算法”3个层次对如何实现城市土壤制图进行阐述。

1. 理论

城市生态系统是一个自然—经济—社会复合的人工生态系统,土壤的形成过程受到不同方式人类活动的广泛影响,相对于自然成土过程来说,人为作用是活跃的、发展的,作用愈明显,成土速度也会愈快。城市土壤的发生发育过程仍然符合土壤成土因素学说和 Jenny 的状态因子方程,因此,城市土壤属性异质性可以用“土壤—景观”关系概念模型来模拟,在构建土壤属性与环境变量信息之间相关性的同时,更合理地表达土壤属性的空间变异性是城市土壤制图的核心所在。在进行空间模拟时,基于地理学第一定律发展的空间变异函数(指数模型、高斯模型或者球形模型等)已经被广泛地应用于数字土壤制图中(Rossel and Chen, 2011;孙孝林等,2013;Zhao et al., 2014;朱阿兴等,2018;Padarian et al., 2019)。但城市土壤斑块具有明显的破碎化和岛屿化特征,并且在不同尺度上仍然呈现出弱空间自相关性,同时,土壤属性在斑块内部和斑块之间存在很强的空间异质性。为此,基于空间自相关性的传统的统计模型,如反距离加权法和普通克里格插值模型难以准确捕获城市土壤属性的层次突变性和空间异质性,致使土壤制图结果存在着较大的误差和不确定性,如何解决这一空间变异性一直以来是进行城市土壤制图的难点所在。

2. 数据

在进行城市土壤制图时,不仅要考虑自然环境因素,更需要考虑人类活动的影响。随着遥感信息技术以及互联网智能终端设备的发展,越来越多的遥感数据和网络信息数据被开放使用,例如高分系统下的高分卫星数据可以提供米级别的遥感影像,从而服务于城市斑块信息的提取,高光谱遥感数据可以提供纳米级别的光谱信息;历史遥感影像有助于刻画城市化进程的速率和发展,互联网数据的(position of information, POI)数据可以解析餐馆、公交站点、加油站或政府机构等场所的详细地理位置;智能设备信息可以提取车辆及人员等流动数据(李德仁等,2014;王家耀,2017)。为此,在传统环境变量的基础上,在精度、广度和深度上拓展对环境变量数据的收集,有助于挖掘更多有价值、可靠的环境信息,从而更好地服务于城市土壤制图研究。

3. 算法

虽然环境变量的增加有助于提高目标识别率和预测精度,但也会导致数据的冗余性和共线性增加,如何从错综复杂的环境变量中挖掘出真正有价值的信息是土壤属性建模的关键所在。传统的解决方案偏向于利用特征提取(逐步线性回归)或者特征选择(偏最小二乘法)来建立环境变量与土壤属性之间的相关性,从而实现土壤属性的空间可视化显示,但这会忽视数字土壤制图最为关心的空间信息(韩宗伟等,2015;罗梅等,2020;Guo et al., 2021)。近年来,随着机器学习算法的不断提升和发展,一些高性能的模型算法,例如随机森林、支持向量机和极限学习机等,逐渐被应用于数字土壤制图,取得了显著有效的成果(Zhang et al., 2016; Liu et al., 2018; Padarian et al., 2019)。为此,在考虑环境信息空间自相关的基础上,借助于机器学习算法挖掘土壤属性与环境变量之间的相关关系,将是未来进行城市土壤空间建模的重要发展方向。

在城市土壤制图中,针对城市景观格局的复杂多样性,借助于海量遥感卫星数据和互联网信息提取潜在的环境变量。在考虑土壤属性空间变异性的基础上,利用机器学习算法,从复杂多变的环境变量中挖掘有价值的辅助信息,建立土壤属性空间模型,有助于城市土壤属性的空间可视化表达。

8.3.3 土壤制图实例分析

城市土壤制图比自然景观制图复杂,难度大。以南京市为例,基于地统计学理论探讨城市土壤属性的制图方法及空间分布特征。在地统计学模型中,反距离加权插值

(inverse distance weight, IDW), 也称为距离倒数乘方法, 是距离倒数乘方格网化方法的一种加权平均插值法, 其前提是假设彼此距离较近的事物要比彼此距离较远的事物更相似 (Chen et al., 2015)。为任何未测量的位置进行预测时, 反距离权重法会采用预测位置周围的测量值, 与距离预测位置较远的测量值相比, 距离预测位置最近的测量值对预测值的影响更大。反距离权重法假定每个测量点都有一种局部影响, 而这种影响会随着距离的增大而减小。

普通克里格方法 (Ordinary Kriging) 是最普通和应用最广的克里格方法, 是以变异函数理论和结构分析为基础, 在有限区域内对区域化变量进行无偏最优估计的一种方法 (Mishra et al., 2009; 王伟鹏等, 2012)。半变异函数是地统计学中研究变量空间变异性的关键函数, 可以用来描述研究区域变量的空间分布结构特征规律的函数:

$$\gamma^*(h) = \frac{1}{2N(h)} \sum_{i=1}^{N(h)} \left[z(x_i) - z(x_i + h) \right]^2$$

式中, $\gamma^*(h)$ 是半变异函数, $N(h)$ 是距离为 h 的点对数, $z(x_i)$ 是样点在 x_i 位置的实测土壤属性值, $z(x_i + h)$ 是指距 x_i 位置距离为 h 的土壤属性值, 较为常用的模型有高斯模型、球面模型和指数模型。其中有 3 个重要的参数块金值 (C_0), 基台值 ($C_0 + C$) 和变程 (a) 被用来解释模型含义, C_0 用来表示不可以被模型所估测的空间变异部分, 主要是由于采样间隔大于变量的空间变异距离, 块金常数 C_0 与基台值 $C_0 + C$ 的比值能够表征区域化变量在一定尺度上的空间变异和相关程度 (图 8-21)。一般来说, 比值 < 25% 表明空间相关性很强, 比值为 25% ~ 75% 表明变量具有中等程度的空间相关性, > 75% 表明空间相关性很弱。变程提供了研究土壤属性因子在空间上自相似范围的一种测度, 变

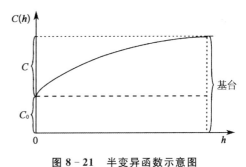

图 8-21　半变异函数示意图

C_0: 块金值; $C_0 + C$: 基台值

程之内的土壤属性具有强空间自相似性, 并且距离间隔越小, 相似程度就越高; 变程的大小与观测尺度以及在取样尺度上影响土壤养分空间分布的各种生态过程的相互作用有关。

1. 基于反距离权重方法的城市土壤空间制图研究

在利用地统计学方法对土壤属性进行空间插值时, 由于普通克里格插值方法要求土壤属性在空间分布上满足二阶平稳, 不能具有很强的空间异质性。因此, 如果利用半变异函数对土壤属性进行空间拟合, 得到的拟合精度较低, 理论模型不能很好地反映其空间结构特征, 可以选用反距离权重对土壤属性的空间分布特征进行拟合。由于 IDW 插值法主要受到距离的影响, 并假设表面是受到区域变异的影响, 因而可以通过对邻近点

数值进行分析,获取具有最小的均方根误差的插值作为最优值。

利用 K-S 检验南京市 238 个样点表层土壤有机质含量的分布特征,表明其偏度值较大,不符合正态分布。由于特异值的存在会影响变异函数的拟合精度,因此,采用域法处理去除特异值,处理后其偏度值明显降低,经 log 处理后符合正态分布。采用不同的理论模型拟和土壤有机质的半方差函数,结果表明难以得到拟合精度很高的半方差函数,因此采用 IDW 进行插值获得南京市的土壤有机质分布图(图 8 – 22)。同理,使用 K-S 算法检验南京市 238 个样点表层土壤全氮含量的分布特征,结果与有机质类似,也不符合正态分布,因此,采用 IDW 进行插值获得南京市的土壤全氮分布图(图 8 – 23)。南京市 238

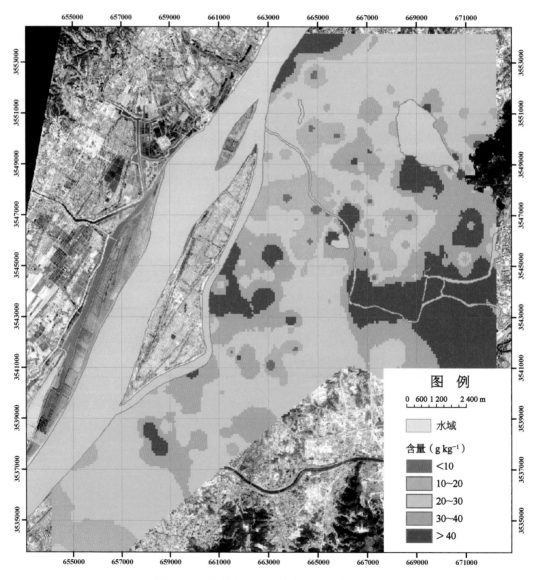

图 8 – 22 南京市表层土壤有机质分布示意图

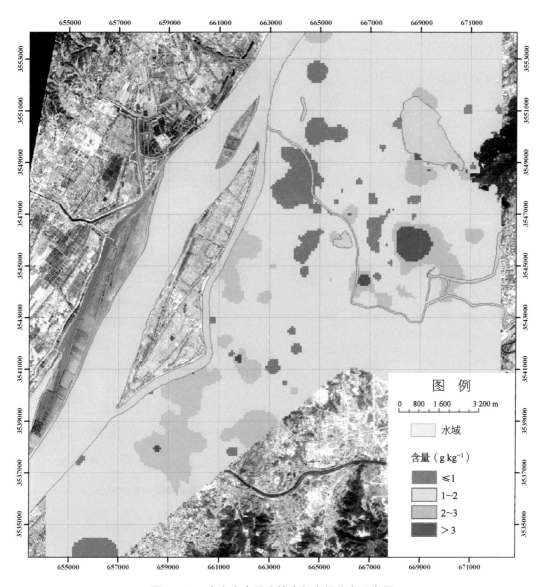

图 8 - 23　南京市表层土壤全氮空间分布示意图

个样点表层土壤磷含量经 K-S 检验,结果表明全磷和有效磷的偏度值均较大,不符合正态分布,经域法对特异值处理后其偏度值明显降低。有效磷经 log 处理后符合正态分布,而全磷经 log 处理再加 1 后符合正态分布。采用不同的半方差理论函数进行拟和,结果表明有效磷可以模拟出较准确的模型,但是模型决定系数很低。全磷变异性太大,经 F 检验不能达到显著水平,说明理论模型不能很好地反映土壤养分的空间结构特征。因此,全磷和有效磷均通过 IDW 插值法,获得其在南京市的分布图(图 8 - 24 和图 8 - 25)。

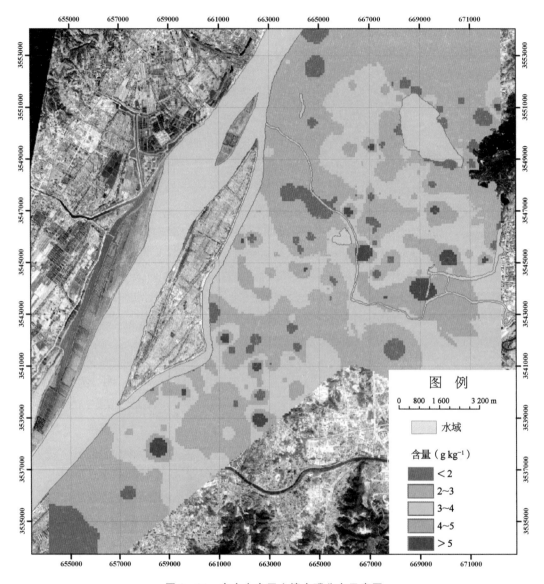

图 8‒24　南京市表层土壤全磷分布示意图

　　南京市有机质的空间相关性很弱,说明人为因素对土壤有机质有较强的干扰作用,导致土壤有机质的空间异质性很强。土壤有机质含量的空间分布与土地利用、地形及农业管理措施密切关系。研究区域东南角紫金山以及北部外秦淮河有机质含量很高(40～60 g kg⁻¹)(图8‒22),其主要原因是紫金山分布有自然林,每年有一定数量的枯枝落叶逐渐分解为有机质;此外,树林还有较强的水土保持能力,也减少了有机质的流失。外秦淮河靠近村庄的地区分布有较多的菜地,不仅化肥施用量较高,还施有一定数量的有机肥。因此,菜地区域有机质含量也较高,并形成相应的同心圆分布。研究区域东北角的

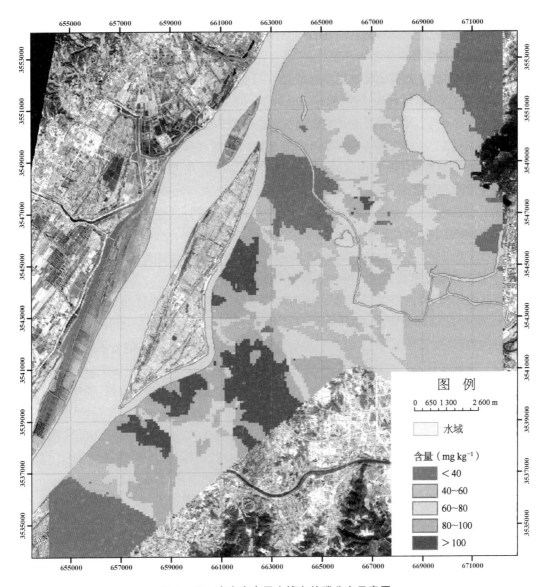

图 8 - 25　南京市表层土壤有效磷分布示意图

耕地和南京市居住地土壤有机质含量多集中在 $20\sim30\ g\ kg^{-1}$，相比城市林地含量较低（图 8 - 22），这主要是由于耕地除了作物根系残留在土壤中外，秸秆几乎全部被当地的农民收走作为燃料，同时，每年因土壤流失以及微生物分解也损失了一部分有机质。居民地则是由于土壤被建筑物覆盖，有机质缺乏来源，因而含量低。另外，居民区的绿地由于城市管理，会清扫绿化植被的枯落物。因此，城市土壤有机质含量受到人为活动的强烈影响。

使用半方差函数对土壤全氮进行拟合时，在步长大于 400 m 时，半方差显示了一定的规律性（图 8 - 23）。说明全氮在较大范围的空间分布上可能有一定的相关性，这与土壤形成过程和利用方式有关。但无法拟合出合适的模型,而且点对数也较少。因此,全氮空间相关性不大。土壤有机质的积累与分解直接影响着氮素在土壤中的存贮和转化,对土壤氮素含量起着主导作用。因此,土壤全氮含量的空间分布格局与土壤有机质的空间格局存在相似性,表明在城市化发展过程中,土地利用类型控制着土壤全氮分布。

全磷半方差分布没有规律性,但其 300 m 步长时半方差模型有一定的规律性,说明全磷在空间分布上与土壤母质及利用方式有关。在南京市,全磷含量高的区域有新街口、秦淮区和夫子庙等人类活动密集的地区,部分菜地的全磷含量也很高(图 8 - 24)。除了受人为活动影响较强烈的几个地区,较大面积的土壤全磷含量为 $2\sim3$ g kg^{-1},说明土壤全磷含量受母质和城市活动的共同影响。与全磷相比,土壤有效磷的空间分布结构性较差,并未显示出土地利用和景观分布对其空间分布格局的影响。这主要是由于有效磷不仅能直接供植物吸收,也可随径流和泥沙流失,这些不确定性导致其空间分布更趋于复杂,一个明显的特征是郊区菜地,如城区西南外秦淮河地区土壤中的有效磷含量特别高(图 8 - 25)。

2. 基于普通克里格方法的城市土壤制图研究

在已经采集分析的 238 个城市表层土壤样品中,结果显示其 pH 为 5.05~8.62,均值是 7.94,其中 59.2% 的土壤 pH 为 8.0~8.5,26.4% 的土壤 pH 为 7.5~8.0(图 8 - 26)。采用 GS+ 进行地统计学分析,主要是利用半方差函数对土壤 pH 的空间分布进行拟合,并通过模型特征参数对其空间分布特征进行说明,然后用 Arcview 制作土壤 pH 的空间分布图。土壤 pH 经 K-S 检验后表明符合偏态分布,pH 的变异系数为 7%,说明土壤 pH 没有存在特异值,不会影响变异函数的拟合精度(表 8 - 12)。

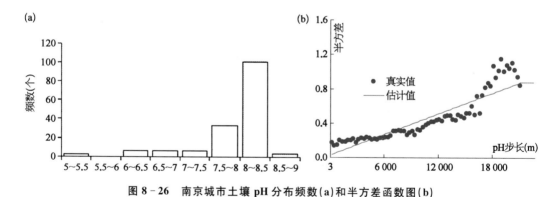

图 8 - 26 南京城市土壤 pH 分布频数(a)和半方差函数图(b)

表 8 - 12 南京市土壤 pH 的理论半方差模型及其参数

理论模型	块金值 C_0	基台值 C_0+C	变程 (km)	$C_0/(C_0+C)$ %	决定系数 R^2	残差 RSS
pH 线性有基台	0.055 2	1.062	20.7	5.20	0.82	0.12
全钾线性有基台	6.590 4	17.018	11.4	38.73	0.88	1.32

土壤 pH 的线性有基台模型变程为 20.7 km,块金系数为 5.2%,说明土壤 pH 具有很强的空间相关性,决定系数达 0.82 的显著水平,pH 的拟合模型如图 8 - 26b 所示。在研究区域内,pH 的变程很大,为 20.7 km。城市土壤 pH 可能受包括居民区、商业区和交通道路等建筑物类填充物质的影响,其值普遍偏高,呈碱性分布,高于下蜀黄土和南京紫金山等非人为的自然土壤(图 8 - 27)。

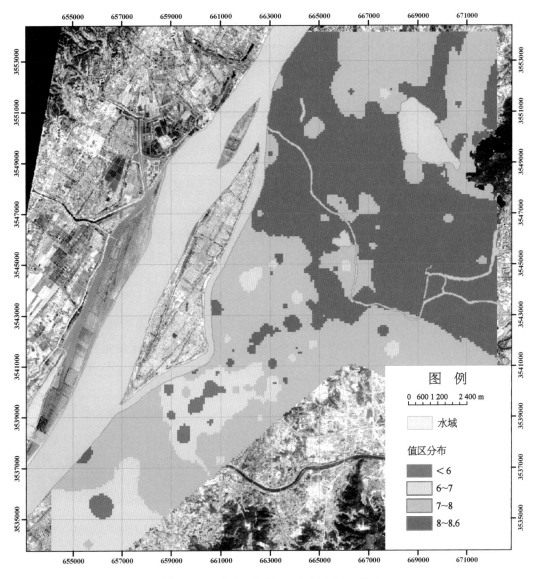

图 8 - 27　南京市土壤 pH 空间分布示意图

南京市 238 个样点表层土壤的全钾含量经 K-S 检验,表明符合偏态分布(图 8 - 28a),采用域法处理去除特异值。全钾的变异系数较小,为 17%,表明全钾的空间变异主要是由母质、地形和土壤类型等结构性因素影响。在全钾的几种 Kriging 模型中,最好的线性有基台模型变程为 11.4 km,块金系数为 38.7%,说明全钾具有中等空间相关性,决定系数达到 0.88 的显著水平(表 8 - 12),拟合模型如图 8 - 28b 所示。

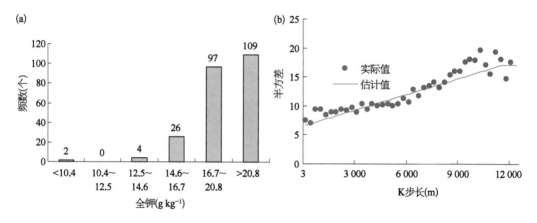

图 8 - 28　全钾分布频数(a)及其半方差图及其拟和模型(b)

在研究区域内,全钾的变程很大(11.4 km),可能是由于在研究区域内外界人为作用对全钾影响较小,而成土母质中钾素含量对土壤全钾空间分布有很大的影响。南京市表层土壤全钾基本呈现西南高,向东北递减的趋势(图 8 - 29)。这可能与成土母质和地形等因素有关:研究区西南部多为长江冲积物,含钾矿物较高,东北部为紫金山,以紫色砂岩、页岩等残积风化物为主,含钾矿物多已被风化,钾离子含量较低。南京市有效钾的空间分布表明,从城区到郊区,土壤中速效钾含量呈现递减趋势(图 8 - 30)。可见,城市化过程中有外源速效钾进入到土壤中,其来源可能为含钾建材、肥料等。

8.3.4　土壤性质制图精度评价

由于城市土壤受到局部环境变量影响显著,突变性强,空间相关性弱,多数指标的半方差函数模拟效果并不理想,Kriging 插值不能在城市区域进行普遍应用。因此,插值制图多采用 IDW 方式进行。为了客观评价制图的精度,研究采用了实际检验精度的方式,即用实测样品中的 3/4 进行插值制图,随机筛选 1/4 的样点作为精度检测样点,不参与运算,通过实测数据与预测数据的拟合,选用建模均方根误差(root mean squares error of calibration, $RMSE_C$)和建模决定系数(R^2 of calibration, R_C^2)、留一交叉验证的均方根误差(RMSE of cross validation, $RMSE_{CV}$)和决定系数(R^2 of cross validation, R_{CV}^2)、预测均方根误差(predicted RMSE, RMSE)和预测决定系数(predicted R^2, R^2)、RPIQ(ratio of performance to inter-quartile range)以及 RPD(ratio of percentage deviation)对模型精度进行评价,并根据不同指标的含义确定最优制图模型。常见的指标公式表示如下:

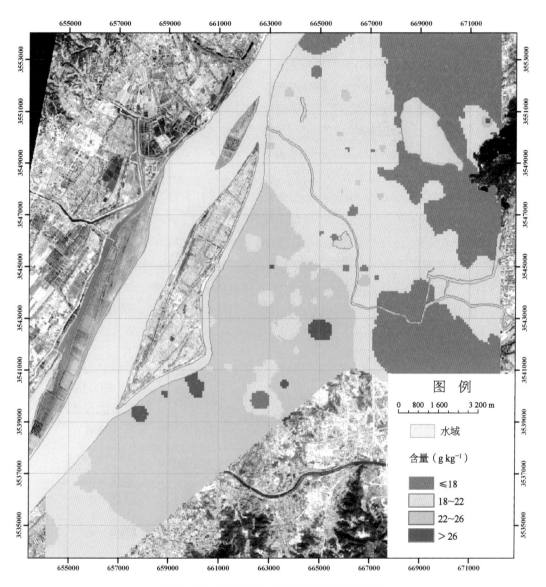

图 8 - 29　南京市表层土壤全钾分布示意图

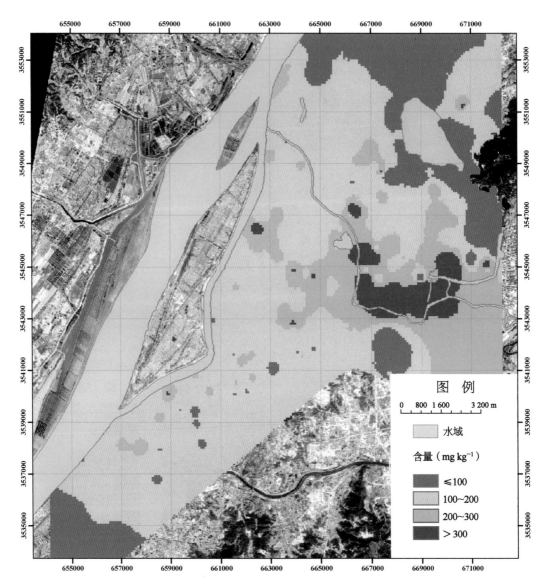

图 8 - 30 南京市表层土壤速效钾分布示意图

$$R^2 = 1 - \frac{\sum_{i=1}^{n}(z_i - \hat{z}_i)^2}{\sum_{i=1}^{n}(z_i - \bar{z})^2}$$

$$RMSE = \sqrt{\frac{1}{n}\sum_{i=1}^{n}(z_i - \hat{z}_i)^2}$$

$$RPIQ = \frac{IQ}{RMSE_p}$$

$$RPD = \frac{SD}{RMSE_p}$$

式中，n 是土壤样本数量，$\hat{z}_i$ 是预测土壤样本 i 处的土壤属性含量，$\hat{z}_i$ 是预测的土壤属性含量，$\bar{z}$ 是预测土壤属性的平均值，IQ 是土壤验证数据集的第一区间和第三区间的差值（$IQ = IQ3 - IQ1$）（Ji et al.，2014），SD 是预测样本集的标准差。对于一个模型而言，如果具有较高的决定系数、较低的 $RMSE$ 和较大的 RPD 和 $RPIQ$ 数值，则模型具有较高的精度。

参考文献

方海兰. 2014. 城市土壤生态功能与有机废弃物循环利用. 上海：上海科学技术出版社.

龚子同. 2013. B. B 道库恰耶夫——土壤科学的奠基者——纪念 B. B 库恰耶夫《俄罗斯黑钙土》发表 130 周年. 土壤通报，(5)：1266 - 1269.

韩宗伟, 黄魏, 罗云, 等. 2015. 基于路网的土壤采样布局优化——模拟退火神经网络算法. 应用生态学报，26(3)：891 - 900.

李德仁, 姚远, 邵振峰. 2014. 智慧城市中的大数据. 武汉大学学报(信息科学版)，39(6)：631 - 640.

李亮亮, 依艳丽, 凌国鑫, 等. 2005. 地统计学在土壤空间变异研究中的应用. 土壤通报，36(2)：265 - 268.

罗梅, 郭龙, 张海涛, 等. 2020. 基于环境变量的中国土壤有机碳空间分布特征. 土壤学报，57(7)：48 - 59.

孙孝林, 赵玉国, 刘峰, 等. 2013. 数字土壤制图及其研究进展. 土壤通报，(3)：752 - 759.

王家耀. 2017. 时空大数据及其在智慧城市中的应用. 卫星应用，3：10 - 17.

王伟鹏, 李晓鹏, 刘建立. 2012. 基于 markov 链地统计模型的区域土壤性质研究进展. 土壤，44(1)：10 - 16.

占长林, 万的军, 王平, 等. 2017. 典型工业城市土壤黑碳含量、分布特征及来源分析——以黄石市为例. 土壤，(2)：25 - 28.

张甘霖. 2005. 城市土壤的生态服务功能演变与城市生态环境保护. 科技导报，23(3)：16 - 19.

朱阿兴, 樊乃卿, 曾灿英, 等. 2018. 数字土壤制图研究综述与展望. 地理科学进展，37(1)：66 - 78.

Chen C, Zhao N, Yue T, et al. 2015. A generalization of inverse distance weighting method via kernel regression and its application to surface modeling. Arabian Journal of Geosciences, 8: 6623 – 6633.

Chen D X, Zhao H, Zhao J, et al. 2020. Mapping the finer-scale carcinogenic risk of polycyclic aromatic hydrocarbons (PAHs) in urban soil-a case study of shenzhen city, china. International Journal of Environmental Research and Public Health, 17(18): 6735.

Crosta A P, Moore J M. 1989. Enhancement of landsat thematic mapper imagery for residual soil mapping in SW Minais Gerais State, Brazil: A prospecting case history in greenstone belt terrain. 17th Thematic Conference on Remote Sensing for Exploration Geology, 7: 1173 – 1184.

Frank W, Frank H. 1990. Concentrations of airborne C_1- and C_2-halocarbons in forest areas in west germany: Results of three campaigns in 1986, 1987 and 1988. Atmospheric Environment Part A General Topics, 24(7): 1735 – 1739.

Guo L, Sun X R, Fu P, et al. 2021. Mapping soil organic carbon stock by hyperspectral and time-series multispectral remote sensing images in low-relief agricultural areas. Geoderma, 398: 115118.

Hernandez L A, Gailbraith J M. 1997. Soil survey of South Latourette Park, Staten Island, New York City.

Jenny H. 1941. Factors of soil formation. Geographical Review, 336 – 337.

Ji W J, Shi Z, Huang J Y, et al. 2014. In situ measurement of some soil properties in paddy soil using visible and near-infrared spectroscopy. Plos One, 9(8): 11 – 16.

Lavelle P, Bignell D E, Lepage M, et al. 1997. Soil function in a changing world: The role of invertebrate ecosystem engineers. European Journal of Soil Biology, 33: 159 – 193.

Liu L F, Ji M, Buchroithner M. 2018. Transfer learning for soil spectroscopy based on convolutional neural networks and its application in soil clay content mapping using hyperspectral imagery. Sensors, 18(9): 3169 – 3187.

Mcclenahen J R, Brown J H. 1988. Air pollution and pinus strobus height growth: A soil/site modelling approach. Forest Ecology & Management, 25(3): 221 – 237.

Mishra U, Lal R, Slater B, et al. 2009. Predicting soil organic carbon stock using profile depth distribution functions and ordinary kriging. Soil science society of America journal, 73(2): 614 – 621.

Mohamed M A. 2020. Classification of landforms for digital soil mapping in urban areas using LiDAR data derived terrain attributes: A case study from Berlin, Germany. Land, 9(9): 319.

Okujeni A, Canters F, Cooper S D, et al. 2018. Generalizing machine learning regression models using multi-site spectral libraries for mapping vegetation-impervious-soil fractions across multiple cities. Remote sensing of environment, 216: 482 – 496.

Padarian J, Minasny B, McBratney A B. 2019. Using deep learning for digital soil mapping. Soil, 5(1): 79 – 89.

Pascual J A, García C, Hernandez T. 1999. Lasting microbiological and biochemical effects of the addition of municipal solid waste to an arid soil. Biology and Fertility of Soils, 30(1): 1 – 6.

Rode M W, Leuschner C, Runge M, et al. 1992. Heathland-forest-succession in north-west germany: Morphological and chemical properties of the soil under different successional stages. Responses of

Forest Ecosystems to Environmental Changes, 780 – 781.

Rossel R A V, Chen C. 2011. Digitally mapping the information content of visible-near infrared spectra of surficial australian soils. Remote sensing of environment, 115(6): 1443 – 1455.

Shaw R K, Hernandez L, Levin M, et al. 2018. Promoting soil science in the urban environment—partnerships in new york city, ny, USA. Journal of Soils and Sediments, 18(2): 352 – 357.

Sobocká J, Saksa M, Feranec J, et al. 2020. A complexity related to mapping and classification of urban soils (a case study of Bratislava city, Slovakia). Soil Science Annual, 71(4): 321 – 333.

Tobler W R. 1970. A computer movie simulating urban growth in the detroit region. Economic geography, 46: 234 – 240.

Trangmar B B, Yost R S, Uehara G. 1985. Application of geostatistics to spatial studies of soil properties. Advances in agronomy, 38(1): 45 – 94.

Vasenev V I, Stoorvogel J J, Vasenev I I. 2013. Urban soil organic carbon and its spatial heterogeneity in comparison with natural and agricultural areas in the moscow region. Catena, 107: 96 – 102.

Vasenev V I, Stoorvogel J J, Vasenev I I, et al. 2014. How to map soil organic carbon stocks in highly urbanized regions? Geoderma, 226: 103 – 115.

Wang H Y, Lu S G. 2011. Spatial distribution, source identification and affecting factors of heavy metals contamination in urban-suburban soils of lishui city, china. Environmental Earth Sciences, 64(7): 1921 – 1929.

Wang W, Lai Y S, Ma Y Y, et al. 2016. Heavy metal contamination of urban topsoil in a petrochemical industrial city in XinJiang, China. Journal of Arid Land, 8(6): 871 – 880.

Whitton B. 2002. Biological soil crusts: Structure, function, and management. Biological Conservation, 108(1): 129 – 130.

Xu L, Hong Y S, Wei Y, et al. 2020. Estimation of organic carbon in anthropogenic soil by vis-nir spectroscopy: Effect of variable selection. Remote Sensing, 12(20): 3394.

Yang J Y, Yu F, Yu Y C, et al. 2017. Characterization, source apportionment, and risk assessment of polycyclic aromatic hydrocarbons in urban soil of NanJing, China. Journal of Soils and Sediments, 17(4): 1116 – 1125.

Zeng C, Yang L M, Zhu A X, et al. 2016. Mapping soil organic matter concentration at different scales using a mixed geographically weighted regression method. Geoderma, 281: 69 – 82.

Zhang L, Zhang L, Du B. 2016. Deep learning for remote sensing data: A technical tutorial on the state of the art. IEEE Geoscience and remote sensing magazine, 4(2): 22 – 40.

Zhao M S, Rossiter D G, Li D C, et al. 2014. Mapping soil organic matter in low-relief areas based on land surface diurnal temperature difference and a vegetation index. Ecological Indicators, 39: 120 – 133.

Zhao Y G, Zhang G L, Zepp H, et al. 2007. Establishing a spatial grouping base for soil quality parameters along an urban-rural gradient — A case study in Nanjing, China. Catena, 69: 74 – 81.

第9章
城市土壤生态服务功能与评价

生态系统服务功能是指生态系统与生态过程所形成及所维持的人类赖以生存的自然环境条件与效用(Daily，1995)。生态系统是一种环境系统，生态系统服务功能可分为两大类，即提供人类生活所需的产品(直接实物)和保证人类生活质量的功能(生态服务功能)(Harod，2003)。如森林生态系统提供的木材、水域生态系统提供的水产品、农田生态系统提供的粮食等都是人们熟悉的生态系统产品。与生态系统的产品相比，生态服务功能对人类的影响更加深刻、更加广泛、更加综合。如生态系统的分解功能，不仅使人类的生活垃圾、污水等得到分解和净化，从整体上保持了清洁、舒适的生活环境，而更为重要的是保证了生态系统服务的可持续性(Salati，1987；Alexander et al.，1997；欧阳志云等，1999)。

城市生态系统是人类生态系统的主要组成部分之一，指的是城市空间范围内的居民与自然环境系统和人工建造的社会环境系统相互作用而形成的统一体，属人工生态系统(杨小波等，2000)。城市土壤是城市生态系统的重要组成部分。感官中，城市像是钢筋水泥的丛林，实际上，作为一个人为的生态系统，城市中依然存在——而且很大程度上需要——人们赖以生存却很少注意的土壤。城市中分布于公园、道路、体育场、城市河道、城郊、垃圾填埋场、废弃工厂、矿山周围，或者成为建筑、街道、铁路等城市和工业设施的基础而处于埋藏状态的这些被人为活动改变的土壤对于城市的正常运转发挥着重要的作用(张甘霖，2005)。

城市土壤生态服务功能是指城市土壤生态系统所形成及维持的人类赖以生存的环境条件与效用。城市土壤具有多重生态服务功能(Blum，1998；张甘霖，2005)：① 水热调节功能；② 固碳功能；③ 养分循环与存储功能；④ 污染物净化功能；⑤ 食物生产基础和原材料来源；⑥ 生物基因库和繁殖场所；⑦ 构成景观并保存自然和文化遗产。

9.1 城市土壤的水热调节

9.1.1 土壤热量调节功能

城市热岛是城市气候中的显著特征之一，已成为国内外城市的共有现象。城市热岛影响城市气候、水文、土壤物理和化学性质、大气环境、生物栖息地、物质循环、能量代谢和公众健康。引起城市热岛效应的因素很多,主要是由于城市土地开发建设改变了原来的自然下垫面。在威尼斯的夏季,晚上具有高密度建筑的城区比周边郊区平均温度高4℃,有时会高 7℃(Peron et al.,2015)。北京市绿化地区月平均气温比高层建筑和柏油路面集中区偏低约 1.0℃(张本志等,2013)。Weng 等(2007)在美国印第安纳州波利斯市的封闭地表监测到更高的表层温度,证实了非封闭土壤对温度调节的重要性。城市以沙石、混凝土、砖瓦和沥青等为主的建筑材料构成立体的硬质下垫面,使城市的下垫面比郊区或农村土壤和植被具有更大的热容量,导热率增加,扩散率也增加,白天积累和储存了许多的热量,傍晚和夜间又以长波辐射的形式向外散射;城市化发展中大量的消耗燃料使人为排出的 CO_2 增多,引起城市高温化,阻挡了地面长波辐射的外溢,由此出现了城市的热岛效应。

城市绿地作为城市生态系统的重要组成部分,在降温及缓解热岛效应方面发挥着重要作用。城市土壤对热量的调节功能主要为:① 城市土壤是城市绿地生长的介质和场所,为城市绿地的生长提供了所需的水分和养分,而城市绿地对城市的热岛效应有很好的调节功能(图 9-1)(李延明等,2004);② 虽然城市土壤因为压实具有比城郊或农村土壤较小的热容量和较大的导热率,但城市土壤具有比建筑材料较大的热容量和较小的导热率,其吸收的热量比上述建筑材料要小,所以其夜间以长波辐射形式辐射的热量要少,对减缓城市化区域的城市热岛效应有重要的作用。在过去 30 年的长期观测中发现,尼代的城市地表温度随着不透水地面和绿地面积的比率而变化(Soydan,2020)。在东南亚的研究表明,平均路面温度与不透水表面密度具有正相关关系,与绿地具有负相关关系(Estoque et al.,2017)。因此,城市中的自然生态系统或自然—人工生态系统可通过改善城市下垫面的热属性,对热岛效应起到一定的缓解作用。

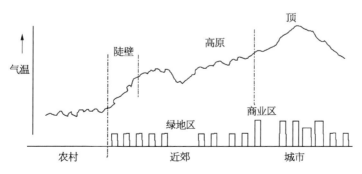

图 9-1　城市热岛温度剖面示意图(李延明等,2004)

南京市不同地表覆盖下土壤温度的长期监测数据表明,混凝土>裸土>绿地。与裸土和绿地土壤相比,混凝土覆盖的土壤具有低的蒸发率、反射率、比热容和更高的导热性(Wu et al.,2014)。由此,混凝土下面的土壤初始的加热率比其他的快,最终的温度也高。可见,增加开放的城市土壤面积对于城市热岛效应的改善非常重要。

9.1.2 土壤水分调节功能

城市土壤对水分的调节功能就相当于一个处在城市环境中无形的水库,这个水库能够蓄积水分,用以维持城市绿色植物的生长,调节城市环境的小气候,用以补充城市地下水,减少地表径流和城市洪涝。存在于公园、路边、居民区和建筑点等的土壤都受到不同程度的压实,且城市中的钢筋混凝土建筑和柏油马路封闭了大面积的土壤,大大减少了土壤对雨水的入渗、截留和存储的服务功能。城市土壤对水分调节的生态服务功能表现在 5 方面。

1. 对植物生长的作用

存储在土壤的水分为城市植被的生长提供了所需的水分。

2. 对调节洪涝的作用

城市地面的特点是柏油马路、水泥路面和高楼大厦、钢筋混凝土以及水泥屋顶,大面积的地面封闭,失去了土壤的入渗和保水功能,形成大量的地表径流。尤其是我国降水受东南季风和西南季风控制,降雨主要集中在夏季,暴雨会带来城市洪涝灾害。2008—2010 年,对全国 32 个省(自治区、直辖市)的 351 个大中型城市的调研发现,有 213 个城市发生过不同程度的积水内涝。积水深度超过 0.5 m 的城市占 75%(俞孔坚等,2015)。

由于土壤对雨水入渗、截留和存储的作用,减少了地表径流,从而对城市的洪涝灾害有调节作用。土壤水库的充分调用是防洪减灾的重要措施之一(史学正等,1999)。在雨季的时候减少了径流,从而减少了流入河流的水量;而在旱季则通过土体内的渗流增加了河流的流量(Guo et al., 2001)。土壤的水分生态服务功能可影响植被的生长,而植被的生长又影响地表径流和当地的气候。另外,乔木和灌木还可影响河流的径流量,有助于改善水质,减少土壤侵蚀和洪水(Bruijnzeel, 1990; Huntoon, 1992),也减少了地表径流的污染负荷对城市水体的污染。

3. 对削减污染物方面的作用

城市洪灾的发生不仅带来水患,而且带来下游水体的严重污染。因为城市里的工业垃圾、生活垃圾以及各种工业和交通运输的粉尘落在植物、路边和建筑物上,这些垃圾和粉尘携带的大量污染物质在洪水期间将被冲刷而随地表和地下排水管道进入下游水体。已有的研究表明,城市洪水期间的地表径流水中氮和磷的含量均非常高(Yang and Zhang, 2011)。因此,洪水成为一个主要的污染源(Palmer et al., 2004)。湖泊接收了含有氮、磷等污染物的洪水将产生富营养化(图 9 - 2)。城市地表径流是仅次于农业面源污染的第二大非点源污染源,是河流与湖泊的第三大污染源,在全球范围内已成为城市水环境污染和生态退化的关键因素(Taebi and Droste, 2004)。在全国 103 个主要湖泊的 2.7 万 km² 水面中,全年总体水质为 I ～ III 类的湖泊占评价湖泊总数的 28.6%;IV、V 类水质的湖泊占评价湖泊总数的 49.1%;劣 V 类水质的湖泊占评价湖泊总数的 22.3%(俞孔坚等,2015)。虽然这不能完全归因于城市排污,但城市污水和污染雨水也占了相当大的比例。

4. 对地下水回补的作用

城市生活对水体的大量需求,造成地下水的过量开发,由于地表封闭,缺乏地表水回灌,造成地下水漏斗。如河南省18座省辖城市供水总量为15.8亿 m^3,地下水约占城市供水的70%;河南省除信阳市以外的17座省辖城市,地下水超采区面积达 3 230 km^2;地下水位下降引发

图 9-2　城市湖泊富营养化

了某些含水层疏干,部分城市产生了不同程度的地面沉降(崔新华和许志荣,2008)。城市非封闭地表的存在可增加水分入渗,在一定程度上回补地下水。

5. 对调节气候的作用

植被对温度的调节功能主要是树叶对太阳热量的反射、吸收和植物蒸腾作用。植被通过吸收土壤中的水分,吸收热量而发生蒸腾作用,从而调节温度。城市土壤中入渗、截留和存储的水分为植物的蒸腾作用提供了必要条件,为调节城市的温度发挥重要作用。陈自新等(1998)研究了北京不同类型绿地平均每公顷(1 ha=1×10^4 m^2)日蒸腾吸热量和蒸腾水量(表9-1),表明土壤为不同绿地的蒸腾作用提供了大量的水分源,对调节气候起到了重要的作用。

表 9-1　北京市 5 种类型绿地平均每公顷日蒸腾吸热和蒸腾水量(陈自新等,1998)

绿地类型	绿量(km^2)	蒸腾水量(t/d)	蒸腾吸热(kJ/d)
公共绿地	120.707	214.420	526
专用绿地	90.387	159.252	391
居民区绿地	89.775	120.402	295
道路绿地	84.669	151.060	371
片林	23.797	43.912	108

多年来,城市雨水的管理以排为主。为避免城市洪涝,通过建设更多的地下排水管道,将城市的降雨排入下游水体。一方面,会加重暴雨期间下游水量和污染物质的载荷;另一方面,仅靠地下排水管道很难解决暴雨导致城市洪涝的发生。这也就是城市不断扩张,管道不断修建扩充,可城市洪涝问题还是会发生的原因。城市诸多水问题产生的本

质是城市建设导致的土壤封闭与压实。因此,解决水问题的出路不在于河道与水体本身,而在于土壤。城市的每一寸土地都具备一定的雨洪调蓄、水源涵养、雨污净化的功能。

土壤是一个巨大的水库,不仅能够容纳水分,而且能够通过渗漏将更多雨水变成地下水,解决由于城市用水带来的地下水漏斗问题。同时,土壤能够吸附大量的污染物质,净化水体。土壤中容纳的大量水分也可以在雨后较长时间供给植物吸收利用。因此,防洪不能仅靠地下排水管道和排水河道,主要污染源非水体本身,水净化的解决之道也不在于水体本身。解决城市水患问题,必须把研究对象从水体本身和单纯的管道排水建设扩展到整个城市生态系统,通过对城市土壤的利用和管理,充分发挥土壤的生态功能,增强生态系统的整体服务功能。

海绵城市遵循"渗、滞、蓄、净、用、排"的原则,把雨水的渗透、滞留、集蓄、净化、循环使用和排水密切结合。植被生长通过大量的细根系统可以增强表土的入渗能力,而且草被的覆盖在地下水入渗和蒸散发方面也起着重要的作用。因此,海绵城市强调优先利用植草沟、雨水花园、下沉式绿地等"绿色"措施来组织排放径流雨水,以"慢排缓释"和"源头分散"控制为主要规划设计理念。城市开放土壤的面积以及科学的管理是实现海绵城市的关键。因此,研究城市土壤在多大程度上发挥着调节水分的功能,具体的量化指标是什么,对于改善城市环境尤为重要。

9.1.3 土壤水分调节功能评价

1. 评价方法

城市土壤的水分调节功能可以通过"土壤水库"来进行评价。土壤总库容量和滞洪库容量越大,土壤的水分调节功能越强。土壤水库的总库容量是指整个土体的孔隙之和,土壤的滞洪库容对应于土壤饱和含水量与土壤的田间持水量之间的蓄水量。土壤水库的计算公式如下(杨金玲和张甘霖,2008):

$$Wt = 0.1 \times \theta s \times h \tag{9-1}$$

$$Wf = 0.1 \times \theta f \times h \tag{9-2}$$

$$Wh = Wt - Wf \tag{9-3}$$

$$Wz = \sum Wh \tag{9-4}$$

式中: Wt 为某层土壤的总库容(mm); θs 为饱和含水量(%); Wf 为某层土壤田间持水量对应的库容(mm); θf 为田间持水量(%); Wh 为某层土壤滞洪库容(mm); Wz 为某土体的总滞洪库容(mm); h 为某层土壤的厚度(cm)。根据上述公式计算每层土壤水库的库容,然后将各个层次的土壤水库的库容相加,即得到整个土体的土壤水库的总库容。

区域滞洪库容量是指该区域土壤滞洪库容量与土壤饱和后不同土地利用类型对洪

水的调蓄量之和,如水田的滞洪库容量是指水田土壤滞洪库容量与其表层的积水量之和。土壤滞洪库容对应于土壤饱和含水量与土壤的田间持水量之间的蓄水量,与土壤的容重和通气孔隙关系密切。区域滞洪库容量的计算公式如下:

$$Wa = \sum A_i \times Wz_j / 1\,000 \tag{9-5}$$

$$Wb = \sum B_i \times Wz_j / 1\,000 \tag{9-6}$$

$$Wc = \sum C_i \times (Wz_j + 100) / 1\,000 \tag{9-7}$$

$$Wd = \sum D_i \times 500 / 1\,000 \tag{9-8}$$

$$We = 0 \tag{9-9}$$

式中:Wa、Wb、Wc、Wd 和 We 分别为旱地、林地、水田、水面和建筑用地的滞洪库容量(m^3);A_i、B_i、C_i 和 D_i 分别为第 i 块旱地、林地、水田和水面的面积(m^2);Wz_j 为对应的第 j 种压实程度土壤的滞洪库容(mm);100 为水田的平均调蓄洪水深(mm),500 为水面的平均调蓄洪水深度(mm),1\,000 将 mm 换算为 m。

2. 不同压实程度的土壤水库

根据南京地区采集的城市土壤剖面和实测的土壤的容重,将其分为 6 种不同压实程度的土壤,并根据实测的土壤剖面数据计算不同压实程度 0～50 cm 土体的土壤水库库容(表 9-2)(杨金玲和张甘霖,2008)。由表可知:① 随着土壤压实程度的逐渐增大,土壤的总库容和滞洪库容逐渐降低;② 从正常土壤到严重压实土壤,土壤有效库容逐渐降低,但极疏松土壤的有效库容最低;③ 随着土壤压实程度的增大,土壤的死库容变大(杨金玲和张甘霖,2008)。

表 9-2　南京市不同压实程度土壤水库的总库容

压实程度	总库容(mm)	滞洪库容(mm)	有效库容(mm)	死库容(mm)
极疏松土壤	292.6	194.3	17.6	80.7
正常土壤	246.2	72	73.6	100.6
轻度压实	237.5	64.8	56.6	116.1
中度压实	216.8	53.4	38.8	124.6
重度压实	203.2	30.5	30.1	142.6
严重压实	—	—	—	—

3. 城市土壤水库与土地利用类型的关系

城市中不同的土地利用类型受人为活动的影响程度不同,因而其压实程度存在一定的差异,由此具有不同的土壤水库库容。以南京市为例,根据实地采样测定的土壤容重,对土壤进行压实程度分级,估算了不同土地利用类型城市土壤的库容量。从单位面积的库容量来看,林地的总库容量和滞洪库容量最大,分别为 2.56×10^5 m^3 km^{-2} 和 1.08×10^5 m^3 km^{-2};耕地次之,分别为 2.55×10^5 m^3 km^{-2} 和 1.02×10^5 m^3 km^{-2};城市广场绿地最小,只有 2.25×10^5 m^3 km^{-2} 和 5.13×10^4 m^3 km^{-2}(表 9 - 3)。这主要是由于城市土壤具有不同的压实程度。相比其他利用类型,林地下的土壤压实程度最小,耕地次之,而广场由于人流量大,其绿地土壤受市民活动踩踏等,因而压实严重。库容量不仅受单位面积的库容量影响,还与面积有关。就整个研究区域来看,总库容量和滞洪库容量最大的仍为林地,分别占整个研究区域的44.9%和48.8%,其次为耕地,总库容量和滞洪库容量分别占整个研究区域的35.3%和36.4%,总库容量和滞洪库容量最小的为市政公用设施用地附属绿地和仓储用地附属绿地。这主要是因为在研究区域林地的面积最大,耕地次之,而市政公用设施用地和仓储用地附属绿地的面积最小(表 9 - 3)。可见,城市绿地土壤相对于林地和耕地土壤,单位面积库容量减小,而且随着城市土壤面积的减小,城市土壤库容量在不断减小。

表 9 - 3   南京市不同土地利用类型土壤的库容量

类型	面积	总库容量		滞洪库容量		有效库容量	死库容量	单位面积总库容	单位面积滞洪库容	单位面积有效库容	单位面积死库容
	km^2	$10^4 m^3$	%	$10^4 m^3$	%	$10^4 m^3$			$10^4 m^3$ km^{-2}		
A	49.55	1 267.71	44.9	534.93	48.8	216.02	516.76	25.59	10.80	4.36	10.43
B	39.07	995.40	35.3	398.70	36.4	205.90	390.8	25.48	10.20	5.27	10.00
C*	13.10	0	0	0	0	0	0	0	0	0	0
D	5.91	139.42	4.9	42.38	3.9	29.07	67.98	23.57	7.17	4.91	11.49
E	0.54	12.09	0.4	2.76	0.3	2.79	6.54	22.47	5.13	5.19	12.16
F1	6.27	146.9	5.2	42.60	3.9	32.22	72.07	23.44	6.80	5.14	11.5
F2	3.59	86.25	3.1	25.90	2.4	21.07	39.27	24.03	7.22	5.87	10.94
F3	0.02	0.35	0	0.08	0	0.07	0.19	22.38	5.34	4.55	12.49
F4	0.23	5.34	0.2	1.45	0.1	1.29	2.6	23.35	6.34	5.63	11.38
F5	5.02	116.71	4.1	32.37	3	26.32	58.02	23.27	6.45	5.25	11.57
I	2.22	51.42	1.8	14.28	1.3	11.32	25.83	23.20	6.44	5.11	11.65
K	129.41	0	0	0	0	0	0	0	0	0	0
总量	254.9	2 821.6	100	1 095.4	100	546.1	1 180.1	11.07**	4.3**	2.14**	4.63**

注: A:林地;B:耕地;C:水域;D:公园;E:广场绿地;F1:公共设施用地附属绿地;F2:工业用地附属绿地;F3:市政公用设施用地附属绿地;F4:仓储用地附属绿地;F5:居住用地附属绿地;I:道路绿地;K:封闭地表;*:本表为土壤的库容量,不考虑水域;**:平均值。

4. 区域滞洪库容量与土地利用变化的关系

城市化进程引起土地利用结构发生变化,进而影响区域水分的调节功能。可以通过分析不同土地利用时期的区域滞洪库容量的变化来说明土地利用变化对生态环境效应的影响(孙仕军等,2001;郭凤台,1996)。

南京市的河西地区地处城市扩张带,其利用结构受城市化的影响显著。因此,利用该区域 1986 年 12 月和 2003 年 1 月两期 Landsat TM 遥感图像提取信息,参照全国土地利用分类,将其土地利用分为林地、建筑用地、旱地、水面和水田。在 ERDAS 软件下,对两期图像进行几何校正、监督分类并进行后处理,分类结果经过精度评价,最终得到 1986 年和 2003 年的土地利用结构(图 9 - 3)。

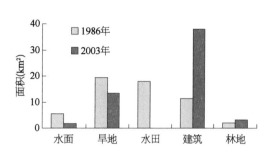

图 9 - 3 1986 年和 2003 年南京河西
地区土地利用结构

1986 年土地利用类型以旱地和水田为主,旱地占 34.8%、水田占 32.0%、建筑用地占 20.1%、水面占 9.6%、林地占 3.6%。2003 年土地利用结构以建筑用地为主(占 67.7%)、旱地(主要是菜地)占 23.7%、水面占 3.0%、林地占 5.6%,而当时已经没有种植水稻了。1986 年和 2003 年土地利用变化的分析表明,建筑面积增加 26.71 km²,旱地减少 6.22 km²,水田减少 17.93 km²,水面减少 3.71 km²,林地稍有增加,增加的面积为 1.16 km²。从用地转移方向上来看(表 9 - 4),土地利用转移以各种类型向建筑用地的转移为主,且转移的比重相近,转移的面积从大到小排序为:旱地向建筑用地转移 12.57 km²、水田向建筑用地转移 10.95 km²、建筑用地内部转移 9.65 km²、水面向建筑用地转移 3.50 km²、林地向建筑用地转移 1.30 km²,其迁移概率分别为 65%、61%、86%、65% 和 65%。

表 9 - 4 1986—2003 年南京河西土地利用转移矩阵(单位:km²)

土地利用类型	旱 地	水 面	水 田	建筑用地	林 地
旱地	**6.02**	**0.25**	**0.00**	**12.57**	**0.67**
迁移概率	0.31	0.01	0.00	0.65	0.03
迁移量比重	0.30	0.06	0.00	0.19	0.09
水面	**0.76**	**0.67**	**0.00**	**3.50**	**0.47**
迁移概率	0.14	0.12	0.00	0.65	0.09
迁移量比重	0.14	0.58	0.00	0.19	0.24
水田	**5.12**	**0.45**	**0.00**	**10.95**	**1.41**

土地利用类型	旱　地	水　面	水　田	建筑用地	林　地
迁移概率	0.29	0.03	0.00	0.61	0.08
迁移量比重	0.28	0.12	0.00	0.18	0.22
建筑用地	**0.99**	**0.27**	**0.00**	**9.65**	**0.35**
迁移概率	0.09	0.02	0.00	0.86	0.03
迁移量比重	0.09	0.11	0.00	0.25	0.09
林地	**0.38**	**0.05**	**0.00**	**1.30**	**0.26**
迁移概率	0.19	0.03	0.00	0.65	0.13
迁移量比重	0.19	0.13	0.00	0.19	0.36

注：行和列：2003 年和 1986 年各种土地利用类型；黑体部分：1986 年相应的某一类型转移到 2003 年各种土地利用
类型的面积。

旱地内部的转移和水田向旱地的转移面积分别为 6.02 km² 和 5.12 km²，迁移概率分别为 31％和 29％。各种土地利用类型向水田的迁移面积为 0 km²，到 2003 年没有水稻的种植后，其他各种类型土地之间的迁移面积较小。因此，河西地区的土地利用动态变异主导过程是建筑用地的扩张，其次是种植结构调整引起的旱地内部转移和水田向旱地的转移，其他动态扩张类型所占的比重较小。

1986 年的总滞洪库容量为 781.70 万 m³（其中水田占 42.7％、水面占 34.5％、旱地占 20.5％、林地占 2.3％、建筑用地占 0％），2003 年总滞洪库容量降到 231.30 万 m³（其中旱地占 51.10％、水面占 36.3％、林地占 12.6％、水田为 0％、建筑用地占 0％）（图 9-4）。总滞洪库容量减少 550.40 万 m³，其中减少最多的为水田，减少的滞洪库容量为 334.16 万 m³；其次为水面，减少的滞洪库容量为 185.68 万 m³；旱地减少的滞洪库容量为 41.82 万 m³（图 9-4）。滞洪库容减少的主要原因是由于地表的封闭和种植结构的变化。因建筑用地面积的增加而减少的滞洪库容量为 482.15 万 m³，相当于整个研究区域 86 mm 的水深容量，

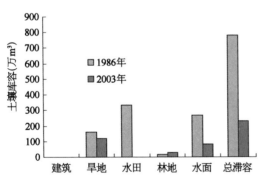

图 9-4　南京市河西地区不同土地
利用类型的滞洪库容量

占总滞洪库容减少量的 87.6％。因水田向旱地的转化而减少的滞洪库容量为 51.2 万 m³，占总滞洪库容减少量的 9.30％。

为了研究土壤压实对区域滞洪库容量的影响，假设 2003 年土壤不存在压实现象，其表层的容重分布与 1986 年相同，只存在土地利用的变化，根据式 9-5、式 9-6、式 9-7、

式 9-8 和式 9-9 计算得到不存在土壤压实情况下的总滞洪库容量为 234.42 万 m³。而实际上 2003 年的总滞洪库容量为 231.30 万 m³,将两者相减后得到的因土壤压实造成的滞洪库容量损失量为 3.12 万 m³,只占总损失量的 0.54%。这是因为 2003 年存在压实的土壤面积较小,只有 3.51 km²,而大面积的土壤被建筑物和道路封闭,这进一步证实了地表封闭是城市化区域滞洪库容量减少的主要原因,而局部的土壤压实只对局部的滞洪库容量产生影响。

根据 1986 年和 2003 年南京河西地区不同土地利用类型及土壤压实程度计算,发现水面的单位面积滞洪库容量最大为 50 万 m³ km⁻²,其次为水田(18.64 万 m³ km⁻²),再次是林地和旱地,建筑用地单位面积的滞洪库容量为 0(表 9-5)。可见,水面对区域滞洪库容量的贡献最大,其次为水田,最后是林地和旱地。因此,城市化土地利用的变化会影响城市土壤的水分调节功能。这些为我们科学地管理城市土壤提供了根据。保持一定面积的水域,减少地表封闭和土壤压实是提高区域滞洪库容量的必要措施。

表 9-5　1986 年与 2003 年南京河西地区不同土地利用类型单位面积库容量的比较

时　间	1986 年			2003 年		
类型	面积(%)	库容(%)	库容(万 m³ km⁻²)	面积(%)	库容(%)	库容(万 m³ km⁻²)
建筑用地	20.07	0.00	0.00	67.69	0.00	0.00
旱地	34.78	20.47	8.20	23.69	51.10	8.90
水田	31.97	42.75	18.64	0.00	0.00	
林地	3.57	2.28	8.90	5.63	12.57	9.21
水面	9.62	34.50	50.00	3.00	36.33	50.00

9.2　城市土壤固碳

9.2.1　土壤固碳功能

温室效应导致的全球变暖及其对陆地生态系统的影响问题是近年全球地学界、生态学界和环境学界共同关注的科学热点(潘根兴等,2002)。目前,地学界对陆地生态系统净碳汇的估计值为 2 Pg a⁻¹,并预测其在未来几十年内将达到饱和(Scholes, 1999)。然而,陆地生态系统对大气 CO_2 源汇效应的转变取决于土地利用和环境因素的变化。因此,陆地生态系统碳库的分配及其随人类利用和全球变化成为全球碳循环研究的焦点,也一直是全球变化计划研究的核心科学问题(Pan and Guo, 1999)。土壤碳库为地球表层系统中最大的碳储库。土壤中的有机碳库与无机碳库都是陆地生态系统重要的碳库,对于温室效应与全球气候变化同样有着重要的控制作用。全球土壤有机碳库(SOC pool)达到 $1.5 \times 10^3 \sim 2 \times 10^3$ Pg,是大气碳库的 3 倍,约是陆地生物量的 2.5 倍;无机碳库(SIC pool)也达 $0.7 \times 10^3 \sim 1 \times 10^3$ Pg(Shimel,1995)。但由于土壤无机碳的更新周期在 1 ka 尺度(Lal,1999),因此土壤有机碳库在全球变化研究中显得更为重要。CO_2 浓度倍增下土壤—植物系统碳储存及分配也是 20 世纪 90 年代以来土壤碳库与全球变化关系研究的主要内容。有研究表明,在 CO_2 加倍的条件下,草原土壤的碳汇效应更显著(Gorissen et al.,1995;Van Ginkel et al.,1999)。

城市土壤碳库作为土壤碳库的一部分,也对温室效应和全球气候变化有控制作用。朱超等(2012)对 1997—2006 年中国城市建成区有机碳储量进行估算后发现,总有机碳储量由 $0.13 \sim 0.19$ Pg C(平均值为 0.16 Pg C)增加到 $0.28 \sim 0.41$ Pg C(平均值为 0.34 Pg C),呈上升趋势。建成区有机碳密度由 $9.86 \sim 14.03$ kg C m^{-2}(平均值为 11.95 kg C m^{-2})增加到 $10.5 \sim 15.5$ kg C m^{-2}(平均值为 13.04 kg C m^{-2}),主要储存在土壤中。美国城市土壤总碳储量为 2.6 Pg C,土壤平均碳密度为 7.7 kg C m^{-2}(Pouyat et al.,2006)。城市土壤碳密度受到土地利用类型、利用历史、城市景观等很多因素的影响。在纽约市的公园、住宅和不透水地面下,住宅区的有机碳密度最大(Pouyat et al.,2002)。北京市西部建成区不同土地利用类型土壤有机碳研究表明,林地有机碳密度最高,其次是园地,裸地最低(张廷龙等,2010)。

城市里还有一类特殊的土地利用类型——被沥青和混凝土封闭的土壤。封闭会明显改变土壤的有机碳储量。Xu 等(2012)研究表明,城市中心区域土壤有机碳明显富集,但土壤碳密度却降低了,这可能是因为该区域拥有较大的封闭面积。在封闭区土壤 $0 \sim 20$ cm 深度有机碳密度为 2.35 kg m^{-2},明显低于非封闭区域土壤(4.52 kg m^{-2})(Wei et al.,2014)。Raciti 等(2012)发现纽约市不透水覆盖区域的 $0 \sim 15$ cm 土壤的碳和氮含量比开放区域土壤分别低 66% 和 95%。尽管如此,封闭地表下的土壤还是存贮了相当多的碳,不应该被忽视。

9.2.2 土壤固碳功能评价

1. 评价方法

城市土壤的固碳功能采用土壤碳密度和碳储量来进行评价,土壤碳密度和土壤碳储量越大,则反映城市土壤固碳能力越强。其评价方法如下:

土壤有机碳密度的计算公式(孙维侠等,2004)为:

$$SOC = \sum_{i=1}^{n} (1 - \theta\%) \times \rho_i \times C_i \times H_i / 100 \qquad (9-10)$$

式中:SOC 为土壤有机碳密度(kg m^{-2}),$\theta\%$ 为大于 2 mm 砾石含量(体积含量),C_i 为第 i 层土壤有机碳含量(g kg^{-1}),H_i 为土层的厚度(cm),ρ_i 为土壤容重(g cm^{-3})。

土壤有机碳储量的计算公式为：

$$ROC = \sum \overline{SOC} \times A \qquad\qquad (9-11)$$

式中：ROC 为土壤有机碳储量(kg)，$\overline{SOC}$ 为某一类型平均有机碳密度($kg\ m^{-2}$)，A 为某种类型土壤的面积(m^2)。

2. 土壤有机碳密度

城市土壤在强烈的人为活动影响下，其物质组成、容重以及有机碳含量会发生改变。因此，城市土壤的固碳量与其所在区域的非城市土壤有一定的差异。很多研究表明，沿着城市-乡村梯度，城市内部土壤有机碳密度高于郊区和乡村(Pouyat et al.，2002；张廷龙等，2010)。杭州市城区土壤表土($0\sim10\ cm$)和 $0\sim100\ cm$ 深度土壤有机碳密度约为远郊区土壤的 4.3 倍和 5.7 倍(章明奎和周翠，2006)。但是也有一些不同的研究结果，如美国东北部的波士顿和意大利的锡拉库扎城市化后的有机碳密度比城市化前低(Pouyat et al.，2006)。这归因于不同的气候、城市管理、城市土地利用类型和城市土壤高的空间变异性。以南京市为例，南京周边典型非城市土壤 $0\sim30\ cm$ 有机碳密度的变幅为 $2.06\sim4.17\ kg\ m^{-2}$，平均值为 $2.98\ kg\ m^{-2}$(表 9-6)(南京市土壤普查办公室，1987；卢瑛，2000)，低于城区不同土地利用类型土壤 $0\sim30\ cm$ 有机碳密度的平均值($3.32\ kg\ m^{-2}$)。从城区土壤 $0\sim30\ cm$ 土壤有机碳密度的频数可知，大于 $3\ kg\ m^{-2}$ 的城区土壤剖面占 53.7%，其中 $3\sim4\ kg\ m^{-2}$ 的剖面占总数的 28.6%。城市土壤中小于非城市土壤有机碳密度均值的有广场绿地和仓储用地附属绿地，其他的土地利用类型的有机碳密度均大于非城市土壤。可见，大部分的城市土壤较非城市土壤有机碳密度有一定程度的增加。

表 9-6　非城市土壤有机碳密度特征(南京市土壤普查办公室，1987；卢瑛，2000)

剖　　面	层　　次	有机碳($g\ kg^{-1}$)	$SOC_{0\sim30}$($kg\ m^{-2}$)
剖面 1	$0\sim15$	11.31	3.25
	$15\sim40$	4.18	
剖面 2	$0\sim15$	12.01	3.20
	$15\sim40$	3.25	
剖面 3	$0\sim7$	20.24	4.17
	$7\sim23$	6.79	
剖面 4	$0\sim13$	8.58	2.34
	$13\sim34$	3.25	

续　表

剖　面	层　次	有机碳(g kg^{-1})	SOC$_{0\sim30}$(kg m^{-2})
剖面 5	0~15	9.63	2.85
	15~47	3.94	
剖面 6	0~14	6.55	2.06
	14~34	3.48	

3. 土壤有机碳密度随深度的变化

植被的生长作用使得土壤中的有机碳主要分布于表层。关于城市土壤有机碳密度和储量的研究往往也以表层土壤为主。以南京市为例估算了主城区绕城公路以内的土壤 0~30 cm 深度的有机碳密度(表 9-7)。0~10 cm 表层土壤有机碳密度占 0~30 cm 土壤有机碳密度的 65.8%,10 种不同土地类型的亚表层(10~30 cm)土壤有机碳密度的最大值、最小值和均值均比表层(0~10 cm)土壤有机碳密度小(表 9-7)。从 287 个样点表层和亚表层土壤有机碳密度的频数统计图(图 9-5a、b)可知：表层土壤有机碳密度≤2 kg m^{-2}的占 49.5%,而亚表层土壤有机碳密度≤2 kg m^{-2}的占 91.6%。但表层与亚表层土壤有机碳密度的差值频率分布图(图 9-5c)表明,在 287 个点中有 21 个点的亚表层土壤有机碳密度比表层有所增加。虽然仅有 7.3%的亚表层土壤有机碳密度高于表层,但这表明城市土壤由于人为的扰动,会出现下层有机碳密度高的现象,说明部分城市土壤下层也在发挥较强的固碳功能。从南京市城区土壤有机碳密度随深度的变化来看,表层土壤的有机碳密度占整个 0~30 cm 土壤有机碳密度的 2/3,因此,城市土壤的亚表层土壤具有更强的固碳潜能。

表 9-7　城市土壤有机碳密度描述性统计特征(单位: kg m^{-2})

层　次	指　标	A (3)	B (41)	D (51)	E (4)	F1 (35)	F2 (41)	F3 (4)	F4 (3)	F5 (54)	I (51)	总体 (287)
0~10	均值	2.23	2.15	2.34	1.48	2.06	2.32	2.18	1.4	2.31	1.96	2.18
	最小值	1.62	0.99	0.45	0.38	0.38	0.19	1.23	0.43	0.42	0.37	0.19
	最大值	2.6	4.44	6.79	2.54	6.58	5.75	3.92	2.52	8.68	5.63	8.68
	变异系数(%)	23.88	38.38	60.08	81.41	59.92	54.48	58.29	75.64	53.6	60.38	55.33
10~30	均值	1.07	1.24	1.13	0.66	1.19	1.06	0.9	0.87	1.15	1.19	1.14
	最小值	0.48	0.2	0.24	0.18	0.2	0.14	0.59	0.39	0.17	0.12	0.12
	最大值	1.41	2.88	2.84	1.32	3.29	2.34	1.67	1.58	3.97	4.18	4.18
	变异系数(%)	47.64	48.5	55.57	86.22	61.64	49.86	57.16	72.8	52.4	72.33	57.81

续　表

层　次	指　标	A (3)	B (41)	D (51)	E (4)	F1 (35)	F2 (41)	F3 (4)	F4 (3)	F5 (54)	I (51)	总体 (287)
0～30	均值	3.3	3.39	3.47	2.14	3.25	3.38	3.08	2.27	3.46	3.15	3.32
	最小值	2.1	1.52	0.75	0.57	0.61	0.32	1.84	0.82	0.59	0.49	0.32
	最大值	3.92	6.49	8.59	3.86	9.87	7.31	5.59	4.1	12.65	9.02	12.65
	变异系数(%)	31.38	38.82	53.36	82.36	55.4	48.7	56.36	74.18	49.32	61.27	51.57

注：括号中的数字是相应类型的样点数,A：林地;B：耕地;D：公园;E：广场绿地;F1：公共设施用地附属绿地;F2：工业用地附属绿地;F3：市政公用设施用地附属绿地;F4：仓储用地附属绿地;F5：住居用地附属绿地;I：道路绿地。

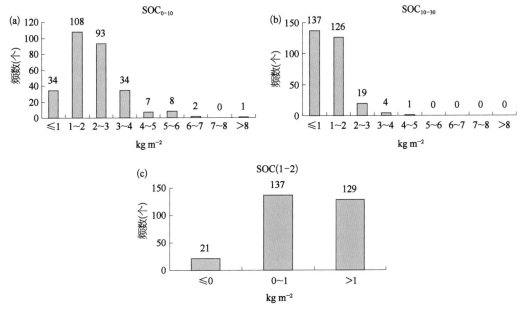

图 9-5　土壤有机碳密度频数分布特征

(a) 0～10 cm 土壤有机碳密度频数;(b) 10～30 cm 土壤有机碳密度频数;(c) 0～10 cm 与 10～30 cm 土壤有机碳密度之差频数,样品总数为 287。

　　从城市土壤土体的尺度研究来看,深层土壤中依然含有大量的有机碳。南京市受到人为活动影响的深层土壤中有机碳含量甚至超过表层(图 9-6a)。在图 9-6a 这些剖面中,人为活动影响层次深度达到 2～3 m,以下为该区域自然土壤层。结合每层土壤对应的容重,估算整个人为活动影响土体中的有机碳密度为 14.49～23.73 kg m^{-2},是 0～30 cm 土壤中有机碳密度的 4～7 倍。南京是六朝古都,有很多历史时期的工农业、商业和居民聚居区强烈作用的文化层,这里的碳含量很高,可达 5.86～48.92 g kg^{-1}(图 9-6b)。这对整个土体中的固碳量具有重要的影响。因此,研究城市土壤的固碳量不能仅关注土壤表层。

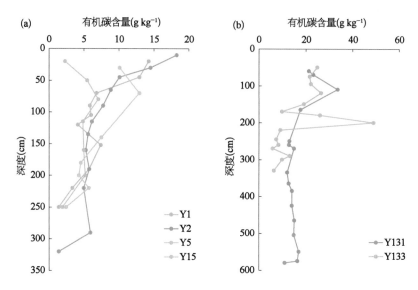

图 9-6 典型土体中有机碳的含量(a)和历史文化层中有机碳的含量(b)

4. 城市土壤无机碳的固存

城市土壤中还会存储相当多的无机碳。南京市 0~10 cm 深度土壤中无机碳密度为 0~1.97 kg m^{-2}。虽然无机碳密度低于有机碳,但是对于地处亚热带的南京地区,自然土壤表层一般不含有无机碳。因此,这是城市土壤的净碳增加量。此外,城市中有持续沉降的 $CaCO_3$ 会增加土体中的无机碳含量(Moulton et al., 2000; Manning, 2008)。在典型的技术物质中,包括建筑物中以水泥为基础的材料通过各种方式进入土壤的无机碳富集速率为 25 ± 12.8 t C ha^{-1} a^{-1} (Renforth et al., 2009)。这几乎是农业区域碳富集速率的 2 倍(Smith et al., 2005; Manning and Renforth, 2013)。已有研究表明土壤具有捕获大量碳的潜在性(Pouyat et al., 2006),特别是新建设城市中具有低碳密度(<2 kg TC m^{-2})的表层土壤(Beesley, 2012)。实际上,深层土壤中也含有大量的无机碳,由于受古代和现代建筑及工业活动的影响,人为活动影响强烈的 2~3 m 土体中无机碳密度为 1.63~4.90 kg m^{-2},远大于表层无机碳密度。南京市的历史文化层中无机碳的含量也很高,最高可达 21.37 g kg^{-1}(图 9-7)。因此,城市土壤可以减少大气中的 CO_2,具有捕获和储存碳的重要生态功能。

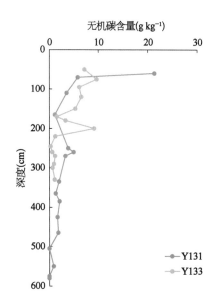

图 9-7 含历史文化层土壤的
无机碳含量

5. 城市土壤对减少大气温室气体的贡献

温室效应导致的全球变暖及其对陆地生态系统的影响问题是近年全球地学界、生态学界和环境学界共同关注的科学热点，为了分析城市土壤碳库对减轻温室效应的作用，我们假设被城市土壤吸附的碳库减少，并以 CO_2 的形式向大气释放。仅南京市主城区吸附在城市表层(0～30 cm)土壤中的 $3.75×10^5$ t 碳的释放相当于标准状况下(0℃)$7.00×10^8$ m^3 的 CO_2 气体，相当于 22℃温度下 $7.12×10^8$ m^3 的 CO_2 气体的释放。释放到大气中的 CO_2 是主要的温室气体，具有温室效应。可见，吸附在城市土壤中的碳对减缓温室气体的排放有重要作用。此外，相对于农业土壤，城市绿地土壤中的有机碳有积累的趋势，城市土壤有机碳的密度比同地区非城市土壤有机碳密度大，所以城市土壤是一个重要的碳汇，对减少大气中的温室气体具有重要作用。因此，城市土壤对温室效应有减缓作用，具有调节气候的功能。

尽管城市土壤有机碳含量高于非城市土壤，但城市土壤依然有非常大的碳存储空间，比如可增加现有土壤，尤其像广场绿地、道路绿化带、仓储附属绿地等这些有机碳含量低的土地利用类型的有机碳含量。近年来，有的城市为了暂时的美观和亮丽，对于绿地，尤其是路边绿化带中的落叶采用"落叶吹风机"将其全部吹出(图 9-8)，然后统一收集处理。这种处理方式完全带走了城市绿地中的落叶，阻止了有机物质归还土壤，不利于生态城市的建设和发展。落叶保留在绿地中，不仅可增加土壤有机质含量，提高土壤的肥力，改善土壤结构，利于植物生长，而且还可以提高城市土壤的固碳量，可对生态系统碳汇做出一定的贡献。

图 9-8　对城市灌丛中的落叶采用吹风机收集处理(杨金玲摄)

城市土壤中废弃的硅酸钙和硅酸镁可以通过风化和次生碳酸盐矿物沉降的形式来捕获和储存大气的碳。Rawlins 等(2011)估计英国 0～30 cm 土壤全部的无机碳是 186 Mt 碳，占英国土壤全部有机碳和无机碳储量的 5.5%。自然和人为硅酸盐的原位风化表明，土壤中混有的人造硅酸盐和矿质废弃物(如建筑垃圾、拆除垃圾、钢渣、铁渣和尾矿)可以快速风化，形成碳酸盐矿物(Washbourne et al., 2015)，从而增加土壤中无机碳的储量。

城市土壤含有大量来自人为建设拆卸活动的富钙镁矿物，尤其是水泥和混凝土。在英国纽卡斯尔市的一个混凝土建筑拆除点，土壤中平均碳酸盐含量为 21.8±4.7% $CaCO_3$，碳和氧同位素分析表明，39.4±8.8%碳酸盐的碳来自捕获的大气 CO_2，而其余碳酸盐中的碳起源于岩石源(Washbourne et al., 2012)，进一步估算该堆放点每年可固定

85 t 的 CO_2 ha^{-1} *（8.5 kg CO_2 m^{-2}）（Washbourne et al., 2015）。也有研究表明，通过硅酸盐风化，每年每吨城市土壤可潜在捕获 12.5 kg CO_2，说明这些成土过程的碳酸盐矿物具有可开发的大气碳存能力。城市的水泥混凝土通过风化和成土过程捕获大气 CO_2 的量受土壤或废弃物的物理化学和环境因素所影响，如颗粒大小、表面积、结晶程度、地表暴露程度和地下水位等。已有很多关于人造和废弃物的碳酸化研究（Renforth et al., 2009；Wilson et al., 2009；Wilson et al., 2011；Washbourne et al., 2012），试图通过合理化的管理来最大化城市土壤的大气 CO_2 固存量。Washbourne 等（2015）估算在 12 000 ha 的城市土壤上，以正确的管理最大化方解石的沉降，每年可以潜在地移除大气中 100 万吨的 CO_2。基于当前的工业含钙和镁产量，估计全球每年最多可移除 700~1 200 Mt 的 CO_2，相当于全部燃油燃烧释放量的 2.0%~3.7%。因此，城市土壤对减少大气温室气体的含量有重要的贡献，具有潜在的开发价值。

9.3 城市土壤养分循环与存储

9.3.1 土壤养分循环功能

土壤养分循环是"土壤圈"物质循环的重要组成部分，也是陆地生态系统中维持生物生命周期的必要条件。土壤植物营养的研究证实，生物体中含有 90 余种元素，其中已被肯定的 16 种植物生长发育必要元素主要来自大气和水，其余元素则主要来自土壤。来自土壤的元素通常可以反复地循环和再利用，典型的再循环过程包括：① 生物从土壤中吸收养分；② 生物的残体归还土壤；③ 在土壤微生物的作用下，分解生物残体，释放养分；④ 养分再次被生物吸收。可见，土壤养分的循环是在生物参与下，营养元素从土壤到生物，再从生物回到土壤的循环，是一个复杂的生物地球化学过程。生态系统营养物质循环的最主要过程是生物与土壤之间的养分交换过程，也是植物进行初级生产的基础，对维持生态系统的功能和过程十分重要（Burke et al., 1989；Burke et al., 1995；Aguiar et al., 1996）。参与生态系统维持养分循环的物质种类很多，其中的大量营养元素有氮、磷和钾（赵同谦等，2004）。

陆地上的生物分解过程主要在土壤中进行。生物分解过程使死去的有机物质和垃圾转化成为碎屑或生物可利用的养分形式，使有毒或有害的物质和许多病原体化解成为无害的物质。微生物对有机物进行生化切割，把它们降解为简单的物质，还原成有益的养分原料。有些土壤细菌还可以固氮，吸收空气中的氮元素，把它们转化为植物可以吸收的形式，而氮是蛋白质的重要组成元素。人和其他动物依赖于植物获取生命所必需的氮和蛋白质。因此，土壤是重要的养分循环库。城市土壤是城市绿色植物的生长基础，为绿色植物提供水分和养分。但在城市中，城市居民生活强烈地干扰了城市生态系统中元素的循环，也改变了城市土壤中养分的储量。城市土壤中除了自然源的大气沉降、植物落叶

---

　　* 注：数据单位引自相关文献，1 ha=$1×10^4$ m^2。

归还、径流输入以及成土过程等的输入以外,还有大量的人为输入源,如工业废弃物、建筑垃圾、厨余垃圾、草坪等绿地上施用的氮磷肥料、有机废弃物以及燃料等。虽然家用污水主要排放到下水管道,但是下水管道的维修、暴雨期间的洪涝等意外事件会造成生活污水进入土壤(图 9-9)。这些输入的元素除了碳、氮、磷等大量营养外,还有铁、钙、钠、镁、氯以及多种微量元素。元素输出的主要途径比较少,主要为植物吸收、淋溶、径流输出、有机碳分解、NO_x 反硝化等。可见,城市土壤中营养元素的循环不同于自然环境,人为输入起了主导的作用。由此造成营养元素在城市土壤中富集。

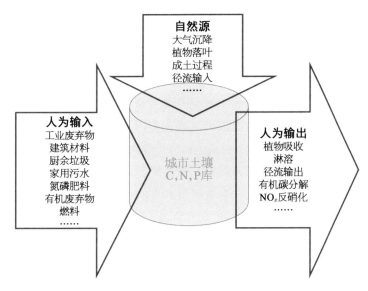

图 9-9　城市土壤中的碳氮磷循环

9.3.2　土壤养分存储和循环功能评价

1. 评价方法

城市生态系统的营养物质循环主要是在生物库、凋落物库和土壤库之间进行,其中生物与土壤之间的养分交换过程是最主要的过程。参与生态系统维持养分循环的物质种类很多,其中大量元素有全氮、有效磷和速效钾等。根据资料的有效性和可获得性,可以采用土壤库养分持留法,在地理信息系统的支持下,从物质量的角度定量评价研究区域生态系统中全氮、有效磷和速效钾等常量营养物质的循环功能(欧阳志云等,2004)。持留的养分越多,则城市土壤所发挥的存储和循环功能越强。

所谓土壤库养分持留法,是根据土壤中全氮、有效磷和速效钾的含量和容重及粒径≥2 mm 的砾石含量,采用公式 9-12 分别计算不同层次土壤中所持留的养分密度,再根据公式 9-13 计算不同层次土壤中所持留的养分量,将不同层次土壤中所持留的养分量相加,即可得到研究区域的土壤持留养分总量。

土壤养分持留量的计算公式：

$$DN_k = \sum_{i=1}^{n}(1-\theta\%) \times \rho_i \times N_{ik} \times H_i / 100 \qquad (9-12)$$

$$RN_{jk} = \sum \overline{DN_{jk}} \times A_j \qquad (9-13)$$

式中：DN_k 为某点土壤中 k 种养分元素的密度($g\ m^{-2}$)；$\theta\%$ 为粒径大于 2 mm 砾石含量（体积含量）；ρ_i 为土壤容重($g\ cm^{-3}$)；H_i 为土层的厚度(cm)；N_{ik} 为某土壤剖面第 i 层土壤 k 种养分元素的含量($mg\ kg^{-1}$)；RN_{jk} 为第 j 种土地利用类型 k 种养分元素的量(g)；$\overline{DN_{jk}}$ 为第 j 种土地利用类型 k 种养分元素的平均密度($g\ m^{-2}$)；A_j 为 j 种土地利用类型的面积(m^2)。

2. 南京市土壤养分持留量

采用上述评价方法，估算出了南京市不同用地类型土壤(0～30 cm)中全氮、有效磷和速效钾的密度和储量(表 9-8)。同一种养分元素密度因不同利用类型而存在差异。对于全氮和有效磷来说，密度最大的是耕地，土壤全氮的密度为 622.2 $g\ m^{-2}$，有效磷为 39.7 $g\ m^{-2}$；其次为林地，土壤全氮的密度为 566.8 $g\ m^{-2}$，有效磷为 28.6 $g\ m^{-2}$；最小的为市政公用设施用地，土壤全氮的密度为 366.0 $g\ m^{-2}$，有效磷为 10.9 $g\ m^{-2}$。对于速效钾来说林地的密度最小，为 43.3 $g\ m^{-2}$，耕地次之，为 44.6 $g\ m^{-2}$，密度最大的是公园绿地土壤，为 88.3 $g\ m^{-2}$。

表 9-8　南京市不同利用类型土壤(0～30 cm)全氮、有效磷和速效钾的密度和储量

类型	面积 (km²)	全　氮		有　效　磷		速　效　钾	
		密度 ($g\ m^{-2}$)	储量 ($\times 10^2$ t)	密度 ($g\ m^{-2}$)	储量 (t)	密度 ($g\ m^{-2}$)	储量 (t)
A	49.55	566.8	280.8	28.6	1 419	43.3	2 146
B	39.07	622.2	243.1	39.7	1 551	44.6	1 744
D	5.91	511.8	30.24	19.9	117.9	88.3	521.7
E	0.54	440.2	2.38	18.2	9.8	84.7	45.7
F1	6.27	430.2	26.97	24.3	152.0	77.6	486.7
F2	3.59	459.3	16.49	17.0	61.1	60.9	218.7
F3	0.02	366.0	0.07	10.9	0.23	59.9	1.2
F4	0.23	383.7	0.88	12.2	2.8	71.0	16.3
F5	5.02	497.5	24.97	25.8	129.4	71.5	358.8
I	2.22	422.5	9.38	17.3	38.2	74.6	165.7
总量	112.4		635.3		3 481.7		5 704.8

注：A：林地；B：耕地；D：公园；E：广场绿地；F1：公共设施用地附属绿地；F2：工业用地附属绿地；F3：市政公用设施用地附属绿地；F4：仓储用地附属绿地；F5：住居用地附属绿地；I：道路绿地。

南京市整个研究区域持留在 0～30 cm 土壤中的养分元素的总量：全氮为 6.353×10^4 t，有效磷为 3 481.7 t，速效钾为 5 704.8 t。在 10 种土地利用类型中，全氮持留量最大的为林地(2.808×10^4 t)，耕地次之(2.431×10^4 t)，耕地和林地占总量的 82.5%，持留量最小的为市政公用设施用地绿地(7 t)。有效磷持留量最大的为耕地(1.551×10^3 t)，林地次之(1.419×10^3 t)，耕地和林地占总持留量的 85.6%，持留量最小的为市政公用设施用地绿地(0.23 t)。速效钾在林地的持留量最大(2.146×10^3 t)，耕地次之(1.744×10^3 t)，耕地和林地占总持留量的 68.2%，其他类型的占 31.8%，持留量最小的为市政公用设施用地附属绿地(1.2 t)。对全氮和有效磷来说，这主要是因为林地和耕地的面积大，且养分密度大，而市政公用设施用地绿地的面积小，且养分密度最小。对速效钾来说，主要是因为林地和耕地的面积大，但其他类型的养分密度比耕地和林地大，所以其他类型的持留量也占有一定的比例。

存储在城市土壤中的这些养分是城市绿色植物的天然养分供应库，城市绿色植物从土壤中吸收养分，合成有机物质，植物残体又归还土壤。在微生物的作用下残体分解释放养分，这些释放的养分又被植物吸收，构成城市土壤养分循环。虽然这些养分循环过程主要在城市土壤的表层进行，但是由于元素的迁移和人为扰动的作用，城市土壤的下层也存储着大量的养分元素，尤其是磷元素(张甘霖等，2003)。

9.4 城市土壤的污染物净化功能

9.4.1 土壤的污染物控制功能

城市生态系统是消费者占优势的生态系统，也是分解功能不完全的生态系统(宋永昌等，2000)。系统中循环的物质来源于外界，所以城市依赖其他生态系统而存在。图 9-10 展示了城市生态系统物质循环的特征，在该循环中，由于输入和输出的不平衡性，即输入大于输出，城市系统内部越来越趋向于物质的集中。集中于城市生态系统的物质有 2 个主要的出路，一是通过人工或自然输出过程转移至城市之外，如废弃物的输

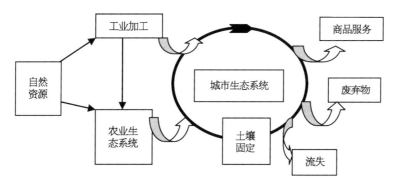

图 9-10 城市生态系统物质循环与城市土壤的末端固定(张甘霖，2005)

出和污水的排放;二是滞留在城市土壤之中,因为土壤是很多循环过程的终端,至少是一个相对稳定、具有较长周转周期的环节。因此,城市土壤中不仅滞留着大量的营养元素,也同时滞留着大量的废弃物和污染物,如果过剩的营养元素未被植物吸收或超过土壤的容纳能力,则也会成为环境的污染物。在城市土壤中,对环境和人类有严重影响的物质主要是磷、重金属和有机污染物。

土壤的自净是指进入土壤的污染物质,在土壤矿物质、有机质和土壤微生物的作用下,经过一系列的物理、化学和生物化学反应过程,降低其浓度或改变其形态,从而消除或降低污染物毒性的现象。进入土壤中的污染物分为两大类:无机污染物和有机污染物。无机污染物主要是重金属(Hg、Cd、Cu、Zn、Pb、Cr、Ni、As 和 Se)(李天杰,1996),它们可通过吸收、沉淀、配合、氧化还原等化学作用变为不溶性化合物,使得某些重金属元素暂时退出生物循环,脱离食物链。土壤-植物系统对土壤无机污染物的净化作用主要是通过土壤的吸附、降解和根部吸收,有毒物质吸附在土壤胶体上,然后缓慢地进行降解。土壤里的微生物和小动物均有降解污染物的能力,被降解的污染物有的通过植物根系被吸收,有的则留在土壤中或通过雨水冲刷进入水体。对于有机污染物的降解通常有3个主要途径:① 植物根系的吸收、转化、降解和合成作用;② 土壤中真菌、细菌和放线菌等生物区系的降解、转化和生物固定作用;③ 土壤中动物区系的代谢作用。对于一般有机污染物质,特别是对含 N、P、K 的有机污染物(如农药和化肥的残留物)具有较为理想的净化效果(施晓清等,2001)。但是,无论是有机污染物还是无机污染物,其在土壤中的降解过程很慢,而且土壤对其存储和降解的能力有限。一旦超过其降解和容纳能力,土壤则会变成污染源,产生二次污染。

土壤污染问题是全球环境科学研究的重要内容,城市土壤的重金属污染问题是当今的一个热门研究课题。随着全球范围内城市化水平的提高,工业发展、交通拥挤、人类活动的影响强烈,城市土壤中污染物不仅数量大,而且种类繁多,一旦造成污染,对人类的健康危害很大。南京市的研究表明,城市区域地下水中氮、磷和重金属浓度都有不同程度的超标,主要是磷素和重金属在城市土壤中明显富集(张甘霖等,2003)。Lu 等(2003)、吴新民等(2003)和杨凤根等(2004)通过对城市土壤重金属元素分布、形态特征和污染状况的研究发现,城市土壤受到重金属不同程度的污染。因此,有关城市土壤在多大程度上发挥了生态服务功能,生态服务功能还有多大的发挥空间,以及如何合理利用城市土壤对污染物质控制的功能,减少土壤污染对环境的危害等研究十分重要。

9.4.2 土壤的缓冲与过滤功能评价

城市土壤中滞留着大量的废弃物和污染物,对环境和人类有严重影响的物质主要是磷、重金属元素和有机污染物。城市土壤对污染物的吸附可以减少环境污染,如可以减少磷对水体的富营养化,从而起到缓冲和过滤的功能。土壤吸附磷的量越多,发挥的缓冲与过滤功能越强。因此,可以用土壤吸附磷的量来评价城市土壤的缓冲与过滤功能。

1. 评价方法

城市土壤吸附的磷的计算公式如下:

土壤有效磷和全磷密度的计算公式为:

$$DP = \sum_{i=1}^{n} (1 - \theta\%) \times \rho_i \times P_i \times H_i / 100 \qquad (9-14)$$

$$DTP = \sum_{i=1}^{n} (1 - \theta\%) \times \rho_i \times TP_i \times H_i / 100 \qquad (9-15)$$

土壤有效磷和全磷储量的计算公式为:

$$S_{Pj} = \sum \overline{DP_j} \times A_j \qquad (9-16)$$

$$S_{TPj} = \sum \overline{DTP_j} \times A_j \qquad (9-17)$$

式中: DP 为土壤有效磷密度(g/m^2), DTP 为土壤全磷密度(kg/m^2), S_P 为土壤有效磷储量(g), S_{TP} 为土壤全磷储量(kg), $\theta\%$ 为大于 2 mm 砾石含量(体积含量), P_i 为第 i 层土壤有效磷含量(g/kg), TP_i 为第 i 层土壤全磷含量(kg/kg), H_i 为土层的厚度(cm), $\overline{DP_j}$ 为第 j 种土地利用类型平均有效磷密度(g/m^2), $\overline{DTP_j}$ 为第 j 种土地利用类型平均全磷密度(kg/m^2), A 为第 j 种土地利用类型的面积(m^2), ρ_i 为土壤容重(g/cm^3)。

2. 南京市土壤磷的吸持量

根据上述公式计算得到了南京市 112.4 km^2 绿地 0~30 cm 土壤吸附的有效磷量为 3.5×10^3 t,全磷量为 1.27×10^5 t(表 9-9)。这仅是 0~30 cm 土层吸附的磷量。由于城市土壤的扰动以及污水排放,下水管道的泄露以及城市洪水造成的下水管污水外泄等,使得城市下层土壤中的磷素含量更高。据估算,南京城市土壤每平方公里范围内 1 m 深土体(10^6 $m^2 \times 1$ m)中的全磷储量将达到 6.5×10^3 t(张甘霖等,2003),那么 112.4 km^2 绿地将存储 7.31×10^5 t 全磷。这么多的磷对植物来说是巨大的营养宝库,而对于环境,尤其对水体来说,则起到了巨大的保护作用。

表 9-9 南京市土壤(0~30 cm)有效磷和全磷的密度和储量

类 型	面积 (km^2)	面积 (%)	样本数 (个)	有效磷密度 ($g\ m^{-2}$)	有效磷储量 (t)	全磷密度 ($kg\ m^{-2}$)	全磷储量 ($\times 10^3$ t)
A	49.55	19.44	3	28.64	1 419.0	0.98	48.55
B	39.07	15.33	41	39.69	1 550.6	1.17	45.71
D	5.91	2.32	44	19.93	117.9	1.16	6.86
E	0.54	0.21	4	18.15	9.8	1.07	0.58
F1	6.27	2.46	35	24.25	152.0	1.71	10.72

类　型	面积 （km²）	面积 （％）	样本数 （个）	有效磷密度 （g m⁻²）	有效磷储量 （t）	全磷密度 （kg m⁻²）	全磷储量 （×10³ t）
F2	3.59	1.41	41	17.02	61.1	1.18	4.24
F3	0.02	0.01	4	10.88	0.2	0.64	0.01
F4	0.23	0.09	3	12.21	2.8	0.82	0.19
F5	5.02	1.97	54	25.80	129.4	1.43	7.17
I	2.22	0.87	51	17.25	38.2	1.14	2.53
总量					3 480.9		126.56

注：A：林地；B：耕地；D：公园；E：广场绿地；F1：公共设施用地附属绿地；F2：工业用地附属绿地；F3：市政公用设施用地附属绿地；F4：仓储用地附属绿地；F5：住居用地附属绿地；I：道路绿地。

一般地说，当封闭性湖泊和水库的水中含氮量超过 0.2 mg L⁻¹ 时，就可能引起富营养化的发生，而当水体中磷的浓度达到 0.02 mg L⁻¹ 时，会产生富营养化（陈怀满，2010），而水体富营养化给城市环境带来的巨大影响是众所周知的。不仅使水味变得腥臭难闻、降低水体的透明度、影响水体的溶解氧、向水体释放有毒物质，而且还会影响供水水质并增加制水成本、破坏水生生态的平衡。富营养化的治理是一个长期的过程，因为非生物环境的改变需要数年，而生态环境的恢复则需要更长的时间，不可能在短期内就看到消除富营养化的结果，必须长期治理，长期监控（周景博，2003）。

城市土壤磷含量普遍高于土壤背景值，一方面说明城市土壤已经发挥了较大的吸附和过滤功能，其进一步吸附和固存磷的潜力较小。另一方面，城市土壤过量吸附的磷也会释放进入水体。假设这些被城市土壤吸附的磷素全部释放到水体中，如果按照当前城市污水中 TP 10 mg L⁻¹ 的浓度排放，则被城市土壤 0～30 cm 吸附的全磷释放到水体中相当于 12.7×10¹² m³ 的污水，而被其吸附的有效磷则相当于 3.48×10¹¹ m³ 的污水。可见，如果被土壤吸附的磷素释放于水体中将产生严重的水体富营养化作用。

尽管城市土壤吸纳了大量的磷素，但城市水体仍然普遍存在富营养化现象。应用水生生物群落等指标，对 2003 年南京市主要湖泊与河流的生态环境质量与污染生态效应进行评价，监测结果表明，城区玄武湖、莫愁湖仍属于重富营养化型湖泊，郊区、县湖泊为中营养型；长江南段江宁河口、三江河口和九乡河口，均为 β-中污带；内秦淮河文德桥、外秦淮河七桥瓮污染属 α-中污带（南京市环境保护局，2003）。城市水体富营养化的直接原因是进入水体的磷素过量，而这些磷主要是由于污水没有经过人为处理或土壤对含磷污水的净化所致，但同样值得注意的是，富集在土壤中的磷素也会对环境构成威胁。南京市的初步研究表明，城市区域地下水中氮、磷和重金属都有不同程度的超标。由于磷素在城市土壤中的明显富集，城市土壤已经成为城市地表和地下水体中磷素的重要来源（张甘霖等，2003），更进一步证明了吸附在土壤中的磷对减少水体富营养化的作用。所以在某种意义上说,城市土壤是磷素的储存场所,承担着保持磷素的生态服务功能,而其潜在的环境影响也不容忽视,要减少过量的磷对环境的危害,则要求对城市土壤科学的管理,在充分发挥土壤吸附磷的作用的同时,也要防止磷在土壤的过量积累。

9.4.3　土壤重金属吸附功能评价

1. 评价方法

积累在城市土壤中的重金属具有的生态价值有正价值和负价值之分,在其实际含量(XS)未超过土壤所能容纳污染物的最大浓度(ZD)之前,其对污染物质起着吸附和净化的作用,其所具有的价值为正价值,而在其含量超过土壤所能容纳污染物的最大浓度之后,城市土壤就成为污染源,对城市的生态环境和人们的生活构成威胁,其具有的价值为负价值。

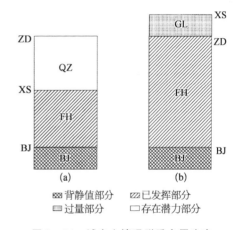

城市土壤中重金属生态系统服务功能可以用图 9 - 11 来示意,分为两种情景进行阐述。第一种:XS≤ZD(图 9 - 11a),则土壤中吸附的重金属生态功能可以用背景值部分(BJ)、已发挥部分(FH)和存在潜力部分(QZ)表达;第二种:XS>ZD(图 9 - 11b),则土壤中吸附的重金属生态功能可以用背景值部分(BJ)、已发挥部分(FH)和过量部分(GL)表达。

图 9 - 11　城市土壤吸附重金属生态
服务功能示意图

对城市土壤吸附重金属的生态服务功能的估算,可根据 ZD 与 XS 值的大小分两种情况计算。

第一种情况:$XS \leqslant ZD$　　　　　　　　　　　　　　　　　　　　　(9 - 18)

$$QZ_i = ZD - XS$$

$$FH_i = XS - BJ$$

$$GL_i = 0$$

第二种情况:$XS > ZD$　　　　　　　　　　　　　　　　　　　　　　(9 - 19)

$$QZ_i = 0$$

$$GL_i = XS - ZD$$

$$FH_i = ZD - BJ$$

式中:QZ_i 为某样点土壤存在潜力部分的重金属含量$(\mathrm{mg\ kg^{-1}})$;XS 为土壤重金属的实

际含量($mg\ kg^{-1}$);ZD 为某样点土壤所能容纳重金属最大浓度($mg\ kg^{-1}$);GL_i 为某样点过量部分的重金属含量($mg\ kg^{-1}$);BJ 为背景部分重金属含量($mg\ kg^{-1}$);FH_i 表示某点已挥发部分的重金属含量($mg\ kg^{-1}$)。如果 $ZD-XS$ 为正,则为图 9 - 11a 的情况,说明该点土壤还存在潜在的发挥空间,如果 $ZD-XS$ 为负则为图 9 - 11b 的情况,说明该点土壤的重金属含量已经超过了土壤所能容纳的最大浓度,存在负面的功能。

然后,再根据公式计算土壤中吸附的重金属生态服务功能的量。

$$DE_k = \sum_{i=1}^{n}(1-\theta\%) \times \rho_i \times FH_{ik} \times H_i/100 \tag{9-20}$$

$$E_{jk} = \sum \overline{DE_{jk}} \times A_j \tag{9-21}$$

$$DH_k = \sum_{i=1}^{n}(1-\theta\%) \times \rho_i \times QZ_{ik} \times H_i/100 \tag{9-22}$$

$$H_{jk} = \sum \overline{DH_{jk}} \times A_j \tag{9-23}$$

$$DC_k = \sum_{i=1}^{n}(1-\theta\%) \times \rho_i \times GL_{ik} \times H_i/100 \tag{9-24}$$

$$C_{jk} = \sum \overline{DC_{jk}} \times A_j \tag{9-25}$$

$$k = Cr、Cu、Cd、Zn、Pb$$

式中:DE_k 为土壤中某点已发挥部分的 k 种重金属密度($g\ m^{-2}$);DH_k 为土壤中某点存在潜力部分的 k 种重金属密度($g\ m^{-2}$);DC_k 为某样点土壤中过量部分的 k 种重金属密度($g\ m^{-2}$);E_{jk} 为 j 种土地利用类型中已发挥部分的 k 种重金属的量(g);H_{jk} 为 j 种土地利用类型中存在潜在部分的 k 种重金属的量(g);C_{jk} 为 j 种土地利用类型中过量部分的 k 种重金属的量(g);$\theta\%$ 为大于 2 mm 砾石含量(体积含量);GL_i 为某样点过量部分的重金属含量($mg\ kg^{-1}$);FH_i 为某点已挥发部分的重金属含量($mg\ kg^{-1}$);QZ_i 为样点潜在部分的重金属含量($mg\ kg^{-1}$);H_i 为土层的厚度(cm);$\overline{DE_{jk}}$ 为第 j 种土地利用类型已发挥部分的第 k 种重金属平均密度($g\ m^{-2}$);$\overline{DH_{jk}}$ 为第 j 种土地利用类型存在潜力部分的第 k 种重金属平均密度($g\ m^{-2}$);$\overline{DC_{jk}}$ 为第 j 种土地利用类型过量部分的第 k 种重金属平均密度($g\ m^{-2}$);A_j 为 j 种土地利用类型的面积(m^2);ρ_i 为土壤容重($g\ cm^{-3}$)。

2. 南京市土壤中保持的重金属量估算

城市土壤中的重金属含量往往高于自然土壤,为评价其净化功能和目前尚存在的存贮潜能或者其过量后可能带来的环境风险,以南京市为例进行了估算。根据不同土地利用类型采集的样点土壤各种重金属含量和相关的公式,计算得到南京市区 0～30 cm 土壤中已发挥吸附功能部分的各种重金属量分别为:Cr 598.2 t、Cu 756.1 t、Pb 654.4 t、Zn

2 722.6 t、Cd 0.9 t;尚存在存贮潜力部分的各种重金属量分别为:Cr 7 419.3t、Cu 2 164.7 t、Pb 1 876.0 t、Zn 6 285.8 t、Cd 13.9 t;土壤中已经过量部分的不同重金属量分别为:Cr 0.0 t、Cu 155.9 t、Pb 280.4 t、Zn 42.0 t、Cd 0.1 t(表 9 - 10)。

南京市土壤中 Cr 和 Cd 目前已发挥的吸附和存储功能较弱,只占总吸附量的 7.5% 和 5.7%,存在潜力部分的量分别占总吸附量的 92.5% 和 94.0%,Cr 没有过量的情况,Cd 仅有 0.3% 过量(图 9 - 12)。而对于 Pb、Cu 和 Zn 来说,目前已发挥的吸附和存储功能较强,分别占吸附总量的 23.3%、24.6% 和 30.1%,尚存在吸附潜力部分的量分别占总吸附量的 66.7%、70.4% 和 69.5%,过量部分分别为 10%、5.1% 和 0.5%(图 9 - 12)。

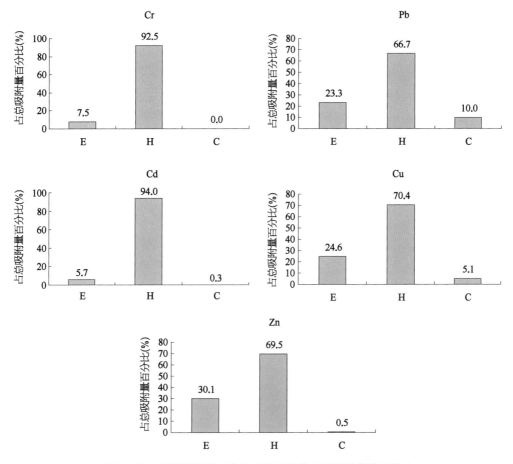

图 9 - 12　吸附在城市土壤中重金属的量占总吸附量的百分比

E: 已发挥吸附功能部分;H: 尚存在吸附潜力部分;C: 已过量部分。

可见,城市土壤在实际已经发挥吸附重金属正面生态服务功能的同时,也因大量的重金属含量超过了最大浓度,而具有负面生态服务功能,给城市环境带来了严重影响。因此,在今后城市土壤的利用和管理上,要关注重金属的污染情况。

表 9-10 南京市土壤中重金属的生态服务功能状况表(单位:t)

类型	Cr			Cu			Pb			Zn			Cd		
	E	H	C	E	H	C	E	H	C	E	H	C	E	H	C
A	325.39	3 013.27	0.00	351.16	1 017.35	0.00	278.42	836.30	0.00	1 310.17	2 678.74	0.00	0.54	5.16	0.00
B	201.78	2 582.45	0.00	166.88	726.12	12.24	127.70	747.43	0.00	654.42	2 234.47	0.00	0.06	4.51	0.01
D1	23.08	425.42	0.00	59.93	103.04	50.86	56.48	75.02	45.89	198.72	317.21	5.40	0.12	0.95	0.03
D2	5.44	37.13	0.00	10.97	4.13	0.23	12.30	0.00	6.19	16.85	32.89	0.00	0.00	0.11	0.00
F1	12.24	483.49	0.00	59.34	115.60	24.48	56.61	90.14	57.15	200.98	369.53	10.56	0.05	1.16	0.00
F2	16.44	301.49	0.00	53.59	42.35	51.87	43.80	35.28	16.93	119.90	197.58	1.46	0.04	0.61	0.00
F3	0.09	1.92	0.00	0.06	0.36	0.00	0.02	0.33	0.00	0.21	1.18	0.00	0.00	0.00	0.00
F4	0.72	17.85	0.00	1.24	5.29	0.00	1.17	4.38	0.17	3.91	17.39	0.00	0.00	0.05	0.00
F5	9.73	383.91	0.00	43.83	95.15	11.00	63.41	49.33	136.29	174.56	277.44	23.79	0.04	0.93	0.00
I	3.81	172.41	0.00	9.05	55.32	5.19	14.51	37.76	17.78	42.89	159.42	0.74	0.00	0.44	0.00
总量	598.72	7 419.33	0.00	756.06	2 164.70	155.88	654.41	1 875.96	280.40	2 722.61	6 285.82	41.96	0.85	13.92	0.04

注:A:林地;B:耕地;D1:公园;D2:广场绿地;F1:公共设施用地附属绿地;F2:工业用地附属绿地;F3:市政公用设施用地附属绿地;F4:仓储用地附属绿地;F5:住居用地附属绿地;I:道路绿地。

9.5　城市土壤的其他服务功能

　　城市生态系统中的农业、林业以及草地等均以城市土壤为基础,城市土壤为植物的生长提供生长、发育场所,植物种子在土壤中发芽、扎根、生长、开花、结果,在土壤的支撑下,完成其生命周期。另一方面,城市土壤是一些原材料,如泥土、沙砾石等的来源,同时也是城市水资源的一个重要源泉。城市土壤在提供生产基础和原材料来源的同时,也为其他生态服务功能的形成提供了支持,如为农业和林业的生态服务功能发挥了作用。

　　土壤是构成景观的要素,景观则是土壤形成的基础。土壤作为景观规划的要素之一,在土层剖面上是由不同材料叠加而成的。不同的土壤类型产生了不同的地表痕迹和景观类型。城市土壤中隐藏着对于理解地球和人类历史非常重要的具有古生物学和考古学价值的物质。可以通过土壤的一些特性来推测土壤所处历史环境的自然和人类文化特征。重金属在城市土壤文化层中的分布规律和在横向地域上的分布规律记录了不同历史时期人类活动的信息(杨凤根等,2004)。Bryant 和 Davidson(1996)对苏格兰北部地区 18~19 世纪初的文化层的土壤微结构进行的影像分析,可以揭示历史上人类对土壤的耕作利用状况。对墨西哥玛雅文明时期(550~850AD)主要城市科巴(Cobá)深度达 8 m 文化层的重金属浓度变化规律以及花粉分析,可推测人类早期活动的踪迹(Leyden et al., 1998)。由于城市土壤保存着自然和文化的遗传,因此,包含有历史文化层的城市土壤对城市发展史研究有非常重要的价值。

　　土壤是由气相、液相和固相三相合一的、生物赖以生存的重要载体,又是具有物理、化学性质及生命形式的复合体。土壤不仅保存有大量植物种子,还含有大量菌类孢子和动物的卵,因此是天然的基因库。土壤生物学家常把土壤看作是地下栖居生物的一个巨大的、变动的培养基地,并且是将高等植物所不能利用的物质通过土壤生物作用变成可利用物质的一个场所。占土壤组成极少部分的生物体,在土壤发挥巨大功能的过程中起着不可替代的作用。土壤生物是整个土壤圈的核心,在促进有机质分解、土壤矿质营养循环、维持及提高土壤肥力方面发挥着关键作用,因而也对大气圈、水圈产生着重大影响。由于人为活动的强烈扰动和大量人为物质的加入,城市土壤的物质组成更为复杂,因而其中的生物种类和数量,尤其是微生物的种群和数量会发生改变。但城市土壤依然是重要的基因库和生物培养基地。存在于土壤中的物质为土壤生物的繁殖和生长提供了重要的能量源泉。此外,城市土壤中生物区系又是分解者食物网的重要组成部分,是分解、养分矿化等生态过程的主要调节者(Wardle, 1995)。因此,城市土壤对城市中的物质循环和生态环境保护具有重要作用。

参考文献

陈怀满. 2010. 环境土壤学(第二版). 北京:科学出版社,139.

陈自新,苏雪痕,刘少宗,等.1998.北京城市园林绿化生态效益的研究.中国园林,14(57):53-56.

崔新华,许志荣.2008.河南省主要城市地下水超采区评价.水资源保护,6:17-22+27.

郭凤台.1996.土壤水库及其调控.华北水利水电学院学报,17(2):72-80.

李天杰.1996.土壤环境学.北京:高等教育出版社.

李延明,郭佳,冯久莹.2004.城市绿色空间及对城市热岛效应的影响.城市环境与城市生态,17(1):1-4.

卢瑛.2000.城市土壤特性及其环境意义,博士论文.

南京市环境保护局.2003.南京市环境质量报告书,编号011:70-74.

南京市土壤普查办公室.1987.南京土壤志.

欧阳志云,王如松,赵景柱.1999.生态系统服务功能及其生态经济价值评价.应用生态学报,10(5):635-640.

欧阳志云,赵同谦,赵景柱,等.2004.海南岛生态系统生态调节功能及其生态经济价值研究.应用生态学报,15(8):1395-1402.

潘根兴,李恋卿,张旭辉.2002.土壤有机碳库与全球变化研究的若干前沿问题——兼开展中国水稻土有机碳固定研究的建议.南京农业大学学报,25(3):100-109.

施晓清,赵景柱,吴钢,等.2001.生态系统的净化服务及其价值研究.应用生态学报,12(6):908-912.

史学正,梁音,于东升.1999."土壤水库"的合理调用与防洪减灾.土壤侵蚀与水土保持学报,5(3):6-10.

宋永昌,由文辉,王祥荣.2000.城市生态学.上海:华东师范大学出版社.

孙仕军,丁跃元,曹波,等.2001.平原井灌区土壤水库调蓄能力分析.自然资源学报,17(1):42-47.

孙维侠,史学正,于东升,等.2004.我国东北地区土壤有机碳密度和储量的估算研究.土壤学报,41(2):299-301.

吴新民,潘根兴,姜海洋,等.2003.南京城市土壤的特征与重金属污染的研究.生态环境,12(1):19-23.

杨凤根,张甘霖,龚子同,等.2004.南京市历史文化层中土壤重金属元素的分布规律初探.第四纪研究,24(2):203-212.

杨金玲,张甘霖.2008.城市土壤"水库"库容的萎缩及其环境效应.土壤,40(6):992-996.

杨小波,吴庆书,等.2000.城市生态学.北京:科学出版社,50.

俞孔坚,李迪华,袁弘,等.2015."海绵城市"理论与实践.城市规划,39(6):26-36.

张本志,任国玉,张子曰,等.2013.北京中心商务区夏季近地面气温时空分布特征.气象与环境学报,2(5):26-34.

张甘霖,卢瑛,龚子同,等.2003.南京城市土壤某些元素的富集特征及其对浅层地下水的影响.第四纪研究,23:446-455.

张甘霖.2005.城市土壤的生态服务功能演变与城市生态环境保护.科技导报,25(3):16-19.

张廷龙,孙睿,胡波,等.2010.北京西北部典型城市化地区不同土地利用类型土壤碳特征分析.北京师范大学学报(自然科学版),46(1):97-102.

章明奎,周翠.2006.杭州市城市土壤有机碳的积累和特性.土壤通报,37(1):19-21.

赵同谦,欧阳志云,贾良清,等.2004.中国草地生态系统服务功能间接价值评价.生态学报,24(6):1101-1110.

周景博. 2003. 国外水体富营养化治理的经验及对我国的政策建议. 环境保护,9:57-60.

朱超,赵淑清,周德成. 2012. 1997—2006 年中国城市建成区有机碳储量的估算. 应用生态学报,23(5): 1195-1202.

Aguiar M R, Paruelo J M, Sala O E, et al. 1996. Ecosystem response to changes in plant functional type composition: an example from the patagonian steppe. Journal of Vegetation Science, 7: 381-390.

Alexander S, Schneider S, Lagerquist K. 1997. Ecosystem Services: Societal Dependence on Natural Ecosystem. Washington D C: Island Press, 71-92.

Beesley L. 2012. Carbon storage and fluxes in existing and newly created urban soils. Journal of Environmental Management, 104: 158-165.

Blum W E H. 1998. Basic concepts: Degradation, Resilience, and Rehabilitation. In: Lal R, Blum W H, Valentine C, Stewart B A (eds). Methods for assessment of soil degradation. Advances in Soil Sciences. Boca Raton, New York: CRC Press, 1-6.

Bruijnzeel L A. 1990. Hydrology of Moist Tropical Forests and Effect of Conversion: A State of the Knowledge review. Netherlands Committee for international Hydrology Programme of UNESCO, Amsterdam.

Bryant R G, Davidson D A. 1996. The use of image analysis in the micromorphological study of old cultivated soils: An evaluation based on soils from the island of Papa Stour, Shetland. Journal of Archaeological Science, 23(6): 811-822.

Burke I C, Lauenroth W K, Coffin D P, et al. 1995. Soil organic matter recovery in semiarid grassland: implication for the conservation reserve program. Ecological Application, 5: 793-801.

Burke I C, Yonker C M, Parton W J, et al. 1989. Texture, climate, and cultivation effects on soil organic matter content in U. S. grassland soils. Soil Science Society of America Journal, 53: 800-805.

Daily G C. 1995. Restoring value to the world's degraded lands. Science, 269: 350-355.

Estoque R C, Murayama Y, Myint S W. 2017. Effects of landscape composition and pattern on land surface temperature: An urban heat island study in the megacities of Southeast Asia. Science of the Total Environment, 577: 349-359.

Gorissen A, van Ginkel P J, van Veen J H, et al. 1995. Grass root decomposition is retarded when grass has been grown under elevated CO_2 Soil biology and Biochemistry, 27: 117-120.

Guo Z W, Xiao X M, Gan Y L, et al. 2001. Ecosystem functions, services and their values — a case study in Xingshan County of China. Ecological Economics, 38: 141-154.

Harod M. 2003. People and Ecosystems: A Framework for Assessment and Action. Washington D. C: Island Press.

Huntoon P W. 1992. Hydrogeologie characteristics and deforestation of the stone forest karst aquifers of south China. Groundwater, 30(2): 167-176.

Lal R. 1999. World soils and greenhouse effect. IGBP Global Change Newsletter, 37: 4-5.

Leyden B W, Brenner M, Dahlin B H. 1998. Cultural and climatic history of Cobá, a lowland Maya city in Quintana Roo, Mexico. Quaternary Research, 49(1): 111-122.

Lu Y, Gong Z T, Zhang G L, et al. 2003. Concentrations and chemical speciations of Cu, Zn, Pb and Cr of urban soils in Nanjing, China. Geoderma, 115(1 - 2): 101 - 111.

Manning D A C. 2008. Biological enhancement of soil carbonate precipitation: passive removal of atmospheric CO_2. Mineralogical Magazine, 72: 639 - 649.

Manning D A C, Renforth P. 2013. Passive sequestration of atmospheric CO_2 through coupled plant-mineral reactions in urban soils. Environmental Science & Technology, 47: 135 - 141.

Moulton K L, West J, Berner R A. 2000. Solute flux and mineral mass balance approaches to the quantification of plant effects on silicate weathering. American Journal of Science, 300: 539 - 570.

Palmer M, Bernhardt E, Chornesky E, et al. 2004. Ecology for a crowded planet. Science, 304(5675): 1251 - 1252.

Pan G, Guo T. 1999. Pedogenic carbonates in arid soils of China and significance for terrestrial carbon transfer. In: Lal R, Kimble J, Eswaran H, eds. Global Climate Change and Pedogenic Carbonates. New York: Lewis Publishers, 135 - 148.

Peron F, DeMaria M M, Spinazzè F, et al. 2015. An analysis of the urban heat island of Venice mainland. Sustainable Cities and Society, 19: 300 - 309.

Pouyat R V, Groffman P, Yesilonis I, et al. 2002. Soil carbon pools and fluxes in urban ecosystems. Environmental Pollution, 116(Supple 1): S107 - S118.

Pouyat R V, Yesilonis I D, Nowak D J. 2006. Carbon storage by urban soils in the United States. Journal of Environmental Quality, 35: 1566 - 1575.

Raciti S, Hutyra L, Finzi A. 2012. Depleted soil carbon and nitrogen pools beneath impervious surfaces. Environmental Pollution, 164: 248 - 251.

Rawlins B G, Henrys P, Breward N, et al. 2011. The importance of inorganic carbon in soil carbon databases and stock estimates: a case study from England. Soil Use and Management, 27(3): 312 - 320.

Renforth P, Manning D A C, Lopez-Capel E. 2009. Carbonate precipitation in artificial soils as a sink for atmospheric carbon dioxide. Applied Geochemistry, 24: 1757 - 1764.

Salati E. 1987. The forest and the hydrological cycle. In: Dickinson, R. (ed.). The Geophysiology of Amazonia. New York: John Wiley and Sons, 273 - 294.

Scholes B. 1999. Will the terrestrial carbon sink saturate soon? IGBP Global Change Newsletter, 37: 2 - 3.

Shimel D S. 1995. Terrestrial ecosystem and the carbon cycle. Global Change Biology, 1: 77 - 91.

Smith P, Milne R, Powlson D S, et al. 2005. Revised estimates of the carbon mitigation potential of UK agricultural land. Soil Use Manage, 16: 193 - 195.

Soydan O. 2020. Effects of landscape composition and patterns on land surface temperature: Urban heat island case study for Nigde, Turkey. Urban Climate, 34: 100688.

Taebi A, Droste R L. 2004. Pollution lads in urban runoff and sanitary wastewater. Science of the Total Environment, 327(1 - 3): 175 - 184.

Van Ginkel P J, Whitemore A P, Gorissen A. 1999. Lolium perenne grasslands may function as a sink for atmospheric carbon dioxide. Journal of Environmental Quality, 28: 1580 - 1584.

Wardle D A. 1995. Impact of disturbance on detritus food webs in agroecosystems of contrasting tillage and weed management practice. Advances in Ecological Research, 26: 105 – 185.

Washbourne C L, Lopez-Capel E, Renforth P, et al. 2015. Rapid removal of atmospheric CO_2 by urban soils. Environmental science & technology, 49(9): 5434 – 5440.

Washbourne C L, Renforth P, Manning D A C. 2012. Investigating carbonate formation in urban soils as a method for capture and storage of atmospheric carbon. Science of the Total Environment, 431: 166 – 175.

Wei Z Q, Wu S H, Zhou S L, et al. 2014. Soil organic carbon transformation and related properties in urban soil under impervious surfaces. Pedosphere, 24: 56 – 64.

Weng Q, Liu H, Lu D. 2007. Assessing the effects of land use and land cover patterns on thermal conditions using landscape metrics in city of Indianapolis, United States. Urban Ecosystems, 10: 203 – 219.

Wilson S A, Dipple G M, Power I M, et al. 2009. Carbon dioxide fixation within mine wastes of ultramafic-hosted ore deposits: Examples from the Clinton Creek and Cassiar chrysotile deposits, Canada. Economic Geology, 104(1): 95 – 112.

Wilson S A, Dipple G M, Power I M, et al. 2011. Subarctic weathering of mineral wastes provides a sink for atmospheric CO_2. Environmental Science & Technology, 45(18): 7727 – 7736.

Wu J H, Tang C S, Shi B, et al. 2014. Effect of Ground Covers on Soil Temperature in Urban and Rural Areas. Environmental & Engineering Geoscience, 20(3): 225 – 237.

Xu N Z, Liu H Y, Wei F, et al. 2012. Urban expanding pattern and soil organic, inorganic carbon distribution in Shanghai, China. Environmental Earth Sciences, 66: 1233 – 1238.

Yang J L, Zhang G L. 2011. Water infiltration in urban soils and its effects on the quantity and quality of runoff. Journal of Soils and Sediments, 11(5): 751 – 761.

第 *10* 章
城市土壤利用与管理

城市土壤是城市工业、农业、生态、环境、道路和建筑物建设的基础。相当一部分城市土壤被封闭在钢筋混凝土之下，呈斑块状零星地分布于地表的城市土壤发挥着养分储存、热量和水分调节、碳固定、污染物过滤、存储和消解等功能。所以，城市土壤对于海绵城市、森林城市、田园城市、公园城市和宜居城市等建设起着决定性的作用。因此，城市规划、建设与管理必须全面认识城市土壤特性，充分发挥城市土壤功能。

10.1 城市土壤与城市规划

10.1.1 土壤特性与城市规划

现代城市快速无序扩张带来了居住条件恶化、环境污染等"城市病"。我国在城市化快速发展过程中，也产生了一些必须高度重视并着力解决的突出矛盾和问题，如一些城市"摊大饼"式扩张，占用大量土壤资源，绿地面积减少；一些城市空间分布和规模结构不合理，与资源环境承载能力不匹配，大气、水和土壤等环境污染加剧。只有科学统筹布局生态、农业和城镇等功能空间，划定生态保护红线、永久基本农田和城镇开发边界等空间管控边界，才能实现高质量发展，过上高品质生活，实现城市全面协调可持续发展。

土壤资源是极为重要的自然资源，影响着城市的发展。城市供水、生活污水处理与排放和雨水排泄，河流、湖泊、地下水和空气的污染控制以及安全和快速的空中和地面交通等公共工程的选址和设计都与土壤资源特性和适宜性密切相关。因此，土壤特性和适宜性的综合知识是城市建设选址中最重要的基础之一，科学的城市规划不仅需要进行详细的土壤调查，确定它们的物理、化学和生物学特性，进行土壤适宜性研究，并绘制各种土壤分布图，而且还需要考虑如何最好地利用和管理这些土壤资源(Bauer，1973)。据报道，城市建筑物受地震损害的严重程度随着土壤母质强度和刚度的增加而降低(Northey，1973)。不同特性的土壤处理污水的能力不同，如火山灰土具有理想的污水处理特性组合(Wells，1973)。因此，在了解土壤特性的基础上优化城市建设布局，可以实现城市可持续发展。加拿大埃德蒙顿市新米尔伍兹区的城市规划曾专门进行详细的土壤调查，以了解土壤肥力、排水性、胀缩性、可溶性盐含量等及其对绿化、交通和建筑的可能影响(Lindsay et al.,1973)。美国弗吉尼亚州费尔法克斯县持续 20 年的广泛城市土壤调查与解译也为华盛顿特区城市规划与发展做出了巨大的贡献(Pettry and Coleman,1973)。马萨诸塞州土壤调查信息为城市规划与建设节省了数百万美元的经费(Zayach,1973)。荷兰西部兰斯塔德的多中心城市群地区泥炭土和沼泽土广泛分布,而且土壤盐渍化问题突出,随着城市化、工业化扩张,农用地越来越多地被用于住宅、工业、交通和娱乐等(Westerveld and Van Den Hurk,1973)。为了居民福祉,城市规划需要考虑农用地的保留以提供分隔城市和工业区的绿化带,同时考虑采取土壤改良措施使农用地适合非农业用途。总之,土壤特性与城市规划密切相关,进行城市规划必须要详细调研土壤的特性,进行合理的利用。

10.1.2　土壤功能与城市规划

绿地是城市中能稳定保持植物生长且具有生态、景观、防灾、游憩、调节城市小气候等功能的土地。土壤为植物提供立地支撑、养分和水分等,是绿地的重要组成部分。城市规划中应布局重要区域绿地,确定城区绿地率、人均公园绿地面积等指标,明确城区绿地系统结构和公园绿地分级配置要求,布局大型公园绿地、防护绿地和广场用地,确定重要公园绿地和防护绿地的绿线等。规划市域人均风景游憩绿地面积应≥20 m²/人,其中城镇开发边界内应≥10 m²/人。城区绿地与广场用地在五大类城市建设用地中的比例应≥10%,设区城市各区规划人均公园绿地面积≥7 m²/人,规划城区绿地率≥35%(GB/T 51346-2019)。

海绵城市能够像海绵一样,在适应环境变化和应对自然灾害等方面具有良好的"弹性",下雨时吸水、蓄水、渗水、净水,需要时将蓄存的水"释放"并加以利用,国务院正加快推进全国海绵城市建设。土壤是由矿物质和有机质等构成的疏松多孔体系,具备吸水、蓄水、渗水、净水和供水能力。因此,在解决城市内涝积水、黑臭水体或水环境污染等问题中发挥重要作用。城市规划应编制海绵城市建设专项规划,从流域、城市、片区 3 个尺度,提出涉水设施空间布局,并统筹城市涉水相关专项规划,协调衔接用地竖向、绿地系统、道路交通、城市街区等各类专项规划,针对建设项目不同的下垫面类型和条件,选择适宜的海绵城市建设设施,如透水路面、渗井、雨水花园、下凹式绿地、绿化屋顶、高位花坛、生态树池、植草沟等,充分发挥城市土壤的功能。

10.1.3　土壤环境质量与城市规划

为了管控土壤污染风险,保障人居环境安全和农产品质量安全,城市规划中应首先进行土壤调查,开展风险评估,确定风险水平,判断是否需要采取风险管控措施或修复措施。居住用地、中小学用地、医疗卫生用地、社会福利设施用地及社区公园或儿童公园用地等为第一类建设用地,工业用地、物流仓储用地、商业服务设施用地、道路与交通设施用地、共用设施用地、其他公共管理与公共服务用地及绿地与广场用地等为第二类建设用地,水田、水浇地、旱地、果园、茶园、天然牧草地、人工牧草地等农用地土壤环境质量要求各不相同,应根据风险水平确定用途和管控或修复措施,土地开发利用必须在符合相关要求的基础上进行(GB 15618-2018;GB 36600-2018)。北京通州区城市规划中曾因土壤环境质量推翻了化工场内工业遗址保留规划、化工厂内湿地建设规划等方案,最终确定了以大面积种植树木为主的森林绿地公园规划方案,确保了北京"城市绿心"规划安全落地(孟美杉等,2018)。

城市规划中一方面是根据各类用地的土壤环境质量标准确定土地的用途,另一方面还应评估规划实施后对土壤环境质量的影响及其潜在环境风险,对有可能对环境造成不利影响的开发项目,制定相应的环境补偿措施,尽量降低危害。例如,法国莱斯帕尔镇通过构建树篱网络,补偿农业活动造成的生态效益下降(贺妍等,2021)。常州外国语学校"遇毒"事件为城市规划需要考虑土壤环境质量及潜在风险敲响了警钟(朱碧雯,2016)。

10.1.4 土壤与田园城市规划

现代城市规划先驱 Howard 于 1898 年首次提出"田园城市"思想——建设具有城市和乡村所有优点,并摒弃其缺点的城乡一体的优美环境城市,即田园城市(Howard,1898)。田园城市的中心建立有宽敞、美丽的中央公园;居住区住宅配有花园,建设了林荫大道;市郊有森林、果园、牧场和农场。这些公园、花园、森林、果园、农场能够缓解城市热岛效应,吸纳更多城市径流,吸收城市烟尘及 CO_2 等。城市居民可以便利地进入这些优美的自然和社会环境,能呼吸新鲜的空气,饮用纯净的水,过上舒适而健康的生活。城市规模必须严格控制,超过一定规模后就要建设新的城市,构成没有贫民窟、没有烟尘的城市群。城市群之间分布有森林与农场等。遵循田园城市思想,英国规划建设了世界首座田园城市——莱奇沃思田园城市。莱奇沃思田园城市当时规划了中央广场、公园、绿地,市郊分布有农场等。由 Howard 的田园城市模型及由田园城市思想指导的世界第一座田园城市建设可见,规划的农场、牧场、果园、森林、公园、花园都离不开土壤资源的支撑。没有健康的土壤,农牧民就不能生产充足、健康的食物供给城市居民的消费,农牧民自身也不能获得可观的经济收入而过上富裕的生活;没有健康的土壤,森林、公园、花园的植物不能健康生长而形成美丽的人居环境。

田园城市思想一经在英国工业化、城市化背景萌芽,便随着工业化、城市化和全球化发展,在世界各地轰轰烈烈开展起来。近年来,我国城市建设也逐渐重视城市生态环境,开始田园城市规划。如 2009 年底,成都市委市政府提出建设世界现代田园城市的目标(成都市规划管理局,2010)。与 Howard 的田园城市不同,它具备 4 个基本要素,即世界级、现代化、超大型、田园城市。"山、水、田、林"是成都构建现代田园的生态本底。其中的田,具有多重功能,是农业存在的基础,是现代城市的环境,也是城市与城市间的生态空间。成都市规划管理局在充分保护和尊重生态本底的基础上,将市域划分为提升型发展区、优化型发展区、扩展型发展区、两带生态及旅游发展区四大总体功能区。优化型发展区、提升型发展区、扩展型发展区分别实现城在田中、园在城中、城田相融的格局。川西林盘是全国独一无二的成都平原特有农耕文化及居住景观,是成都田园风光的基本元素。要实现世界现代田园城市目标,保持田、林本底,必然要求加强土壤资源的合理开发利用与保护(成都市规划管理局,2010)。

10.1.5 土壤与公园城市规划

公园城市是以人民为中心、以生态文明为引领,将公园形态与城市空间有机融合,生产、生活、生态空间相宜,自然经济社会人文相融,人城境业高度和谐统一的现代化城市。公园城市规划中须重视土壤资源的合理开发利用与保护,贯彻"园中建城、城中有园、城园相融、人城和谐"的规划理念,以绿道、水网串联,使山水生态底、郊野公园群、城镇绿化网无缝衔接。

公园城市中的公园包括城市公园、城市森林公园、郊野生态公园、农林型郊野公园等几种类型,其中城市公园以生态、休闲游憩为主,小游园和微绿地的绿地率不宜低于65%,硬质铺装场地面积不宜高于25%。营造生态、舒适、愉悦的公园环境,既要考虑植物之间的景观协调性,又要考虑植物对土壤等生态环境的适应性,在满足景观要求的同时,做到宜树种树、宜花栽花、宜草铺草、宜藤植藤,提高绿化效能和生态效益,降低养护成本。城市森林公园以生态保育、生态涵养为主,须根据土壤条件补植补造,提升生态环境质量和景观风貌,建设用地总量实行减量控制。城市生态郊野的公园以生态保护、农业生产和旅游休闲为主导功能,加强基本农田保护,发展现代农业、景观农业,实施农田规模化,提升农田的经济价值和景观价值。农林型郊野公园包括粮油、蔬菜、水果、茶叶、花卉等大地景观类型,必须因土制宜,如茶叶大地景观必须在酸性土壤上才能成功打造。

区域级绿道和城区级绿道及社区级绿道共同构成的绿道作为城市全域重要廊道,将城市组团、生态区、公园、小游园、微绿地等串联起来。除慢行交通和健康休闲功能,还具备生态保护、海绵城市等功能。绿道铺装根据不同绿道类型及周边环境特质选取材质,除满足耐久、美观、防滑、易清洗的要求,还遵循海绵城市要求,以透水材质为主,发挥土壤水库功能。

从田园城市和公园城市规划理论与实践来看,城市规划必须注重城市土壤的保护、合理利用及其功能的发挥。

10.2 城市土壤与城市农业

10.2.1 城市农业的概念与功能

城市农业指城市区域的种养业、林业、渔业及相关服务活动(FAO,2001),它是一种与城市化伴随的古老的生产活动。然而,由于城市的经济活动主体是第二产业和第三产业,城市农业并没有引起以往学者们的广泛关注与深入研究。随着城市化的推进,越来越多的人迁移进城市,面临更多的食物需求。随着城区去工业化的发展,大量工厂搬出城区,部分土地被临时闲置。受城市土地的限制,部分热爱劳动的城市居民便利用城市闲置土地或者自家庭院的边角种植蔬菜等,这就产生了城市农业(Oka et al.,2014;Kumar and Hundal,2016)。

城市农业生产形式丰富多样,除了在工矿废弃地开展,还在居民房前屋后庭院、阳台、屋顶及道路两侧、河湖岸边等区域进行(图 10-1),可为城市居民提供农、林、渔产品和生态系统服务功能,在缩短农产品供应链、提供新鲜农产品、资源循环利用、气候与水资源调节、生物多样性保持、减小食物开支、美化城市、提供农业体验等方面具有重要意义(FAO,2001;Kumar and Hundal,2016)。

图 10-1 城市农业景观(袁大刚摄)

10.2.2　健康土壤在城市农业中的地位

健康的土壤才能带来健康的农产品,城市土壤对城市农业的发展非常重要。然而,城市土壤因受强烈人为活动影响,不仅改变了物理结构,而且有各种有机和无机物质的混入,存在污染(Meuser,2010)、压实(杨金玲等,2004)、养分不平衡(袁大刚和张甘霖,2013)、石砾和粒径大于 2 mm 的人工制品含量高等问题,如有心土/底土被挖出后覆盖于地表作为栽培基质,其有机质和有效养分含量低。这些问题成为发展城市农业的障碍,必须开展土壤质量调查与评估(Oka et al.,2014)。这包括土地利用历史与现状、水文、植被与土壤侵蚀状况等环境因素调查,污染源与污染物类型、数量、迁移途径调查,土壤基本理化与生物学性质调查。在污染的土壤上种植农产品,会带来健康问题,必须进行土壤肥力/环境/健康质量评估(污染程度与分布情况)(Meuser,2010;Oka et al.,2014)。通过科学评估,确定城市农业的适宜、改良后适宜、不适宜等级,分类管理与利用,为城市农业生产选点、品种选择、土壤改良与培肥方案制定及措施落实等服务,实施城市土壤改良与培肥(FAO,2001;Kumar and Hundal,2016),严重污染的工矿区和道路边土壤严禁种植各种食用产品。

10.2.3　城市农业活动中健康土壤的培育措施

城市土壤,尤其是屋顶、盆钵中的孤岛式人为土壤,其物质组成一般为附近良田土壤,质量好,可以直接用于城市农业生产。工矿区和道路两侧可能存在污染、压实、有机质和有效养分含量低、养分不平衡、石砾和粒径大于 2 mm 的人工制品含量高等问题,必须对其进行改良与培肥。

土壤有机质在提供养分,提高养分有效性,改良土壤质地、结构和孔性、酸碱性、缓冲性和污染土壤修复中发挥重要作用。施用有机肥是增加土壤有机质的重要措施,城市农业中常施用堆肥提高土壤有机质含量,人畜粪尿、草坪和行道树修剪物、水果和蔬菜废弃物、厨余垃圾等便是重要的堆肥原料(FAO,2001;Kumar and Hundal,2016)。

污水处理厂产生的污泥经处理达到农用标准后单独使用或与其他生物废料合用,也成为重要的城市农业土壤改良剂和调节剂,在增加土壤有机质、改良土壤结构、降低土壤容重、增强土壤渗透性和保水力方面具有重要作用(Kumar and Hundal,2016)。

从含磷废水中回收磷素作为城市农业的养分来源已经成为切实可行的技术,不仅是废弃物资源循环利用的重要途径,而且对减轻水体富营养化风险也具有重要意义(Kumar and Hundal,2016)。

工、农业废弃物及厨余垃圾等可以改良城市农业土壤,城市农业土壤也可能遭受来自工业、交通等产生的"三废"污染,农业生产中肥料、农药过度使用或不合理使用也会导致城市土壤污染(Meuser,2010),必须采取物理、化学、生物和农学措施减少其污染物总量或有效态含量,防止其通过食物链进入人体,危害人体健康。生物措施是一种重要的污染土壤修复措施,很多园林绿化植物是重要的重金属富集植物,在城市污染土壤修复中可以发挥重要作用(刘家女等,2007)。

从事城市农业生产时常面临城市土壤污染、养分不平衡、石砾和侵入体含量高等问题,此外还有城市土壤污染与氨挥发、绿地破坏、水体富营养化等环境问题(Kumar and Hundal, 2016; Meuser, 2010),必须加以控制。城市农业涉及农学、土壤科学、环境科学、城市规划、景观设计、经济与社会科学、公共健康与营养等各个层面,必须通力合作,如政府对城市农业用地进行合理规划与管理,制定城市农业产品生产-加工-销售的系列政策;开展宣传,提高城市居民的食品安全意识;对城市农业人员开展生产技术培训;城市农业生产中不使用未达农用标准的废弃物作为肥料来源(FAO, 2001; Kumar and Hundal, 2016)。

有学者认为,尽管城市土壤重金属总量偏高,但由于城市土壤一般呈碱性,重金属的有效性较低(Cruz et al., 2014),因此只要管理措施得当,从城市农业获得的健康、社会和环境效益可以超过重金属直接或间接暴露面临的风险(Brown et al., 2016)。这个问题需要有针对性地开展相关研究进一步证实。

10.3 城市土壤与园林绿化和景观设计

城市园林绿地是城市生态系统的重要组成成分,被称为城市的"肺",对改善城市生态环境起着十分重要的作用。它不仅为城市居民提供娱乐、游览、文化、休息、科普、疗养等场所,而且能防御风沙、洪涝和其他灾害,改善城市小气候,不仅能调节气温、增加湿度、平衡碳-氧、减弱温室效应,还能净化空气、吸滤有害有毒气体、杀菌、消减噪音、增加空气负离子等,对促进人们的身心健康,陶冶思想情操,提高科学文化水平起着重要的作用(李铮生,2006;徐文辉,2018)。

城市绿地水平是衡量城市生态环境质量和居民生活福利水平的主要标志之一。近些年来,许多国家把搞好城市绿化作为净化大气和保护环境的一项重要措施。我国部分城市绿地、树木较少,建筑物密度大,远远低于世界上绿化好的城市绿化水平。根据《2020 年中国国土绿化状况公报》,全国城市建成区绿化覆盖率为 41.11%,城市人均公园绿地面积为 14.8 m^2。由于我国人口众多,城市化水平不断提高,市区人口密度逐年递增,大幅度增加城市园林绿化面积并不现实。只有通过合理规划设计、充分地利用有限的城市土壤资源,充分发挥城市土壤的生态服务功能与作用,提高城市绿化覆盖率(城市各种植物垂直投影占城市土地面积的比例),提高单位面积城市土壤的载绿量,提高城市绿地的生态环境效益,以改善城市环境质量。因此,城市土壤与园林绿化、景观设计关系密切,对城市生态环境改善非常重要。

10.3.1 城市土壤景观生态类型

1. 根据城市园林绿化植被类型划分

根据城市园林绿化的植被类型不同,城市土壤景观生态类型可分为以下几类。

(1) 乔木 具有体形高大、主干明显、分枝点高、寿命长等特点。以叶片更换方式分为常绿乔木和落叶乔木,以叶片的形态分为针叶树和阔叶树。依其大小、高度又分为大乔木(树高 20 m 以上)、中乔木(树高 8～20 m)和小乔木(树高 8 m 以下)。

(2) 灌木 没有明显主干,呈丛生状态,或分枝高度较低。灌木也有落叶和常绿之分。依其高度可分为大灌木(2 m 以上)、中灌木(1～2 m)和小灌木(0.3～1 m)。

(3) 藤本 植株不能直立,依靠其变态的特殊器官(吸盘或卷须)攀附于其他物体上的木本植物。如紫藤、爬山虎、常春藤、五叶地锦、木香、野蔷薇、金银花等。藤本植物有常绿和落叶之分。多用于墙面、花架等垂直绿化材料。

(4) 竹类 禾本科常绿木本或灌木,树干有节、中空,叶形美观,观赏价值很高。如毛竹、紫竹、淡竹、刚竹、佛肚竹、凤尾竹等。

(5) 草坪植物 高度约为 0.15～0.3 m,呈低矮、蔓生状。依据草地与树木的相对关系可分为:① 空旷草坪(草地):草地上无任何乔灌木,主要为体育场草坪和大型公园中某个范围之内的草坪。② 稀树草地(草坪):草地上栽种有一些观赏大乔木或灌木。株行距较大,其荫盖面积不大于整块草地面积的1/3。主要为游憩草坪,但也可以是观赏草地。③ 疏林草地(草坪):草地上种植的乔、灌木郁闭度(树冠荫盖面积)占草地面积的31%～60%。④ 林下草地:在乔、灌木郁闭度大于 60% 的林木下生长的草本植物。

2. 根据所处环境状况划分

根据所处的环境状况,城市土壤景观生态类型可分为以下几类。

① 开敞地:土壤景观呈片状分布,具有一定的面积。② 路边:位于道路边的土壤景观。③ 覆盖地:土壤景观被水泥、石块或其他固体物质所覆盖,仅景观植物主干周围未被覆盖。④ 建筑物上:位于建筑物上的土壤景观,如屋顶花园。

不同的植被类型与环境状况的组合可构成许多城市土壤景观生态类型,如开敞的草地、开敞的灌木、路边乔木、路边草地、覆盖的乔木、屋顶草地和屋顶灌木等等。

10.3.2 景观植物对土壤的要求

不同园林植物对土壤环境条件要求不同,只有了解不同园林植物最适的土壤条件,才能更好地规划、设计城市土壤景观。

1. 城市景观植物对土壤酸碱度的要求

酸碱度是影响绿地植物生长发育的土壤重要性质之一。土壤酸碱度影响土壤微生物种群和数量、土壤养分存在形态和有效性,影响着植物能否正常生长。植物对土壤酸碱性要求是长期自然选择的结果,不同植物对土壤酸碱度要求的差异很大,大多数植物适宜生长在中性、微酸性或微碱性的土壤上。表 10-1 和表 10-2 中列出了部分植物适宜的土壤 pH 范围。城市土壤一般高于所在区域自然土壤的 pH,往往偏碱性。很多偏酸性的植物不适宜在这样的土壤上生长(表 10-1)。因此,设计中要针对城市土壤的酸碱性选择合适的植物或者对土壤进行适当的改良,使其适合需要种植植物的生长。

表 10 - 1　部分绿地植物和花卉适宜的土壤 pH 范围(崔晓阳和方怀龙,2001)

植物种类	适宜 pH	植物种类	适宜 pH	植物种类	适宜 pH	植物种类	适宜 pH
欧石楠	4.0～4.5	松属	5.0～65	桂竹香	5.5～7.0	泡桐	6.0～8.0
西洋海仙花(兰)	4.0～4.5	西府海棠	5.0～6.5	雏菊	5.5～7.0	榆树	6.0～8.0
凤梨科植物	4.0～4.5	毛竹	5.0～7.0	印度橡皮树	5.5～7.0	杨树	6.0～8.0
八仙花	4.0～4.5	金钱松	5.0～7.0	紫罗兰	5.5～7.5	大理花	6.0～8.0
紫鸭趾草	4.0～5.0	乌柏	5.0～8.0	铁梗海棠	5.5～7.5	花毛茛	6.0～8.0
兰科植物	4.5～5.0	南酸枣	5.0～8.0	花柏类	6.0～7.0	唐菖蒲	6.0～8.0
蕨植植物	4.5～5.5	落羽杉	5.0～8.0	一品红	6.0～7.0	芍药	6.0～8.0
锦紫苏	4.5～5.5	水杉	5.0～8.0	秋海棠	6.0～7.0	庭荠	6.0～8.0
杜鹃花	4.5～5.5	黑松	5.0～8.0	灯心草	6.0～7.0	四季报春	6.5～7.0
山茶花	4.5～6.5	香樟	5.0～8.0	文竹	6.0～7.0	洋水仙	6.5～7.0
马尾松	4.5～6.5	樱花	5.5～6.5	郁金香	6.0～7.5	西洋海鲜花(红)	6.5～7.0
杉木	4.5～6.5(8.0)	蓬莱蕉	5.5～6.5	风信子	6.0～7.5	香豌豆	6.5～7.5
丝柏类	5.0～6.0	喜林芋	5.5～6.5	水仙	6.0～7.5	金盏花	6.5～7.5
山月桂	5.0～6.0	安祖花	5.5～6.5	非洲紫苣苔	6.0～7.5	勿忘草	6.5～7.5
广玉兰	5.0～6.0	仙客来	5.5～6.5	牵牛花	6.0～7.5	紫菀	6.5～7.5
铁线莲	5.0～6.0	吊钟海棠	5.5～6.5	三色堇	6.0～7.5	西洋樱草	7.0～8.0
藿香蓟	5.0～6.0	菊花	5.5～6.5	瓜叶菊	6.0～7.5	仙人掌类	7.0～8.0
仙人掌科	5.0～6.0	蒲包花	5.5～6.5	金鱼草	6.0～7.5	石竹	7.0～8.0
百合	5.0～6.0	倒挂金钟	5.5～6.5	紫藤	6.0～7.5	香堇菜	7.0～8.0
冷杉	5.0～6.0	美人蕉	5.5～6.5	火棘	6.0～8.0	毛白杨	7.0～8.5
云杉属	5.0～6.5	朱顶红	5.5～7.0	枸子木	6.0～8.0	白皮松	7.5～8.0

表 10 - 2　各种草坪草适应的土壤 pH 范围(陈志一,1993)

草种名称	适宜 pH	最适 pH	草种名称	适宜 pH	最适 pH
结缕草属	4.5～7.5		草地早熟禾	5.8～7.8	6.0～7.0
结缕草		5.5～7.5	加拿大早熟禾	5.5～7.8	
沟叶结缕草		5.5～7.5	早熟禾	5.0～7.8	5.5～6.5
狗牙根	5.0～7.0	5.7～7.0	羊茅	5.2～7.5	5.5～6.8

续　表

草种名称	适宜 pH	最适 pH	草种名称	适宜 pH	最适 pH
假俭草	4.0～6.0	4.5～5.5	紫羊茅	5.2～7.5	
近缘地毯草	4.7～7.2		苇状羊茅	5.2～7.5	5.5～7.0
地毯草		5.0～6.0	小糠草	5.0～7.5	
格兰马草	6.0～8.5	6.5～8.5	细弱剪股颖	5.2～7.5	5.5～6.5
野牛草	5.8～8.8	6.0～7.0	匍匐剪股颖	5.2～7.5	5.5～6.5
钝叶草		6.5～7.5	异穗苔草		7.5
巴西雀稗		6.5～7.5	白三叶草	4.5～8.01	6.0～6.5
黑麦草属	5.2～8.2	6.0～7.0			

2. 城市景观植物对土壤通气性要求

植物根系的呼吸作用要消耗 O_2,所以土壤的通气性对植物生长非常重要。土壤的孔隙状况和排水性能决定其通气性。若土壤排水性能不佳,则通气不良,喜气植物就不能适应。一般认为土壤通气孔隙度>10%时,土壤通气性良好。不同植物对土壤通气孔隙度的要求不同(表 10-3)。由于城市土壤的结构性差,容重高,总孔隙度低,尤其是通气孔隙度由于压实而降低,因此不利于喜气植物的生长。

表 10-3　观赏植物根系对土壤通气孔隙度要求(崔晓阳和方怀龙,2001)

通气孔隙度(%)	观赏植物名称
极大(>20%)	杜鹃、附生兰花
大(20%～10%)	金鱼草、秋海棠、石楠、栀子、大岩桐、地生兰花、非洲紫罗兰、观叶植物
中(5%～10%)	山茶、菊花、唐菖蒲、西洋八仙花、百合、一品红
小(<5%)	香石竹、天竺葵、常春藤、月季、松柏类(部分)、椰子、棕榈、草皮

3. 城市景观植物对土壤剖面层次的要求

一个发育成熟的理想化土壤剖面,从地表到母质层依次发育着完整的土壤发生层次,即:A—AB(BA)—B—BC—C—R。但对城市土壤而言,土壤剖面构型较为简单,通常具有 3 个基本层次:① 表土层/腐殖质层(A 层),富含有机质,是植物根系生长的主要介质。② 心土层(B1 层),是植物大根系延伸的层次,是供给表层土壤养分和水分的储藏库。③ 底土层(B2 层)或母土层(C 层),排水性能好。更多情况下,城市土壤由于盖楼、铺路和城市规划等的影响,土壤严重扰动,剖面层次混乱。有的表层被覆盖,有的在不同层次混有建筑垃圾、生活垃圾或工业废弃物等。在新建设区域,土体扰动厉害,表层往往为生土层,有机质和养分含量非常低。这些扰动的土壤一般结构性差,持水和保水能力差,养分含量低,甚至含污染元素,不利于城市景观植物的生长。

城市土壤具有很多不适宜植物生长的物理、化学和生物学性质。因此,很多景观植物生长在不利的艰苦环境中,要适量施肥并增加灌溉的频率。为了营造良好的城市环境,城市景观设计者应该根据城市土壤的特点选择适宜的景观植物或者选择抗旱、抗寒、抗高温、耐贫瘠等抗逆性强的植物。

10.3.3 不同城市景观生态类型的土壤设计

城市土壤受人为活动的影响强烈,其形成和性质与所处的自然环境没有必然的联系,本质上是一种泛域的人为土或人为新成土。城市土壤在空间上变异十分明显,土壤中包含大量的人为物质,这些物质决定或影响着城市土壤的剖面形态、理化性质、生物学特性和污染状况。因此,开展城市景观的土壤设计非常重要。

1. 土壤剖面设计的基本要求

(1) 非均质土壤剖面设计 非均质土壤剖面应包括 3 个基本层次,即表土层、心土层和底土层。

表土层设计要求能为植物根系提供最适宜的生长条件:① 较低土壤容重,较高孔隙度,但不能太疏松,土壤容重为 1.2～1.4 g cm^{-3};② 中等到高的土壤肥力;③ 土壤水分渗透率≥5 cm h^{-1};④ 中等到高的有机质含量,60～150 g kg^{-1};⑤ 合适的厚度,约 15～20 cm。

心土层为表层土壤提高额外空间容纳土壤水和养分来支撑植物。具体设计要求包括:① 中等的土壤容重,为 1.4～1.6 g m^{-3};② 中等左右的土壤肥力;③ 土壤水分渗透率≥2.5 cm h^{-1};④ 土壤有机质含量大约为 20～30 g kg^{-1};⑤ 土层厚度≥30 cm。

底土层的作用为容纳额外的植物根系,增强土壤对植物的支撑作用,容纳更多的水分,增强土壤涵养和过滤水分的功能,防治地下排水结构的阻塞。具体设计要求包括:① 质地轻、高孔隙度,通常为粗到极粗的砂粒;② 低肥力;③ 渗透性好;④ 有机质含量无要求;⑤ 厚度根据排水需要决定。

(2) 均质土壤剖面的设计 均质土壤剖面指土壤在三维空间里基本上没有变化,除了在深度方面有小的差异外,在水平方向上没有变异。均质土壤剖面设计比较简单,但选择合适的质地和有机质含量需要不断地实践。比较适合较浅的土壤剖面,但由于剖面上下的水力梯度一致,容易造成潜在的水分运动问题。

2. 树木(乔木、灌木、竹类等)的土壤设计

树木(乔木、灌木和竹类等)以不同的配置方式种植在城市道路绿地、公园、居住区绿地、单位附属绿地、防护绿地等不同类型的绿地上。绿化栽植或播种前应对该地区的土壤理化性质进行化验分析,必要时采取相应的土壤改良、施肥和客土置换等措施,绿化栽植土壤有效土层厚度符合表 10-4 要求。

表 10 - 4　绿化栽植土壤有效土层厚度[《园林绿化工程施工及验收规范》(CJJ82 - 2012)]

项　次	项　目	植 被 类 型		土层厚度(cm)	检验方法
1	一般栽植	乔木	胸径≥20 cm	≥180	挖样洞,观察或尺量检查
			胸径＜20 cm	≥150(深根) ≥100(浅根)	
		灌木	大、中灌木、大藤本	≥90	
			小灌木、宿根花卉、小藤本	≥40	
		棕榈类		≥90	
		竹类	大径	≥80	
			中、小径	≥50	
		草坪、花卉、草本植被		≥30	
2	设施顶面绿化	乔木		≥80	
		灌木		≥45	
		草坪、花卉、草本植被		≥15	

　　栽植穴、槽的直径应大于土球或裸根苗根系展幅 40～60 cm,穴深宜为穴径的 3/4～4/5。穴、槽应垂直下挖,上口下底应相等。理想的种植树木土壤剖面设计见表 10 - 5。如果树木是种植在路边或覆盖地上,需要加上 10～15 cm 厚、由细砂粒或石砾组成的覆盖层。由于树木种植是挖种植穴、槽进行的,因此没有必要将整个种植地点的土壤全部按照理想土壤剖面层次去设计,只需要考虑种植穴、槽范围内的土壤设计即可。

表 10 - 5　理想种植树木土壤剖面设计

土　层	厚度(cm)	物 质 组 成
A	0～30	砂壤土—壤土,2%～4%的有机质
B1	30～60	壤土—黏壤土,＞1%的有机质
B2	＞60	利用现有的土壤物质,无碎石,排水性能好,或安装地下排水管道

　　树木的生长寿命长,因此在树木种植时,如果种植地点土壤条件差,局部大穴换土是非常必要的,即选择质地适中、结构良好、肥力高的土壤回填到种植穴、种植槽内。理想的种植树坑设计模式如图 10 - 2 所示(Craul,1999)。城市植树的具体步骤是:首先通过

土壤理化性质和肥力性状的分析,确定能够满足土壤剖面层次设计要求的土壤,然后搬运到树木种植地点,分层填入不同厚度的土壤,经过适当的压实,以达到土壤剖面设计要求。若客土质量或种植地点土壤质量并不十分理想,则需要进行适当的改良(如调节土壤质地、酸碱度、养分状况)后再回填到种植穴、槽内。种植穴填土要分层适当踏实,并留下少量余土,待充分沉实后填平。

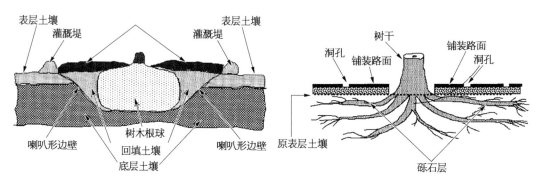

图 10-2　理想的种植树坑设计(Craul, 1999)　　　图 10-3　铺装表面下树木种植(Craul, 1999)

不同土壤景观生态类型对树木种植的设计和要求不尽相同,在开敞的环境条件下种植树木(乔木、灌木、竹类等),可按照理想的种植树坑设计模式(图 10-2)来设计和准备回填树木根球周围的土壤。在覆盖地上种植树木,可参考图 10-3 的设计,在树木周围设计一定的孔洞,有利于降水入渗和土壤与大气之间的气体交换,促进树木良好地生长(Craul, 1999)。在道路边、街道边或建筑物旁种植树木,在规划设计时必须留有足够的空间(图 10-4)(Jim, 1998),还可根据实际情况设计线形种植树坑种树(图 10-5)(Craul, 1999)。

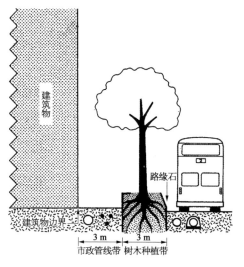

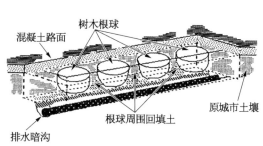

图 10-4　建筑物和街道之间的树木　　　图 10-5　线形树木种植坑设计(Craul, 1999)
　　　　　种植设计(Jim, 1998)

3. 草坪土壤设计

(1) 理想的土壤剖面层次　城市草坪植物的根系相比乔木和灌木浅,理想状态下,表层土壤厚度需要 15 cm,壤土或砂壤土为宜,土壤为中性,有机质含量为 $20\sim50$ g kg^{-1}(表 10 - 6)。表层土壤下具有一定有机质含量的砂壤土—壤土大于 30 cm 的心土层(表 10 - 6),以利于部分根系的活动,主要是水分的入渗、储存和对植物的持续供应。

表 10 - 6　理想草坪土壤剖面特征

土 层	厚度(cm)	物 质 组 成
A	$0\sim15$	壤土或砂壤土,有机质含量为 $20\sim50$ g kg^{-1},pH6.5$\sim$7.5
B1	$15\sim45$	砂壤土—壤土,有机质含量>10 g kg^{-1}
B2	>45	砂壤土或更粗,有机质含量<10 g kg^{-1}

(2) 土壤剖面的构建和土壤改良　由于草坪种植面积大,如果整个剖面土层全部换土的话,投资大。因此,只有在种植高标准、高质量的草坪(如运动草坪等)或种植场地土壤条件十分恶劣,土质不符合要求,必须换土的情况下,可按照土壤剖面设计要求,通过土壤理化性质、肥力性状的测定,确定将满足土壤剖面层次要求的土壤,搬运到草坪种植地点。然后分层填入不同厚度的土壤,经过适当的压实,且各层都要进行土壤容重、渗透性、质地、有机质含量、pH 等测试,以达到土壤剖面设计要求。

在通常情况下,可以通过现场土壤改良,使之满足草坪植物生长的要求。土壤改良主要包括三方面内容,即改良土壤质地、调节土壤酸碱性和增加土壤养分,至于具体需要改良的土壤性质则取决于种植地土壤的特点。

① 改良土壤质地　种植草坪植物的土壤必须为壤土类,黏土类和砂土类必须改良。

黏重土壤改良:掺沙或砂土改变土壤颗粒组成,是改良黏重土的最根本方法。改良前应事先测定原土壤的颗粒组成,以计算出将土壤质地调整到壤质土所需的最低掺沙(砂)量。所用材料以中、细粒径($0.5\sim0.1$ mm)的河沙为佳,也可用建筑用砂和当地的砂质土壤。确定掺沙量和所用沙的种类后,即可将沙运至场地,平铺于土壤表面,然后在土壤水分状况适宜的条件下多次耕(翻)、耙,将沙质材料均匀混入所需改良的黏土之中。除掺沙外,施用膨化岩石类(蛭石、珍珠岩、膨胀页岩、岩棉、硅藻土、浮石等),以及施用粗有机物料(木屑、粉碎树皮、稻壳、粗质泥炭等)也能改良黏土的通透性和黏性,同时增加土壤持水量。重施有机肥料是改良黏质土壤结构的好方法,因为有机质可降低黏质土的黏结力,促进土壤良好结构的形成,从而改善土壤的通气透水性和土壤肥力。

砂质土壤改良:掺入黏土是一个有效的方法,也可以施入河泥、塘泥等进行改良。通过耕、翻、耙等耕作措施,将黏质材料均匀混入要改良的土层。施用有机肥料能改善土壤的结构,增加土壤的持水性,提高土壤肥力。

② 调节土壤酸碱性　多数草坪植物适宜在中性土壤环境条件下生长,对于不适宜于草坪植物生长的过酸或过碱的土壤,应因地制宜采取适当措施,进行调节和改良。

酸性土壤改良:土壤酸性通常以施用石灰或石灰石粉来调节。以 Ca^{2+} 代替土壤胶体上吸附的交换性 H^+ 和 Al^{3+},提高土壤的盐基饱和度。石灰可分为生石灰(CaO)和熟石灰[$Ca(OH)_2$],具有很强的中和能力,但后效较短。石灰石粉是把石灰石($CaCO_3$)磨细为不同大小颗粒,可直接用作改土材料,它对土壤酸性中和作用较缓慢,但后效较长。确定石灰需要量需要考虑的因素有土壤潜性酸和 pH、盐基饱和度、土壤质地等土壤性质;园林植物适宜的酸碱度;石灰种类和施用方法等。除了施用石灰外,还可施用其他碱性物质,如牡蛎壳(富含 $CaCO_3$)、草木灰、生理碱性肥料等,来降低土壤酸度。

中性和石灰性土壤的人工酸化:城市土壤由于混有一定量的建筑垃圾等富含石灰的物质,土壤 pH 升高,需要人工改良。如在中性或石灰性土壤上栽植喜酸花卉(如兰花、杜鹃、山茶、桂花、含笑、珠兰、白兰、广玉兰等),也需要对土壤进行酸化。可施用硫磺粉或硫酸亚铁使土壤变酸,用量为 $50\ g\ m^{-2}$ 硫磺粉或 $150\ g\ m^{-2}$ 硫酸亚铁,可使土壤 pH 降低 $0.5 \sim 1$ 个单位,对于黏重的土壤,用量要在此基础上增加 1/3。硫磺粉作用虽慢,但安全无副作用(崔晓阳和方怀龙,2001)。

碱性土壤改良:通常施用石膏($CaSO_4$)来中和土壤中的碱性盐(如 Na_2CO_3),并将土壤胶体上吸附的过量 Na^+ 代换出来,结合灌水使之淋洗出土体。其反应式为:

$$Na_2CO_3 + CaSO_4 \Longleftrightarrow Na_2SO_4 + CaCO_3$$

$$\boxed{土壤胶体}_{-Na}^{-Na} + CaSO_4 \Longleftrightarrow \boxed{土壤胶体} = Ca + Na_2SO_4$$

所用石膏以细粒或粉状为好,结合耕作或整地均匀混入要改良的土层。石膏既可中和土壤碱性,又可借助 Ca^{2+} 的胶体凝聚作用促使结构性差的碱性土壤团聚体形成,改善土壤结构。

除了施用石膏外,还可以施用其他酸性的化学物质,如磷石膏、亚硫酸钙、硫酸亚铁、硫磺粉以及酸性无污染工业废弃物等,以降低土壤碱性。

③ 添加养分　不同园林植物对土壤中各种营养元素的含量和比例要求不同。当土壤中营养元素供应不足或比例不协调时,可通过施用有机肥料和无机肥料进行人工调控。

施用有机肥料:施用有机肥以提高土壤有机质含量是我国劳动人民在长期生产实践中总结出来的宝贵经验。只有大量施用有机肥,才能将土壤有机质保持在适宜的水平,这样既保持良好的土壤结构,改善土壤的通气性、透水性、蓄水性,又能随着土壤有机质的逐步矿化不断释放植物生长所需的氮、磷、硫、微量元素等各种养分。主要的有机肥源包括城市园林废弃物、蘑菇渣、堆腐木屑、粪肥、厩肥、饼肥、城市污泥等。

施用无机肥料:除了施用有机肥外,还要根据土壤养分状况和园林植物生长发育的需要适量添加无机肥料作为基肥,如尿素、硫酸铵、过磷酸钙、钙镁磷肥、硫酸钾、氯化钾、复合肥、微量元素肥料等。但磷肥不宜单独施用,建议与有机肥料混合后施用,以减少土壤对磷的固定,提高磷肥的利用率。

　　如果土层厚度不能满足草坪植物所需的最低 30 cm 要求,就需要补充土壤,以增加土层的厚度。另外,为避免草坪建成后杂草生长而影响草坪纯度和景观效果,植草前必须彻底消灭杂草,可直接铲除杂草并深挖草根或用除草剂消灭杂草。同时,必须将砖瓦块、石砾、建筑垃圾等杂物全部从土地中清出。在清除了杂草、杂物及压实后的地面进行平整。平整要顺地形和周围环境,整成龟背形、斜坡形等,坡度为 2.5%～3.0%,边缘要低于路面或路牙(道路的最边处)3～5 cm,表面平整,无坑洼。

　　(3) 屋顶绿化(花园)土壤设计　屋顶绿化是指植物栽植于与地面隔开的平屋顶区域的一种简单绿化形式。屋顶花园又称空中花园,也就是在平屋顶或平台上建造人工花园,是城市立体绿化形式之一(张宝鑫,2004)。

　　屋顶绿化主要是指平屋顶或平台上的绿化,早在古代(公元前 1500 年),屋顶绿化就已产生。在古巴比伦时期,屋顶绿化已经具有很成熟的设计和营造水平(郝培尧等,2013)。近几十年来,由于城市向高密度化、高层化发展,城市绿地越来越少,环境日趋恶化,城市居民对绿地的向往和对舒适优美环境中的户外生活的渴望,促使屋顶绿化迅速发展。

　　① 屋顶花园的构造和要求　屋顶花园最上层是种植层,包括植物层和种植土层。为了保护屋顶的使用性能不致因有种植层而发生雨水往下渗漏,以及种植土被雨水或灌溉水带走的情况,除屋顶原有各项结构外,还要设立特别附属层,一般包括过滤层和排水层。屋顶花园的构造剖面分层包括植物层、种植土层、过滤层、排水层、防水层、保温隔热层和结构承重层(图 10 - 6)(封云和林磊,2004)。

　　屋顶花园附属层的两个分层设计要求如下:

　　过滤层:过滤层的材料种类很多,可采用一定厚度的稻草或者粗砂;或者采用耐腐蚀而又具有过滤性能的玻璃纤维或尼龙编织布,使用时搭接处要防止介质的渗漏,搭接长度为 10 cm(封云和林磊,2004)。

　　排水层:屋顶花园种植土积水和渗水可通过排水

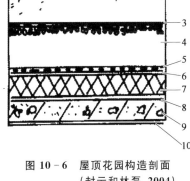

图 10 - 6　屋顶花园构造剖面
(封云和林磊,2004)

1:植被层;2:种植土;3:过滤层;
4:排水层;5:防水层;6:找平层;7:保
温隔热层;8:找平层;9:结构楼板;
10:抹灰层。

层排除屋顶。通常做法是在过滤层下,用砾石、陶粒、焦砟等轻质材料铺设,厚度一般为 10～20 cm。屋顶种植土的下渗水和雨水,通过排水层排入暗沟或管网,此排水系统可与屋顶雨水管道统一考虑。它应有较大的管径,以利清除堵塞(图 10 - 7)(封云和林磊,2004)。

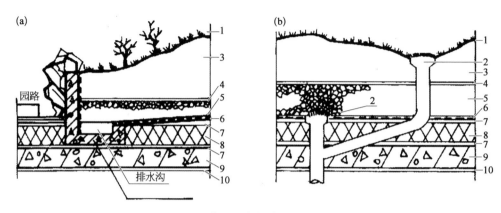

图 10 - 7　屋顶花园排水构造（封云和林磊，2004）

1：植被层；2：排水口；3：种植土；4：过滤层；5：排水层；6：防水层；7：找平层；8：保温隔热层；9：结构层；10：抹灰层。

屋顶花园防水层的要求比一般屋顶要求严格，排水坡度也要求大一些，一般为 1%～3%。屋顶花园设计和建造必须考虑屋顶的荷载（包括活荷载和静荷载）。对于新建屋顶花园，需按屋顶花园的各层构造做法和设施，计算出单位面积上的荷载，然后进行结构梁板、柱、基础等结构计算。如果在原有屋顶上改建屋顶花园，只能在承载能力的范围内设计花园的形式。

②屋顶花园土壤设计　种植土必须具备的基本条件：首先重量要轻。屋顶有一定的负荷量要求，所以对屋顶绿化所用栽培土要考虑减轻压力确保安全。为减轻屋顶的附加荷重，经常选用人工配置的既含有植物生长必需的各种营养元素、有较好的吸水保水能力，又不像土壤那样容易板结，还利于植物根系的固定，比一般露地种植土壤容重小、轻得多的种植土。其次是排水性和保水性好。屋顶花园光照强、风势大、水分蒸发迅速，而种植土层厚度有限，无地下毛管水供给，所以种植土需要有很好的保水性能。种植土层长时间积水、滞水，会影响植物生长，因此，屋顶种植土必须具有良好的排水能力。此外，很重要的是种植土要卫生。屋顶花园卫生状况影响到居民的身体健康，因此种植土必须不带病原菌、虫卵、寄生虫等有害生物或微生物。在必要的情况下，土壤种植前要进行消毒处理，加入的有机物料也必须经过无害化处理。

从土壤剖面设计来看，由于空间和重量限制，大多数屋顶土壤剖面要求是均质的，而不可能有比较明显的土壤层次。由于种植土要求尽可能轻，以减轻屋顶载荷，而种植土太轻又不能很好地固定树木，树木容易被风吹倒；且种植土中含有过多的有机物质会导致土壤滞水，排水不畅。因此在进行土壤剖面设计时必须综合考虑。种植植物的种类不同，种植土层厚度要求不同，各类植物生长的最低土壤深度如图 10 - 8 所示。因此，种植土层厚度设计根据种植植物种类而定（封云和林磊，2004）。

屋顶花园土壤蒸发和植物蒸腾作用比较强，必须进行灌溉以保持土壤湿润。灌溉方式既可以人工浇水灌溉,也可以用喷灌或滴灌系统进行灌溉。

种植土的物质组成和配比也非常重要。为了减轻屋顶的载荷,种植土要求重量要轻,所以不完全采用自然土壤,一般多用轻质人工种植土,即将自然土壤与其他轻质材料按一定的比例混合在一起组成,既有较好的吸水保水能力,又不容易板结,还利于植物根系的固定,但比一般的自然土壤要轻得多。配制种植土的基质材料有自然土壤、泥炭、堆肥、蛭石、珍珠岩、硅藻土、浮石、陶粒、椰糠等,将这些材料混合便可配置成轻质种植土。国内外用于屋顶花园的种植土种类很多,如日本采用人工轻质土壤,其土壤与轻质材料

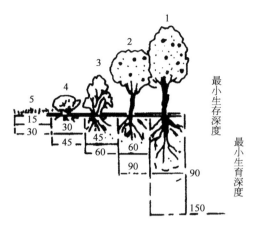

图 10 - 8　植物生长的土壤深度(cm)
(封云和林磊,2004)

1:深根乔木;2:浅根乔木;3:大灌木;4:小灌木;5:花草。

(蛭石、珍珠岩、煤渣和泥炭等)的体积比为 3∶1;容重约为 $1.0\sim1.4$ g cm^{-3},根据不同植物的种植要求,轻质土壤的厚度为 $15\sim150$ cm。美国和英国均采用轻质混合人工种植土,主要成分是砂土、腐殖土和人工轻质材料,其容重约为 $1.0\sim1.6$ g cm^{-3},混合土的厚度一般不小于 15 cm。韩烈保等(1997)研究认为,在北京市的屋顶上种植草坪,砂壤土∶炉渣∶锯末为 3∶3∶4 混合而成的种植土(坪床材料)效果最理想,坪床厚度以 17.5 cm 左右最佳。近年来,我国对屋顶绿化种植基质开展了较多研究,得到了许多效果好的人工基质配方。

基质配方一:采用以废弃材料为主配置轻型屋顶绿化种植基质的配方,材料配比:泥炭土 45%,黄壤土 20%,锯木屑 15%,椰糠 10%,陶粒 5%,珍珠岩 4%,长效复合肥(缓释肥)1%,少量保水剂,其中,陶粒铺于底层,其余材料混合均匀后铺于陶粒上方(任海等,2003)。

基质配方二:改善径流水质的屋顶绿化用基质优化配方:泥炭土 20%,珍珠岩 15%,粗纤维腐殖质 45%,陶粒 15%,凹凸棒土 5%(李贺等,2012)。

基质配方三:适宜景天属植物生长的轻型屋顶绿化基质为国产泥炭∶椰糠∶珍珠岩为 2∶3∶1(钱瑭璜等,2016)。

基质配方四:建议在兰州市屋顶绿化地被植物种植中使用基质配比方案为:田园土∶泥炭∶蛭石∶椰糠为 3∶6∶1∶2(黄蓉等,2020)。

基质配方五:绿化废弃物堆肥∶草炭∶无机基质为 30∶20∶50,其中无机基质配比为火山岩∶蛭石为 3∶2(肖超群等,2019)。

10.4　城市土壤与工程建设

城市道路、桥梁、隧道、管沟等构筑物及居住建筑、公共建筑、工业建筑等建筑物的建设,以及给排水管道、电讯管线、煤气管道、热力管道敷设都与城市土壤有关,在设计时必须考虑土壤的颗粒组成、水分与温度状况、有机质含量、容重、胀缩性、可塑性等性质,施工时必须考虑其黏结性、黏着性、抗楔入性、位移阻力、摩擦阻力等性质。

10.4.1　工程建设中的城市土壤问题

工程建设中,基坑开挖与支护中出现的主要问题有基坑地表出现裂缝、基坑周围土体发生开裂和沉降、边坡失稳滑移、支护桩底部出现侧移、断桩及支护结构漏水、工程桩出现偏位、倾斜和断裂(周金陵和徐锦生,2007)。饱和土深基坑开挖中可出现边坡土体和支护结构变形、基底隆起或整体失稳、上层滞水或潜水引起侧壁涌水和流土、承压水坑底管涌和冒砂、基坑周边地面或地下的变形(郝卫华等,2007)。土体的大量移动可能导致邻近建筑物发生倾斜或开裂、道路损坏、管线断裂等事故(梁发云等,2006)。施工机器振动、打桩及爆破等都可能引起饱和砂土的液化;砂土液化时喷砂冒水,也会导致地基产生不均匀沉陷,建筑物倾斜、开裂甚至倒塌。

地基土受酸腐蚀后,由于矿物溶解、转移,新的矿物重结晶,土的力学性质改变,地基基础发生变形,并不断加剧,会造成输酸管道漏酸,并影响正常生产(路世豹等,2002);混凝土基础不均匀下沉后,厂房将成为危房(王铠和谢光明,2009)。造纸厂废碱液污染土孔隙比、压缩性增加,液、塑限增大,土体强度下降,工程性质变坏(李琦等,1997)。土壤污染降低土体凝聚力和内摩擦角等力学参数,会诱发滑坡(赵兴祥和刘建新,2008),增加工程成本,影响工期进度。场地污染还会导致施工工人中毒,如2004年4月,地处农药污染地段的北京市宋家庄地铁工程建筑工地上,土壤中的废气导致正在实施探井作业的工人中毒(郭少峰等,2004)。

10.4.2　道路工程中的土壤管理

1. 路基挖填与压实

路基是轨道或路面的基础,必须具有足够的强度和稳定性。在挖填前,应将表层过湿土和树根等清除。土质路堑的开挖应在全横断面自上而下进行。如路堑底面土体坚实,不必扰动而直接整平压实;若水文条件不良,应加深边沟,或设置地下盲沟,或挖松表层一定深度后重新分层填筑与压实,确保路堑底层土基的强度与稳定性达到规定标准(邓学钧,2002)。

对于土质路堤填筑,应视路基高度及设计要求,先清理与加固地基。潮湿地基土应尽量疏干预压,如果无法疏干,第一层填土适当加厚或填以砂性土后再压实。一般情况下,路堤填土应在全宽度范围内分层填平,充分压实;为保证强度均匀,在分层填平压实时,不同性质的土应水平分层;透水性差的黏性土一般填于下层,并使表面呈双向横坡,以利于排除积水而防治水害;不同性质的路基用土,一般不允许随意混填;路堤用土应不含草木、有机物等杂质及未经处治的膨胀土、盐渍土与有机土等劣质土。每日施工结束时保证表层填土压实完毕,以防间隔期间遭受雨淋或暴晒。

路基施工破坏土体的天然状态,致使土体结构松散,颗粒之间的孔隙为水分和气体所占据。压实的目的就在于使土粒重新挤紧,孔隙缩小,从而形成密实整体,促进其强度增加,稳定性提高。压实效果受土壤颗粒组成、含水量和土层厚度等因素的影响。一般条件下,土壤的天然含水量接近最佳值,必要时采取人工洒水或晾干等措施;雨季施工应加强临时排水,因为过湿填土被碾压后会产生弹簧现象,路基质量无法得到保障。为有效控制土壤含水量,土质路基的施工作业面不宜太大,以利于快速及时填筑压实成型。压实厚度与机具类型有关,一般夯实厚度不超过 20 cm,对于 12～15 t 的光面压路机不宜超过 25 cm,振动压路机或夯击机宜则以 50 cm 为限。在机具类型、土层厚度及行程遍数等已经选定的条件下,压实操作宜先轻后重,先慢后快,先边缘后中间,相邻两次的轮迹应重叠轮宽的 1/3 以上,以保证压实均匀且不漏压;对于压不到的边角,须辅以人力或小型机具夯实。在压实的全过程中,应经常检查含水量和密实度,以达到符合规定压实度的要求(邓学钧,2002)。

2. 路基防护与加固

为保证路基的强度、稳定性和承载力,在路基挖填过程中,应运用拉伸网草皮、固定草种布或网格固定撒种等植物防护法和修筑挡土墙、土体加筋、设置导治结构物等工程措施进行坡面防护,防止水流对路基的冲刷和侵蚀,防止路基边坡或基底滑动;应采用换填土层法、重锤夯实法、排水固结法、挤密法和化学加固法等措施进行地基加固。

在市政道路的施工过程中时常会遇到一些软土地基,这样的路基必选采用适当的方式进行处理,使其达到道路工程的要求。若处置不当,便会引起路面的不均匀沉降,进而造成路面裂缝、破损,轻则影响行车舒适度,重则危害行车安全并对埋设于道路下的各种市政管线的正常使用造成不利影响。软土路基的改造方法很多,可采用换土垫层、抛石挤淤及井点降水(龙士云,1999),石灰改良(舒虹纲,2009),先清除后换填、强夯、砂垫层＋砂井处理、塑料排水板处理、水泥搅拌桩、旋喷桩、碎石桩(许文锋,2005),粉体喷搅桩(李斌和李聚金,1997),水土联合堆载预压(何玉飞等,2009)等方法,控制基础的沉降量和沉降差,使路基强度大大提高,满足其承载要求。

路基干湿状态分为干燥、中湿、潮湿和过湿 4 类,一般要求处于干燥或中湿状态。在过湿状态下,路基土呈软塑流塑状态,致使压路机无法实施碾压作业,土体难以达到密实状态(邬瑞光,2005),路基承载力低,稳定性差,容易变形,导致路面沉陷(周学明等,2005),必须以片石、砂砾、矿渣作为承托层,同时用水泥稳定砂砾、石灰粉煤灰碎石提高路基刚度,确保路基整体稳定(邬瑞光,2005),或者采用灰砂桩、石灰水泥稳定碎石、铺设无纺布和加厚石灰土等方法对过湿路基进行处理(于德宝,1992)。如天津市区潮湿路基和过湿路基采用石灰土处理,土壤的亲水性变弱,塑性减少,塑性指数随石灰剂量的增加而减少,含水量由湿向干变化,从而改善了土壤的压实性能;生成的以硅酸钙为主的化合物,大大提高了土壤的抗变形能力,土壤的水稳定性也得到增强(罗国梁,1999)。

3. 路基路面排水

路基路面的强度与稳定性同水的关系十分密切。在路基路面设计、施工和养护中,必须十分重视路基路面及路基排水工程,必要时设计隔离层,防止地面水对路基的唧泥、冲刷和渗透而降低路基路面的强度和稳定性;地下水使路基湿软,降低路基强度,应防止冻胀、翻浆、边坡滑塌,甚至路基沿倾斜基底滑动等。对于常年地下水位较高的地段,在进行地基处理时,应在路基范围内设置暗沟、渗沟等排水设施,以降低地下水位(邬瑞光,2005)。

10.4.3 地基加固与基坑防护中的土壤管理

1. 软(弱)土地基处理

软土的天然孔隙比大、天然含水量和压缩性高、承载力和抗剪强度低,若不加处理或处理不当将导致地基地面沉降、边坡失稳,基坑变形,基坑整体稳定性降低及基坑内渗水等,工程建设不能顺利开展,甚至对周围建筑物或构筑物安全造成威胁。因此,必须对软土地基加以正确处理,常用方法有井点降水、明沟排水、截留外来明水、土方机械挖运卸、边坡加砂层覆盖塑料薄膜保护(熊志冰等,2008),高真空击密、排水固结联合振动碾压(孙贵华,2011),重力式挡土墙+反压土联合支护、双排桩+反压土联合支护和地下连续墙+反压土联合支护、双排桩+单排桩二级联合支护、双排桩+反压土联合支护(任望东等,2013),工具式钢支撑复合支护体系(段景章等,2007),堆载预压、强夯、振动碾压及水泥土搅拌桩分区处理(吴成扬,2010),普通土钉墙、钻孔灌注桩加两层钢筋混凝土支撑(张叶田等,2009),综合灌浆加固(耿灵生等,2006),复合式土钉墙进行(王洪凯等,2005),挡土-止水-坑内加固综合支护(陈文海,2004),深层搅拌、振冲碎石桩、锚杆静压桩、CFG桩(高晖等,2005),深层搅拌桩(高秉勋等,2010),地下连续墙"二墙合一"、超深三轴水泥搅拌桩、TRD工法超深防渗墙、坑底设置水平止水帷幕、降低承压水位、浆囊袋注浆锚杆、深基坑"逆作法"(杨学林,2012)等措施,保证地基处理效果,为地基开挖、工程建设顺利开展奠定坚实基础,同时保证基坑周围建筑物、构筑物的正常使用。对于砂土液化,可采用振冲碎石桩、沉管碎石桩、钢筋和混凝土桩基础、CFG桩复合地基等技术等处理地基(王德强等,2010)。

2. 膨胀土地基处理

膨胀土有吸水膨胀、失水收缩及反复胀缩而变形的特征,可能导致建筑物产生垂直变形、水平位移、墙体开裂等破坏现象,城市基础设施由于滑坡、倾倒导致不能正常使用(卢冰等,2008)。为了防止膨胀土胀缩变形的危害,可放缓边坡、加强防渗排水和对膨胀土进行掺灰改良(朱建华,2011),换土也是可采用的一种方法(刘若林,2010)。此外,也可设置砂石垫层并通过调整砂石垫层厚度,使地基变形达到均匀;调整新加基础的基底压力,使其与原有柱基的基底压力相差不多,从而使新旧基础协同工作(唐张利,1999)。

新建房屋时,应尽可能避开凸起的土岗、陡坎和陡坡,房屋基础埋深不能太浅,并且在基础底面设置中、粗砂垫层,避免地基干缩时土壤的横向收缩把基础和墙身拉裂。在房屋周围栽种植物应与建筑物保持至少 5 m 以上的距离,以减少土壤水分损耗(卢冰等,2008)。

3. 红黏土地基处理

红黏土天然含水量、孔隙比、饱和度以及液限、塑限均很高,同时具有较高的力学性能和中压缩性、微透水性。在城市生活垃圾卫生填埋场建设中,利用红黏土的微透水特性将其作为填筑材料直接用于垃圾填埋场大面积的防渗工程施工,可保证地下水资源,保护生态环境,解决城市生活垃圾处理问题,改善城市环境卫生状况(曹勇和贺进来,2000)。但是,红黏土具有收缩性强、膨胀性弱、上硬下软等特点,易导致地基不均匀沉降、地裂缝、地表塌陷、边坡失稳、水土流失等地质灾害(廖光平,2004;张益华和刘剑,2009),须在高填方区采用重锤夯实、在大面积挖方区采用换填碾压(卢惠德,2002),振动沉管碎石桩(赵电宇和蒋忠信,2005)等方法提高土体强度,避免地基沉降。此外,在红黏土区进行工程建设时,应合理利用自然环境,选择有利地形,避免深大开挖所形成的高陡边坡。对已发生失稳的边坡,可做防渗导水处理,包括挖天沟截堵地面水对边坡的洗刷作用,修筑盲沟排除地下水的渗流作用,同时在边坡前缘修筑支挡建筑物,如抗滑石垛、抗滑墙挂网喷锚锚杆等,并在挡土墙内侧备置粗砂砾石反滤层以增强物体的抗滑力;修筑支挡建筑物时必须砌置在稳定基础上;对于中型以上的边坡失稳可采取减重反压的方法加以治理滑坡。为防止地面塌陷,应严格控制地下水位的降深和水量的开采,采用正向抽水的方法,避免水位急剧下降;井内下放合理的过滤器,形成良好的反滤层,防止黏粒被潜蚀;在红黏土与基岩接触部位牢固止水,以防尾水沿井筒倒灌,造成井壁潜蚀而引起井口下塌;对已发生的塌陷进行填堵,可采取地表截流、防渗等措施防止进一步被潜蚀,同时选用抛填石块、灌砂、灌注混凝土等方法进行处理;对重要的高层建筑物,若采用该土层作基础持力层,可采用静压预制桩处理,同时应加大其埋深以利稳定(廖光平,2004;张益华和刘剑,2009)。

4. 盐渍土地基处理

盐渍土易溶盐含量高,易产生盐胀、溶陷、腐蚀和吸湿软化等工程地质问题。滨海盐渍土为细颗粒的氯盐渍土,在进行工程建设之前,宜通过水浸地基的方式把地基上部中的易溶盐溶解渗流到较深土层中去,使土体结构发生自重溶陷,减小土体变形,从而达到改良盐渍土地基的效果;采用换填法也是一种较好的选择(王小生等,2003);采用石灰、石灰＋粉煤灰、水泥石灰等加固盐渍土,既提高土的力学强度,又提高土的水稳定性(王晓华和刘润有,2012);使用高分子材料 SH 固土剂,能显著提高固化土的强度和水稳性,克服滨海盐渍土吸湿软化问题(柴寿喜等,2009);也可采用浸水预溶＋强夯、碎石桩、石灰砂桩等方法加固地基,以提高其强度和减少沉陷;对于厚度大的饱和软弱黏性土地基,可以考虑采用砂井预压加固;有条件的地方还可以堆载预压,以提高浸水预溶的效果(王小生等,2003)。采用抗腐蚀性水泥、提高混凝土抗渗等级,在构筑体表面喷涂沥青或环氧树脂等措施可减弱腐蚀作用(柴寿喜等,2009);若同时配合封闭隔水措施,如砂砾隔断层、沥青胶砂(土)隔断层、土工布隔断层,阻止或减缓水盐浸蚀,则效果更好(王晓华和刘润有,2012);对滨海盐渍土采取封闭的工程措施,盐胀、溶陷和吸湿软化问题也可以避免,如路堤两侧用土工膜包裹,封闭盐渍土并阻止地表水入渗(柴寿喜等,2009)。

5. 杂填土地基处理

杂填土是由人类活动而堆填的土,具有不均匀性、自重压密性、湿陷性和低强度高压缩性,也属于工程地质学中的特殊土,必须进行处理才能保证地基的强度和稳定性。如采用压灌 CFG 桩、振动沉管碎石桩、振动沉管夯扩 CFG 桩(唐建中,2004),整体强夯、柱锤夯扩挤密碎石桩和柱锤夯扩挤密水泥砂石桩(巫冬妹等,2008),换填土、复合护孔、加长护筒(赵长斌等,2010),低能量满夯、夯实扩底灌注桩以及钻孔夯扩挤密桩(周军红等,2007),分层碾压(黄哲兴和王绍平,2004)等处理,保证基础沉降满足结构设计及规范要求。压力注浆施工设备小巧、移动方便,对周围环境影响小,对杂填土地基处理也是一种行之有效的方法(官善友等,2007)。应用竖向排渗固结、分层碾压密实和粉喷桩复合地基处理等方法处理大面积饱和粉煤灰深厚填土场地基(翁岩等,2004)。花管锤击顶进结合注浆技术的土钉墙,可有效地支护杂填土基坑(何艳平,2010)。在西北湿陷性黄土地区,城市杂填土场地的地基处理常用换填垫层法、孔内深层强夯法(DDC桩或SDDC桩)和桩基础等方法(曹原和樊丽萍,2010)。

10.4.4 污染土壤处理

污染物质的进入可改变土的物理力学性质。污染土壤也是一类必须进行正确处理的工程特殊土壤,目前已有一些成功的案例。

案例一:深圳河河道污染土壤的处理

工程人员利用落马洲一期裁弯取直形成的中间小岛作为弃置场。施工时将污染土壤用绞吸式挖泥船开挖,并用管道运输。污染土壤脱水采用上层为 0.15 m 的厚粗砂层、中层为 0.2 m 厚的碎石层、底层为碎石排水盲沟的脱水层方案,污染土壤中的重金属经脱水层被截留下来。污染土壤固结采用分区分层填置方案,污染土壤固结后上部再填覆盖层。为防止弃土场的水土流失,于覆盖层上面种植草皮带,并在整个弃土场设纵横向排水沟。同时建造了弃置场周边围堰,设计了污染预防和应急处理措施(黄汉禹,2001;张淑芳和谢江松,2004)。在深圳河的治理过程中,对污染土壤还采用了固化方法进行处理,即在污染土壤中掺入水泥,将原本为液态的物质固化成具有一定强度、且有毒废物浸出率极低的固态物质,将其作为填筑料使用,并取得了成功(孙毅和李光荣,2007)。

案例二:香港迪士尼基建工程二噁英污染土壤处理

工程中采用热力解吸与高温焚化相结合的处理方法,即在工地采用非直接热力解吸法处理,所提取的浓缩二噁英运至化学废物处理中心进行焚化,取得了很好的效果(符合等,2005)。

其他如造纸厂废碱液污染土壤可采用换土垫层处理、桩基础处理、隔离处理等技术对废碱液污染土壤进行处理(李琦等,1997)。

10.4.5　工程施工中的土壤管理

在建筑施工中,对土方的挖填、装卸与运输等活动可能产生扬尘(黄玉虎等,2007),造成水土流失(张海涛,2011);建筑垃圾进入土壤,将改变土壤的物质组成;建筑垃圾中粉煤灰、油漆、涂料和沥青等释出重金属、多环芳烃等,会造成土壤污染,从而降低土壤质量。因此,必须加强城市工程建设中的土壤管理。

1. 避免扬尘

施工前,在边界区域设置高度1.5 m以上的围挡、围墙、围栏等,围挡底端设置防溢座,围挡之间以及围挡与防溢座之间无缝隙。通过施工区域平面布置分析,确定开挖土方的顺序、阶段、数量、合理的取弃土线路,以便充分利用开挖的土方进行回填,从而减少施工现场的运输,减少土方外运和回运的次数与数量。

施工时,场地平整和土方挖填不能过快、过猛;遇到干燥、易起尘的土方工程作业时,应辅以洒水压尘,尽量缩短起尘操作时间。遇到4级以上大风时,应停止土方作业,同时要在作业处覆以防尘网。尽量减少土方的露天堆放,土方在工地内堆放超过1周的应覆盖防尘布、防尘网(图10-9),或定期喷水压尘,或定期喷洒抑尘剂。

图 10-9　土方覆盖与车辆清洗(袁大刚摄)

土方装运要防止洒落,进出工地的运输车辆,应尽可能采用密闭车斗,防止渣土遗撒外漏。若无密闭车斗,渣土的装载高度不得超过车辆槽帮上沿,并用苫布遮盖严实。在车辆的出口内侧设置洗车平台(图10-9),车辆驶离工地前,应在洗车平台清洗轮胎及车身,不得带泥上路。

2. 防止水土流失

工程施工期应安排好作业时间,尽量避开雨季;在工程施工现场合理设置临时的排水系统,对冲洗水和雨水及时进行疏导,可以减少对地面的冲蚀;及时对坡面进行填方处理,易于垮塌的地方修挡土墙或护坡;工程建设后期应对已完成填土、取土裸地及时进行绿化,保护和改善自然环境(张海涛,2011)。此外,防止扬尘时要避免大量洒水而造成水土流失。

3. 减少土壤污染

对施工期间的固体废弃物应分类定点堆放,分类处理,防止出现随意倾倒建筑废弃物的现象。施工单位要按照《中华人民共和国固体废物污染防治法》和《城市建筑垃圾管理规定》中的有关规定,根据需要,设置容量足够、有围栏和覆盖措施的堆放场地和设施。外运的弃土及建筑废料应运输至专门的建筑垃圾堆放场。工程结束后,要将建筑垃圾及渣土等处理干净。施工项目用地范围内的生活垃圾应倾倒至围墙内的指定堆放点,不得在围墙外堆放或随意倾倒,生活垃圾应由环卫部门收集后统一处理。施工现场临时食堂要设置简易有效的隔油池,产生的污水经下水管道排放要经过隔油池,定期掏油。建水冲式厕所,设置化粪池,防止粪便污染。严格执行危险废物分类收集、分类保存和统计的规定;严格执行危险废物交接、转移和五联单制的规定;危险废物必须交由环保局认可、授权的资质单位处置。禁止将有毒有害废弃物用作土方回填,以免污染地下水环境(徐小忠和李小燕,2009)。此外,操场、运动场、停车场等裸地,实施透水性铺装,发挥城市土壤的透水和储水功能。施工过程中肥沃表土合理存放,绿化时铺于地表,用以改善植物生长环境。

10.5 城市污染土壤处置与修复

随着城市化进程的不断推进,大量的历史遗留农药、化工等工业地块会逐渐被开发为商业和居住用地。在这一过程中尤其要对污染地块开展土壤和地下水调查和修复治理工作,以确保土壤生态和人居环境安全(张甘霖等,2003;林玉锁,2014)。按照国家颁布的《中华人民共和国土壤污染防治法》和《土壤污染防治行动计划》,特别是从事过有色金属冶炼、石油加工、化工、焦化、电镀和制革等行业生产经营活动,以及从事过危险废物贮存、利用和处置活动的地块,必须按照国家相关技术规范开展环境调查、风险评估、风险管控或治理与修复等工作,消除或降低土壤环境风险(国务院,2016)。

10.5.1 污染地块的概念及其现状

土壤污染问题已成为当前中国重要的环境问题之一。近年来,随着全球经济的快速发展,城市化和工业化过程的加快,我国土壤由于城市工业、建筑、交通和生活等带来的污染总体上呈加剧趋势,土壤环境保护工作的落后问题逐渐暴露出来,部分地区土壤污染严重,土壤污染类型多样,呈现新老污染物并存、无机有机复合污染的局面(孙铁珩等,2005;林玉锁,2014)。

污染地块(contaminated site)是指因堆积、储存、处理、处置或其他方式(如迁移)承载有害物质的,对人体健康和环境产生危害或具有潜在风险的空间区域(李发生和颜增光,2009)。这里地块的概念包含了该地块范围内一定深度的土壤和地下水、地表水、空气以及地块上所有的建筑物和设施。污染地块是潜在的污染源,污染地块上存在的潜在土壤、地下水环境污染,给公众身体健康和生态安全带来极大风险,造成的危害事件已屡见不鲜,如美国 Love 运河事件、英国 Loscoe 事件、荷兰 Lekkerker 事件、武汉毒地等(林玉锁,2014;应蓉蓉等,2015)。污染地块是长期工业化的产物,与危险物质的生产和处理、废物的倾倒或排放以及化学物质的泄漏与不正当使用等息息相关。污染地块所造成的环境问题已演变成为世界各国在城市化进程中都必须面临的突出问题。

我国工业污染地块较重,危险废物的不合理处置将造成地块土壤和地下水的污染。在重污染企业或工业密集区、工矿开采区及周边地区、城市和城郊地区出现了土壤重污染区和高风险区。据 2009 年中国环境状况公报,环境保护部共接报并妥善处置突发环境事件 171 起,其中特别重大的突发环境事件两起,重大突发环境事件两起,较大突发环境事件 41 起,一般突发环境事件 126 起。

目前,我国的土壤环境面临严峻形势,工业化、城市化和农业集约化仍将快速发展,社会经济发展与土壤环境保护之间的矛盾仍将突出。随着产业结构调整的逐步推进,将有大批石化、冶金、电镀印染、农药制药等企业进行搬迁、关闭或停产,这些企业搬迁或关闭后遗留的地块将成为城市土地再开发的重要来源。随着城镇化发展和建设,大量搬迁或遗弃遗留的工业、企业污染地块可能被再开发为住宅用地,如何保障城乡居民安全的生存环境是亟须解决的问题。

10.5.2　城市污染土壤修复技术

在各类环境要素中,土壤是水、气中污染物的最终归宿地。城市与工业地块污染土壤对人体健康和生态环境构成严重威胁,如石油化工工业地块土壤中的石油烃类污染物对农作物的产量和品质均有很大影响;土壤石油污染还会引起其他环境要素的改变,石油烃还可以通过呼吸、皮肤接触、饮食摄入等方式进入人或动物体内,引起致癌、致突变和致畸作用(林玉锁,2014)。

污染土壤常见的修复技术有稳定化/固化、热脱附、水泥窑共处置、气相抽提、常温解吸、淋洗、化学氧化、化学还原、微生物修复、焚烧、填埋等(何跃等,2013;李婧等,2015;骆永明和滕应,2018)。

1. 稳定化/固化技术

稳定化/固化技术最早用于危险废物的处置,在污染场地修复方面主要用于受重金属污染的土壤。稳定化/固化技术包含了两个概念。稳定化是利用磷酸盐、硫化物和碳酸盐等作为污染物稳定化处理的反应剂,将有害化学物质转化成毒性较低或迁移性较低的物质,使其不具有危害性或移动性。例如,重金属污染土壤与石灰混合,石灰与重金属反应形成金属氢氧化物沉淀,不易移出土壤。固化是指利用水泥一类的物质与土壤相混合将污染物包被起来,使之呈颗粒状或大块状存在,进而使污染物处于相对稳定的状态。固化程序包含将污染土壤与固化剂(如水泥)混合,以使土壤硬化的过程,混合物干燥后形成硬块,可以在原地或转移到其他地点进行最终处置。固化程序可避免固化物中的化学物质流散到周围环境中,来自雨水或其他水源的水,在流经地下环境中的固化物时,不会带走或溶解其固化物中的有害物质。

国外有很多采用稳定化/固化技术修复被汞和砷污染场地的工程应用案例,该技术也是美国超级基金修复场地最常用的 5 种处理方法之一。国内也有采用稳定化/固化技术作为重金属污染土壤的修复技术。

稳定化/固化技术的优点是技术成熟可靠,操作简单、安全,排放少,处置成本较低(约 500~1 500 元 m^{-3})。缺点是该技术只是将污染物固定在混合体内,而非去除,土壤内污染物总量未得到削减。因此,稳定化/固化处理后的土壤应结合其最终归宿,制定相应的验收方法和标准,如浸出检验等。处理后的土壤由于材料性质的改变,通常不易再作为普通土壤使用,需进行填埋处置,或采取与其性质相符的资源化利用途径。

2. 热脱附技术

热脱附是用直接或间接的热交换,加热土壤中有机污染物到足够高的温度,使其蒸发并与土壤相分离的过程。热脱附器中的热量传递媒介为空气、燃烧气和惰性气体,热脱附系统是加热使土壤中有机污染物从固相变成气相的物理过程。热脱附系统根据加热传递方式不同可以分为直接接触(燃烧)和间接接触(燃烧)热脱附;根据进料方式不同可分为连续进料和间歇进料热脱附;根据热脱附系统的处置温度范围不同又可分为高温和低温热脱附。根据处理和修复对象的性能不同,所采用的热脱附系统也有很大的不同,但总的来说,所有热脱附系统的工艺基本包括两个过程:一是加热污染物料,蒸发易挥发的污染物;二是有效处理尾气,阻止污染物(气、水、固)的排放。

热脱附技术在 20 世纪 70 年代逐渐成熟,并被西方发达国家广泛采用,据统计到2006 年,欧美发达国家已在 300 多个工程中成功运用此项技术,USEPA 在超级基金污染土壤修复中,有约 60 个项目采用此技术。此项技术目前已经非常成熟。

热脱附技术处置污染土壤的单价约为 600~2 000 元 t^{-1},其优点是处置速度快,处置量较大,适用于大部分有机物污染土壤,并适宜处理汞污染土壤;缺点是设备投资大,处置成本高。

3. 水泥窑共处置技术

水泥的生产过程是以石灰质原料、黏土质原料与少量校正原料经破碎后,按一定比例配合、磨细并调配为成分合适、质量均匀的生料,在水泥窑内煅烧至部分熔融所得到的以硅酸钙为主要成分的硅酸盐水泥熟料的过程。

将污染土壤与水泥生料共处置,经过回转窑高温煅烧,可以将有机污染物完全分解,达到无害化处置。受水泥生产的工艺限制,普通水泥窑必须经过设备改造方可共处置污染土壤,使尾气排放指标达到环保标准。同时,作为水泥生产的附加功能,要求对土壤性质进行分析,合理配料,不能对水泥生产和产品质量带来不利影响。

因水泥窑具有处置量较大、成本较低等优势,国内有些城市已经采用水泥窑共处置技术处置危险废物、市政污泥和城市垃圾,个别水泥窑企业经过设备改造和技术论证,在尝试处理污染土壤或污泥的过程中已取得一些经验。这些经验对于制定我国危险废物与工业废物水泥窑共处置规范具有一定的启发和借鉴意义。但是,目前水泥窑共处置的污染控制、监督管理和相关技术规范都还有待进一步完善。

水泥窑共处置污染土壤的单价约为 $800 \sim 1\,000$ 元·m^{-3},其优点是处置量较大,成本较低。缺点是不适用于沸点低的有机物污染土壤,土壤矿物成分必须满足水泥制造的要求,处置前需对水泥窑进料和排放系统进行改造,且水泥窑共处置污染土壤必须得到生态环境部门的报备或审批。

4. 气相抽提技术

土壤气相抽提(SVE)也称"土壤通风"或"真空抽提",可用于土壤原位或异位修复。因其对挥发性有机物污染土壤及地下水治理的有效性和广泛性,使之逐渐发展成为一种标准有效的环境修复技术。气相抽提技术是指通过布置在不饱和土壤层中的提取井向土壤中导入空气,气流经过土壤时污染物质随空气进入真空井,气流经过后,土壤得到修复。

气相抽提技术主要用于挥发性有机污染场地的修复。土壤理化特性对此技术的应用效果影响很大,主要影响因素包括土壤密度、孔隙度、土壤湿度、温度、污染物种类和地下水水位等。该技术在利用真空提取时会引起地下水位上涨,必须利用水泵控制地下水位,防止地下水流动造成污染物的扩散。因此,常规的原位气相抽提更适用于污染深度不超过 $1.5\,\text{m}$ 的场地。

异位气相抽提系统必须根据土壤污染情况进行设计和安装,决定其系统设计的 3 个主要因素是:污染物的组成和特征,气相流通路径和流动速率,以及污染物在流通路径上的位置分布。系统的设计基于气相流通路径与污染区域交叉点的相互作用过程,其运行应当以提高污染物的去除效率及减少费用为原则。抽提体系是土壤气相抽提设计的核心,抽提体系的选择常见方法有竖井、壕沟或水平井。

土壤气相抽提技术修复污染场地是一种成熟可靠的技术,曾有一段时期,美国大约 40% 的污染场地均采用该技术进行修复,该技术在国内多个场地也已得到应用。

土壤气相抽提技术处置成本相对较低,约为 $100 \sim 500$ 元·m^{-3},影响处置成本的主要因素是土壤性质、污染物挥发性和地下水位等。异位土壤气相抽提技术处置污染土壤操作灵活,处置量大。由于是挖掘后在地面上处置,因此异位气相抽提不必考虑地下水的影响,但需实施严格的环境管理措施,防止堆土造成的相关二次污染。

5. 常温解吸技术

常温解吸技术是将污染土壤从污染区域挖掘后运输至密闭解吸车间,经过初步预处理后,常温下通过专业工程设备(包括混合和筛分等)将污染土壤与修复药剂(以生石灰为主)混合,并通过车间附属通风及尾气收集和处理系统将解吸的挥发性气体去除。

挥发性有机污染土壤的常温解吸处理技术属于异位土壤气相抽提增强技术,其实质为化学反应放热增强的土壤通风技术。其主要原理是利用土壤中有机污染物易挥发的特点,常温下通过专业土壤处理机械设备(如土壤改良机和筛分斗)对污染土壤进行机械扰动,必要时添加一定比例的修复药剂增加土壤的温度,同时增加土壤的孔隙度,使得吸附于污染土壤颗粒里的有机污染物解吸和挥发,并最终通过密闭车间配备的通风管路及尾气处理系统得以去除。

对于常温解吸技术来说,污染物的沸点和蒸气压是两个非常重要的参数。挥发性有机污染物(VOCs)常温下的蒸气压远大于 10 mmHg(1.33 kPa)。若污染物的沸点较低、蒸汽压较高,则为常温解吸修复提供了可能。

在常温下采用专业常温解吸设备(如土壤改良机等混合设备)添加一定比例的修复添加剂(考虑土壤含水率高及黏粒含量高),与污染土壤充分混合后堆置于堆置反应区,在解吸车间内作业和污染土堆置过程中始终开启通风及尾气处理系统。向污染土壤中添加一定比例的修复添加剂,一方面通过脱去土壤中一部分水分,使得土壤颗粒分散性能改善,有利于污染物从土壤颗粒表面解吸;另一方面,修复添加剂的加入提高了土壤的温度,因此土壤中所含有机污染物的蒸气压得到了提高,增加土壤中 VOCs 的解吸速率,促进了挥发性污染物在常温下的挥发。

常温解吸是一种成熟可靠的技术,在国内多个场地已得到应用。常温解吸技术处置成本相对较低,约为 300~800 元 m^{-3},影响处置成本的主要因素是土壤性质、含水率和污染物挥发性等。实施过程需采取严格的环境管理措施,防止挥发性气体造成二次污染。

6. 淋洗技术

土壤淋洗修复技术是利用淋洗液去除土壤污染物的过程,通过水力学方式机械地悬浮或搅动土壤颗粒,使污染物与土壤颗粒分离。土壤清洗干净后,再处理含有污染物的废水或废液。如果大部分污染物被吸附于某一土壤粒级,并且这一粒级只占全部土壤体积的一小部分,那么可以只处理这部分土壤。

土壤淋洗技术在发达国家已有 30 多年的成熟使用经验,可用于处置多种污染土壤,如果污染土壤的物理性质符合要求,还可以处置复合污染的土壤。

土壤淋洗技术处置污染土壤处置量大,适用于多种污染土壤,处置成本适中,约为 600~3 000 元 m^{-3}。影响处置成本的主要因素是土壤的物理性质,如果土壤中的黏土含量超过 25%,则不建议采用此技术。此外,淋洗技术可能产生大量的洗土废水,必须配备相应的淋洗液处理及回用设备。

7. 化学氧化技术

化学氧化修复技术主要是通过向土壤中注入化学氧化剂与污染物产生氧化反应,使污染物降解或转化为低毒产物的修复技术。化学氧化可以原位注入、原位搅拌、异位混合等多种方式进行。

化学氧化修复技术主要用来修复被油类、有机溶剂、多环芳烃、农药等污染物污染的土壤，是一种广谱的污染物处理方式，在国内外运用极广。

化学氧化修复技术可用于多种污染场地的修复，处置成本适中，约为 $500\sim1\,500$ 元 m^{-3}，影响处置效果的主要因素是土壤性质和污染物成分。化学氧化处理后可能改变土壤有机质、铁离子、硫酸根离子含量等指标，对修复后土壤的利用可能会造成影响。

8. 化学还原技术

化学还原修复技术主要是通过向土壤中注入零价铁等物质在地下创造出低还原性条件，促进氯代有机物的还原脱氯降解。该技术成熟，在国内已有应用，主要用来修复被卤代烃类、氯代芳烃等污染物污染的土壤。

化学还原修复技术处置成本适中，约为 $500\sim1\,500$ 元 m^{-3}，影响处置效果的主要因素是土壤性质和污染物成分。但该方法不具备广谱性，只适合处理部分卤代污染物。

9. 微生物修复技术

微生物对污染土壤的修复是以其对污染物的降解和转化为基础的。微生物修复污染的土壤必须具备两方面的条件：一是土壤中存在着多种多样的微生物，这些微生物能够适应变化后的环境，具有或产生酶，具备代谢功能，能够转化或降解土壤中难降解的有机化合物，或能够转化和固定土壤中的重金属；二是进入土壤的有机化合物大部分具有可生物降解性，即在微生物的作用下具有由大分子化合物转变为简单小分子化合物的可能性，或使进入土壤的重金属具有微生物转化或固定的可能性。只有具备了上述条件，微生物修复才有实现的可能。

微生物修复技术在污染土壤和地下水的修复领域应用非常广泛，该技术非常适用于大面积的污染场地修复。近年来，该技术在美国土壤修复市场占有的比例约为 10%，在国内也有一定的应用。

微生物修复技术是成本较低廉的修复技术之一，国内的应用成本为 $300\sim400$ 元 m^{-3}，但微生物种类的选择和培养过程比较复杂，不同的微生物只适用于分解不同的污染物。生物反应必须控制反应条件，对技术实施的要求较高。因为微生物消耗污染物的速度很慢，导致修复时间很长，因此这种技术适用于对土地修复时间没有严格限制的工程。此外，微生物制剂的环境安全性也需重点关注。

10. 焚烧技术

焚烧是利用高温、热氧化作用通过燃烧来处理危险废物的一种技术，是一种剧烈的氧化反应，常伴有光与热的现象，是一项可以显著减少废物的体积、降低废物毒性或危害的处理工艺。焚烧可以有效破坏废物的有害成分，达到减容减量的效果，还可以回收热量用于供热或发电。焚烧产生的气体是 CO_2、水蒸气和灰分。

焚烧技术处理速度快,效果好,但处置费用较高,约为 2 000~3 000 元 t^{-1},同时需要进行排放控制。对重金属污染土壤修复时,一般不宜采用该技术。

11. 填埋技术

填埋技术是指将污染土壤挖掘运输到填埋场进行安全填埋。填埋技术成熟,国内已有应用实例。填埋技术处理速度快,需要时间主要取决于挖掘和填埋的速度。适用于难挥发性的有机污染和重金属污染的土壤。处置费用相对较低,但污染物未被处理,只是转移位置,存在二次污染的风险,挥发性污染物难以密闭填埋。

10.5.3 地下水修复技术

固体废弃物露天堆存时,经长期雨水冲淋后污染物可能随雨水溶渗、流失、渗入地表,从而污染地下水,也污染了江河、湖泊,进而危害农田、水产和人体健康。当污染场地下的地下水出现污染时,也需要及时治理。常见的污染地下水修复技术有抽提处理、化学氧化、生物修复、渗透式反应屏障(permeable reactive barrier, PRB)等(孙铁珩等,2005;何跃等,2013;林玉锁,2014;骆永明和滕应,2018;陈怀满,2018)。

1. 抽提处理技术

抽提处理技术(pump and treat)是最为常用的地下水修复技术之一。受污染的地下水经一系列的抽水井抽提到地面,再通过处理设施、设备去除地下水中的污染物,达到规定的排放标准后排入相应的管网或水体,或直接回注到地下环境中。抽提处理技术是由地下水抽提设施设备和地下水处理设施设备组成的。抽提设施设备主要为按照设计要求所构建的抽提井、水泵及相关测量、控制系统。而地下水处理设施设备则可根据地下水中的污染物情况进行选择设计,常见的地下水处理设施设备包括氧化池、沉淀池、吹脱塔、活性炭吸附塔等。

抽提处理技术在世界范围内应用广泛,是最常用的地下水修复技术之一,也是使用得最早的地下水修复技术。此项技术原理简单,已经非常成熟。抽提处理的优点是技术简单,并且可与工程降水结合,适用于大部分地下水的污染预处理。但在含水层中存在难溶性有机物污染源时,单独进行抽提处理时效果并不理想。

2. 化学氧化技术

化学氧化修复技术主要是通过向含水层中注入化学氧化药剂,与污染物产生氧化反应,使污染物降解或转化为低毒产物的修复技术。用于地下水修复的化学氧化一般采用药剂原位注入的方式实施。

在发达国家,原位化学氧化修复技术属于成熟且常用的修复技术,主要用来修复被油类、有机溶剂、多环芳烃、农药等污染物污染的含水层土壤与地下水。原位化学氧化的常用药剂包括芬顿试剂、活化过硫酸钠、高锰酸钾以及臭氧。原位化学氧化修复技术可用于多种污染场地的修复,并可同时对多种污染物进行处理,其成本适中。

3. 生物修复技术

微生物对有机物污染地下水的修复是以微生物对有机污染物的降解和转化为基础的。通常情况下,地下水生物修复的关键是激发对污染物具有降解能力的微生物活性,并在修复周期内保持其活性。地下水的生物修复通常采用原位修复的形式,直接向地下环境中注入生物反应所需要的物质,一般包括电子受体(例如氧、硝酸盐等)、能量供体(碳源)以及营养物质(氮、磷)。在进行微生物还原修复时则需注入电子供体,如乳糖等。

微生物修复技术在污染土壤和地下水的修复领域使用较广泛,该技术非常适用于大面积的污染场地修复。近年来在美国土壤修复市场占有的比例为 10% 左右。微生物修复技术是较经济的修复技术之一。依靠微生物分解污染物的速度通常较慢,因此导致修复时间较长。此外,由于生物反应的复杂性,控制适合微生物反应的地下环境条件也需要专业化的管理。

4. 渗透式反应屏障技术

渗透式反应屏障技术是一种被动式的地下水修复技术,其主要手段是在地下水过流断面上构筑含有活性反应填料的可渗透的反应屏障。地下水中的污染物在流经渗透式反应屏障时,与反应屏障中的活性填料发生吸附、反应等,最终从地下水中去除。最常见的活性反应填料为零价铁粉,主要用于处理地下水中的氯代有机溶剂或重金属。

该技术成熟,在国外已有较多应用,主要用来修复地下水中的卤代烃、重金属等污染物。但该技术在国内的应用还处于尝试性阶段。该技术构筑的反应屏障虽然构造成本较高,但一旦建成后,所需的维护较少,因此总体修复成本较低。由于反应屏障需要从地表开始进行设置,因此该技术的可行性受场地地质构造的限制,适用于地下水水位较高,且地下水污染距离地面较近的情况。该技术是一种控制污染物随地下水迁移的有效手段,但不能实现对污染源头的针对性削减,完成修复所需要的时间往往较长。

10.6　城市土壤环境管理

10.6.1　土壤环境管理及其污染控制

与大气污染和水环境污染研究工作相比,我国在土壤环境保护与污染控制相关研究工作中还相对落后。我国土壤环境保护与污染控制研究工作始于 20 世纪 60 年代后期,经过近 60 年的研究与发展,取得了显著的成效。随着《中华人民共和国土壤污染防治法》的颁布实施,就如何保护农产品生产环境,增强农产品安全,促进农业可持续发展,保障人民群众身体健康也是构建和谐社会、促进民生的必然要求。随着城镇化进程的加快,城郊农用土壤作为城市生态系统的重要组成部分,同时也是城镇居民生存与发展的物质基础。然而,在城市化快速发展的过程中,城郊土壤正遭受有史以来最为深刻持久的人为活动的影响,城市化过程以及城市生产、生活排放的大量污染物导致周边土壤肥力下降、土壤环境质量恶化。

随着中国经济的快速发展、产业结构调整的逐步推进,加上高速城市化的推动,大批石化、冶金、电镀、印染、制药等企业将进行搬迁、关闭或停产,城市中的这些企业搬迁或关闭后遗留的地块修复和治理工作变得越来越重要和迫切。因此,应加强对现有污染企业的调查以及相关法律法规的完善,强化对污染地块的治理修复。

土壤污染严重威胁食品安全、公众健康和生态系统安全,我国政府高度重视,将保护土壤环境、防治和减少土壤污染、保障农产品质量安全、建设良好人居环境作为当前和今后一个时期的主要目标(国务院,2016)。明确未来几年主要任务:① 严格保护耕地和集中式饮用水水源地土壤环境:确定土壤环境优先保护区域,建立保护档案和评估、考核机制。国家实行"以奖促保"政策,支持工矿污染整治、农业污染源治理;② 加强土壤污染物来源控制:强化农业生产过程环境监管,控制工矿企业污染,加强城镇集中治污设施及周边土壤环境管理;③ 严格管控受污染土壤的环境风险:开展受污染耕地土壤环境监测和农产品质量检测,强化污染地块环境监管,建立土壤环境强制调查评估制度;④ 开展土壤污染治理与修复;⑤ 提升土壤环境监管能力:深化土壤环境基础调查,强化土壤环境保护科技支撑(李发生和颜增光,2009;林玉锁,2014;应蓉蓉等,2015)。

10.6.2 土壤环境保护面临的主要问题

1. 专项法律法规尚待完善

我国土壤环境保护与污染控制在立法形式、立法内容等方面尚需进一步完善。现有的土壤环境保护与污染控制相关法律规定相对分散且不系统,不能满足城市土壤环境保护工作的实际需要。

土壤污染相对其他环境要素污染具有隐蔽性、滞后性、累积性、不可逆转性和难治理性等特点,这些特点要求综合、全面地进行土壤污染防治。现有的规定大多比较抽象,缺乏可操作性。现行有关土壤污染防治的法律条款只是原则性、概括性地指出要"防止土壤污染""改良土壤",而对于如何保护土壤不受污染,如何对已污染的土壤进行整治、修复或改良,并未做出明确而具体的规定,使得这些条款难以具体实施。

对土壤污染防治而言,目前最根本的问题是基本法律制度或主要法律制度的缺失。而这一问题是很难通过对现行相关法律、法规的修改或修订得到解决。修改或修订现行相关法律、法规,只能是"治标",而制定一部新的专门的法律,可谓"治本"。因此,很有必要制定针对城市污染土壤保护与治理相匹配的专门法律法规。2016 年国务院印发《土壤污染防治行动计划》,这是当前和今后一个时期全国土壤污染防治工作的行动纲领。《土壤污染防治行动计划》第一条便提出"推进土壤污染防治立法,建立健全法规标准体系";另外,"实施建设用地准入管理,防范人居环境风险""开展污染治理与修复,改善区域土壤环境质量"等,这些条例均可推动和完善城市土壤的治理与立法。

2. 缺乏完善的风险管理体系

目前,由于土壤环境监管措施不完善,对城市土壤污染的历史和污染现状不明,土壤污染物种类不清,导致对污染物的环境行为和危害的科学认识不够。相关政府部门在土地利用规划和城市规划方面的职责划分欠明确,导致了污染土地修复和再开发的监管困难。按照现行有关法律法规的规定,土地管理部门、建设主管部门、农业部门、环保部门、质量监督部门和水行政主管部门都对土壤污染防治享有监督管理权,但这些权力的界限并不明确。生态环境主管部门(包括环境主管部门之下的各分支机构)在城乡污染土地的预防和控制方面的职责规定并不十分具体。

我国虽然制定了系列地块环境调查与评价规范,但还不够完善。当前的土壤污染风险评价与风险管理中主要存在以下问题:对污染链中的暴露途径、暴露方式和暴露参数等缺乏研究;缺乏污染物的致病机理或生态毒理基础知识;缺乏用于污染地块风险评价的土壤基准和标准;缺乏风险评价和风险管理相关的法律、法规和政策;社会公众对污染地块的危害和风险缺乏足够认识;未形成成熟的土壤污染环境风险评价指标体系、评价程序与方法,对典型地区、不同土壤类型和主要污染物进行环境风险定量评价的方法不完善。

3. 标准体系不健全

总体上,我国土壤环境保护标准落后于大气和水环境保护标准等。迄今为止,已颁布实施了 20 多项国家及行业标准,包括土壤环境质量标准、土壤环境监测技术导则、土壤环境分析测试方法、土壤质量术语等。其中,污染地块环境管理系列标准包括污染地块术语、地块环境调查技术规范、污染地块环境监测技术导则、污染地块风险评估技术导则、污染地块土壤修复技术导则、污染地块土壤环境管理暂行办法等。

中国现行土壤环境标准体系中缺乏污染地块部分,缺乏系统、完善的有关污染地块调查评估标准、地块治理修复标准及技术规范等。土壤中污染物种类繁多,包括重金属、挥发性有机污染物、半挥发性有机污染物、持久性有机污染物等,然而现行的土壤监测分析方法标准部分仅包括 8 种重金属和典型农药的监测方法;就标准样品而言,仅有重金属污染物标准样品,缺少各类有机污染物标准样品。

4. 修复技术体系尚未完整建立

总体上,我国土壤修复技术不成熟,工程实践少。现有的土壤污染治理措施代价较高,净化周期长,而且效果不甚理想。当前大部分技术仍停留在实验室模拟研究阶段,缺乏具体的工程实践经验,技术与装备研发远远落后于欧美发达国家。现有的各种修复技术存在许多难以解决的问题,缺乏针对不同类型污染土壤的经济技术可行的成熟修复技术。

目前,我国尚未建立修复技术的筛选体系,现有的技术支撑条件难以满足污染地块修复工作的需求。部分发达国家在修复技术选择上常通过专家决策系统来为污染地块治理筛选合理的修复技术,建立较为系统的修复技术筛选体系。现有的各种修复技术存在许多难以解决的问题,因此,在进行污染土壤修复时需要对现有的技术进行优化综合,建立污染土壤修复技术的筛选指标体系。

5. 修复治理缺乏资金保障

城市污染土壤的修复治理需要全面考虑受污染土壤及地下水的治理,资金需求巨大。目前,中国的土壤环境保护法律法规体系尚不能保障修复工程的经费筹措。当前中国污染土壤调查评估与治理修复工作的资金一般来自政府相关部门和土地开发商,资金来源有限且没有保障,修复治理工作难以开展,资金问题成为很多污染地块再开发的主要障碍。中国目前还没有像"超级基金"和"棕色土地修复基金"这样专门用于修复治理污染地块的基金计划。对于已知责任的污染地块,尚没有明确用于这些项目治理的资金渠道;对于未明确责任的污染地块,目前没有专门的配套资金用于这些污染地块的修复和综合整治。污染土壤的"谁污染谁治理"原则很难实施,而污染土壤的利益相关者共同参与是目前较为妥当的解决措施。

10.6.3 土壤环境保护与管理对策

1. 借鉴国外先进经验

目前,美国、澳大利亚、英国、荷兰等国已有较完善的地块污染调查技术导则以及土壤、地下水质量和修复标准与技术审查规范。

我国历史遗留的工业废渣和生活垃圾数量巨大。部分工业废渣或生活垃圾位于流域上游,水源补给区域等环境敏感区,对地块土壤、水体及人体健康具有潜在的风险。应加强对现有污染企业的调查以及相关法律法规的完善,防止土地污染引发的环境健康风险。工业污染土地的环境修复和再开发是一项艰巨的任务,围绕各利益相关方的关系,厘清环境管理思路,并制定完善地块修复相关的技术规范显得十分迫切而必要。

污染地块问题需要事后补救,更需要事先预防。污染地块问题只是土地污染的事后补救,土地保护法侧重于在土地污染后的事后处理与补救及修复措施,而事实上,土地保护同其他环境问题一样,更需要一种事先的预防措施。事后补救主要是就空间上、时间上和因果关系上明显的关联,防卫具体可识别的危害,而预防则致力于长期的保护和维护土地的功能。这就要求土地保护法与其他法律中有关土地保护的法规协调与融合,全面地保护土地免受污染,其中,土地保护法的评价体系也为其他部门法提供了一定的借鉴与解释依据,比如对于地下水保护与修复、固体废物的处理等领域。

2. 完善相关法律法规政策

坚持依法监管环境、依法保护生态、依法治理污染,加快推进环保地方性法规和行政规章建设,不断完善环境保护地方法规规章体系。健全标准和技术规范,在执行国家标准的基础上,从实际出发,严格执行地方重金属排放标准、行业准入条件。提高执法人员素质和能力,强化基层环保机构和队伍建设。加强土壤环境监测、预警能力,尤其是对影响城市生态环境的重要功能区的监控。

3. 加大科技投入和研发力度

加大科技攻关力度,鼓励大专院所、科研院所及环保公司进行重金属污染治理研究、清洁生产先进适用技术的开发、污染地块治理的研究等;加快引进、消化、吸收国外先进的管理经验,以及污染源治理技术、风险评估技术、修复治理技术和治理工程设备,提高环境与健康评估能力,增强对高风险人群的诊疗能力和技术水平。依靠科技进步,重点开展重金属污染防治和修复技术及示范推广工作,对科技含量较高的项目和有利于改善环境的适用技术,予以政策优惠和重点扶持。

4. 建立多方资金保障制度

各级政府要把重金属污染防治作为公共财政支出的重点,根据实际情况,切实增加对重金属污染防治与生态修复的投入,集中解决重金属污染严重地区的重点环境安全问题。属企业实施类的项目,其资金来源原则上以企业自筹资金为主;属公共环境建设类的项目,其资金来源以项目所属地的各区、县(市)财政资金为主,市财政将视项目的完成情况,给予一定的资金补助,实行"以奖促治"。积极利用市场机制,建立多元化的投融资机制,鼓励社会资金参与环境安全保障体系建设。

5. 加强信息公开和鼓励公众参与

大力开展科普教育,积极引导广大群众了解城市土壤污染防治相关知识,增强自我防护意识。加大新闻宣传力度,正确引导舆论,各主要媒体要积极支持环境保护、卫生等部门做好城市土壤保护和污染治理工作的宣传,防治污染城市土壤的非法转移和造成二次污染事故的发生。扶持发展和规范环保民间组织,发挥民间环保社团组织作用,引导公众参与城市环境保护,促进环境保护决策的科学化、民主化。

10.7　场地修复案例

10.7.1　调查采样

1. 某化工场地概况

该场地退役企业始建于 1986 年,占地面积 15 000 m^2,主要生产产品有化工和农药两大类,包括氯化苄、丁草胺、克百威、硝酸钾、三环唑、醋酸乙酯、乳化剂、粉剂等 20 余种。2000 年,企业停产搬迁。根据城市建设规划,该厂区退役后规划用地调整为住宅用地。

2. 调查时场地状况

现场调查采样时,原厂房已经拆去,生产设备也已拆除,厂区内地面、道路已经破损,原厂区四周围墙已拆除。为了场地安全管理,相关部门按照地块红线建有新的围墙。原厂区中间有一条 20 世纪 60 年代修建的防洪堤坝,调查时发现部分坍塌,局部处有废弃物堆放。进入场地时,场地内有较多积水,北厂区有大片面积的积水,在场地的其他区域,有较小面积的积水区。自西向东将整个场地分为南、北厂区。北厂区呈长方形,长约100 m,宽约80 m,调查时其西侧低洼处有大面积积水。南厂区为长、宽约为60 m,被外运土壤覆盖,平均垫高约1.5 m。南厂区西侧、堤坝南侧目前为荒地,植被生长茂密(图10-10)。

图10-10 调查时场地情况

3. 调查采样

调查区域划分为重点调查区和一般调查区:重点调查区包括原厂区内主要生产车间、包装车间、仓库、油罐、焚烧车间及周边可能受到污染的区域;一般调查区包括原厂区办公、休息区、其他辅助设施区域及厂区周边。因此,将该企业场地分为A区(北厂区西部)、B区(北厂区东部)、C区(南厂区)和D区(厂区外围区域)共4个区域进行布点采样(图10-11)。

布点采用分区布点和专业判断相结合的方法,即人为感知(肉眼可见或嗅觉可识别等)、现场快速检测(如现场PID测试值较高区域)和易受污染物影响的疑似污染区设为重点调查区域,在该区域内的生产车间、仓库等较易受污染区域内及周边区域加密布设采样点,布点网格采用10 m×10 m或15 m×15 m;其他区域(如办公区、生活区等)设为一般调查区,该区域可适当减少采样点的密度,布点网格采用20 m×20 m或更大间距。具体采样布点如图10-11所示。共布设土壤样点79个,地下水样点44个,采集土壤样品245份,地下水样品44份,检测的指标有VOCs、半挥发性有机化合物(SVOC),部分样品加测特征污染物氯化苄、三环唑和克百威。

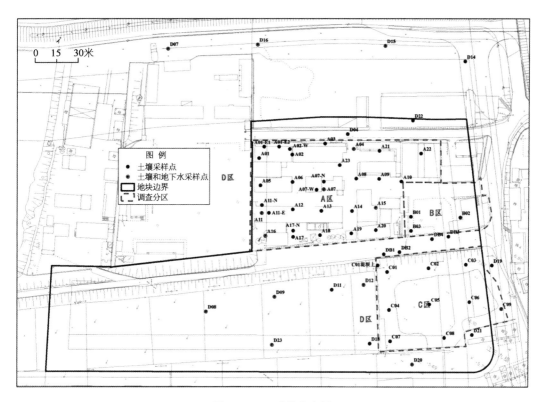

图 10-11　采样布点图

10.7.2　调查结论

1. 场地地质情况

场地地貌属钱塘江冲海积平原,浅部为冲积-海积粉砂土,中部存在巨厚的高压缩性淤泥质粉质黏土和软塑状粉质黏土,下部为砂土和卵石,深部基岩属白垩系上统朝川组泥质粉砂岩。场地在勘察深度范围内,自上而下可分为 4 个工程地质层,细分为 6 个工程地质亚层。场地所在区域地下水主要有潜水和承压水两类。潜水含水层顶板埋深(水位)约在地面以下 1~1.5 m,受边上河流潮汐影响。主要接受大气降水的入渗补给,季节影响明显,动态变化较大,变幅一般在 1.5 m 左右。承压水含水层顶板埋深在地面以下 40~43 m,厚度大于 10.0 m,水量中等至丰富,渗透性好。

2. 场地土壤污染调查结果

(1) 场地土壤中总计检出 32 种污染物,检出率较高的污染物为甲苯、邻甲苯胺、4-氯甲苯、2-氯甲苯及三环唑。检出甲苯的样品数虽然最多,但检出含量均较低,最高检出含量仅为 1.56 mg kg^{-1}。氯甲苯、三环唑检出样品数较多,与场地原企业的生产活动有较大关联,三环唑最高检出含量达到 226 mg kg^{-1}。污染主要集中于 A 区,A 区总计检出 17 种污染物,甲苯、邻甲苯胺、4-氯甲苯、2-氯甲苯 4 种污染物的检出样品数最多。

（2）存在异味或挥发性气体含量较高的区域主要位于原企业北厂区的西北侧，最深处达 9.6 m，位于 A03 点。

3. 地下水污染调查结果

地下水中总计检出 29 种污染物，检出率较高的污染物为邻甲苯胺、1,2 - 二氯乙烷、萘、邻苯二甲酸二甲酯、邻苯二甲酸二丁酯及二甲苯。从检出含量上来看，邻甲苯胺最高值达到 1 270 μg L^{-1}，1,2 - 二氯乙烷的最高含量达到 40 μg L^{-1}，2 - 氯甲苯的最高含量达到 182 μg L^{-1}，甲苯的最高含量达到 638 μg L^{-1}。

检出率和检出含量最高的两种污染物为邻甲苯胺和 1,2 - 二氯乙烷，其在地下水中的高含量点位和区域位于原厂区范围内，随着向原厂区外围距离的增加，两种污染物的含量急剧降低。

10.7.3　风险评估

按照居住用地方式下的暴露情景和暴露途径，计算土壤中污染物对人体健康产生的致癌风险和非致癌风险。利用 GIS 空间绘图软件绘制场地上的致癌风险和非致癌风险空间分布(图 10 - 12)。

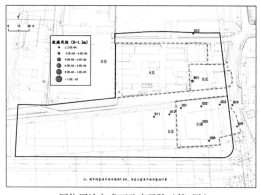

居住用地方式下致癌风险（第1层）　　　　　居住用地方式下致癌风险（第2层）

居住用地方式下致癌风险（第3层）

居住用地方式下致癌风险（第4层）

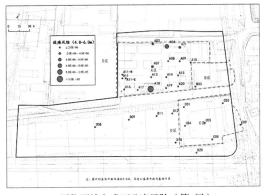
居住用地方式下致癌风险（第5层）

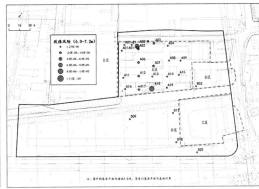
居住用地方式下致癌风险（第6层）

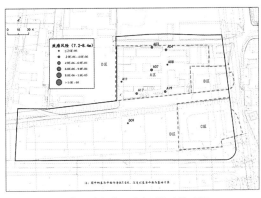
居住用地方式下致癌风险（第7层）

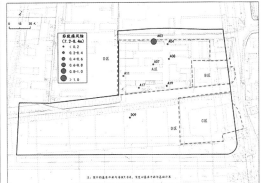
居住用地方式下非致癌风险（第7层）

图 10‑12　居住用地方式下致癌和非致癌风险分布图

从绘制的空间分布图可以看出,各层土壤中均存在相对高风险点位,但不同层次上的相对高风险点位所处位置有所不同。由浅至深,场地上整体风险有增加的趋势,最高风险点位在第 4 层出现。根据模拟计算结果,居住用地方式下非致癌风险超过 1 的点位主要位于第 7 层,第 1~6 层的非致癌风险均低于 1。

将居住用地方式下场地土壤污染物对人体健康的致癌风险和非致癌风险的空间分布进行了分析,将超过可接受风险的致癌风险和非致癌风险区域进行叠加,可获得场地土壤超风险的综合风险区域。居住类用地方式下超风险的区域主要位于场地东北角,深度主要为 3.6~4.8 m 和 7.2~8.4 m(图 10‑13)。A18 点深度 3.6~4.8 m 处有以 A18 为中心的小片高风险区域(图 10‑13)。

10.7.4　场地修复

1. 修复目标

根据调查与风险评估报告,综合考虑场地现场感观、污染物检出情况和风险控制目

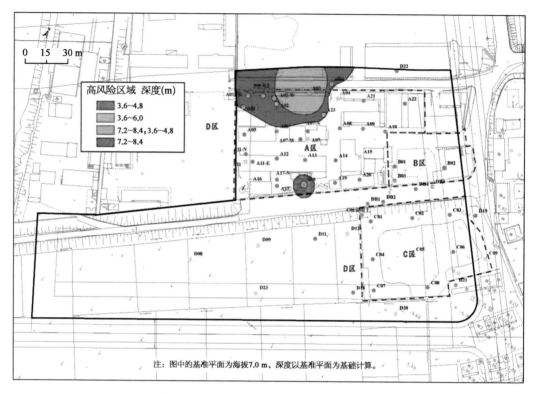

图 10 - 13　场地土壤超风险的综合风险区域

标值,确定场地修复目标。

（1）修复后的土壤中,达到 CAS.NO.的风险控制目标值,对氯甲苯的含量应达到 6.5 mg kg⁻¹,1,2 - 二氯乙烷的含量应达到 1.7 mg kg⁻¹,邻甲基苯胺的含量应达到 0.7 mg kg⁻¹。清理和修复后的土壤颜色基本正常,无明显刺激性气味。

（2）修复后的地下水中,邻甲基苯胺的含量应达到 21 μg L⁻¹,1,2 - 二氯乙烷的含量应达到 21 μg L⁻¹ 的风险控制目标值,且无明显异色和刺激性异味。

2. 修复区域

根据现场踏勘、调查采样和调查数据分析,确定场地污染土壤核心修复范围及各修复区块划分(图 10 - 14)。结果显示,核心修复区总面积为 5 409 m²,修复土方量为 24 983 m³。地下水修复区域主要分布于 A 区和 D 区(图 10 - 15),修复面积为 6 200 m²。

3. 修复技术方案

结合考虑施工周期、工程成本、施工风险等因素,从场地特征、需修复污染物、技术指标、环境影响等方面进行评估,对于本场地污染土壤和地下水,采用原地异位和原位的修复模式。

（1）对污染土壤在场地内进行原地异位处置。根据需修复污染物理化特性及土壤特

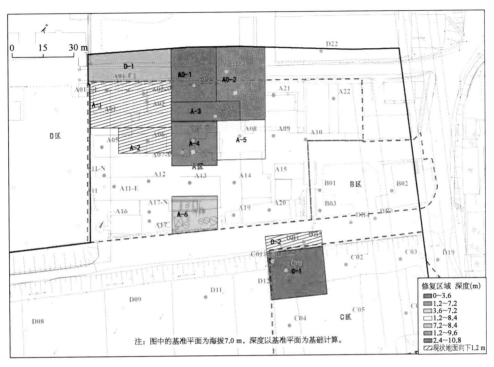

图 10 - 14　土壤修复范围及修复区块划分

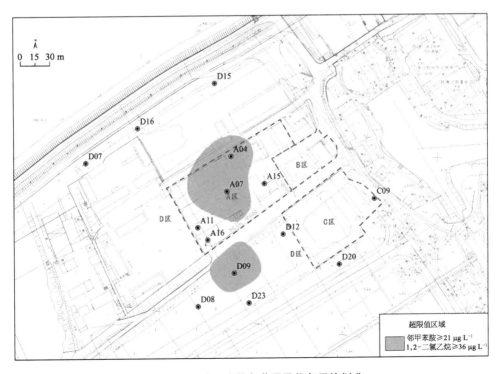

图 10 - 15　地下水修复范围及修复区块划分

征,适宜采用化学氧化技术进行处置,共计修复土方量为 24 983 m³;

(2) 土壤挖掘区域内的污染地下水在土壤挖掘施工过程中,通过降水形式抽提至地面经现场处置合格后排放,共计修复面积为 3 500 m²;

(3) 土壤挖掘区域外的污染地下水,采用原位化学氧化的方式进行处置,共计修复面积为 2 700 m²。

通过以上技术选择对污染土壤进行场地内原地处置,同时利用土壤挖掘降水施工,进行挖掘区污染地下水的治理,利用原位化学氧化技术进行非挖掘区污染地下水的治理,确保在要求工期内,实现场地污染土壤和地下水有效处置的同时,尽量减少修复费用和降低二次环境污染的风险,该方案具有经济合理性。

4. 修复施工

根据施工需要,场内共设置污染土壤处置区、处置后土壤暂存区、表层土堆放区、材料设备区、污水处理区和临时办公区 6 个区域。各区域之间设置临时道路(塘渣碎石铺垫),在各污染土壤挖掘区与处置、暂存区之间设置临时硬化道路,道路宽 5 m,C20 混凝土厚 20 cm。

(1) 污染土壤原地异位化学氧化处置 该场地污染土壤化学氧化处置工作流程如下(图 10 - 16):

① 处置堆放场地准备 化学氧化处置场地在场内选择东西两个堆场,需提前对处置区域进行地面硬化等工作,并做好防护设施。根据施工周期要求及化学氧化处置技术特点,处置场地面积约为 9 000 m²,用于处置和堆放污染土壤。

② 表层覆土清理 根据现场放样结果,将污染区域表层干净覆土挖掘转移至场地南侧暂存,覆土挖掘转移量约为 7 082 m³。

③ 降水 污染土壤挖掘前,对挖掘区进行降水施工,产生的废水在场内处置达标后排入市政污水管网。

④ 土壤挖掘处置 降水达到要求后,采用挖机将饱和层土壤进行清挖并用土方车短驳至化学氧化处置区域内。

⑤ 污染土壤预处理 根据污染土壤特性,对挖掘出的污染土壤进行适当预处理,去除土壤中大块颗粒,调节土壤湿度至适宜范围。

⑥ 药剂配置及添加 配置添加若干种药剂,调整土壤理化性质,去除土壤中的污染物。

⑦ 采样检测 药剂添加完成后,静置反应 1～3 d 后,进行采样自检,判断处置修复效果,采样密度约为 100～500 m³/个(根据前监测数据确定自检密度)。

⑧ 再次氧化处置或处置后土壤转移 根据自检结果,确定下一步处置措施。采样自检合格的土壤,用自卸车及时转移至处置后土壤暂存场地进行暂存,暂存土壤做好覆盖等措施。自检不合格的土壤,则继续添加氧化剂进行再次氧化处置,直至达到修复目标。

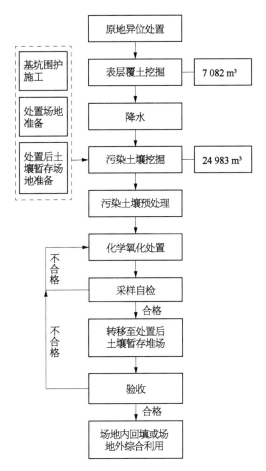

图 10 - 16　污染土壤原地异位化学氧化处置工艺流程

⑨ 土壤验收　待污染土壤处置完成,并自检合格后,及时申请处置后土壤验收。

⑩ 土壤回填或外运　验收合格的土壤在场地内回填。

(2) 污染地下水原位化学氧化处置　原位化学氧化处置工艺流程如图 10 - 17 所示。在注射井注射完毕后,立即进行地下水样品采集,测定地下水污染物浓度、pH、氧化还原电位等作为注射区域地下水污染数据本底值,据此确定药剂注射浓度、数量和注射速度。

根据场地特点,采用药剂注射—抽水—补水的循环处置工艺。为增强注射效果,提升药剂扩散速度,现场采用加压注射方式,药剂注射量根据本底调查结果进行确定,并根据现场检测结果进行调整。

10.7.5　修复效果评估

场地治理项目验收工作主要包括制定验收监测方案、现场采样与实验室分析和评估修复效果 3 个阶段。具体工作程序流程如图 10 - 18 所示。

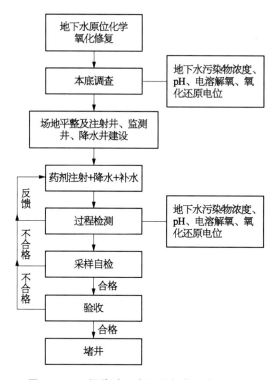

图 10 - 17 污染地下水原位氧化工艺流程图

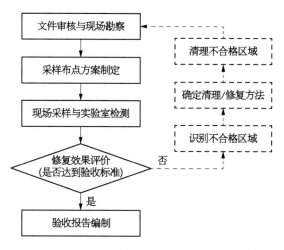

图 10 - 18 污染场地治理项目修复效果评估工作程序

本项目处置后土壤验收检测样品数为 55 个,基坑验收检测土壤样品数为 39 个,以上共计检测土壤样品数为 94 个(包括 9 个平行样品),地下水样品数为 9 个。检测指标为修复目标污染物。根据测定结果和相应的标准对修复效果进行评价,编制验收报告。

参考文献

曹勇,贺进来.2000.红粘土人工防渗技术在环卫工程中的应用.铁道建筑技术,3：28-30.

曹原,樊丽萍.2010.西北地区城市杂填土场地的地基处理实例分析.山西建筑,36(7)：93-94.

柴寿喜,王晓燕,魏丽,等.2009.滨海盐渍土的工程地质问题与防护固化方法.工程勘察,7：1-4.

陈怀满.2018.环境土壤学(第三版).北京：科学出版社.

陈文海.2004.南京河西某大型深基坑开挖与支护技术.江苏建筑,1：51-52.

陈志一.1993.草坪栽培管理.北京：农业出版社.

成都市规划管理局.2010.成都产业功能区规划.https：//wenku.baidu.com/view/e1f1c3f30a4c2e3f57 27a5e9856a561253d321e2.html.

崔晓阳,方怀龙.2001.城市绿地土壤及其管理.北京：中国林业出版社.

邓学钧.2002.路基路面工程.北京：人民交通出版社.

段景章,秦序柱,李建军,等.2007.节能环保型软土地基施工新技术.建设,1：25-26.

封云,林磊.2004.公园绿地规划设计(第二版).北京：中国林业出版社.

符合,刘亚平,袁定超.2005.香港迪士尼基建工程二噁英污染土处理技术.施工技术,34(11)：15-17.

高秉勋,孙绍飞,李军,等.2010.深层搅拌桩在泥炭土淤泥等软土地基处理中的应用.工业建筑,40(增刊)：639-640,718.

高晖,孙吉主,王勇.2005.武汉市软土地基处理的几种方法.土工基础,19(6)：13-15.

耿灵生,曹连新,王光辉.2006.软弱土地基不均匀沉降的综合灌浆加固技术.山东农业大学学报(自然科学版),37(4)：660-662.

官善友,罗坤,龙治国.2007.压力注浆处理杂填土的应用研究.城市勘测,4：119-122.

郭少峰,王卡拉,马力.2004.北京地铁5号线掘出有毒气体　工期影响尚难定论.新京报.https：// news.sina.com.cn/c/2004-05-01/03453180322.shtml.

国务院.2016.国务院关于印发土壤污染防治行动计划的通知(国发〔2016〕31号).http：//www.gov. cn/zhengce/content/2016-05/31/content_5078377.htm.

韩烈保,孙吉雄,杨付周.1997.屋顶草坪的建植与管理.草业科学,14(2)：62-64.

郝培尧,李冠衡,戈晓宇.2013.屋顶绿化施工设计与实例解析.武汉：华中科技大学出版社.

郝卫华,张琳,冀涛.2007.饱和软土深基坑开挖中的主要岩土工程问题——以汉口地区软土为例.中国煤田地质,19(增刊)：85-86,131.

何艳平.2010.土钉注浆技术在杂填土基坑中的应用.土工基础,24(5)：36-38.

何玉飞,杨和平,贺迎喜.2009.用水土联合堆载预压技术加固市政道路软土地基.中外公路,29(1)：30-33.

何跃,林玉锁,徐建,等.2013.我国污染场地土壤修复工程质量控制与评估体系构建.中国环境科学学会学术年会论文集,2770-2773.

贺妍,吴雷,雷振东.2021.法国市镇空间规划的景观生态营建经验及对中国的启示——以莱斯帕尔镇为例.中国园林,37(7)：89-94.

黄汉禹.2001.深圳河河道污染土特性及其处理措施.中山大学学报(自然科学版),40(增刊2)：5-9.

黄蓉,吴永华,张建旗,等.2020.兰州市屋顶绿化地被植物种植基质的筛选.草业科学,37(6)：1088-1097.

黄玉虎,田刚,秦建平,等.2007.施工阶段扬尘污染特征研究.环境科学,28(12):2885-2888.

黄哲兴,王绍平.2004.城市道路路基填筑中杂填土的处理.福建建筑,3:83-84,82.

李斌,李聚金.1997.市政道路软土地基粉体喷搅桩加固工程实践.路基工程,3:41-45.

李发生,颜增光.2009.污染场地术语手册.北京:科学出版社.

李贺,刘守城,何兆芳,等.2012.改善径流水质的屋顶绿化用基质及制备方法.中华人民共和国知识产权局,CN1027018739A.

李婧,周艳文,陈森,等.2015.我国土壤镉污染现状、危害及其治理方法综述.安徽农学通报,21(24):104-107.

李琦,施斌,王友诚.1997.造纸厂废碱液污染土的环境岩土工程研究.环境污染与防治,19(5):16-18.

李铮生.2006.城市园林绿地规划与设计(第二版),北京:中国建筑工业出版社.

梁发云,李镜培,褚峰.2006.超深基坑对城市桥梁保护区域影响的初步探讨.岩土工程学报,28(增刊):1466-1469.

廖光平.2004.龙岩市城区次生红粘土分布特征与治理措施.探矿工程,6:22-23.

林玉锁.2014.我国土壤污染问题现状及防治措施分析.环境保护,42(11):39-41.

刘家女,周启星,孙挺,等.2007.花卉植物应用于污染土壤修复的可行性研究.应用生态学报,18(7):1617-1623.

刘若林.2010.城市道路膨胀土路基的工程特性分析与处理措施探讨.广东建材,1:29-32.

龙士云.1999.南京纬七路软土地基处理的成功方法.交通与运输,1:14-15.

卢冰,刘川顺,牛飞,等.2008.南阳膨胀土地区房屋开裂的原因和治理对策.土工基础,22(5):39-40,58.

卢惠德.2002.某机场跑道红粘土地基的处理.施工技术,31(9):30-31.

路世豹,张建新,雷扬,等.2002.某硫酸库地基污染机理的探讨.岩土工程界,6(5):37-39.

罗国梁.1999.天津地区过湿路基与软土路基的筑路经验.城市道桥与防洪,1:3-5.

骆永明,滕应.2018.我国土壤污染的区域差异与分区治理修复策略.中国科学院院刊,33(2):145-152.

孟美杉,孙小华,孙杰夫.2018.北京:城市规划充分利用水土环境调查成果.中国土地,8:53-54.

钱瑭璜,梁琼芳,雷江丽.2016.轻型屋顶绿化中景天属植物栽培基质配比研究.亚热带植物科学,45(4):369-372.

任海,彭少麟,刘世忠,等.2003.屋顶绿化长效轻型基质配方.中华人民共和国知识产权局,CN1460408A.

任望东,李春光,田建平,等.2013.软弱土中大面积深基坑工程快速支护施工技术.施工技术,42(1):35-39.

舒虹纲.2009.海门地区软土路基弹簧土处理实例.中国市政工程,4:8-9.

孙贵华.2011.上海临港地区软土地基处理应用实例.中国市政工程,5:48-51.

孙铁珩,李培军,周启星.2005.土壤污染形成机理与修复技术.北京:科学出版社.

孙毅,李光荣.2007.污染土固化处理技术在治理深圳河工程中的应用.水利水电快报,28(11):24-26.

唐建中.2004.某住宅小区高层建筑杂填土地基处理实例.建筑科学,20(3):34-37.

唐张利.1999.老厂房改造中膨胀土地基基础设计.江苏冶金,2:103-104.

王德强,王行军,宫进忠.2010.廊坊市规划区饱和砂土液化的危害及防治措施.探矿工程(岩土钻掘工程),37(4):62-64.

王洪凯,赵巧伶,张爱军.2005.复合式土钉墙在软弱土层中的应用.西部探矿工程,104：28－29.

王铠,谢光明.2009.土与污染土对混凝土基础酸腐蚀的预测与维修.勘察科学技术,4：14－17.

王小生,章洪庆,薛明,等.2003.盐渍土地区道路病害与防治.同济大学学报,31(10)：1178－1182.

王晓华,刘润有.2012.滨海新区氯盐渍土路基破坏形式及处治技术.城市道桥与防洪,11：40－43.

翁岩,韩绍勇,宋志强,等.2004.大面积饱和粉煤灰深厚填土场地的地基处理.岩土工程界,7(11)：59－
　　60,63.

邬瑞光.2005.城市道路过湿段地基处理的实践.山西交通科技,6：4－6.

巫冬妹,金英姬,曹凤学.2008.多种地基处理技术在杂填土场区工程中的联合应用.探矿工程(岩土钻
　　掘工程),9：37－40.

吴成扬.2010.厦门海沧体育中心软土地基处理技术综合应用.常州工学院学报,23(1)：5－8,19.

肖超群,郭小平,刘玲,等.2019.绿化废弃物堆肥配制屋顶绿化新型基质的研究.浙江农林大学学报,36
　　(3)：598－604.

熊志冰,冯波,杜刚艳.2008.上海虹桥交通枢纽软土地基开挖及边坡保护.人民长江,39(10)：18－19.

徐文辉.2018.城市园林绿地系统规划(第三版).武汉：华中科技大学出版社.

徐小忠,李小燕.2009.建筑施工中的环境污染问题及防治措施.安全与环境工程,16(5)：62－64.

许文锋.2005.厦门城市主干道软土路基处理模式.福建建筑,5－6：359－360,358.

杨金玲,张甘霖,汪景宽.2004.城市土壤的压实退化及其环境意义.土壤通报,35(6)：688－694.

杨学林.2012.浙江沿海软土地基深基坑支护新技术应用和发展.岩土工程学报,34(增刊)：33－39.

应蓉蓉,林玉锁,段光明.2015.土壤环境保护标准体系框架研究.环境保护,43(7)：60－63.

于德宝.1992.济南市北外环路过湿地段软弱路基处理的方法与效果.市政技术,4：28－30.

袁大刚,张甘霖.2013.不同利用方式下南京城市土壤碳、氮、磷的化学计量学特征.中国土壤与肥料,3：
　　19－25.

张宝鑫.2004.城市立体绿化.北京：中国林业出版社.

张甘霖,朱永官,傅伯杰.2003.城市土壤质量演变及其生态环境效应.生态学报,23(3)：539－546.

张海涛.2011.城市地铁建设中的水土流失特点及防治措施探讨.湖南水利水电,2：58－60.

张淑芳,谢江松.2004.深圳河河道污染土的开挖与处理.广东水利水电,6：64－65,71.

张叶田,张士平,王凯.2009.城市中心区软土地基中深基坑设计与施工实例.浙江建筑,26(2)：38－41.

张益华,刘剑.2009.红粘土边坡失稳引起环境工程地质灾害机理的探讨.湖南水利水电,5：34－35.

赵电宇,蒋忠信.2005.黎平机场软塑红粘土地基的碎石桩处理.路基工程,5：83－86.

赵兴祥,刘建新.2008.环境污染区域的土体滑坡分析与治理.建筑施工,30(12)：1034－1036.

赵长斌,单晓峰,刘国辉,等.2010.地表深杂填土地层桩基施工技术.市政技术,28(增刊2)：223－226,
　　230.

《中华人民共和国土壤污染防治法》,中华人民共和国生态环境部.https：//www.mee.gov.cn/ywgz/
　　fgbz/fl/201809/t20180907_549845.shtml.

周金陵,徐锦生.2007.长江漫滩区域基坑支护和土方开挖施工中的问题及其对策.江苏建筑,1：68－
　　70,73.

周军红,曹亮,马宏剑.2007.北京市区杂填土地基处理技术综述.岩土工程技术,21(2)：94－100.

周学明,袁良英,蔡坚强,等.2005.上海地区软土分布特征及软土地基变形实例浅析.上海地质,4：

6 - 9.

朱碧雯. 2016. 一记警钟,能否敲醒沉睡的规划? 学校"遇毒"事件调查. 中华建设. 6:12 - 15.

朱建华. 2011. 合肥市某路膨胀土路基处理措施. 安徽水利水电职业技术学院学报,11(1):46 - 48.

CJJ 82 - 2012. 园林绿化工程施工及验收规范.

GB 15618 - 2018. 土壤环境质量农用地土壤污染风险管控标准(试行).

GB 36600 - 2018. 土壤环境质量建设用地土壤污染风险管控标准(试行).

GB/T 51346 - 2019. 城市绿地规划标准.

Bauer K W. 1973. The use of soils data in regional planning. Geoderma, 10(1 - 2):1 - 26.

Brown S, Chaney R L, Hettiarachchi G M. 2016. Lead in urban soils: Areal or perceived concern for urban agriculture? Journal of Environment Quality, 45:26 - 36.

Craul P J. 1999. Urban soil: Application and practices. John Wiley & Sons, New York.

Cruz N, Rodrigues S M, Coelho C, et al. 2014. Urban agriculture in Portugal: Availability of potentially toxic elements for plant uptake. Applied Geochemistry, 44:27 - 37.

FAO. 2001. Urban and peri-urban agriculture: a briefing guide for the successful implementation of urban and peri-urban agriculture in developing countries and countries of transition. Rome.

Howard E. 1898. To-Morrow: A Peaceful Path to Real Reform. London: Swan Sonnenschein & Co., Ltd.

Jim C Y. 1998. Impacts of intensive urbanization on trees in Hong Kong. Environmental Conservation, 25(2):146 - 159.

Kumar K, Hundal L S. 2016. Soil in the city: Sustainably improving urban soils. Journal of Environment Quality, 45:2 - 8.

Lindsay J D, Scheelar M D, Twardy A G. 1973. Soil survey for urban development. Geoderma, 10(1 - 2):35 - 45.

Meuser H. 2010. Contaminated Urban Soils. Springer Science & Business Media.

Northey R D. 1973. Insurance claims from earthquake damage in relation to soil pattern. Geoderma, 10(1 - 2):151 - 159.

Oka G A, Thomas L, Lavkulich L M. 2014. Soil assessment for urban agriculture: a Vancouver case study. Journal of Soil Science and Plant Nutrition, 14(3):657 - 669.

Pettry D E, Coleman C S. 1973. Two decades of urban soil interpretations in fairfax county, Virginia. Geoderma, 10(1 - 2):27 - 34.

Wells N. 1973. The properties of New Zealand soils in relation to effluent disposal. Geoderma, 10(1 - 2):123 - 130.

Westerveld G J W, Van Den Hurk J A. 1973. Application of soil and interpretive maps to non-agricultural land use in the Netherlands. Geoderma, 10(1 - 2):47 - 65.

Zayach S J. 1973. Soil surveys — their value and use to communities in Massachusetts. Geoderma, 10(1 - 2):67 - 74.

索 引

C

成土过程 18

成土因素 16

城-郊-农序列 251

城市规划 310

城市扩张模型 239

城市农业 313

城市土壤 1

城市土壤氮循环 101

城市土壤磷循环 108

城市土壤生态服务功能 278

城市土壤碳循环 89

城市系统氮循环 101

城市系统碳循环 89

D

地表径流系数 74

G

工程人为土 35

公园城市 313

H

黑碳 91

黑碳记录 224

化学连续提取法 155

J

机器学习算法 264

简育人为新成土 35

健康土壤 315

K

空间解析 259

Q

铅同位素 233

区域滞洪库容量 282

T

特征土层 217

田间持水量 63

田园城市 312

土壤的缓冲与过滤功能 298

土壤的污染物净化功能 297

土壤的自净 298

土壤分类 16

土壤封闭 62

土壤功能 311

土壤固碳功能 287

土壤环境质量 311

土壤结构 53

土壤紧实度 56

土壤空间制图 261

土壤孔隙度 55

土壤矿物质 4

土壤砾石化 50

土壤磷富集 114

土壤磷素的淋失风险临界值 116

土壤热量调节功能 278

土壤容重 54

土壤入渗速率 69

土壤水分调节功能 280

土壤水库 66

土壤酸碱度 131

土壤碳记录 219

土壤碳库 97

土壤无机碳的固存 292

土壤系统分类 33

土壤压实 51

土壤养分存储 295

土壤养分循环功能 294

土壤有机物质 7

土壤制图方法 263

土壤重金属 139

土壤重金属污染指数 147

土壤重金属吸附功能 301

土壤属性的时间演变 243

W

萎蔫点含水量 63

文化层 217

污染地块 334

无机碳 91

Y

压实分级 61

有机碳 91

有机碳富集 94

Z

质地粗粒化 50

重金属记录 227

重金属生物可给性 159

重金属形态分布 155

最大有效水含量 65

城市土壤图谱

隔离封闭工程人为土景观与剖面(开封市汴京路,阮心玲摄)

城镇封闭工程人为土景观与剖面(南京市太平门,袁大刚摄)

工矿封闭工程人为土景观与剖面（南京市和燕路，袁大刚摄）

潜育封闭工程人为土景观与剖面（南京市丰富路，袁大刚摄）

斑纹封闭工程人为土景观与剖面（南京市湖南路，袁大刚摄）

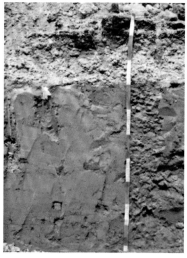

钙积封闭工程人为土景观与剖面(开封市大梁路,阮心玲摄)

压实封闭工程人为土景观与剖面(南京市老虎山,袁大刚摄)

普通封闭工程人为土景观与剖面(开封市堌门,阮心玲摄)

城镇隔离工程人为土景观与剖面(南京市玄武湖公园,袁大刚摄)

磷质隔离工程人为土景观与剖面(开封市东十斋,阮心玲摄)

磷质城镇工程人为土景观与剖面(南京市鼓楼,袁大刚摄)

4

普通城镇工程人为土景观与剖面(开封市卧龙街,阮心玲摄)

普通工矿工程人为土景观与剖面(开封市新西门街,阮心玲摄)

普通垃圾工程人为土景观与剖面(开封市金梁里街,阮心玲摄)

普通简育工程人为土景观与剖面(开封市阳光湖,阮心玲摄)

斑纹肥熟旱耕人为土景观与剖面(南京市下庄,袁大刚摄)

普通肥熟旱耕人为土景观与剖面(南京市四班村,袁大刚摄)

普通简育干润雏形土景观与剖面(开封市龙亭民园,阮心玲摄)

斑纹简育湿润雏形土景观与剖面(南京市幕府新村,袁大刚摄)

钙积扰动人为新成土景观与剖面(开封市内环路,阮心玲摄)

普通扰动人为新成土景观与剖面(南京市白马公园,袁大刚摄)